镇海林蛙 *Rana zhenhaiensis*

黑斑侧褶蛙 *Pelophylax nigromaculatus*

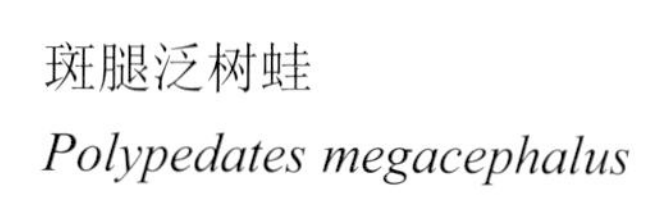

斑腿泛树蛙
Polypedates megacephalus

中华蟾蜍华西亚种
Bufo gargarizans andrewsi

竹叶青 *Viridovipera stejnegeri*

锈链腹链蛇 *Amphiesma craspedogaster*

翠青蛇 *Cyclophiops major*

玉斑锦蛇 *Elaphe mandarina*

北红尾鸲 *Phoenicurus auroreus*

白颊噪鹛 *Garrulax sannio*

蓝矶鸫 *Monticola solitarius*

红嘴蓝鹊 *Urocissa erythrorhyncha*

绿背山雀 *Parus monticolus*

大拟啄木鸟 *Megalaima virens*

湖北黄精 *Polygonatum zanlanscianense*

厚果崖豆藤 *Millettia pachycarpa*

云南鼠尾草 *Salvia yunnanensis*

金疮小草 *Ajuga decumbens*

金兰 *Cephalanthera falcata*

鹅掌楸 *Liriodendron chinense*

白瑞香 *Daphne papyracea*

球果牧根草
Asyneuma chinense

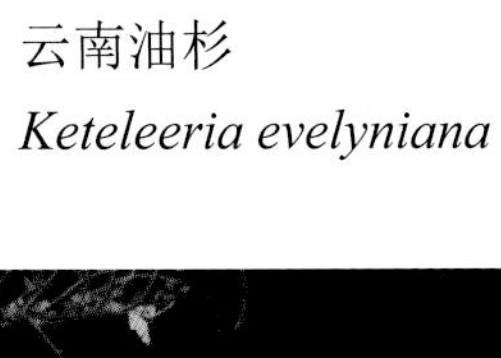

云南油杉
Keteleeria evelyniana

白刺花
Sophora davidii

贵州普安龙吟阔叶林州级自然保护区综合科学考察集

杨卫诚　冉景丞◎主编

中国林业出版社
China Forestry Publishing House

图书在版编目（CIP）数据

贵州普安龙吟阔叶林州级自然保护区综合科学考察集/
杨卫诚, 冉景丞主编. -- 北京 : 中国林业出版社, 2019.5
ISBN 978-7-5219-0048-4

Ⅰ. ①贵… Ⅱ. ①杨… ②冉… Ⅲ. ①阔叶林－自然保护区－科学考察－考察报告－普安县
Ⅳ. ①S759.992.734

中国版本图书馆CIP数据核字(2019)第090492号

出　版：中国林业出版社（100009 北京市西城区德内大街刘海胡同7号）
网　址：http://www.forestry.gov.cn/lycb.html
E-mail：cfybook@sina.com　　　电　话：010-83143521
发　行：中国林业出版社
印　刷：北京中科印刷有限公司
版　次：2019年5月第1版
印　次：2019年5月第1次
开　本：889mm×1194mm 1/16
印　张：24.75
彩　插：8
字　数：580千字
定　价：180.00元

《贵州普安龙吟阔叶林州级自然保护区综合科学考察集》

编辑委员会

前言

贵州普安龙吟阔叶林州级自然保护区（以下简称“保护区”）位于贵州省西南部乌蒙山区，隶属黔西南布依族苗族自治州，东接晴隆，西靠盘县，南邻兴仁、兴义，北依水城、六枝特区。地处东经104°57′35″~105°7′52″、北纬26°1′22″~26°10′4″。地貌呈不规则的长条形，属于云贵高原向黔中过渡带的梯形斜坡地带，南部地势由东北向西南倾斜，北部地势由南向东北倾斜，平均海拔1400m，山峦叠嶂、河谷盆地相间。保护区境内河流属珠江水系，以中部乌蒙山脉为分水岭，分别汇入南、北盘江。保护区气候垂直分布差异明显，谷地干热，高山凉润，四季分明，属中亚热带湿润季风气候；年平均气温在14℃左右，年平均日照1563h，年平均降水量为1438.9mm。这样的气候为各种植物和动物的生长、生存、发育和繁殖提供了有利的保障，使其自然资源十分丰富。

普安县委、县政府历来就重视野生动植物和生态环境的保护工作。1997年，为了解决普安县的森林资源少与水土流失面积大的问题，扭转生态环境恶劣的局面，经县委、县政府批准成立普安县县级自然保护区和生态治理区。这为的就是保护自然生态环境与自然资源，保护动植物物种，治理水土流失，保护水库、沟渠等水利设施，改善生态环境，为山区农业经济发展发挥良好的生态屏障作用。保护区的建立，对实现生态与经济协调发展和可持续发展战略，促进农村脱贫致富奔小康具有重要的战略意义和深远的历史意义。在经历几十载的保护，普安县保护区的森林覆盖率由8%提升到27%，自然资源得到大幅度的提升，人民的生活水平也得到提高，野生动植物资源更加丰富。

在保护区几十年的发展中，由于多种历史原因，该保护区长期处于有保护区名称、无专职保护工作机构和人员编制、无保护设施建设和人员业务经费，资源本底不清，保护能力缺乏，管理水平较为低下的状态。

为进一步加强普安县生态文明建设，经县委、县政府决定，将原来的16个县级自然保护区与生态治理区，进行整合并升级为州级自然保护区。为此，普安县委、县政府于2018年4月委托贵州省林业厅组织，由贵州师范大学牵头，邀请国家林业局昆明勘察设计院、中国科学院华南植物所、贵州农业研究院、贵州大学、贵州师范大学土壤测试中心、昆明大蚯蚓科技有限公司等多家单位的植物、动物、生态、地质、土壤、气候、大型真菌、社会经济、自然保护等有关学科的专家学者，组成贵州普安龙吟阔叶林州级自然保护区科学考察团，围绕拟建州级自然保护区及周边相关区域，开展深入的多学科综合科学考察工作，并据此为自然保护区建设、发展提供决策依据，为制定切实可行的总体规划和详细的内部区划提供合理方案。

贵州普安龙吟阔叶林州级自然保护区规划总面积5630.7hm^2。其中：核心区面积2382.4hm^2、占保护区总面积的42.3%，缓冲区面积568.8hm^2、占保护区总面积的10.1%，实验区面积2679.5hm^2、占保护区总面积的47.6%。保护区四至界线如下：①保护区东界自县道793与县界的交界处起，沿县界（亦是山脊线）经老何家时沿林缘至县界，经木龙岩、一把伞、飞鹅山至张家寨附近。②南界自张家寨起沿林缘和至花岩的通组公路经穿洞头，沿山谷至通组公路，沿通组公路至春岩山脚至县道793，沿林缘经马脚岩、乐园、购寨、石龙田、杨柳凹、者恩、梅子山至坝子田。③西界自坝子田起经罗家坪、祭山坳、刺花属至麻竹山，沿县界顺着林缘至滥泥箐，沿林缘经大田、坪子头、阴坉岩、向阳、红星、对门坡、兴田、红旗、光明至桥边。④北界自桥边起，经红岩冲、新民沿县界至江岔口、沿石古河往上游经大桥、必马箐、泥堆、麻水井、吴家凹、远甲岭、云盘、石古、上寨、新寨、场底下、岩底下、水坝山、罗壮屋脊、于家小田、齐田、黄寨、猫脚坪，沿县道至县界处。

贵州普安龙吟阔叶林州级自然保护区是以保护全国重要生态功能区中的西南喀斯特土壤保持重要区的亚热带常绿阔叶林、常绿落叶阔叶混交林和暖温性灌丛生态系统，以保护鹅掌楸、猕猴等珍稀濒危野生动植物资源为主体职责，集自然保护、科学研究、科普宣传、教学实习、生态旅游于一体的多功能的公益性自然保护区。

保护区位于典型的喀斯特地貌上，岩石裸露率高，生境严酷，异质程度高，植被一旦被破坏，水土流失加剧，土壤退化甚至丧失，恢复难度极大，是高度脆弱的生态系统。因此必须加强对保护区森林生态系统的保护力度，保持保护区内森林生态系统的自然状态。

保护区内以中亚热带常绿落叶阔叶次生植被为主，并保存有部分中亚热带常绿阔叶原生植被，物种丰富，有各类珍稀濒危植物11种，隶属于8科11属。其中，国家Ⅱ级保护植物3科3属3种；贵州省保护植物4科4属4种；濒危野生动植物种国际贸易公约（CITES）附录Ⅱ收录兰科植物4属4种；保护区内的贵州特有植物有2种。

保护区38种兽类中，有国家重点保护二级野生动物6种，列入世界自然保护联盟（IUCN）濒危物种红色名录的18种，列入濒危野生动植物种国际贸易公约（CITES）的9种，列入国家保护的有益的或者有重要经济、科学研究价值的陆生野生动物名录（简称“三有名录”）19种。保护区内的157种鸟类中，有国家二级重点保护野生鸟类15种，列入世界自然保护联盟（IUCN）红色名录的3种，列入濒危野生动植物国际贸易公约（CITES）附录的13种。

保护区内的森林群落原生性较强，同时也有相当一部分森林群落以次生性为主，从功能分区来看，位于核心区的植物群落原生性相对较强，这与该片区得天独厚的地理位置、保护力度、周边环境以及内在生态系统结构息息相关。缓冲区内有部分次生性植被，能够明显地看出存在顺向演替的现象。近年来，由于当地政府、林业部门加大管理力度，避免人为破坏，因此由于本区优越的气候条件，植被的自然恢复较好，整个森林系统自然性较强。

总体上，贵州普安龙吟阔叶林州级自然保护区具有重要的生态区位、典型的森林植被、多样的物种与生态系统、珍稀的动植物、脆弱的生态环境、自然的森林群落、原生态的感染力、适应的保护面积以及独特的科研价值。

贵州普安龙吟阔叶林州级自然保护区原生的和次生的森林生态系统为认识自然规律、利用自然规律提供了良好的研究基地。首先，保存较好的常绿阔叶林为深入研究原生性森林生态系统结构与功能，生物多样性保护，珍稀、濒危物种的生物学、生态学特征，扩展种群规模等提供了良好的研究场所。其次，保护区因人为干扰，存在较丰富的不同演替阶段的群落类型，这为退化群落恢复与重建的研究提供了难得场所。

本次科学考察，得到了贵州省林业厅、黔西南州林业局、普安县林业局以及当地政府的大力支持和帮助，在此一并致谢！

由于时间仓促，涉及学科众多，编辑过程中难免有不少疏漏和不足，望广大读者不吝赐教。

贵州普安龙吟阔叶林州级自然保护区

综合科学考察团

2018年6月

目录

第一章　总　论

贵州普安龙吟阔叶林州级自然保护区位于云贵高原中段、贵州省西南部乌蒙山区、黔西南布依族苗族自治州北部，地理位置为东经104°57′35″～105°7′52″，北纬26°1′22″～26°10′4″。保护区行政区域隶属于贵州省黔西南布依族苗族自治州普安县，面积涉及3个乡镇26个行政村。普安县贵州普安龙吟阔叶林州级自然保护区规划总面积5630.7hm^2。其中：核心区面积2382.4hm^2，占保护区总面积的42.3%；缓冲区面积568.8hm^2，占保护区总面积的10.1%；实验区面积2679.5hm^2，占保护区总面积的47.6%。

第一节　自然地理环境概况

一、地质地貌

保护区位于贵州省黔西南州普安县境内，由构造运动所导致的褶皱与断裂发育良好，构造线呈东北—西南向延伸。受新构造运动和喜马拉雅运动的联合作用，区域内地层受到地质内应力的挤压，形成大的山体和较深的沟谷。区内主要分布有三叠系呈东北—西南走向的背斜构造，其次为北西向、近东西向构造。北东向强构造变形区内，褶皱、断裂构造发育，主要发育北东向高角度正断层和逆断层。在局部背斜受地应力挤压和拉伸的作用下一系列的断层构造，如在白石村附近发现明显出露的逆断层构造。保护区内的山脉及水系走向主要受到背斜和断裂构造的影响，水系多与山脉走向相同。莲花村、万山屯，大地构造位于扬子准地台黔北台隆六盘水断陷普安旋扭构造变形区内，是国家级重要成矿区带“南盘江—右江成矿区”北段之六枝—水城Au-Pb-Zn-Ag-Cu-Fe- Mn成矿带的中段。

区内前进村、烂泥箐一带有北东向正断层存在；杨柳凹—罗家屋基—杨梅山一线也有北东向正断层出现，断层附近地层与烂泥箐地区相同，均为泥盆系中统罐子窑组、泥盆系上统、石炭系下统灰岩、砂页岩夹煤、泥岩、矽质岩，铝质岩。白沙—茅坪一线出现南西向逆断层，兴中—茅坪一线出露北东向正断层，白沙—茅坪一线有东西向逆断层出露。在普安县县城周边、盘水县也有多处正断层和逆断层出露。在楼下镇磨合村附近出露有4条逆断层带，断层带周边出露地层复杂，有泥盆系中统、下统，石炭系下统灰岩、泥岩、矽质岩，三叠系关岭组上、中、下三段，三叠系下统飞仙关组上、下段等。

石古—龙吟镇一带出露岩层主要有泥盆系上统（D3d）、石炭系下统（C1b）、石炭系中统（C2h）、石炭系上统（C2m）、二叠系下统（P1g）灰岩、泥质灰岩。龙吟镇高阳村—吟塘村—峰岩一带，主要出露泥盆系上统、石炭系下统、石炭系中统、石炭系上统、二叠系下统灰岩、泥质灰岩；龙吟镇文笔—石古—新寨—红旗社区一带主要出露二叠系中统、二叠系下统、三叠系下统飞仙关组、三叠系下统夜郎组砂页岩、煤、泥岩；雄阳村和前进村—石古—烂泥箐地区主要出露泥盆系中统罐子窑组、泥盆系上统、石炭系下统灰岩、砂页岩夹煤、泥岩、矽质岩，铝质岩。地层岩性是普安县内滑坡产生的重要基础，不同岩性及其组合对地质灾害的发生具有重要的作用。按不同岩层组岩石化学成分的差异、碳酸盐岩和碎屑岩在地层中的厚度差异及组合特征，莲花村及周边的岩石组合类型可以分为灰岩与白云岩混合组合、灰岩与碎屑岩组合、灰岩夹碎屑岩组合、白云岩夹碎屑岩组合、连续性白云岩组合、连续性石灰岩组合和非碳酸盐岩组合七大类。

普安保护区碳酸盐岩组主要分布于二叠系和三叠系地层中，因而区内岩溶较为发育，形成了一定规模的地表岩溶地貌和地下岩溶地貌。地表岩溶地貌以峰丛地貌为主、地下岩溶地貌有溶洞、地下暗河、溶隙、石钟乳、石柱等，景观丰富。峰林、峰丛、溶丘、石山、漏斗、竖井、落水洞和槽谷到处可见。地表水与地下水转换频繁，地下河时出时没，随山就地，形成规模各异、大小不一的海子、河潭；地下溶洞、伏流、暗河十分发育。这一岩溶地貌主要分布在县境北部和南中部的峰丛山地、低丘盆坝和槽谷坝地一带。丫口、龙吟、茅坪、白沙、罐子窑、高兴、盘水、白石、保冲、田坝、青山、雪浦、金塘以及莲花、罗汉、新田的部分，均属岩溶地貌的典型地区。

二、水文

普安县境内河流均系珠江水系，由于地势所致，以中部乌龙山脉为分水岭，大小河流46条河流分南北汇入西江上游的南北盘江。河水最盛者为楼下河，其余河流随着山脉起伏，皆注入3条大河。全县主要流域的流域面积在20km^{2}以上，河长超过10km的共有23条，其中汇入北盘江片区的10条河流分别为乌都河（界河）、上寨河、干河（界河）、石古河、岔河、新寨河、大桥河、鱼洞河、上寨湾河和地泗河，总长184.53km，流域总面积1962.7km^2（其中盘县1230.1km^2），县境流域面积732.8km^2，占全县流域面积的51.2%；汇入南盘江流域的13条河流，分别有楼下河（界河）、木卡河、平塘河、德依小河、泥堡河、歹苏河、阿岗河、下节河、者黑河、地瓜歹苏河、猪场河、绿河、石桥河，总长189.77km，流域面积1330km^2（其中盘县633.8km^2），县境流域面积696.2km^2，占48.8%。

县境内河流都是雨源型河流，靠天然降水补给河流雨量。流量随着雨量大小而变化，雨季流量较大，旱季流量较小，甚至有断流现象。洪枯流量相差1∶60～1∶250，河道曲折比降为16%，缓者为3%，陡者达58.8%。县境主要河道有四级河乌都河、马别河、新寨河、石古河4条，总长199.6km。河流总长度374.3km，河网密度26.19km/km^2，径流总量10.03亿m^3，年排涝量13.44亿m^3，年最大排涝量19.8亿m^3。境内最大的河流为乌都河，从西至东流经境内三板桥镇、窝沿乡、罐子窑镇、龙吟镇，长41.8km，流域面积732.8km^2，年均流量28m^3/s，主要支流有上寨湾河、大桥河、鱼洞河。水能资源理论蕴藏量6.37万kW，可开发量为2.37万kW。

县内河流分属珠江流域西江水系，地下水径流量均值为2.059亿m^3（地下水资源为重复计算量）。参照贵州省水资源综合规划报告，选用草坪头（二）站（地下水径流模数14.3万m^3/km^2）、天生桥站地下水径流模数12.9万m^3/km^2）和马岭水文站地下水径流模数14.6万m^3/km^2）作为类比的参证站，通过计算普安县多年平均地下水资源量为2.059亿m^3，地下水资源量占地表水资源量（9.725亿m^3）的21.2%，其中马别河普安区为1.027亿m^3，占地下水资源总量的49.9%，大渡口以下干流乌都河普安区为0.506亿m^3，占地下水资源总量的24.6%，大渡口以下干流普安区为0.526亿m^3，占地下水资源总量的25.5%。

地下水资源的分布，受到岩性、地质构造以及地貌条件的限制。在非岩溶地区，地下水埋藏较浅，泉水流量小，多沿着溪沟两侧，岩石裂隙或堆积物渗出地表。在岩溶区，即碳酸盐岩发育的峰林峰丛、岩溶洼地、地下水以垂直循环为主，埋藏较深。青山一带为30～50m，其余地区为50～200m。由于岩石的可溶性，地下水对岩石反复进行溶蚀冲刷，加速了地下水的循环和富集。地表水和地下水转换的频繁，地下河系发育，伏流分布较为普遍，优以青山、雪浦乡较多。地下水的补给来源于大气降水入渗，并以裂隙流、孔隙流及管道流等形式赋存于含水层中，再以散流或片流方式排入溪沟与河流，也有在汇流过程中富集，以泉水方式出露再流入河流。在山丘区，绝大部分地下水都以附近较低的河流为排泄基准，成为河川径流的一部分。普安县岩溶山区，石英钟灰石分布较广，岩溶发育，地下水资源含量较丰富，主要为孔隙水、基岩裂隙水和岩溶断层水，基岩裂隙水主要靠降雨补给，动态变化大；孔隙水主要接受地表水经漏斗、落水洞补给，动态变化较为稳定；岩溶断层水一般埋藏较深，但也有地表直接露头的。

从普安县主要河流监测断面来看，大部分河流水质为Ⅱ类水质，只有大桥河麻地断面水质为V类水质，主要是总磷超标。普安县地表水的水质总体较好，大部分为Ⅱ类水质，只有少部分为Ⅳ类、V类，污染源在泥堡河和平塘河上，主要是受煤矿开采的污染导致高锰酸盐指数和化学需氧量超标。具体状况为泥堡河、德依小河、下场河、木卡河、马别河（普安段）、渔洞河、乌都河（普安段）、石古河、湾河、岔河、新寨河水质较好，为Ⅱ类、Ⅲ类水质，污染河流为平塘河、大桥河、龙吟溪流等，为Ⅳ类、劣Ⅴ类水质，主要污染物是高锰酸盐指数、化学需氧量、氨氮、总磷等。普安县地下水的水质较好，浅层地下水污染并不明显，由于一些农村取水口外露导致细菌和总大肠菌群超标，部分区域存在农村面污染，导致磷超标，但对普安县总体地下水的水质影响不大。

三、气候

普安县地处云贵高原，属亚热带地区，具有高原性、季风性、湿润性的气象特点；谷地温热，高山凉润；夏无酷暑，冬无严寒，雨量充沛，水热同季，适应各种农作物的生长。普安县的不同海拔有着截然不同的气候特点，大致可分为河谷温热区、半高山温和区、高山温凉区3个类型。

河谷温热区：包括楼下镇的楼下、糯东、羊屯、泥堡、磨舍，雪浦的博上，江西坡镇的江西坡、细寨，龙吟镇的石古河、乌都河、猴昌河等河谷地区，三板桥镇西部，高棉乡，白沙乡的河谷地区，窝沿乡的大部，海拔为700～1340m，年平均气温为15.4～17℃。

半高山温和区：包括青山镇、罗汉乡及雪浦乡的西部、新店乡的西南部、地瓜镇的南部、江西坡镇的西部、盘水镇的东南部、三板桥镇的九峰、罐子窑镇、高棉乡、白沙乡、龙吟镇的部分地区。海拔1365～1640m，年平均气温13.6～15.3℃，大于10℃的年积温4000～4500℃。

高山温凉区：包括地瓜镇的莲花，盘水镇的大湾、小丫口，新店的花月、波余，三板桥镇的土瓜岭、十里、保冲，窝沿乡的平桥，高棉乡、白沙乡的大部，楼下镇的小河。海拔1650～2080m，年平均气温12～13.5℃，大于10℃的年积温3600～3900℃。

保护区总体属于亚热带湿润季风气候，主要受来自太平洋暖湿气流和印度洋暖湿气流的联合影响，根据2007年1月～2016年12月的气象数据分析，近几年保护区年平均气温约14.2℃，最冷月平均气温约4℃，最热月平均气温21.1℃，年日照时数1303～1635h。历史资料显示，历年极端气温35.1℃（1994年5月），极端最低气温－7.7℃（1961年2月）。年平降雨量1353.8mm，其中6～8月降水量为1176mm，占全年降水量的84.3%。年平均蒸发量1400.9mm，年雷暴日数76.3天。年平均相对湿度82%。年平均无霜期290天，年平均日照1451.3h，占可照进数35%。境内风能资源丰富。年平均风速2.5m/s，最多风向为东风。山高、谷深，坡大，高处与低处形成的温差，使气温变化呈多样性。同一天同一时段易出现“山上有雾、山下晴朗”的现象，也会形成“山上穿棉衣、山下穿单衣”的情况。还极易在山上出现山花烂漫与冰雪覆盖的美景。

四、土壤

森林土壤是维持林木健康生长的基质，土壤肥力特征影响并控制着林木的健康状态，而森林土壤养分状况，与林分的树种及其组成、林分结构等因子关系密切。一方面，对山地而言，地形和植被类型对土壤的理化性质是主要控制因子，在同一气候区，地形可改变气候因子的空间分配，从而影响植被格局，而植被格局可以控制微气候和影响土壤状况；另一方面，植被则影响成土过程、土壤演替及其理化性质。

土壤的形成过程是多个物理过程、化学过程和生物过程的相互作用过程。不同地区的不同气候、母岩、地形、植被和动物等方面导致了各种土壤类型的形成及土壤性质的差异，使土壤具有时间上和空间上变化的特点，即便是同一土壤类型下不同的时间和不同的空间上土壤的某些性质仍然不同。本次7个样点的土壤取样分析结果也表明了土壤理化性质的时空复杂性，而人为活动的介入，加剧了这些复杂性。本次样点中，沙子塘和风火砖这两个样点是人类活动较密集地区，其土壤的比重、容重相对较高，对应的是其有机质含量较低。

土壤的物理性质指标中，落叶阔叶林土壤的比重及容重高于其他3种森林类似的同指标值，也之对应的是其孔隙度和含水量低于其他3种森林类型的孔隙度和含水量。土壤有机质主要来源于植物的凋落物。在一般情况下，不同植被类型凋落物量表现为常绿阔叶林>落叶阔叶林>针叶林。本次调查分析结果中的结果与此相近，为阔叶、针叶混交>常绿阔叶林>落叶阔叶林>针叶林，说明这些样点的软阔类树种较多，植物凋落物有利于分解进入土壤。

全氮、全磷、全钾的基本趋势为常绿阔叶林较高，针叶林较低，而阔叶针叶混交及落叶阔叶林居于中间，而有效磷则是针叶林和落叶阔叶林高于另外两种森林类型。其原因可能为含各元素的有机质矿化过程速率和转化、植物吸收程度以及流失等原因造成。各元素分别在不同的化合物中，水解氮、有效磷和速效钾在土壤中形成的速率以及转化为其他化合物、被植物吸收速率不同。

第二节　自然资源概况

一、森林资源

贵州普安龙吟阔叶林州级自然保护区地处贵州西南部，属于中亚热带季风湿润气候区域，地带性植被为常绿阔叶林。由于早期人类干扰以及历史的原因，本区现存植被主要为次生植被，总体森林植被为常绿落叶阔叶混交林，主要组成树种有杉木(Cunninghamia lanceolata)、马尾松(Pinus massoniana)、麻栎(Quercus acutissima)、白栎(Quercus fabri)、柏木(Cupressus funebris)、光皮桦(Betula luminifera)、鹅掌楸(Liriodendron chinense)、枫香(Liquidambar formosana)、化香(Platycarya strobilacea)、清香木(Pistacia weinmannifolia)、云南樟(Cinnamomum glanduliferum)等。本区植被无明显垂直分布现象，但局部仍保存有团状分布的较好林分，如鹅掌楸林、云南樟林、清香木等。因本区的垂直高差达1000m，在低海拔处的山麓处多为人工林，如马尾松、杉林等。

通过对贵州普安龙吟阔叶林州级自然保护区森林植被类型调查分析，森林植被类型较为丰富，以常绿落叶阔叶混交林为主，可分为8个植被型：常绿阔叶林、常绿落叶阔叶混交林、落叶阔叶林、针阔混交林、针叶林、竹林、灌木林和人工植被。森林植被明显地具有次生性，形成了半自然半人工的森林群落，森林群落在垂直分异上不明显，但在局部地段仍有一定垂直分布现象。森林群落类型丰富，主要有7个类型：马尾松+杉木林、杉木林、枫香树林、云南樟树+白栎林、鹅掌楸林、清香木+化香树林、竹林。

二、野生植物资源

（1）根据保护区采集的苔藓植物标本及鉴定，该保护区有苔藓植物353种，隶属于50科127属，其中苔类植物17科28属57种、藓类植物32科98属295种、角苔类植物1科1属1种。含1属的科多达28个，占全部科中的56.00%及总属的22.05%；而含2属的科有7个，共14属，占全部科中的14.00%及总属的11.02%；包含3属的苔藓植物有5个科，共15属，占全部科的10.00%及总属的11.81%；其中含苔藓植物4属的科仅有2个；共8属，占全部科的4.00%及总属的6.30%；包含5属的科也仅有2个，共10属，占全部科的4.00%及属的7.87%；包含6属及以上的科有6个，共52属，占全部科的12%及属的40.94%。共有11个优势科，分别是叶苔科(Jungermanniaceae)、白发藓科(Leucobryaceae)、凤尾藓科(Fissidentaceae)、从藓科(Pottiaceae)、真藓科(Bryaceae)、羽藓科(Thuidiaceae)、青藓科(Brachytheciaceae)、绢藓科(Entodontaceae)、灰藓科(Hypnaceae)、毛锦藓科(Pylaisiadelphaceae)和金发藓科(Polytrichaceae)。以上11个优势科共有61属240种，分别占该区苔藓植物总属数的48.03%，总种数的67.99%，构成了该区苔藓植物的主体。由生境分析获知，以土生基质种类最多，共有201种，达到了所有种类的56.94%；其次为石生基质的苔藓植物也占有较大比例，有182种，为总种数的51.56%；树附生基质为88种，占总数的24.93%；腐殖质基质的植物种类不多，有60种，仅占总数的17.00%，可能与采集标本量有关。该区区系成分复杂、分布交错，可划分为13种类型，明显的优势成分为东亚成分，包含105种，占总种数的29.75%，其次为北温带成分，包含84种，占总种数的23.80%，热带亚洲成分有42种，占总种数的11.90%。

（2）通过对贵州普安龙吟阔叶林州级自然保护区蕨类植物标本的采集、拍照、鉴定，该区共有蕨类植物28科51属93种（包含种下等级），占贵州蕨类植物总科数的51.9%、总属数的33.6%、总种数（含种以下等级）的11.5%。保护区内数量前5个优势的科依次为水龙骨科(Polypodiaceae)、鳞毛蕨科(Dryopteridaceae)、金星蕨科(Thelypteridaceae)、凤尾蕨科(Pteridaceae)、卷柏科(Selaginellaceae)和铁角蕨科(Aspleniaceae)。构成了该区蕨类植物的主体该区蕨类植物优势属有5个，分别是凤尾蕨属、鳞盖蕨属、铁角蕨属、卷柏属和铁线蕨属。该区区系成分复杂多样，特有成分较多，具有一定的特有性质，以温带成分为主。5科有51种，占全部种数的54.8%。其中，只含有一个属的科有20个，占所有科的71.4%；只含有1个种的属有31个，占所有属的60.8%。含5个属及其以上的科有两个，水龙骨科（Polypodiaceae，9属15种）和金星蕨科（Thelypteridaceae，5属：7种），占该区总数的23.7%。5种以下的科有22科29个属，共计42种，占总数的45.2%。保护区蕨类植物中，温带分布种类占优势，有47种，占总数的50.5%，说明了普安县自然保护区蕨类植物区系是以温带分布种为主的温带性质。保护区中热带、亚热带的成分共有46种，占总数49.5%，其中南亚—中南半岛—东亚分布种类21种，占总数22.6%，可以看出，该区域与南亚地区联系较为密切，这与普安县在贵州省地理位置靠南相契合。

（3）贵州普安龙吟阔叶林州级自然保护区有野生种子植物664种（包括种下等级），隶属于哈钦森系统的129科407属。其中，裸子植物4科6属8种，被子植物125科401属656种。被子植物中，双子叶植物有108科338属564种，单子叶植物有17科63属92种。区域内分布的664种种子植物中，有热带分布种262种，占保护区内非世界分布总种数的40.18%；有温带分布种143种，占保护区内非世界分布总种数的21.93%；热带分布种占有明显优势，说明保护区内的种子植物区系具有很强的热带性质。中国特有种有247种，其中贵州特有分布种两种。本区域的中国特有种占保护区内非世界分布总种数的37.88%，比重较大，这与该区域特殊的地质地貌和气候有很大关系。664种种子植物当中，含种数20种以上的有4科，涵盖了83属123种，占保护区种子植物总科的3.10%、总属数的20.39%、总种数的18.52%，分别为菊科（Compositae，34属44种）、蔷薇科（Rosaceae，15属32种）、蝶形花科（Fabaceae，15属26种）、禾本科（Poaceae，19属21种）。含种数10～19种的有14科，涵盖了94属197种，占保护区种子植物总科的10.85%、总属数的23.10%、总种数的29.67%；主要有樟科（Lauraceae，6属19种）、蓼科（Polygonaceae，6属19种）、莎草科（Cyperaceae，6属17种）、大戟科（Euphorbiaceae，10属16种）、唇形科（Labiatae，10属16种）、毛茛科（Ranunculaceae，4属14种）、山茶科（Theaceae，4属13种）、桑科（Moraceae，3属13种）、壳斗科（Fagaceae，5属10种）等。含种数2～9种的有78科，涵盖了197属311种，占保护区种子植物总科的60.47%、总属数的48.40%、总种数的46.84%。本区域主要有五加科（Araliaceae，7属9种）、杜鹃花科（Rhododendraceae，3属9种）、榆科（Ulmaceae，4属8种）、鼠李科（Rhamnaceae，4属8种）、桔梗科（Campanulaceae，8属8种）、马鞭草科（Verbenaceae，5属8种）、紫金牛科（Myrsinaceae，4属7种）等。只含1种的科有33个，如红豆杉科(Taxaceae)、三白草科(Saururaceae)、金鱼藻科(Ceratophyllaceae)、蓝果树科(Nyssaceae)、芭蕉科(Musaceae)、川续断科(Dipsacaceae)、八角科(Illiciaceae)等。

（4）根据吴征镒等（2003）和李锡文（1996）对中国种子植物科的分布区类型的划分，将贵州普安龙吟阔叶林州级自然保护区的129科664种野生种子植物划分为10个分布区类型，可以大致分为世界分布、热带成分和温带成分三大类，无中国特有科。本区域内有世界分布科类型42科，常见的有菊科、禾本科、蓼科、莎草科、毛茛科、堇菜科(Violaceae)、十字花科(Cruciferae)、苋科(Amaranthaceae)和伞形科(Umbelliferae)等，以草本植物为主，不构成本区域植被的乔木层，不占主导地位；热带成分科53科，占本区域内种子植物非世界分布科数的60.92%，包括T2泛热带分布、T3热带亚洲至热带美洲间断分布、T4旧世界热带分布、T5热带亚洲至热带大洋洲分布、T7热带亚洲分布。53个热带成分科包含132属212种，占本区域内种子植物总属数的32.43%、总种数的31.93%；温带成分科34科，占本区域内种子植物非世界分布科数的39.08%，包括T8北温带分布、T9东亚和北美间断分布、T10旧世界温带分布和T14东亚分布4种类型。

（5）贵州普安龙吟阔叶林州级自然保护区的407属种子植物，按照所含种数的多少可以大致划分为3类。根据吴征镒（1991，1993）和吴征镒等（2006，2010）对中国种子植物属的分布区类型统计，可以将贵州普安龙吟阔叶林州级自然保护区内的407属种子植物划分为14个分布区类型。①T1世界广布类型，有43属：蓼属、薹草属、堇菜属等；②T2泛热带分布类型，有81属，其中，正型有77属（榕属、朴属、山矾属、冬青属等），变型有4属（糙叶树属、菊芹属、蓝花参属等）；③T3热带亚洲和热带美洲间断分布，有6属：木姜子属、柃属、楠木属、月见草属等；④T4旧世界热带分布，有24属：其中，正型有22属（野桐属、海桐花属、金锦香属、合欢属、酸藤子属），变型有2属（牛胆属和飞蛾藤属）；⑤T5热带亚洲至热带大洋洲分布，有11属，其中，正型的有10属（野牡丹属、栝楼属、雀舌木属等），变型有1属（梁王茶属）；⑥T6热带亚洲至热带非洲分布，有22属，其中，正型20属（紫雀花属、水麻属、铁仔属、蓝耳草属、豆腐柴属等），变型2属（杨桐属和马蓝属）；⑦T7热带亚洲（印度、马来西亚）分布，有32属，其中，正型25属（山胡椒属、山茶属、润楠属、青冈属、构属等），变型7属（来江藤属和粗筒苣苔属等）；⑧T8北温带分布，有78属，其中，正型62属（杜鹃花属、荚蒾属、栎属、松属、细辛属等），变型16属（景天属、婆婆纳属、野豌豆属、杨梅属等）；⑨T9东亚和北美间断分布，有31属（石楠属、山蚂蝗属、十大功劳属、漆属、楤木属、络石属等）；⑩T10旧世界温带分布，有17属，其中，正型12属（香薷属、天名精属、淫羊藿属、瑞香属、川续断属等），变型5属（女贞属、火棘属和牧根草属等）；⑪T11温带亚洲分布，有3属（马兰属、黏冠草属和附地菜属）；⑫T12地中海区、西亚至中亚分布，有1属（黄连木属）；⑬T14东亚分布，有51属，其中，正型27属（猕猴桃属、旌节花属、绣线梅属、蜡瓣花属、青荚叶属等），变型24属（油杉属、侧柏属、石莲属、钻地风属、枳椇属、刺楸属、叠鞘兰属等）；⑭T15中国特有属，有6属（杉木属、香果树属、同钟花属、翅茎草属、长冠苣苔属和地涌金莲属）。综上所述，保护区内世界广布属43属，热带成分属117属，温带成分属181属，中国特有属6属。可见，温带成分属的比重较热带成分属高，占有优势。

（6）经过野外调查、室内标本鉴定，整理出保护区内有野生草本植物69科224属317种（包括种下等级）。其中，双子叶植物55科169属239种，占草本植物总科、属、种的79.71%、75.45%、75.39%；单子叶植物14科55属78种，占草本植物总科、属、种的20.29%、24.55%、24.61%。保护区内草本种子植物含10种以上的科有9个，共包含103属156种，占保护区草本植物总属数、种数的48.66%、49.21%，是保护区草本植物区系中的优势科。另外，蝶形花科(Fabaceae)、茜草科(Rubiaceae)、桔梗科(Campanulaceae)、堇菜科(Violaceae)、报春花科(Primulaceae)等在种的数量上虽不及前者，但在保护区分布很广，也是保护区草本植物区系中的优势科。保护区内草本种子植物含3种以上的属有21个，这些科共含85种，占保护区草本植物总种数的26.81%，是保护区内木本种子植物区系的优势属。另外，野豌豆属(*Vicia*)、委陵菜属(*Potentilla*)、蛇莓属(*Duchesnea*)、何首乌属(*Fallopia*)、母草属(*Lindernia*)、通泉草属(*Mazus*)、鼠麹草属(*Gnaphalium*)等植物在保护区内分布广泛，也是保护区内草本植物的优势属。

（7）经过统计整理，贵州普安龙吟阔叶林州级自然保护区有各类珍稀濒危植物8科11属11种。其中，国家Ⅱ级保护植物3科3属3种；贵州省保护植物4科4属4种；濒危野生动植物种国际贸易公约(CITES)附录Ⅱ收录兰科植物4属4种。保护区内的贵州特有植物只有两种，即安龙石楠(*Photinia anlungensis*)和冬青叶山茶(*Camellia ilicifolia*)。

三、野生动物资源

依据野外考察和文献记载，保护区内有鱼类资源23种，隶属5目9科21属；两栖动物24种，隶属2目8科；爬行动物36种，隶属3目9科29属；鸟类157种，隶属17目49科；兽类38种，隶属8目18科28属；昆虫829种，隶属18目174科575属；无脊椎动物在第五章将详细介绍。

（1）保护区境内溪流纵横，水资源异常丰富，为鱼类的生存和繁衍提供了理想的气息环境。据调查，保护区有鱼类23种，隶属5目9科21属，占贵州省鱼类种类总数202种的11.37%。保护区鱼类组成中鲤形目最多，有3科15种，占保护区鱼类总种数的65.22%，鲤形目种又以鲤科最多，有11种，占保护区鱼类总种数的47.83%，占保护区鲤形目的73.33%。区系组成为东亚类群的包括雅罗鱼亚科（草鱼）、鲤亚科（马口鱼）、鲢亚科（鲢）、鮈亚科（花鱛）、鲤亚科（鲤）。其他的均为南亚类群。同贵州省的鱼类区系组成一样，贵州普安龙吟阔叶林州级自然保护区的鱼类仍然以鲤科鱼类为主，该区鲤科鱼类11种，占保护区鱼类总种数的47.83%，在保护区鱼类区系组成上占绝对优势。

（2）野外考察记录保护区内有24种两栖动物，隶属2目8科。保护区内两栖动物以无尾目为主体，科级分类以蛙科(Ranidae)7种占优势，占保护区两栖动物总种数的29.17%，占保护区两栖动物无尾目总种数的33.33%，除大鲵、贵州疣螈棘侧蛙等少数对栖息地环境有特殊要求的珍稀物种外，区内其余两栖动物种群数量均较丰富。贵州普安龙吟阔叶林州级自然保护区两栖动物生态类型共5种，即为静水型、陆栖－静水型、流水型、陆栖－流水型、树栖型；其中，以陆栖－静水型为主，有11种，流水型最少，只有1种，陆栖－流水型和树栖型分别为8种和4种。保护区以陆栖－静水型为主且种群数量较多的两栖动物格局，不仅反映了区内丰富的水资源，同时也反映了区内良好的生态环境。保护区24种两栖动物中，以东洋界为主，共计18种，占保护区两栖动物总种数的75%；古北界东洋界广布种6种，占保护区两栖动物总种数的25%；东洋界中，华中华南西南区有9种，华中华南区有4种，华中西南区有4种，华中区有1种。

（3）本次综合科学考察，共观察到爬行动物36种，隶属于3目9科29属。其中，鬼鳖目共有2科2属2种，占保护区总种数的5.57%；蜥蜴目共有4科5属6种，占保护区总种数的16.67%；有鳞目共有3科19属28种，占保护区总种数的77.78%。36种爬行动物中，以有鳞目游蛇科占绝对优势，共计21种，占保护区总种数的58.33%，占保护区有鳞目的75%。有毒蛇中，共计2科7种，占保护区总种数的19.44%，占游蛇科总种数的33.33%。其中，眼睛蛇科3种，占保护区总种数的8.33%，占保护区有鳞目的10.71%；蝰科有4种，占保护区总种数的11.11%，占保护区有鳞目的14.29%；有毒蛇类主要为银环蛇(*Bungarus multicinctus*)、眼镜蛇(*Naja naja*)、眼镜王蛇(*Ophiophagus hanna*)、白头蝰(*Azemiops feae*)、原矛头蝮(*Protobothrops mucrosquamatus*)、山烙铁头(*Trimeresurus monticola*)和竹叶青(*Viridovipera stejnegeri*)。保护区36种爬行动物中，古北界东洋界广布种有4种，华中华南西南区有2种，华中华南区23种，西南区有1种，华中区有3种，华南区有3种。

（4）根据野外考察和相关文献考究，初步确定该自然保护区共计鸟类157种，隶属于17目49科。占贵州省鸟类432种的36.34%，占全国鸟类1371种（郑光美，2011）的11.45%，其中非雀形目鸟类58种，占保护区总种数的36.94%，雀形目鸟类99种，占保护区总种数的63.06%。国家II级重点保护鸟类15种：白腹锦鸡(*Chrysolophus amherstiae*)、褐翅鸦鹃(*Centropus sinensis*)、小鸦鹃(*Centropus bengalensis*)、凤头蜂鹰(*Pernis ptilorhyncus*)、黑冠鹃隼(*Aviceda leuphotes*)、蛇雕(*Spilornis cheela*)、凤头鹰(*Accipiter trivirgatus*)、雀鹰(*Accipiter nisus*)、黑鸢(*Milvus migrans*)、普通鵟(*Buteo japonicus*)、灰林鸮(*Strix aluco*)、斑头鸺鹠(*Glaucidium cuculoides*)、红隼(*Falco tinnunculus*)、燕隼(*Falco subbuteo*)和游隼(*Falco peregrinus*)。其中列入世界自然保护联盟(IUCN)红色名录的近危种(NT)1种：凤头麦鸡(*Vanellus vanellus*)。(NR)2种：牛背鹭(Bubulcus ibis)和灰眶雀鹛(*Alcippe morrisonia*)。列入濒危动植物国际贸易公约(CITES)附录Ⅰ有1种：游隼(*Falco peregrinus*)，列入附录Ⅱ有12种：凤头蜂鹰(*Pernis ptilorhyncus*)、黑冠鹃隼(*Aviceda leuphotes*)、蛇雕(Spilornis cheela)、凤头鹰(Accipiter trivirgatus)、雀鹰(Accipiter nisus)、黑鸢(Milvus migrans)、普通鵟(*Buteo japonicus*)、灰林鸮(*Strix aluco*)、斑头鸺鹠(*Glaucidium cuculoides*)、红隼(*Falco tinnunculus*)、燕隼(*Falco subbuteo*)和红嘴相思鸟(*Leiothrix lutea*)。与2012年在其邻县盘州八大山保护区的调查结对比种类上相近，但贵州普安龙吟阔叶林州级自然保护区调查到的科和目相对较多，这也表明保护区鸟类在科级分类阶元和目级分类阶元的多样性比较丰富。从科、属分类阶元上看，其G-F指数达到0.84，也体现出较丰富的多样性。

（5）根据野外考察和相关文献考究，查清该保护区有兽类38种，隶属8目18科28属，占贵州省兽类记载总数（138种）的27.54%。食虫目1科2属2种，占保护区总种数的5.26%；翼手目2科2属3种，占保护区总种数的7.89%；灵长目1科2属2种，占保护区总种数的5.26%；鳞甲目1科1属1种，占保护区总种数的2.63%；兔形目1科1属1种，占保护区总种数的2.63%；食肉目4科7属8种，占保护区总种数的21.05%；偶蹄目3科4属5种，占保护区总种数的13.16%；啮齿目5科9属16种，占保护区总种数的42.11%。啮齿目和食肉目种数较多。保护区在中国动物地理区划上属东洋界—

中印亚界－华中区(VI)－西部山地高原亚区(VIB)，保护区38种兽类中，东洋界物种14种，占保护区总种数的36.84%；古北界物种16种，占保护区总种数的42.11%；古北、东洋界广布种8种，占保护区总种数的21.05%。贵州普安龙吟阔叶林州级自然保护区兽类共有6种分布型，其中东洋型20种（占保护区总种数的52.63%）；南中国型6种（占保护区总种数的15.79%）；季风型2种（占保护区总种数的5.26%）；全北型1种（占保护区总种数的2.63%）；广北型8种（占保护区总种数的21.05%）；不易归类型1种（占保护区总种数的2.63%）。总体而言，东洋型物种最多，其中热带－中亚热带和热带－温带物种分别是7种和6种，分别占东洋型物种总数的35%和30%。保护区38种兽类物种中，有国家重点保护动物6种，占保护区总种数的15.79%。其中，国家一级保护物种1种：黑叶猴(*Presbytis francoisi*)；国家二级保护物种5种：猕猴(*Macaca mulatta*)、穿山甲(*Manis pentadactyla*)、小灵猫(*Viverricula indica*)、豹猫(*Prionailurus ngalensis*)、斑羚(*Naemorhedus goral*)。列入国家保护的有益的或者有重要经济、科学研究价值的陆生野生动物名录（简称“三有名录”）19种，占保护区总种数的50%。贵州普安龙吟阔叶林州级自然保护区兽类生态类型分为6类。①地下生活型（1种）：普通竹鼠，长时间潜伏洞巢内，沿洞道啃食竹根、地下茎和竹笋等；②半地下生活型（14种）：食中目、穿山甲、豪猪及大部分鼠类，多善于掘土穴居；③地面生活型（13种）：偶蹄目、食肉目中大型兽类及草兔、巢鼠，巢鼠善于攀爬，多栖息于丘陵坡地，通常筑巢于芒秆、麦秆上，因此将其划定为地面生活型；④树栖型（3种）：松鼠科，营树栖生活，较少在地面生活；⑤半树栖型（4种）：猕猴、黑叶猴、黄腹鼬、黄鼬，多活动在树上，也常常在地面觅食或栖息；⑥岩洞栖息型（3种）：翼手目物种，栖息于岩洞内，多夜间活动。从较大的地理区域尺度上看，贵州普安龙吟阔叶林州级自然保护区周边有望谟苏铁县级自然保护区和兴义坡岗县级自然保护区，其生境构成和植被类型也较为相似。贵州普安龙吟阔叶林州级自然保护区与望谟苏铁自然保护区共有兽类26种，与兴义坡岗自然保护区共有兽类28种，通过Jaccard相似性系数分析得出：贵州普安龙吟阔叶林州级自然保护区与望谟苏铁自然保护区兽类群落相似性系数较低(C=0.41)，中等不相似；贵州普安龙吟阔叶林州级自然保护区与兴义坡岗自然保护区兽类群落相似性系数较低(C=0.43)，中等不相似。

（6）野外调查累计昆虫829种，隶属于18目174科575属。普安昆虫在世界的区属有7种区属类型（区系型）。普安县昆虫以东洋区区系成分为主体，计391种，占47.17%，其次为跨区分布的“东洋区—古北区”式成分，计357种，占43.06%。而他成分的分布区系比例远远低于上述两种区系成分（所占比重均为5%以下）。上述结果说明普安县昆虫的分布区系为以东洋区系分布为主，并与古北区联系紧密的特点。而与澳洲区系、旧热带区系及新北界区系联系微弱。为了解普安县昆虫在中国的地理区划的的区系分布特点，将其按含特定地理区的跨区区系型型分别进行复计种数及复计比例。结果表明，普安县昆虫具有突出的西南区系特点：含西南区复计种数多达632种，复计比重达到76.24%。其他几个区系的跨区区系分布中，可分3个层次：①含华中区的跨区区系型和含华南区的跨区区系型复计种数分别为537和494，复计比重分别为64.78%和59.59%；②含华北区的跨区区系型，复计种数为307，复计比重为37.03%；③含蒙新区的跨区区系型、含东北区的跨区区系型和含青藏区的跨区区系型，相应的复计种数为175种、157种和147种，复计比重为21.11%、18.94%和17.73%。可以认为，普安县昆虫区系与华中区系及华南区区系的联系强于与华北区区系间的联系，而与这3个区系间的联系又都强于蒙新区、东北区和青藏区区系间的联系。普安县昆虫区系面貌在中国地理区划的特点为西南区系为主，与其他区系的关联强度依次为华中区、华南区、华北区、蒙新区、东北区和青藏区。

四、大型真菌

通过对贵州普安龙吟阔叶林州级自然保护区大型真菌的初步调查，采集到237份大型真菌标本。经过鉴定及分析，初步确定该区有47科183种（包含种下等级）大型真菌，其中担子菌169种、子囊菌14种。

根据区内植被类型的特点，将保护区的大型真菌分为针阔混交林中的大型真菌、阔叶林中的大型真菌、竹林中的大型真菌。①针阔混交林中的大型真菌：白黄小脆柄菇(*Psathyrella candolleana*)、栎裸伞(*Gymopus dryophilus*)、小果蚁巢伞(*Termitomyces microcarpus*)、小托柄鹅膏(*Amanita farinosa Schwein*)、小鸡油菌(*Cantharellus minor*)等；②阔叶林中的大型真菌：漏斗多孔菌(*Polyporus arcularius*)、相邻小孔菌(*Microporus affinis*)、四川灵芝(*Ganoderma sichanense*)、烟色烟管菌(*Bjerkandero fumosa*)、红孔菌(*Pycnoporus cinnabarinus*)、杯盖大金钱菌(*Megacollybia ditocyboidea*)、林地蘑菇(*Agaricus silvaticus*)、蘑菇(*Agaricus* sp.)、鬼伞(*Coprinus* sp.)等；③竹林中的大型真菌：云芝(*Trametes versicolor*)、裂褶菌(*Schizophyllum commune*)、栎裸伞(*Gymnopus dryophilus*)、网纹灰包(*Lycoperdon perlatum*)、梨形马勃(*Lycoperdon pyriforme*)等。

贵州普安龙吟阔叶林州级自然保护区地处云南高原向贵州山原过渡地带，是典型的喀斯特山地，其森林生态系统以喀斯特山地森林生态系统为主，也有常态地貌的森林生态系统。现该区大型真菌可划分为3个垂直带，即低山林带大型真菌、中山林带大型真菌、山顶林带大型真菌。①低山林带的大型真菌：美味牛肝菌(*Boletus edulis*)、马勃状硬皮马勃(*Scleroderma areolatum*)、波状滑锈伞(*Hebeloma sinuous*)、铍孔菌(*Coltricia perennis*)、漏斗多孔菌(*Polyporus arcularius*)、扇形小孔菌(*Microporus flabelliformis*)、相邻小孔菌(*Microporus affinis*) 、栎裸伞(*Gymnopus dryophilus*)、假芝(*Amauroderma rugosum*)等；②中山林带的大型真菌：近果生炭角菌(*Xylaria liquidambari*)、梨形马勃(*Lycoperdon pyriforme*)、粘小奥德蘑(*Oudemansiella mucida*)、近裸香菇(*Lentinus subnudus*)、烟色烟管菌(*Bjerkandera fumosa*)、桦褶孔菌(*Lenzites betulina*)、盏芝小孔菌(*Microporus xanthopus*)、扇形小孔菌(*Mieroporus flabelliformis*)等；③山顶林带的大型真菌：红孔菌(*Pycnoporus cinnabarinus*)、裂褶菌(*Schizophyllum commune*)、白微皮伞(*Marasiellus candidus*)、相邻小孔菌(*Microporus affinis*) 、云芝(*Trametes versicolor*)等。

保护区常见的可食用的种类有鸡油菌、皱木耳(*Auricularia delicate* (Fr.) *Henn.*)、毛木耳(*Auricularia polytricha*)、盾尖鸡枞菌(*Termitomyces clypeatus*)、短裙竹荪(*Dictyophora duplicate*)、长裙竹荪(D. *indusaita*)、香菇(*Lentinula edodes*)、小果蚁巢伞(*Termitomyces microcarpus*)、松乳菇(*Lactarius deliciosus*)、红汁乳菇(*Lactarius hatsudake*)、白乳菇(L. *piperatus*)、近裸香菇(*Lentinus subnudus*)等。

保护区药用菌有具有抗凝、抗血栓、促纤溶、抗惊厥、抗癌、催眠、降糖、降脂、抑菌等作用的球孢白僵菌(*Beauveria bassiana*)。灵芝(*Ganoderma sichuanense*)、紫芝(*G. sinense*)、树舌灵芝(*Ganoderma applanatum*)有抗肿瘤、免疫抑制、抗氧化、抗病毒性、抗炎性和抗溶血等活性，以及生长在倒木上云芝(*Trametes versicolor*)，有抗癌作用；到处可见的栎裸柄伞(*Gymnopus dryophilus*)有良好的抗氧化作用，可延缓衰老作用；还有红菇属(*Russula*)中的臭红菇(*Russula foetens*)、蓝黄红菇(*Russula cyanoxanteha*)。

本地区毒菌不多，其中以残托鹅膏有环变型(*Amanita sychnopyramis*)极毒，本菌中毒发生率较高，其死亡率也高，是防治毒菌中毒的重点。常见还有钟形花褶伞(*Panaeolus campanulatus*)、格纹鹅膏(*Amanita fritillaria*)、簇生垂幕菇(*Hypholoma fasciculare* var. *fasciculare*)、黄粉末牛肝菌(*Pulveroboletus ravenelii*)、绿褐裸伞(*Gymnopilus aeruginosus*)、鳞皮扇菇(*Panellus stipticus*)和绒白乳菇(*Lactarius vellereus*)等。

第三节　社会经济概况

贵州普安龙吟阔叶林州级自然保护区涉及龙吟、兴中两个镇，包括13个行政村、29个自然村寨，共有867户4445人，基本上都是农业人口。苗族是社区的主要民族，占总人口的75.56%，而汉族仅占22.44%。受经济条件、贫困等影响，初中以下文化水平的人群较多，文盲人群主要分布在 50 岁以上的年龄段。

贵州普安龙吟阔叶林州级自然保护区规划总面积5630.7hm^2。其中，核心区面积2382.4hm^2、占保护区总面积的42.3%，缓冲区面积568.8hm^2、占保护区总面积的10.1%，实验区面积2679.5hm^2、占保护区总面积的47.6%。功能区划时，核心区、缓冲区、实验区的四至界线尽可能考虑以便于保护且自然地理标志线为依据，例如山脊、山谷、河流、悬崖、植被边界线等，或以县界、乡镇界、村界为边界，对无上述明显标志线的，则以保护区边界线条顺直为准，并对各个主要控制点明确坐标。

保护区涉及各乡镇均已通柏油路，各村均修通了硬化道路，各组均修通了简易的通组公路。通村通组公路级别较低、弯道大、路面窄。保护区范围内现有县道公路2km，通村公路32km，对外交通和通信条件较为便利。

根据普安县2016年林地年度变更成果资料和2014年土地详查资料，普安县自然保护区总面积5637hm^2，其中永久基本农田保护面积77.61hm^2，占保护区总面积的1.37%；林地面积5339.7hm^2，占保护区总面积的94.7%；耕地面积286.5hm^2，占保护区总面积的5.1%；建设用地面积10.8hm^2，占保护区总面积的0.2%。

保护区境内有教学点17所，小学实现了义务教育，但村小学师资力量还是相对不足，师资也以民办教师为主，教育设施有待完善。村里的医疗条件很有限，仅能治疗一些简单的小病。现有村级卫生室21个，全村已实行了农村新型合作医疗保险，多数村民参加了新农保，生活有了最低保障。但村组卫生室环境差、条件简陋。

护区村民组基本实施人畜安全饮水工程。但个别村民组还在自己的寨子里修建有水井，有自己的取水点，饮水设施严重不足，污水处理率低，无集中处理设施，对环境有一定污染。有些组从水沟河取水，大部分村寨都接通了安全饮用的自来水，但是饮用水管理条件较落后，有待加强和完善人畜饮水工程的建设与管理。保护区通电已经实现了全部覆盖。风力发电机亦较多，输变线路在大山中穿越，正成为一道观光的景致。

各村民组都建有地面卫星接收站或有闭路电视线，电视已经普及到各家各户，群众能够通过电视传播了解各地新闻及世界大事。保护区基本上实现了网络全覆盖。几乎在各处手机使用信号好，电视机使用画面清晰。到今天，已经发展到全民使用手机，通话联络很方便。在电脑方面，一些群众家中接通了网线，少数则采用无线路由器解决上网问题，信息不畅问题得到了根本性的解决。但通信设施和网络有待进一步完善，宽带网仅辐射到小部分行政村。

保护区内村民居房条件还好，交通便利的村民组基本以砖瓦房为主，有少部分还住上了有楼层的平房，而交通不便的，分布山中的村民组还是住木制房屋。农民自家用起了脱粒机、电磁炉、电饭锅等，农具还是以传统为主，几乎没有用机械耕种。能源结构呈多元化，部分家庭使用了沼气池，农忙季，绝大部分农民以用电能为主，但冬季，大部分社区群众生活能源仍以煤炭、薪柴等低效燃料为主。薪柴主要种类为栎类等阔叶树种，室内外环境污染相当严重，能源利用效率低。

保护区内社区家庭经济来源主要有农业和外出务工两方面。传统种植业包括种植稻谷、马铃薯、红薯、玉米等。近些年烤烟、茶叶、核桃的种植在社区家庭经济收入中占了极大比例。普安大米、普安腊肉在当地享有很高声誉，养殖以猪、牛、羊、禽为主，基本以家庭为单位自产自销，特色养殖发展不成熟，只有少数家庭养殖竹鼠、兔、豪猪等。居民大部分在当地拥有一套及以上房产，今后打算进城发展的占70%以上。人均口粮210～350kg，年人均纯收入为3500～5000元。

近年来，外出务工是当地另一大经济来源。外出务工人数占总人数的63.4%。在调查的村寨中，90%的年轻人都已经外出务工，因为没有专门的技能，主要从事的都是建筑行业的泥水工等苦力活，或生产技能要求不高的手工加工业，有部分初中以上毕业生能在工厂工作，工资待遇能达到当地工作人员的平均工资水平。

第四节　保护区范围及功能区划

一、保护区性质

拟建的贵州普安龙吟阔叶林州级自然保护区是以保护全国重要生态功能区中的西南喀斯特土壤保持重要区的亚热带常绿阔叶林、常绿落叶阔叶混交林和暖温性灌丛生态系统，以保护鹅掌楸、猕猴等珍稀濒危野生动植物资源为主体职责，集自然保护、科学研究、科普宣传、教学实习、生态旅游于一体的多功能的公益性自然保护区。

二、保护区类型

根据中华人民共和国国家标准《自然保护区类型与级别划分原则》（GB/T 14529—93），结合贵州普安龙吟阔叶林州级自然保护区的性质、保护对象及特点，贵州普安龙吟阔叶林州级自然保护区类型属于森林生态系统类型自然保护区。

三、保护区规模

普安县贵州普安龙吟阔叶林州级自然保护区总面积5637hm^2，根据《自然保护区工程项目建设标准（修订版）》（2013）第十一条，拟建保护区规模属于小型自然保护区。

四、功能区划

贵州普安龙吟阔叶林州级自然保护区规划总面积5637hm^2。其中：核心区面积2312.5hm^2、占保护区总面积的41%，缓冲区面积607hm^2、占保护区总面积的10.8%，实验区面积2717hm^2、占保护区总面积的48.2%。功能区划时，核心区、缓冲区、实验区的四至界线尽可能考虑，以便于保护自然地理标志线为依据，例如山脊、山谷、河流、悬崖、植被边界线等，或以县界、乡镇界、村界为边界，对无上述明显标志线的，则以保护区边界线条顺直为准，并对各个主要控制点明确坐标。具体区划如下。

（一）核心区

根据保护区重点保护对象的分布情况和保护区内的自然村寨分布状况，以保护鹅掌楸、猕猴等珍稀濒危物种种群及原生地、栖息地、繁殖地区划为核心区。为守好发展和生态两条底线，更好地协调当地经济社会与保护区建设，规划分布在核心区范围内的现有县道、乡道、通村通组公路两侧10m范围内划入实验区进行管理，在功能分区图中不再进行标示。

（二）缓冲区

缓冲区是核心区向实验区的过渡区域，用以隔离核心区与实验区，减少核心区的外部干扰或影响。在保护区核心区外围根据自然地势，扩展一定范围形成环形缓冲带。缓冲区以自然界线为主，以植被分布界线为辅，缓冲区位于核心区外围，以保护和恢复植被为主，可以适当开展非破坏性的科学研究、教学实习及标本采集，不允许从事采矿、森林采伐等其他生产经营性活动。为守好发展和生态两条底线，更好地协调当地经济社会与保护区建设，规划分布在缓冲区范围内的现有高速公路、省道、县道、乡道、通村通组公路两侧5m范围内划入实验区进行管理，在功能分区图中不再进行标示。

（三）实验区

为探索贵州普安龙吟阔叶林州级自然保护区可持续发展的有效途径，在缓冲区的外围划分实验区。实验区的主要任务是积极恢复和扩大森林植被，使整个森林生态系统逐渐恢复并发展；在自然环境与自然资源有效保护的前提下，对自然资源进行适度合理利用，合理开展科研、生产、教学、生态旅游等活动，探索保护区可持续发展的途径，提高保护区科研及自养能力。

第五节 综合评价

一、重要的生态区位

贵州普安龙吟阔叶林州级自然保护区位于贵州省西南部乌蒙山区，隶属黔西南布依族苗族自治州。区内山脊明显，山脉大体呈南北走向长条形。境内河流属珠江水系，以中部乌蒙山脉为分水岭，分别汇入南、北盘江。从地形上看，保护区位于乌蒙山脉，西面为贵州最高点韭菜坪，北面为大娄山脉，东面为苗岭山脉。从气候上看，保护区位于中亚热带温暖湿润的季风区，属中亚热带湿润季风气候，植被以中亚热带植被为主，是大娄山脉和苗岭山脉与乌蒙山脉的重要交汇点，无疑是野生动物生存、栖息、繁衍、迁移的重要区域。

同时，保护区位于珠江流域，保护区内大大小小的支流都汇入南、北盘江。保护区周边有着多个水库，都是周边乡镇重要的饮用、生产水源。保护区茂密的森林植被和多样的生态系统在涵养水源、调控水量、净化空气、调节局部气候等方面发挥着巨大的作用。自然保护区保护的好坏不仅直接影响南、北盘江水产种质资源保护区的生态环境，还辐射下游地区的农田灌溉、工业用水与饮用水源。因此，自然保护区又是黔西南重要的水源涵养林区之一。通过对保护区系统、科学的规划，能最大限度地发挥“珠江流域生态屏障”的生态服务功能，从而保障珠江流域的生态安全。

因此保护区的建立与完善，对野生动植物的保护具有重要意义，对于贵州省保护区的总体布局体系具有重要意义。

二、典型的森林植被

贵州普安龙吟阔叶林州级自然保护区处于中亚热带季风湿润气候区域，地带性植被为常绿阔叶林。由于早期人类干扰以及历史的原因，有些区域的植被次生性特点比较明显，总体森林植被为常绿落叶阔叶混交林，主要组成树种有云南油杉(*Keteleeria evelyniana*)、马尾松(*Pinus massoniana*)、云南松(*Pinus yunnanensis*)、柏木(*Cupressus funebris*)、穗花杉(*Amentotaxus argotaenia*)、侧柏(*Platycladus orientalis*)、鹅掌楸(*Liriodendron chinense*)、玉兰(*Yulania denudata*)、大八角(*Illicium majus*)、猴樟(*Cinnamomum bodinieri*)、云南樟(*Cinnamomum glanduliferum*)、香叶树(*Lindera communis*)、细叶楠(*Phoebe hui*)、檫木(*Sassafras tzumu*)、毛桐(*Mallotus barbatus*)、乌桕(*Sapium sebiferum*)、油桐(*Vernicia fordii*)、椤木石楠(*Photinia davidsoniae*)、合欢(*Albizia julibrissin*)、江南桤木(*Alnus trabeculosa*)、茅栗(*Castanea seguinii*)、窄叶青冈(*Cyclobalanopsis augustinii*)、白栎(*Quercus fabri*)、麻栎(*Quercus acutissima*)、构树(*Broussonetia papyrifera*)、香椿(*Toona sinensis*)、化香树(*Platycarya strobilacea*)和漆(*Toxicodendron vernicifluum*)。本区植被无明显垂直分布现象，但局部仍保存有团状分布的较好林分，如清香木+化香树林、鹅掌楸林、云南樟

树+白栎林、枫香树林等。

三、多样的物种与生态系统

（一）物种多样性

保护区有较好的水文条件、复杂的气候条件和土壤条件，生物生境复杂多样，为生物的繁衍生息提供了良好场所，生物种类繁多资源丰富，相对于贵州大部分地区，物种多样性较为丰富。

（二）生态系统多样性

根据《中国植被》分类系统，贵州普安龙吟阔叶林州级自然保护区中亚热带森林植被较为丰富，以常绿落叶阔叶混交林为主，可化为8个植被型：常绿阔叶林、常绿落叶阔叶混交林、落叶阔叶林、针阔混交林、针叶林、竹林、灌木林和人工植被。森林植被明显地具有次生性，形成了半自然半人工的森林群落。森林群落在垂直分异上不明显，但在局部地段仍有一定垂直分布现象。森林群落类型丰富，主要有7个类型：马尾松+杉木林、杉木林、枫香树林、云南樟树+白栎林、鹅掌楸林、清香木+化香树林、竹林。

四、珍稀的动植物

据初步统计，贵州普安龙吟阔叶林州级自然保护区有各类珍稀濒危植物11种，隶属于8科11属。其中，国家Ⅱ级保护植物3科3属3种鹅掌楸[(*Liriodendron chinense*)、香果树(*Emmenopterys henryi*)、金荞麦(*Fagopyrum dibotrys*)]；贵州省保护植物4科4属4种穗花杉[(*Amentotaxus argotaenia*、檫木(*Sassafras tzumu*)、刺楸(*Kalopanax septemlobus*)、清香木(*Pistacia weinmannifolia*)]；《濒危野生动植物种国际贸易公约》(CITES)附录Ⅱ收录兰科植物4属4种[钩距虾脊兰(*Calanthe graciliflora*)、金兰(*Cephalanthera falcata*)、齿爪叠鞘兰(*Chamaegastrodia poilanei*)、短距舌喙兰(*Hemipilia limprichtii*)]。

保护区内的贵州特有植物只有两种，即安龙石楠(*Photinia anlungensis*)和冬青叶山茶(*Camellia ilicifolia*)。安龙石楠主要分布在贵州省西南部，模式产地为安龙县。本种在保护区少见，在高棉片区的林缘偶见分布。冬青叶山茶主要分布在贵州北部，贵州南部也有分布，模式产地为赤水县金沙沟。本种在保护区的高棉片区偶见分布。

贵州普安龙吟阔叶林州级自然保护区38种兽类中，有国家重点保护动物6种，占保护区总种数的15.79%。其中，国家一级保护物种1种，即黑叶猴(*Presbytis francoisi*)；国家二级保护物种5种，分别是猕猴(*Macaca mulatta*)、穿山甲（*Manis pentadactyla*)、小灵猫(*Viverricula indica*)、豹猫(*Prionailurus ngalensis*)、斑羚(*Naemorhedus goral*)。另外，还有列入世界自然保护联盟(IUCN)濒危物种红色名录的物种18种，其中低危/接近受威(LR/nt)物种3种，分别是猕猴、毛冠鹿和皮氏菊头蝠；低危/需予关注(LR/lc)物种7种，分别是黄腹鼬、黄鼬、狗獾、猪獾、小麂、赤麂、中菊头蝠；易危(VU)物种8种，分别是黑叶猴、穿山甲、赤狐、小灵猫、花面狸、豹猫、斑羚、豪猪。列入濒危野生动植物种国际贸易公约(CITES)的兽类9种。其中，列入附录Ⅰ的3种（小灵猫、花面狸、斑羚）；列入附录Ⅱ的4种（猕猴、黑叶猴、穿山甲、豹猫）；列入附录Ⅲ的两种（黄腹鼬和黄鼬）。列入国家保护的有益的或者有重要经济、科学研究价值的陆生野生动物名录（简称“三有名录”）19种。列入《中国濒危动物红皮书（兽类）》名录的物种16种。其中，易危(VU)

物种9种，分别是猕猴、黄腹鼬、黄鼬、狗獾、猪獾、小麂、赤麂、毛冠鹿和豪猪；近危(NT)物种4种，分别是赤狐、小灵猫、花面狸和豹猫；濒危(EN)物种3种，分别是黑叶猴、穿山甲和斑羚。

贵州普安龙吟阔叶林州级自然保护区157种鸟类中。国家II级重点保护鸟类15种，分别是白腹锦鸡(*Chrysolophus amherstiae*)、褐翅鸦鹃(*Centropus sinensis*)、小鸦鹃(*Centropus bengalensis*)、凤头蜂鹰(*Pernis ptilorhyncus*)、黑冠鹃隼(*Aviceda leuphotes*)、蛇雕(*Spilornis cheela*)、凤头鹰(*Accipiter trivirgatus*)、雀鹰(*Accipiter nisus*)、黑鸢(*Milvus migrans*)、普通鵟(*Buteo japonicus*)、灰林鸮(*Strix aluco*)、斑头鸺鹠(*Glaucidium cuculoides*)、红隼(*Falco tinnunculus*)、燕隼(*Falco subbuteo*)、游隼(*Falco peregrinus*)。其中列入世界自然保护联盟(IUCN)红色名录的近危种(NT)1种，即凤头麦鸡(*Vanellus vanellus*)。(NR)2种，即牛背鹭(*Bubulcus ibis*)和灰眶雀鹛(*Alcippe morrisonia*)。列入濒危动植物国际贸易公约(CITES)附录Ⅰ有1种，即游隼(*Falco peregrinus*)，列入附录Ⅱ有12种，分别是：凤头蜂鹰(*Pernis ptilorhyncus*)、黑冠鹃隼(*Aviceda leuphotes*)、蛇雕(*Spilornis cheela*)、凤头鹰(*Accipiter trivirgatus*)、雀鹰(*Accipiter nisus*)、黑鸢(*Milvus migrans*)、普通鵟(*Buteo japonicus*)、灰林鸮(*Strix aluco*)、斑头鸺鹠(*Glaucidium cuculoides*)、红隼(*Falco tinnunculus*）、燕隼(*Falco subbuteo*)和红嘴相思鸟(*Leiothrix lutea*)。

五、脆弱的生态环境

保护区内典型植被和珍稀植物的生境大多是在陡峭的坡地上，山势险峻、沟谷深切、土层浅薄、岩石裸露、土壤蓄水保水能力差。一旦植被受到破坏，易造成泥石流，不但无法恢复这些珍稀物种的生境，而且森林植被的恢复将是一个漫长过程，必须加以严格保护。

保护区位于典型的喀斯特地貌上，岩石裸露率高、生境严酷、异质程度高，植被一旦被破坏，水土流失加剧，土壤退化甚至丧失，恢复难度极大，是高度脆弱的生态系统。因此必需加强对保护区森林生态系统的保护力度，保持保护区内森林生态系统的自然状态。

六、自然的森林群落

从整体上看，保护区森林群落原生性较强，同时也有相当一部分森林群落以次生性为主，从功能分区来看，位于核心区的植物群落原生性相对较强，这与该片区得天独厚的地理位置、保护力度、周边环境以及内在生态系统结构息息相关。缓冲区内有部分次生性植被，能够明显看出存在顺向演替的现象。近年来，由于当地政府、林业部门加大管理力度，避免人为破坏，因此本区保持了优越的气候条件，植被的自然恢复较好，整个森林系统自然性较强。

七、原生态的感染力

保护区内山体庞大、峰峦高耸、沟壑纵横交错、巉岩峭壁对峙、峡谷幽深、水瀑万千、植被丰富，加之云雾飘渺、霞光绚丽、晨风清新，呈现出多姿多彩的原生态自然风光，犹如神仙居所。山间水流端急，集山、河、瀑、峡、洞、石、林于一体，融雄、秀、幽、险、奇于一炉，春天花木吐艳，夏至绿叶争荣，秋天层林尽染，冬季银装素裹，四季景色变化无穷。生活在保护区内的苗族等群众在漫长的历史长河中，沉淀了丰厚的民族民间文化，有独具魅力的民族节日，绚丽多姿的民族歌舞，特色鲜明的土家民居建筑，众多的历史文物，精美的民族民间工艺，艳丽缤纷的民族服饰，风味别具的民族食品等。这一切，使保护区充满原生态的感染力。

八、适应的保护面积

贵州普安龙吟阔叶林州级自然保护区规划总面积5637hm^2，属小型自然保护区。其中：核心区面积2312.5hm^2、占保护区总面积的41%，缓冲区面积607hm^2、占保护区总面积的10.8%，实验区面积2717hm^2、占保护区总面积的48.2%。保护对象可以得到完整保护，有效地维持和发挥贵州普安龙吟阔叶林州级自然保护区生态系统的结构和功能，保护区面积适宜。

九、独特的科研价值

贵州普安龙吟阔叶林州级自然保护区原生的和次生的森林生态系统为认识自然规律、利用自然规律提供了良好的研究基地。首先，保存较好的常绿阔叶林为深入研究原生性森林生态系统结构与功能，生物多样性保护，珍稀、濒危物种的生物学、生态学特征，扩展种群规模等提供了良好的研究场所。其次，保护区因人为干扰，存在较丰富的不同演替阶段的群落类型，这为退化群落恢复与重建的研究提供了难得场所。同时，保护区周边有着多个州级、县级自然保护区，承担了生物廊道的功能，规划将针对保护区内的铁路、高速公路、省道、县道、乡村公路等人为活动通道加进行各种生物通道建设，为解决生物生境破碎化的研究提供场所。

杨卫诚　周　毅

第二章　自然地理环境

普安县隶属黔西南布依族苗族自治州，位于贵州西南部乌蒙山区，黔西南州的北部。地处北纬25°18′30″～26°10′35″，东经104°51′10″～105°09′24″。县境地貌，呈不规则的南北长条状，南北相距96.55km，东西间隔最宽处33km，全县总面积1429km^2。

第一节　地质地貌

一、区域地质特点

（一）地质构造

普安“山”字形和莲花山大背斜，是全县地质构造的两大特征。显生宙的造山运动，使普安地区的北部的玄武岩层，挤压成北东向褶皱，往北东深入晴隆县境，达关岭县花江镇，在罐子窑的格所一带形成如横卧的S形脊柱，前弧顶在普安县县城附近，弧形构造展布在普安县境内，恰似“山”字形；莲花山大背斜，靠其“山”字形的东西方向，交于30°位，主要部分横卧在普安县境内，经凤凰山一带过莲花山，轴部地层为二叠系下统茅口组；其他出露而分布在两翼附近的地层，主要为前二叠系中统峨眉山玄武岩，由于造山运动的影响，从南、北两个方向挤压，便形成至今展现的“莲花山大背斜”。

保护区位于贵州省黔西南州普安县境内，由构造运动所导致的褶皱与断裂发育良好，构造线呈东北—西南向延伸。受新构造运动和喜马拉雅运动的联合作用，区域内地层受到地质内应力的挤压，形成大的山体和较深的沟谷。区内主要分布有三叠系呈东北—西南走向的背斜构造，其次为北西向、近东西向构造。北东向强构造变形区内，褶皱、断裂构造发育，主要发育北东向高角度正断层和逆断层。在局部背斜受地应力挤压和拉伸的作用下一系列的断层构造，如在白石村附近发现明显出露的逆断层构造。保护区内的山脉及水系走向主要受到背斜和断裂构造的影响，水系多与山脉走向相同。莲花村、万山屯，大地构造位于扬子准地台黔北台隆六盘水断陷普安旋扭构造变形区内，是国家级重要成矿区带“南盘江—右江成矿区”北段之六枝—水城Au-Pb-Zn-Ag-Cu-Fe- Mn成矿带的中段。

1．褶皱与断裂

区内见F1正断层、F2逆断层。莲花山背斜区内长18km，轴面呈弧形向南凸出，北东向展布，枢纽波状起伏。该背斜具层间滑动，形成层间断裂，断裂带具黄铁矿化、硅化等；背斜两翼次级褶皱发育，构成一个复式褶皱带。

前进村、烂泥箐一带有北东向正断层存在；杨柳凹—罗家屋基—杨梅山一线也有北东向正断层出现，断层附近地层与烂泥箐地区相同，均为泥盆系中统罐子窑组、泥盆系上统、石炭系下统灰岩、砂页岩夹煤、泥岩、矽质岩，铝质岩。白沙—茅坪一线出现南西向逆断层，兴中—茅坪一线出露北东向正断层，白沙—茅坪一线有东西向逆断层出露。在普安县县城周边、盘水县也有多处正断层和逆断层出露。在楼下镇磨合村附近出露有4条逆断层带，断层带周边出露地层复杂，有泥盆系中统、下统，石炭系下统灰岩、泥岩、矽质岩，三叠系关岭组上、中、下三段，三叠系下统飞仙关组上下段等。

（二）地层岩性

普安县境地层出露显示多样，结构复杂，远自3.5亿年前的下古生界泥盆系到距今1万多年前的第四系，在普安县均有出露（见图2-1），其中以三叠系分布最广，二叠系次之，其余的泥盆系、石灰系、侏罗系、第四系均为零星分布，出露最老地层属泥盆系罐子窑组，最新属第四系全新统。出露地层按其由老到新地质年代顺序，属下古生代泥盆系上统地层的，有响水洞组、拉达组、马平群组；属于泥盆系中统地层的，有罐子窑组、火烘组；距今2.85亿年前的石炭系（历史上主要的造煤时代）和距今2.3亿年前的二叠系下统地层，有梁山组、栖霞组、茅口组；上统地层

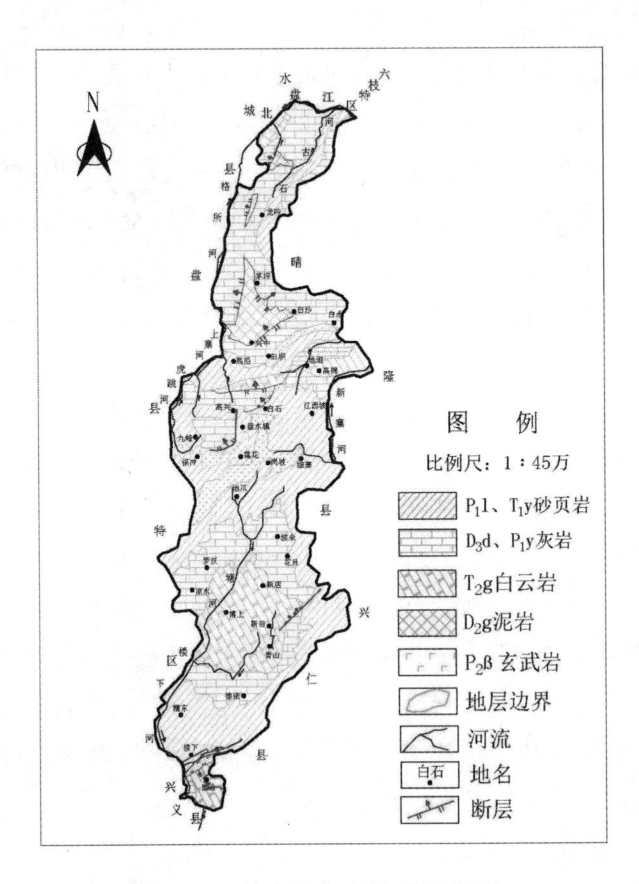

图 2-1　普安县水文地质示意图

有峨眉山玄武岩组、龙潭组、长兴组、大隆组。距今1.9亿年前的中生界三叠系地层，有关岭组上、中、下三段，下统地层有飞仙关组上、下段，属下第三系（距今约0.025亿年前）和第四系（距今10500年前）地层的，也有出露。

晚古生代大规模玄武岩浆喷溢，为普安县提供了大面积矿区。境内岩溶地貌发育，出露地层主要岩类为炭酸盐岩、砂页岩、玄武岩，以炭酸盐岩分布最广，约占总面积的57.6%，砂页岩37.1%，年代久远的玄武岩约占5.3%。由此发育的土壤，土层薄、有机质少、生物种类不多，生态环境脆弱，水土流失严重，容易造成石漠化。

石古—龙吟镇一带出露岩层主要有泥盆系上统(D3d)、石炭系下统(C1b)、石炭系中统(C2h)、石炭系上统(C2m)、二叠系下统(P1g)灰岩、泥质灰岩。龙吟镇高阳村—吟塘村—峰岩一带，主要出露泥盆系上统、石炭系下统、石炭系中统、石炭系上统、二叠系下统灰岩、泥质灰岩；龙吟镇文笔—石古—新寨—红旗社区一带主要出露二叠系中统、二叠系下统、三叠系下统飞仙关组、三叠系下统夜郎组砂页岩、煤、泥岩；雄阳村和前进村—石古—烂泥箐地区主要出露泥盆系中统罐子窑组、泥盆系上统、石炭系下统灰岩、砂页岩夹煤、泥岩、矽质岩和铝质岩。

青山镇出露地层主要为二叠系中统、二叠系下统、三叠系下统飞仙关组、三叠系下统夜郎组砂页岩、煤、泥岩，以及三叠系中统关岭组白云岩、白云质泥岩；德依村一带主要出露泥盆系上统、石炭系下统、石炭系中统、石炭系上统、二叠系下统灰岩、泥质灰岩。

楼下镇主要出露地层为二叠系中统、二叠系下统、三叠系下统飞仙关组、三叠系下统夜郎组砂页岩、煤、泥岩，在楼下镇磨舍一带，还出露有三叠系中统关岭组白云岩、白云质泥岩。

地瓜镇一带的地层出露主要有泥盆系上统的灰岩、泥质灰岩；石炭系、二叠系和三叠系的灰岩、砂页岩、煤、泥质灰岩和二叠系中统的峨眉山组玄武岩以及梁山组砂页岩，三叠系中统关岭组白云岩、白云质泥岩主要出露于新店村；还有下第三系的砾岩、砂岩，主要出露于莲花村；第四系堆积物也有分布。

以莲花村为中心的保护区内地层发育则较单一，出露的地层主要为三叠系下统(T1)，如中厚层石灰岩、白云岩及泥灰岩，底部黄绿色页岩夹油页岩；二叠系上统(P2)，如砂页岩夹煤及燧石灰岩、峨眉山玄武岩组；二叠系上统(P2)，如灰岩夹页岩及薄层煤；二叠系下统(P1)，如灰岩夹白云岩与砂页岩（见图2-2）。

地层岩性是普安县内滑坡产生的重要基础，不同岩性及其组合对地质灾害的发生具有重要的作用。按不同岩层组岩石化学成分的差异、碳酸盐岩和碎屑岩在地层中的厚度差异及组合特征，莲花村及周边的岩石组合类型可以分为灰岩与白云岩混合组合、灰岩与碎屑岩组合、灰岩夹碎屑岩组合、白云岩夹碎屑岩组合、连续性白云岩组合、连续性石灰岩组合和非碳酸盐岩组合七大类。

地层岩性组合的差异性与不同类型地质灾害的发育有很大的关系。普安县地质灾害共计171处，主要分布在非碳酸盐岩组合区，其次分布于灰岩夹碎屑岩组合区，再次是灰岩与碎屑岩互层组合区和连续性碳酸盐岩组合区，分别为111处、23处、17处和11处。不同类型的地质灾害在不同类型的岩性组合中的分布存在明显的差异性，其中滑坡主要分布于非碳酸盐岩组合区的龙潭组、

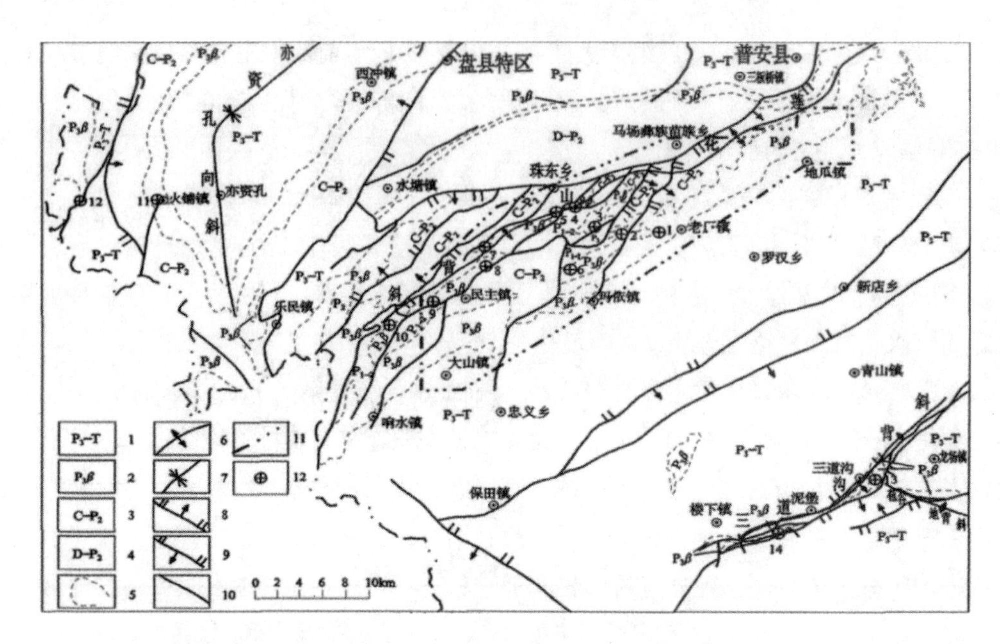

图 2-2　普安—盘县片区区域地质略图（引自杨天才，2016）

1—上二叠-三叠统；2—上二叠统峨眉山玄武岩组；3—石炭统-中二叠统；4—泥盆统-中二叠统；5—地层界线；6—背斜轴线；7—向斜轴线；8—正断层；9—逆断层；10—性质不明断层；11—勘查区范围；12—金矿产地

飞仙关组和峨眉山玄武岩地区，灰岩夹碎屑岩组合区的嘉陵江组，灰岩与碎屑岩互层组合区的旧司组、鹿寨组、上司组、大埔组并层中以及连续性碳酸盐岩组合区中的包磨山组、梁山组、栖楼霞组和茅口组并层中。崩塌则集中分布于非碳酸盐岩组合区的龙潭组和飞仙关组、灰岩夹碎屑岩组合区的嘉陵江组、灰岩与碎屑岩互层组合区的鹿寨组、上司组、大埔组并层中以及包磨山组、梁山组、栖楼霞组和茅口组并层。

二、地形地貌

（一）相对高差大，切割强烈

普安县地处云贵高原向黔中过渡的梯级状斜坡地带，县境呈不同规则南北向长条形。地势特点是中部较高，四面较低，乌蒙山脉横穿中部将全县分为南北两部分：南部地势由东北向西南倾斜，北部地势由西南向东北倾斜。全县平均海拔1400m左右，一般海拔为1200～1600m，相对高差为100～500m。境内最高峰长冲梁子位于中部莲花山附近，海拔2084.6m，最低点石古河谷位于北部，海拔633m，高差1451.6m。县境内主要山脉：中部呈西南—东北走向的乌蒙山（由保冲马草地经莲花长冲梁子到岗坡乌龙山）；南部呈西南—东北走向的卡子坡山（从店子坡到卡子坡到五月朝天）；北部呈西南—东北走向的普纳山（从八大山经普南山到春岩洞）。这些山脉走向都顺应新老地质构造走向的分布，构成了普安地貌骨架。由于整个县境处于云贵高原向黔中过渡的梯级状斜坡，又位居南北盘江分水岭地带，地势起伏较大。加之为南北流向的河流所切割，致使全县山高坡陡，河谷幽深。河流上游谷宽水缓，间有坝子、浅丘分布。下游河段，比降骤增、河谷深切、地形起伏显著增大、沿岸坡陡、田土分散、坡地多、坝田少，而且水低田高。

（二）岩溶地貌与侵蚀地貌交错分布

普安县位于贵州高原西南部，地处贵州高原向东部和南部倾斜的大斜坡地带，呈南北向带状分布。境内地质构造复杂，地质地貌成因主要是受背斜构造和地应力的影响，受地层倾向、河流侵蚀和溶蚀分化、沉积等自然力悠长绵远的蚀刻作用，岩溶地貌与侵蚀地貌在各地交错分布，主要形成构造—侵蚀—溶蚀地貌，是乌蒙山区独特的地貌景观。保护区内整体海拔高度较高，但是山地的相对高差并不大。区域内受地应力挤压作用的影响，多形成坡度大于40°的陡坡以及深陷的沟谷。保护区整体已侵蚀地貌为主，其中经人为修路、建桥等工程所导致的剖开面较多且面积也比较大，其次是开垦山坡耕地所形成的侵蚀面。保护区内最高峰为横冲梁子，海拔2084m。

据调查，全县山地面积达1921706亩（1亩=666.667m^2），占总面积的89.65%；丘陵面积153923亩，占总面积的7.18%；坝子面积56882亩，占总面积的2.66%；水面面积10989亩，占总面积的0.51%。

普安保护区碳酸盐岩组主要分布于二叠系和三叠系地层中，因而区内岩溶较为发育，形成了一定规模的地表岩溶地貌和地下岩溶地貌。地表岩溶地貌以峰丛地貌为主、地下岩溶地貌有溶洞、地下暗河、溶隙、石钟乳、石柱等，景观丰富。峰林、峰丛、溶丘、石山、漏斗、竖井、落水洞和槽谷到处可见。地表水与地下水转换频繁，地下河时出时没，随山就地，形成规模各异、大小不一的海子、河潭；地下溶洞、伏流、暗河十分发育。这一岩溶地貌主要分布在县境北部和南中部的峰丛山地、低丘盆坝和槽谷坝地一带。丫口、龙吟、茅坪、白沙、罐子窑、高兴、盘水、白石、保冲、田坝、青山、雪浦、金塘以及莲花、罗汉、新田的部分，均属岩溶地貌的典型地区。

县境中部和南部地区，砂页岩和玄武岩分布较广，冲沟两侧成片的梯田梯地和河谷两侧的平台状阶地，就是侵蚀山地地貌，其类型可以分为以坳沟阶地为主的侵蚀地貌和以冲沟河漫滩为主的侵蚀地貌两大类。全县低中山坡谷地，如窝岩、江西坡、细寨、楼下、石古以及高兴、大湾、九峰、白水、高棉、地泗、花月、波余、地瓜、金塘、德依、新田和岗坡的部分，均属侵蚀地貌典型地区。

张　萍　张　旭

第二节　气　候

一、地理环境

普安县地处云贵高原，属亚热带地区，具有高原性、季风性、湿润性的气象特点；谷地温热，高山凉润；夏无酷暑，冬无严寒，雨量充沛，水热同季，适应各种农作物的生长。普安县不同海拔有着截然不同的气候特点，大致可分为河谷温热区、半高山温和区、高山温凉区3个类型。

河谷温热区：包括楼下镇的楼下、糯东、羊屯、泥堡、磨舍，雪浦的博上，江西坡镇的江西坡、细寨，龙吟镇的石古河、乌都河、猴昌河等河谷地区，三板桥镇西部，高棉乡，白沙乡的河谷地区，窝沿乡的大部，海拔700～1340m，年平均气温15.4～17℃。

半高山温和区：包括青山镇、罗汉乡及雪浦乡的西部、新店乡的西南部、地瓜镇的南部、江西坡镇的西部、盘水镇的东南部、三板桥镇的九峰、罐子窑镇、高棉乡、白沙乡、龙吟镇的部分地区。海拔1365～1640m，年平均气温13.6～15.3℃，大于10℃的年积温4000～4500℃。

高山温凉区：包括地瓜镇的莲花，盘水镇的大湾、小丫口，新店的花月、波汆，三板桥镇的土瓜岭、十里、保冲，窝沿乡的平桥 ，高棉乡、白沙乡的大部，楼下镇的小河。海拔1650～2080m，年平均气温在12～13.5℃，大于10℃的年积温3600～3900℃。

保护区总体属于亚热带湿润季风气候，主要受来自太平洋暖湿气流和印度洋暖湿气流的联合影响，根据2007年1月～2016年12月的气象数据分析，近几年保护区年平均气温约14.2℃，最冷月平均气温约4℃，最热月平均气温21.1℃，年日照时数为1303～1635h。历史资料显示，历年极端气温35.1℃（1994年5月），极端最低气温－7.7℃（1961年2月）。年平降雨量1353.8mm，其中6～8月降水量1176mm，占全年降水量的84.3%。年平均蒸发量1400.9mm，年雷暴日数76.3天。年平均相对湿度82%。年平均无霜期290天，年平均日照1451.3h，占可照进数35%。境内风能资源丰富。年平均风速2.5m/s，最多风向为东风。山高、谷深，坡大，高处与低处形成的温差，使气温变化呈多样性。同一天同一时段易出现“山上有雾、山下晴朗”的现象，也会形成“山上穿棉衣、山下穿单衣”的情况。还极易在山上形成山花烂漫与冰雪覆盖的美景。

大气环流是气候形成的主要因素之一，保护区大气环流状况主要是：冬季，在高空平直西风气流引导下，多短波槽脊东移，不断引导北方冷空气南下，从地面到2000m高空受变性极地大陆气团控制，干冷空气一次又一次南下从两湖盆地自东向西直抵该地区。此时青藏高原对西风气流分支作用明显，其南支槽不断东移输送来孟加拉湾暖湿气流，与北方南下的干冷气流在贵州西部交汇形成静止锋面，在其锋面掩盖之下的贵州大部地区常形成持续低温阴寒，甚至雨雪凌冻天气。夏季，该区受热带海洋气团控制。随着西太平洋副热带高压脊西伸北上，东南来的暖湿气流不断深入内陆。初夏，西南季风盛行，东南季风和西南季风均来自热带洋面，水汽含量充足。当东南季风和西南季风在贵州境内交汇，与空中青藏高原低槽东移配合，形成该地区较强降水，且多大雨暴雨天气，春末夏初是当地降水量多且降水强度大，暴雨频率高之时段。盛夏7～8月，该区受西太平洋副热带高压脊控制，北方冷空气难以南下，不易形成锋面降水。西太平洋副热带高压是大气稳定的深厚高压系统，脊线区域气流下沉，增温减湿，云消雾散，尽管水汽充足也不能成云致雨，故形成当地晴朗少云的高温伏旱天气。春秋季，是冷暖气团交替转换季节。春季，当西风槽东移配合地面冷锋引导极地大陆冷空气南下时，冷暖气团常在当地交汇过境后锋面移至贵州西部准静止，形成该区降水，在海拔1000m以上地区易出现连绵阴雨的倒春寒天气。秋季，当冷空气南下频繁，冷暖气团交汇形成冷锋面或静止锋面，该区出现“一场秋雨一场寒”的秋雨绵绵天气，若暖气团势力强盛，则出现秋高气爽天气。

二、研究材料与方法

本学科在定点观测，巡回观测和调查访问等方法获取了部分资料基础上，收集了普安气象台局和邻近水文站的同期观测资料及多年历史资料。温度指标用邻近台站多年历史资料中逐旬逐月建立温度指标与海拔的相关方程推算，并作适当的坡向修正，相关系数经检验达极显著水平。降水量根据水文站观测资料与县站历史资料用比值法订正延长。所有资料经考察期实测资料、调查访问资料和近年装备的区内若干两要素自动气象站资料验证，数据可靠。

三、气候资源分布特征

（一）日照时数

该区位于贵州省西南部，年日照时数为1303～1635h，较贵州中部地区（贵阳1285.3h，29%）稍高，低于贵州西部地区（威宁1805.4h，41%）是全省高日照地区之一。与全国日照之冠的青海冷湖站（3550.6h，80%）相比，仅为该站日照时数和日照百分率的30%左右。2007～2016年，普安县平均日照时数分布见表2-1。

表2-1　普安县气象局2007～2016年逐月平均日照时数分布表（h）

月＼年	2007	2008	2009	2010	2011	2012	2013	2014	2015	2016
1	38	60.5	70.3	133.6	0.1	28.9	74.9	148.6	78	117.9
2	199	34.7	194.7	194.9	114.8	76.7	142.2	103.3	145.4	89.9
3	160.7	121.9	159.3	181.9	61.9	131.8	166.5	125.4	156.9	161.9
4	133.7	166.7	113.6	118.4	116.9	206.7	151.5	155.5	179.2	165.4
5	221.1	127.7	137.7	183.6	210.2	107.7	148.6	162.5	204.5	190.4
6	144.9	110.7	129.2	52	127	59.3	163.1	90.4	149.3	151.6
7	124.7	137.7	144.8	139.3	193.5	116.6	164.2	154.4	136.9	178.9
8	182.6	122.7	173.5	204.4	239.7	157.1	161.7	162	96.5	164.3
9	121.2	148.1	188.8	139.5	121.5	72.7	142.6	160.5	76.1	87.4
10	72.2	113.5	74	110.1	76.1	119.9	118.7	153.1	127.8	113.5
11	127.5	95.4	157.1	76.1	157.6	145.7	102.5	77.5	161.4	136
12	67.6	64.1	86	101.4	31.1	92.3	64.7	56	46.5	77.6
年合计	1593.2	1303.7	1629	1635.2	1450.4	1315.4	1601.2	1549.2	1558.5	1634.8

表2-1显示了该区象站多年平均日照时数月变化状况，显而易见，近几年以来7、8两月是当地日照最充足时期，月日照时数均为116.6～239.7h。1、12两个月当地日照时数最少，月日照时数为28.9～133.6h。在植物旺盛生长及雨热资源丰富的4～9月，月日照时数均在117.8h以上。生长季内光热水资源较丰富且配合好，有利植物生长。但7、8两月晴朗少云的伏旱天气对植物生长不利。

（二）温度状况

温度是植物生长发育的重要环境因素，是该区动、植物群落分布的重要依据。由于山高谷深，气候垂直分布差异显著：谷底干热，高山凉润。保护区年月平均气温见表2-2，该区地处贵州西南部，沟谷纵横，山岭重叠，海拔高差不大，热量条件较丰富。表2-2可见该区年均气温为13.6～14.8℃，从月均温来看，一年中以7月最高，1月最低，各季代表月均温：冬季（1月）均温为1～7.9℃，春季（4月）均温为13.7～17.1℃ ，夏季（7月）均温为20.5～21.7℃，秋季（10月）均温为13.4～16.1℃，冬冷夏热，春秋季温度相差不大。

表2-2　普安县气象局2007～2016年逐月平均气温（℃）

月＼年	2007	2008	2009	2010	2011	2012	2013	2014	2015	2016
1	2.7	2.5	4.3	7.9	-1	1.9	3.9	6.1	6.2	5.4
2	11.7	1.6	13.8	11	7.6	4.4	10.6	6.1	8.8	5.4
3	13.1	12.1	12.1	13.9	7.1	11.2	14.1	11	12.6	11.7
4	13.7	16.3	14.8	14	14.3	17.1	15.3	16.6	16.4	16.7
5	18.9	18	17.7	19.5	18.5	18.9	18.4	18.6	20.2	18.8
6	20.3	19.2	20	18.3	20.4	18.8	20.7	20	21.1	20.9
7	21.2	20.5	20.9	21.4	21.7	21	21.7	20.8	20	21.6
8	20.8	20.5	20.9	20.8	21.1	20.6	20.6	20.5	19.1	20.8
9	17.3	19.6	19.8	19.3	18.2	16.6	18	19.6	18.5	18.2
10	14.4	16.1	14.9	13.9	14.4	15.3	13.4	16	15.6	16
11	10.6	10	9.7	10	12.9	11.4	10.8	10.6	13.8	11.1
12	7.3	6.3	6.5	7	4	6.5	4.1	4.7	6.3	8.3
极端最高	31.7	32	29.6	33.8	34.6	32.9	31.9	35	32.1	30.4
日期	2天/3月	4月6日	9月19日	5月16日	2天/5月	5月3日	4月22日	5月23日	4月17日	6月1日
极端最低	－1.8	－4.7	－1.9	－2	－4.1	－4.1	－4.3	－3.8	－0.5	－5.9
日期	1月8日	2月1日	11月19日	2月18日	2天/1月	12月30日	12月19日	2月11日	12月16日	1月24日

由表2-2可见，该区夏温较高，冬温较低，冬季12～2月温度变化不大，月均变化2℃左右，夏季6～8月温度变化最小，月均温度变化0.5℃左右，3～5月升温快，9～11月降温也快。年极端高温为29.6.0～35℃，极端低温为－5.9～－0.5℃，该区冬季河谷地区越冬条件较印江自然保护区差，但海拔1000m以上的沟谷到山脊地带，面积不大，水热条件次之，当有河谷盆地与北来冷空气堆积温度剧降情况，会出现山上雨雪凝冻天气，也多云雾天气。

四、主要气象灾害

普安县保护区灾害性天气类型多，频率高，年际变化较大。对林木生长发育危害大的主要自然灾害有干旱、洪涝、风雹、凝冻、倒春寒、秋季低温绵雨等。旱灾平均每两年发生1次重旱以上等级，春旱主要发生在11月至次年4月，夏旱发生在7～9月。风雹灾平均一年发生2次，主要发生在4～ 7月。凝冻灾害每年均有发生，主要发生在1～2月，最长凝冻时间可达40天。

1．干旱

该地区干旱四季均有发生，分别称为春旱、夏旱、秋旱和冬旱。就其发生频率和影响程度而言，该区以夏旱为最高。出现在6月上旬的称为“洗手干”，出现在6月下旬至8月底的称为“伏旱”。 该区夏旱是由于太平洋副热带高压北移西伸控制本地区所致，夏旱发生机率高、面积广，年年有夏旱，不是大旱就小旱，尤其是矮处，几乎无雨，气候干燥，不仅给乡村居民的人畜饮水造成了极大的困难，而且对林木生长发育和农作物产量影响极大，是该地区最主要的灾害性天气。

2．倒春寒和秋风

由于该区地处贵州东北部，是贵州冷空气的入口。每年3～4月，当气温回升以后，又遇冷空气南下，使日均温降至10℃以下，持续3天以上，或日均温降至8℃以下，持续两天以上，并伴有阴雨，这种天气称为倒春寒。在9月上旬至10月上旬的40天中，每遇冷空气南下，日均温＜20℃，最低气温＜18℃并伴有阴雨，这种天气称为秋季低温，群众称为秋风。

倒春寒除对小麦、油菜扬花、灌浆有一定影响，主要造成水稻烂种，烂秧，延误季节。它会导致海拔较高地区树木萌发迟缓或萌发嫩芽冻坏再发，形成山林树木“发两轮”现象。秋风也会对林木生长发育造成很大影响。

由于该地区海拔高差较大，小气候差异很明显。因此，倒春寒和秋风出现频率与严重程度也有很大差异。

3．冰雹

降雹是该地区的局部性灾害天气。降雹的地理分布与山脉走向，气流通道密切相关。该地区是铜仁地区两条冰雹路径过境点之一：冰雹路径从沿河小井南下，经印江木黄、缠溪、普安转向西经思南县大坝场，过石阡县花桥，五德出境。每年冰雹约出现2～3次，出现最多且危害最大的是4～5月的春季，一般雹区呈扦花形带状分布，降雹虽多，但雹粒小，成灾率不大。

4．暴雨

由于全县河流均系雨源型，域内土壤植被保护较差，水土流失严重，雨季涨水，山洪暴发，经常造成洪涝灾害。

在12h内降雨量达30mm，或24h内降水达50mm的日数称为暴雨日。暴雨常造成洪涝灾害，危害生产。例如1983年6月19日，该区南部石固乡6h降水187.3mm，暴雨常造成严重洪涝灾害。

5．冰凝

冰凝是雨淞、雾淞和湿雪等冻结现象的总称。冰凝天气往往造成运输、邮电和输电中断，也造成林木断枝断梢，翻根倒伏。贵州普安龙吟阔叶林州级自然保护区海拔较高山峰，冰凝发生几率大，强度强。由于该区域处在贵州东北部冷空气迎风面，每年晚秋到初春，几乎每次较强冷空气南下都会发生。

五、结语与讨论

保护区为北亚热带温暖湿润季风气候区，年日照时数为1303～1635h，是贵州光能较少地区之一，有7、8月最多、12～1月最少之季节分布规律。年平均气温约14.2℃，最冷月平均气温约4℃，最热月平均气温21.1℃。历年极端气温35.1℃（1994年5月），极端最低气温－7.7℃（1961年2月），年平均相对湿度79.9%。

区内地下水资源丰富，以降雨补给为主。在时空分布上，全县的降雨量随着海拔的升高而增加，高山多，谷底少；年均降水量在668.5～1490.9mm，夏季（6～8月）降水量最多，最高达388.6～908.5mm，占年雨量的30.1～67.2%；夏半年（4～10月）总降水量达923.3～1175.8mm，占年雨量的71.2%～94.2%。良好的光热水搭配为该区林木生长发育和农业生产提供了优越气候条件。

张 萍 张 旭

第三节 水 文

一、地理环境

普安县地处云贵高原，属亚热带地区，具有高原性、季风性、湿润性的气象特点；谷地温热，高山凉润；夏无酷暑，冬无严寒，雨量充沛，水热同季，适应各种农作物的生长。普安县不同海拔有着截然不同的气候特点，大致可分为河谷温热区、半高山温和区、高山温凉区3个类型。

河谷温热区：包括楼下镇的楼下、糯东、羊屯、泥堡、磨舍，雪浦的博上，江西坡镇的江西坡、细寨，龙吟镇的石古河、乌都河、猴昌河等河谷地区，三板桥镇西部，高棉乡，白沙乡的河谷地区，窝沿乡的大部，海拔700～1340m，年平均气温15.4～17℃。

二、水文特征

普安县境内河流均系珠江水系，由于地势所致，以中部乌龙山脉为分水岭，大小河流46条河流分南北汇入西江上游的南北盘江。河水最盛者为楼下河，其余河流随着山脉起伏，皆注入3条大河。全县主要流域的流域面积在20km^{2}以上，河长超过10km的共有23条，其中汇入北盘江片区的10条河流分别为乌都河（界河）、上寨河、干河（界河）、石古河、岔河、新寨河、大桥河、鱼洞河、上寨湾河和地泗河，总长184.53km，流域总面积1962.7km^2（其中盘县1230.1km^2），县境流域面积732.8km，占全县流域面积的51.2%；汇入南盘江流域的13条河流，分别有楼下河（界河）、木卡河、平塘河、德依小河、泥堡河、歹苏河、阿岗河、下节河、者黑河、地瓜歹苏河、猪场河、绿河和石桥河，总长189.77km，流域面积1330km^2（其中盘县633.8km^2），县境流域面积696.2km^2，占48.8%。

三、地表水

普安县多年平均（1956～2008年）地表水资源量为9.725亿m^3。其中马别河普安区5.243亿m^3，大渡口以下干流乌都河普安区1.987亿m^3，大渡口以下干流普安区2.443亿m^3。普安县地表水资源总的趋势是中部多，西部北部少，由中部向南北递减，山区大于河谷地区；山脉的迎风坡大于背风坡；在同一地区随着流域高程的增加，气温降低，蒸发减小，径流有增加的趋势。

县境内河流都是雨源型河流，靠天然降水补给河流雨量。流量随着雨量大小而变化，雨季流量较大，旱季流量较小，甚至有断流现象。洪枯流量相差1：60～1：250，河道曲折比降为16%，缓者为3%，陡者达58.8%。县境主要河道有乌都河、马别河、新寨河和石古河4条，总长199.6km。河流总长度374.3km，河网密度26.19km/km^2，径流总量10.03亿m^3，年排涝量13.44亿m^3，年最大排涝量19.8亿m^3。境内最大的河流为乌都河，从西至东流经境内三板桥镇、窝沿乡、罐子窑镇、龙吟镇，长41.8km，流域面积732.8km^2，年均流量28m^3/s，主要支流有上寨湾河、大桥河和鱼洞河。水能资源理论蕴藏量6.37万kW，可开发量为2.37万kW。

全县降水南部大于北部，县中南部降雨量比较集中。地瓜、罗汉、凉水、波汆和博上等地，受盘江老厂暴雨中心影响，年降水量为1500～1700mm。其余各乡镇降水量比较稳定，年际变化幅度相对较小。年径流量的比值，一般在1.05～3，年径流量变差系数的变幅为0.44～0.57。径流量的年内分配，每年的5～9月径流量约占全年的84.7%。县境全年降水量为20.25亿m^3，其中南盘江流域为10.62m^3，北盘江流域9.63m^3，年径流总量10.63m^3，其中北盘江流域4.93亿m^3，南盘江片区5.10亿m^3。全县不同保证率：丰水年为12.163亿m^3，平水年为9.267亿m^3，偏枯年为7.336亿m^3，特枯年为5.116亿m^3。由于各地降水、蒸发、植被、地质等的差别，径流深南北有异：南盘江片区径流深750mm，北盘江片区651mm。全县平均径流深674.8mm。

径流量的值较高，全县有3条主要的大河，属于南盘江片区的是楼下河，年径流量为4.6753亿m^3（丰水年为5.3788亿m^3，平水年为4.6283亿m^3，偏枯年为4.1143亿m^3，特枯年为3.36亿m^3）；二是平塘河，年径流量2.3485亿m^3（丰水年2.7211亿m^3，平水年2.325亿m^3，偏枯年2.0432亿m^3，特枯年1.66亿m^3）。属于北盘江片区的主要是乌都河，年均径流量3.2238亿m^3，（丰水年3.7384亿m^3，平水年3.1906亿m^3，偏枯年2.8038亿m^3，特枯年2.2882亿m^3）。全县其余河流北盘江片区的，年均径流量为0.1146～0.9628亿m^3；南盘江片区的年均径流量为0.1430～0.5408亿m^3。

河流水量变化，据普安县草坪头水文站21年实测资料分析，最大年径流量为11.2亿m^3，最小径流量为3.63亿m^3，均值径流量为6.81亿m^3，均值径流深为622.7mm。不同保证率的年径流量，丰水年为8.58亿m^3，平水年为6.54亿m^3，偏枯年为5.818亿m^3，特枯年为3.61亿m^3。因其属于季节性雨源型山区河流，洪枯流量变化大。洪水汛期在5～9月，枯水期在1～4月和10～12月。汛期平均径流量为5.05亿m^3，枯水期径流量为1.81亿m^3，连续最大4个月的径流量出现在6～9月，径流量为4.72亿m^3，占年径流量的69.2%。乌都河一日最大洪峰流量达到13.5亿m^3/s。

马别河：为南盘江一级支流，发源于盘县老厂镇猪场，海拔1898m，于地瓜镇熬朴屯石头田进入普安县境，为普安县第一大河。它环绕西南县界，在县境内河段长61.8km，天然落差443m。县境内流域面积695.8km^2，多年平均流量52.3m^3/s。马别河支流主要有歹苏河、木卡河、猪场河、者黑沟、阿岗河、绿河、德依小河、石桥河和泥堡河。

乌都河：为普安县第二大河，从三板桥镇三垭口处流入普安县境内，流经三板桥镇、窝沿乡、龙吟镇，为普安县与盘县界河，在牛滚塘汇入北盘江。该河在县境内长45km，天然落差655m，县境内流域面积326km^2，多年平均流量为38.5m^3/s。乌都河主要支流为大桥河，发源于普安县白石乡赵家田，海拔高程1931m，全河河长17km，流域面积134km^2。

西泌河：为北盘江一级支流，是普安县第三大河，发源于普安县岗坡乡新屋基，全河流域面积约431km^2。河流由西南向东北流经江西坡镇岗坡、细寨、斗八寨、石头寨、对门寨和小棉花寨，再流经晴隆县汇入北盘江。普安境内河长约35.2km。天然落差457m，普安境内流域面积239.1km^2，多年平均流量8.91m^3/s。

县境客水来自盘县。以猪场河、田坝小河、朱家小河、乌图河等分别注县境的楼下河和乌都河。南盘江片区，客水为1.58亿m^3，北盘江片区为8.92亿m^3。普安县的多年平均水资源总量为9.725亿m^3，其水能理论蕴藏量6.37万kW；县境南盘江片区理论落差2912m，水能理论蕴藏值3.31万kW。在可预见期内，河道内生态及生产需水量为2.613亿m^3，下泄洪水量为3.49亿m^3，全县水资源可利用量为3.622亿m^3，水资源可利用率为37.2%，见表2-3。

表2-3　普安县地表水资源可利用量统计表（水资源分区）

单位：亿m^3

水资源分区	多年平均径流量	生态环境和生产用水	下泄洪水量	水资源可利用量	水资源可利用率（%）
马别河普安区	5.295	1.51	2.153	1.632	30.8
大渡口以下干流乌都河普安区	1.987	0.415	0.56	1.012	50.9
大渡口以下干流普安区	2.443	0.688	0.777	0.9777	40.0
普安县	9.725	2.613	3.490	3.622	37.2

四、地下水

县境地形复杂，岩溶发育强烈，溶洞、漏斗以及裂隙、洼地，给地下水补给创造了条件。岩溶水分布广泛，经全县调查实测泉井数为192个。总流量2005.34L/s，以径流模数法近似计算地下水总储量为1.9396亿m^3，其中南盘江片区为1.0001亿m^3，北盘江片区为0.9395亿m^3。

地下水资源的分布，受到岩性、地质构造以及地貌条件的限制。在非岩溶地区，地下水埋藏较浅，泉水流量小，多沿着溪沟两侧，岩石裂隙或堆积物渗出地表。在岩溶区，即碳酸盐岩发育的峰林峰丛、岩溶洼地、地下水以垂直循环为主，埋藏较深。青山一带为30～50m，其余地区50～200m。由于岩石的可溶性，地下水对岩石反复进行溶蚀冲刷，加速了地下水的循环和富集。地表水和地下水转换的频繁，地下河系发育，伏流分布较为普遍，优以青山、雪浦乡较多。

（一）地下水资源量

普安县内河流分属珠江流域西江水系，地下水径流量均值为2.059亿m^3（地下水资源为重复计算量）。参照贵州省水资源综合规划报告，选用草坪头（二）站（地下水径流模数14.3万m^3/km^2）、天生桥站地下水径流模数12.9万m^3/km^2）和马岭水文站地下水径流模数14.6万m^3/km^2）作为类比的参证站，通过计算普安县多年平均地下水资源量为2.059亿m^3，地下水资源量占地表水资源量（9.725亿m^3）的21.2%，其中马别河普安区为1.027亿m^3，占地下水资源总量的49.9%，大渡口以下干流乌都河普安区0.506亿m^3，占地下水资源总量的24.6%，大渡口以下干流普安区0.526亿m^3，占地下水资源总量的25.5%。

（二）地下水资源特征

普安县地下水的补给来源于大气降水入渗，并以裂隙流、孔隙流及管道流等形式赋存于含水层中，再以散流或片流方式排入溪沟与河流，也有在汇流过程中富集，以泉水方式出露再流入河流。在山丘区，绝大部分地下水都以附近较低的河流为排泄基准，成为河川径流的一部分。普安县岩溶山区，石英钟灰石分布较广，岩溶发育，地下水资源含量较丰富，主要为孔隙水、基岩裂隙水和岩溶断层水，基岩裂隙水主要靠降雨补给，动态变化大；孔隙水主要接受地表水经漏斗、落水洞补给，动态变化较为稳定；岩溶断层水一般埋藏较深，但也有地表直接露头的。

本次地下水水质评价的地下水主要是指赋存于碳酸盐类岩体中，经过含水层中孔隙、裂隙及部分管道调蓄后排入河道，其变幅比较稳定的地下水。

五、水环境质量

从普安县主要河流监测断面来看，大部分河流水质为Ⅱ类水质，只有大桥河麻地断面水质为Ⅴ类水质，主要是总磷超标。

普安县地表水水质总体较好，大部分为Ⅱ类水质，只有少部分为Ⅳ、Ⅴ类，污染源在泥堡河和平塘河上，主要是受煤矿开采的污染导致高锰酸盐指数和化学需氧量超标。具体状况为泥堡河、德依小河、下场河、木卡河、马别河（普安段）、渔洞河、乌都河（普安段）、石古河、湾河、岔河、新寨河水质较好，为Ⅱ、Ⅲ类水质，污染河流为平塘河、大桥河、龙吟溪流等，为Ⅳ类、劣Ⅴ类水质，主要污染物是高锰酸盐指数、化学需氧量、氨氮、总磷等。

普安县地下水水质较好，浅层地下水污染并不明显，由于一些农村取水口外露导致细菌和总大肠菌群超标，部分区域存在农村面污染，导致磷超标，但对普安县总体地下水的水质影响不大。

六、降雨

普安县是贵州省的暴雨中心区，多年平均降水量为1464.1mm，雨水资源丰富，降雨时空差异较大。在地区分布上，全县的降水量随着海拔的升高而增加，降雨高山多，矮处少。年降水量分布由表2-4可见，该区年降水量在668.5～1490.9mm。月降水量最大月在6月，雨量达94.2～400.0mm；月降水量最小月在2月，月雨量达1.0～28.2mm，个别出现在1月和12月；降水量出现弱低值月在9月，月雨量较出现弱高值月的10月略低。而局地也出现了降水量分布不均的现象，主要是由于山南坡，水汽容易到达，地势抬升有利降水形成。二是森林繁茂，有利降水形成。

降水量的季节分布上，夏季（6～8月）降水量最多，最高达388.6～908.5mm，占年雨量的30.1%～67.2%；冬季（12～2月）降水量最少，仅25.2～109.6mm，占年雨量的2.2%～10.9%；

表2-4 普安县气象局2007～2016年逐月降水量

单位：mm

月＼年	2007	2008	2009	2010	2011	2012	2013	2014	2015	2016
1	34.5	14.9	13.1	3.1	32.7	19	10.9	16.6	43.9	17.5
2	18	22	3.6	1	8.1	52.1	9.1	26.8	28.2	16.1
3	10.1	63.1	47.6	1.8	23.6	141.6	31.8	59.3	32.4	27.3
4	80.7	19.7	67.5	44.1	17.7	217.9	63.3	64.2	73.5	102
5	147.8	275.5	159.4	176.8	51	153.5	175.6	31.5	124.5	183.7
6	400	210.6	365.9	310.9	201.8	94.2	177.4	359.3	117.5	231
7	278.7	279.7	223.9	305.3	27.7	136.8	79.6	328.9	209.3	169
8	229.8	234.9	181.7	126	68.1	157.6	237.6	181.7	242.6	193.7
9	147.1	178	19.8	98.5	159.2	79.4	139.5	324	362.3	125.8
10	53.6	69.1	44.3	59.2	41.3	80.7	83.7	37.8	93.1	102.7
11	10	76.1	12.5	32.8	6.5	88.5	32.5	45.5	25.3	53.2
12	9.7	33.9	8.5	36.4	30.8	70.1	36.3	15.3	37.5	8.4
总量	1420	1477.5	1147.8	1195.9	668.5	1291.4	1077.3	1490.9	1390.1	1230.4

秋季（9～11月）降水量76.6～480.7mm，占年雨量的6.7%～34.6%；春季（3～5月）降水量92.3～513mm，占年雨量的13.8%～39.7%，春季降水量略多于秋季。夏半年（4～10月）总降水量达923.3～1175.8mm，占年雨量的71.2%～94.2%，此间正值林木枝繁叶茂，光热水的良好搭配为该区林木生长发育和农业生产提供了优越气候条件。

张 萍 张 旭

第四节 土 壤

森林土壤是维持林木健康生长的基质，土壤肥力特征影响并控制着林木的健康状态，而森林土壤养分状况，与林分的树种及其组成、林分结构等因子关系密切。一方面，对山地而言，地形和植被类型对土壤的理化性质是主要控制因子，在同一气候区，地形可改变气候因子的空间分配，从而影响植被格局，而植被格局可以控制微气候和影响土壤状况；另一方面，植被则影响成土过程、土壤演替及其理化性质。

一、方法与材料

于6个保护区及清香木林地内选取具代表性的森林植被类型设置标准样地（见表2-5），每个样地20m×20m。在样地内选择典型剖面地点（记录每个剖面的位置、地形地貌、植被及形态特性），然后进行剖面挖掘和土壤样品采集。每剖面观察记录各土层的厚度、颜色、质地、结构、坚实度等剖面特征。自上往下分三层取样（深度分别为0～10cm、10～20cm、20～30cm，记为A、B、C），每层取500g以上土样，装入布袋，贴上标签，运回室内自然风干，分析其土壤理化性状；同时分层采集相应的土壤环刀样品分析测定土壤空隙特征。土壤理化性状按照国家林业局发布的中华人民共和国林业行业标准进行测定。使用Microsoft Excel 2016进行数据整理，使用R统计软件（版本3.4.0）采取方差分析法进行数据分析，对结果显著的方差分析使用最小显著差异法(LSD)进行多重比较。

表2-5　普安土壤调查样地基本情况表

地点	样地号	经度	纬度	海拔（m）	植被类型	树　种	土壤	母质	坡度
石古	1	105°04'46.92"	26°05'39.01"	1257	落叶阔叶林	楸　树	水稻壤	砂岩、石灰岩	10～15
	2	106°05'05.80"	26°05'23.39"	1348	落叶阔叶林	楸　树	水稻壤	砂岩、石灰岩	10～15
	3	105°05'05.02"	26°05'30.56"	1374	落叶阔叶林	楸　树	水稻壤	砂岩、石灰岩	10～15
清香木	4	105°02'20.79"	26°05'12.86"	934	常绿阔叶林	清香木	黄壤	砂岩、石灰岩	15～30
	5	105°02'18.78"	26°05'14.97"	978	常绿阔叶林	清香木	黄壤	砂岩、石灰岩	15～30
	6	105°02'17.98"	26°05'18.20"	994	常绿阔叶林	清香木	黄壤	砂岩、石灰岩	15～30
布岭箐	7	105°01'48.38"	26°06'01.47"	1683	阔、针混交林	鹅掌楸、杉	黄壤	砂岩、石灰岩	15～20
	8	105°01'50.58"	26°05'58.10"	1689	阔、针混交林	鹅掌楸、杉	黄壤	砂岩、石灰岩	15～20
	9	105°01'48.87"	26°05'51.72"	1722	阔、针混交林	鹅掌楸、杉	黄壤	砂岩、石灰岩	15～20
沙子塘	10	105°00'32.86"	26°02'47.70"	1316	落叶阔叶林	枫　香	综壤	砂岩、石灰岩	10～15
	11	105°00'00.47"	26°02'50.97"	1337	落叶阔叶林	枫　香	综壤	砂岩、石灰岩	10～15
	12	104°59'25.19"	25°55'48.59"	1384	落叶阔叶林	枫　香	综壤	砂岩、石灰岩	10～15
风火砖	13	104°59'26.11"	25°55'48.40"	1654	针叶林	马尾松	黄壤	砂岩、石灰岩	30～35
	14	104°59'25.13"	25°55'48.59"	1658	针叶林	马尾松	黄壤	砂岩、石灰岩	30～35
	15	104°59'25.19"	25°55'48.59"	1663	针叶林	马尾松	黄壤	砂岩、石灰岩	30～35
旧屋基	16	105°05'02.54"	25°56'10.65"	1432	常绿阔叶林	香　樟	黄壤	砂岩、石灰岩	10～15
	17	105°05'49.00"	25°56'06.67"	1455	常绿阔叶林	香　樟	黄壤	砂岩、石灰岩	10～15
	18	105°05'05.01"	25°56'05.19"	1495	常绿阔叶林	香　樟	黄壤	砂岩、石灰岩	10～15

（续表）

地点	样地号	经度	纬度	海拔(m)	植被类型	树种	土壤	母质	坡度
五个坡	19	105°01'47.65"	25°52'41.73"	1711	阔、针混交林	马尾松、马樱杜鹃	黄壤	砂岩、石灰岩	20～25
	20	105°01'50.88'	25°52'41.32"	1713	阔、针混交林	马尾松、马樱杜鹃	黄壤	砂岩、石灰岩	20～25
	21	105°01'53.99"	25°52'39.88"	1732	阔、针混交林	马尾松、马樱杜鹃	黄壤	砂岩、石灰岩	20～25

二、结果与分析

贵州普安龙吟阔叶林州级自然保护区调查样地的土壤理化性状测定结果（见表2-6和表2-7）。对于取样的3个土壤层，所有测定的理化指标在三层间差异均不显著（见表2-7），表明这些指标在这3个土层间差异不大。

（一）土壤比重

土壤比重主要决定于土壤矿物组成、矿物与有机质的相对含量，通常与有机质含量及氧化铁等矿物质成反比，因此其值可以从一定程度上反映土壤中的矿物及有机质的相对含量。在7个采样地点中，沙子塘样点(2.73±0.80 g/cm^3)与石古(2.32±0.33 g/cm^3)和旧屋基(2.48±0.50 g/cm^3)样点的土壤比重差异不显著，但高于其他4个样点间的土壤比重（清香木2.28±0.27 g/cm^3、布岭箐2.18±0.15 g/cm^3、风火砖2.25±0.28 g/cm^3、五个坡2.26±0.09 g/cm^3），而这4个样点的土壤比重与石古和旧屋基样点的土壤比重的差异也达不到显著水平（见表2-6）。

对森林类型而言，落叶阔叶林土壤比重(2.53±0.63 g/cm^3)与常绿阔叶林（2.38±0.40 g/cm^3)及针叶林的土壤比重(2.25±0.28 g/cm^3)无显著差异，高于阔叶、针叶混交林的土壤比重(2.22±0.13 g/cm^3)，但阔叶、针叶混交林的土壤比重与常绿阔叶及针叶林的土壤比重差异不显著（见表2-7）。

（二）土壤容重

土壤容重影响土壤多孔性状，进而影响林木根系生长和生物量的积累，进而影响土壤的渗透性和保水能力，是衡量土壤肥力质量高低的重要指标之一。各取样点之间的土壤容重中沙子塘(1.50±0.16 g/cm^3)的土壤容重显著高于布岭箐(1.23±0.08 g/cm^3)、旧屋基(1.27±0.18 g/cm^3)、风火砖(1.21±0.10 g/cm^3)和五个坡(1.05±0.22 g/cm^3)的土壤容重，但与石古(1.39±0.17 g/cm^3)和清香木(1.37±0.13 g/cm^3)样点的土壤容重差异不显著；而石古与清香木、布岭箐及旧屋基3个样点间的土壤容重差异也未达到显著水平，但土壤容重显著高于风火砖和五个坡的土壤容重；清香木、布岭箐及旧屋基3个样点的土壤容重也显著大于五个坡的土壤容重，但他们三者自身的土壤容重间差异不显著（见表2-6）。

落叶阔叶林的土壤容重(1.45±0.17 g/cm^3)显著高于其他森林土壤类型的土壤容重，常绿阔叶林的土壤容重(1.32±0.16 g/cm^3)显著大于阔叶、针叶混交林(1.14±0.18 g/cm^3)，但与针叶林的土壤

表2-6　贵州普安龙吟阔叶林州级自然保护区取样地点森林土壤理化性质总结

	石古	清香木	布岭箐	沙子塘	风火砖	旧屋基	五个坡
比重(g/cm^3)	2.32±0.33ab	2.28±0.27b	2.18±0.15b	2.73±0.80a	2.25±0.28b	2.48±0.50ab	2.26±0.09b
容重(g/cm^3)	1.39±0.17ab	1.37±0.13abc	1.23±0.08bc	1.50±0.16a	1.21±0.10cd	1.27±0.18bc	1.05±0.22d
孔隙度(%)	38.98±10.40%b	38.69±10.26%b	43.45±5.40%ab	40.96±17.56%b	45.58±8.73%ab	47.38±12.50%ab	53.1±10.54%a
含水量(%)	13.11±2.85%ab	12.61±5.03%ab	16.99±3.88%a	10.19±6.19%b	13.25±5.73%ab	14.12±7.31%ab	15.32±10.18%ab
酸碱度（pH）	5.94±0.47ab	6.51±0.58a	4.20±0.62c	5.26±0.34b	4.09±0.47c	4.29±0.39c	4.01±0.19c
有机质(g/kg)	3.92±0.99bc	5.26±0.79ab	4.31±1.51abc	1.08±1.01e	1.90±1.50de	3.22±1.69cd	5.90±0.97a
水解性氮(mg/kg)	132.07±68.62bc	122.48±20.61bcd	88.28±57.11bcd	48.95±48.10d	66.89±34.92cd	153.87±92.55b	234.37±70.69a
全氮(g/kg)	1.01±0.05a	1.03±0.02a	0.91±0.07ab	0.71±0.17c	0.70±0.23c	0.78±0.12bc	0.95±0.27ab
全钾(g/kg)	1.08±0.24a	0.95±0.32a	0.39±0.20b	0.45±0.26b	0.45±0.17b	0.40±0.14b	0.53±0.21b
速效钾(mg/kg)	57.11±13.28ab	88.86±73.31a	58.68±73.15ab	26.20±9.49b	19.17±3.83b	32.59±13.58b	59.67±22.05ab
全磷(g/kg)	0.129±0.003a	0.128±0.004a	0.128±0.004a	0.121±0.003b	0.130±0.000a	0.130±0.000a	0.129±0.003a
有效磷(mg/kg)	9.60±8.46a	2.76±0.89b	4.46±1.06b	6.49±1.36ab	8.86±4.44a	3.40±0.35b	3.95±0.57b
阳离子交换量(cmol/kg)	21.53±2.64a	26.30±2.38a	10.12±1.66b	8.76±1.93b	9.77±2.66b	12.58±3.23b	22.00±1.68a

注：表中数据后面的字母为多重比较结果标注(α=0.05)。

表2-7　贵州普安龙吟阔叶林州级自然保护区土层及森林类型的森林土壤理化性质总结

	土层			森林类型			
	A	B	C	落叶阔叶林	阔叶、针叶混交林	常绿阔叶林	针叶林
比重(g/cm^3)	2.39±0.45	2.26±0.39	2.42±0.45	2.53±0.63a	2.22±0.13b	2.38±0.40ab	2.25±0.28ab
容重(g/cm^3)	1.27±0.22	1.24±0.19	1.36±0.17	1.45±0.17a	1.14±0.18c	1.32±0.16b	1.21±0.10bc
孔隙度(%)	45.83±11.64%	43.79±12.53%	42.46±11.47%	39.97±14.04%b	48.29±9.53%a	43.04±11.96%ab	45.58±8.73%ab
含水量(%)	13.38±4.54%	15.41±4.83%	12.19±8.58%	11.65±4.91%b	16.16±7.52%a	13.37±6.14%ab	13.25±5.73%ab
酸碱度（pH）	4.85±1.03	4.99±1.14	4.86±0.99	5.60±0.53a	4.10±0.46b	5.40±1.24a	4.09±0.47b
有机质(g/kg)	3.98±1.97	3.45±2.08	3.54±2.03	2.50±1.75b	5.11±1.48a	4.24±1.66a	1.90±1.50b
水解性氮(mg/kg)	128.38±82.12	114.59±83.43	119.99±82.79	90.51±71.65bc	161.32±97.65a	138.18±67.02ab	66.89±34.92c
全氮(g/kg)	0.87±0.22	0.89±0.19	0.84±0.19	0.86±0.20a	0.93±0.19a	0.90±0.16a	0.70±0.23b
全钾(g/kg)	0.66±0.36	0.58±0.32	0.58±0.35	0.77±0.40a	0.46±0.21b	0.68±0.37a	0.45±0.17b
速效钾(mg/kg)	65.95±69.94	40.07±20.38	40.68±22.35	41.65±19.45ab	59.18±52.41a	60.73±58.77a	19.17±3.83b
全磷(g/kg)	0.128±0.004	0.128±0.004	0.128±0.004	0.125±0.005b	0.128±0.004a	0.129±0.003a	0.13±0.001a
有效磷(mg/kg)	6.02±4.21	5.69±4.45	5.22±4.50	8.04±6.10a	4.20±0.87b	3.08±0.73b	8.86±4.44a
阳离子交换量(cmol/kg)	16.07±7.10	16.02±7.65	15.50±6.80	15.14±6.94a	16.06±6.32a	19.44±7.58a	9.77±2.66b

注：表中数据后面的字母为多重比较结果标注(α=0.05)。

容重(1.21±0.10 g/cm^3)无显著差异，针叶林的土壤容重与阔叶、针叶混交林的土壤容重间差异也不显著（见表2-7）。

（三）土壤孔隙度

土壤孔隙是水分和空气的通道和储存所，它的组成状况直接影响土壤水、热、通气状况和根系穿插的难易，也影响土壤物质转化的速度与方向，对林木生长起着重要的作用，其指标土壤孔隙度与土壤质地、土壤类型、土壤有机质有关，是土壤主要物理特征之一，他是土壤物理学的一个重要的参数。在7个样点中，五个坡的土壤孔隙度(53.13±10.54%)显著高于沙子塘(40.96±17.56%)、石古(38.98±10.40%)及清香木(38.69±10.26%)样点的土壤孔隙度差异显著，而与布岭箐(43.45±5.40%)、风火砖(45.58±8.73%)和旧屋基(47.38±12.50%)的土壤孔隙度差异不显著，而后三者的土壤孔隙度与沙子塘、石古及清香木样点的土壤孔隙度差异也不显著（见表2-6）。

阔叶、针叶混交林的土壤孔隙度(48.29%±9.53%)与常绿阔叶林(43.04%±11.96%)及针叶林(45.58%±8.73%)的土壤孔隙度间差异不显著，但高于落叶阔叶林的土壤孔隙度(39.97%±14.04%)，而落叶阔叶林的土壤孔隙度与常绿阔叶林及针叶林的土壤孔隙度间的差异也达不到显著水平（见表2-7）。

（四）土壤含水量

水分是土壤最重要的组成部分之一，土壤水分含量多少及其存在形式对土壤形成发育过程和肥力水平高低与自净能力都有着重要影响。分析表明布岭箐样点的含水量（16.99±3.88%）显著高于沙子塘样点的含水量(10.19±6.19%)，而这两个样点的含水量与其他5个样点的含水量差异不显著（见表2-6）。

阔叶、落叶混交林的土壤含水量(16.16±7.52%)显著高于落叶阔叶林的土壤含水量(11.65±4.91%)，而两者的土壤含水量与针叶林(13.25±5.73%)及常绿阔叶林(13.37±6.14%)土壤含水量间的差异均不显著。

（五）土壤酸碱度(pH)

一方面，土壤pH对土壤其他性质具有重要影响，如影响土壤养分有效性的发挥等，是反映土壤质量最重要的指标，而另一方面，植被对土壤pH也有影响。土壤pH值显示这7个样点的土壤均为酸性，而清香木样点的土壤稍偏碱，其pH为6.51±0.58，显著高于布岭箐、沙子塘、风火砖、旧屋基和五个坡的土壤pH值（分别为4.20±0.62、5.26±0.34、4.09±0.47、4.29±0.39和4.01±0.19），而与石古(pH=5.94±0.47)的差异不显著（见表2-6）。

落叶阔叶林(5.60±0.53a)和常绿阔叶林(5.40±1.24)的土壤pH值显著高于阔叶、针叶混交林(4.10±0.46)和针叶林(4.09±0.47)的土壤pH，而这两组内的森林类型的土壤pH值差异不显著（见表2-7）。

（六）土壤有机质含量

土壤中的有机质是土壤化学性质中最重要的组成部分，是林木营养物质的主要来源，影响土壤的物理、化学及生物学活性，是评价土壤肥力的标志性物质，不同植被类型土壤有机质含量存在显著差异。在7个样地中，五个坡的土壤有机质含量最高(5.90±0.97 g/kg)，显著高于石古

(3.92±0.99 g/kg)、旧屋基(3.22±1.69 g/kg)和风火砖(1.90±1.50 g/kg)和沙子塘(1.08±1.01 g/kg)的有机质含量，与清香木(5.26±0.79 g/kg)和布岭箐(4.31±1.51 g/kg)样点的有机质含量差异不显著；而清香木、布岭箐和石古3个样点间的有机质含量差异不显著，但均显著高于风火砖和沙子塘样点的土壤有机质含量；风火砖样点的土壤有机质含量上与旧屋基，下与沙子塘样点的土壤有机质含量差异不显著，而旧屋基样点的土壤有机质含量显著高于沙子塘样点的土壤有机质含量（见表2-6）。

阔叶、针叶混交林及常绿阔叶林的土壤有机质含量（分别为5.11±1.48 g/kg和4.24±1.66 g/kg）显著高于落叶阔叶林及针叶林的土壤有机质含量（分别为2.50±1.75 g/kg和1.90±150 g/kg），而阔叶、针叶混交林与常绿阔叶林之间，及落叶阔叶林与针叶林之间的土壤有机质含量差异均不显著（见表2-7）。

（七）土壤氮素状况

氮是植物生长不可或缺的元素，土壤氮储量在不同植被类型下差异较大。就全氮含量而言，石古(1.01±0.05 g/kg)和清香木(1.03±0.02 g/kg)样点显著高于沙子塘(0.71±0.17 g/kg)、风火砖(0.70±0.23 g/kg)和旧屋基(0.78±0.12 g/kg)，而与布岭箐(0.91±0.07 g/kg)和五个坡(0.95±0.27 g/kg)的含氮量差异不显著；布岭箐和五个坡两个样点间的全氮含量显著高于沙子塘和风火砖样点，但与旧屋基样点的全氮含量差异不显著；旧屋基样点的全氮含量与沙子塘和风火砖样点的土壤全氮含量的差异也未达到显著水平（见表2-6）。水解性氮方面，五个坡样点的水解性氮含量(234.37±70.69 mg/kg)显著高于其他6个样点；旧屋基样点的水解性氮含量(153.87±92.55 mg/kg)显著高于沙子塘(48.95±48.10 mg/kg)和风火砖(66.89±34.92 mg/kg)样点的水解性氮含量，与石古(132.07±68.62 mg/kg)、清香木(122.48±20.61 mg/kg)和布岭箐(88.28±57.11 mg/kg)样点的水解性氮含量差异不显著；石古样点的水解性氮含量显著高于沙子塘样点，但与清香木、布岭箐、风火砖样点之间的水解性氮含量差异不显著；而清香木、布岭箐、风火砖样点之间的水解性氮含量与沙子塘样点的水解性氮含量差异不显著（见表2-6）。

对森林类型而言，落叶阔叶林、阔叶针叶混交林和常绿阔叶林的土壤全氮含量（0.86±0.20 g/kg、0.93±0.19 g/kg和0.90±0.16 g/kg）显著高于针叶林(0.70±0.23 g/kg)，而落叶阔叶林、阔叶针叶混交林和常绿阔叶林三者之间的土壤全氮含量差异不显著（见表2-7）。阔叶针叶混交林的水解性氮含量(161.32±97.65 mg/kg)显著高于落叶阔叶林和针叶林的土壤水解性氮含量（分别为90.51±71.65 mg/kg和66.89±34.92 mg/kg），但与常绿阔叶林的土壤水解性氮含量(138.18±67.02 mg/kg)差异不显著；常绿阔叶林的土壤水解性氮含量显著高于针叶林的土壤水解性氮含量，但与落叶阔叶林的土壤水解性氮含量差异不显著；而落叶阔叶林与针叶林间的土壤水解性氮含量差异也不显著（见表2-7）。

（八）土壤钾素状况

土壤钾是植物吸收最多的营养元素之一，而林地土壤钾素的分布受多种因素影响，分布并不均匀。样地间的分析结果表明，石古和清香木样地的全钾含量（分别为1.08±0.24 g/kg和0.95±0.32 g/kg）显著高于其他5个样地的全钾含量（布岭箐、沙子塘、风火砖、旧屋基和五个坡的全钾含量分别为0.39±0.20 g/kg、0.45±0.26 g/kg、0.45±0.17 g/kg、0.40±0.14 g/kg和0.53±0.21 g/kg）；而石古和清香木样地之间，及其余5个样地之间的全钾含量差异均不显著（见表2-6）。速效钾的情况则略微不同，清香木样点速效钾含量(88.86±73.31 mg/kg)显著高于沙子塘、风火砖和旧屋基3个样点（速效钾含量分别为26.20±9.49 mg/kg、19.17±3.83 mg/kg和32.59±13.58），与石古、布里箐和五个坡样点的速效钾含量（分别为57.11±13.28 mg/kg、58.68±73.15 mg/kg和59.67±22.05 mg/kg）差异不明显；而后6个样点之间的速效钾含量差异均不显著（见表2-6）。

森林类型中，落叶阔叶林和常绿阔叶林和针叶林的全钾含量（0.77±0.40 g/kg和0.68±0.37 g/kg）显著高于阔叶针叶混交林和针叶林的全钾含量（0.46±0.21 g/kg和0.45±0.17 g/kg），前两者之间及后两者之间的全钾含量差异并不显著（见表2-7）。阔叶、针叶混交林和常绿阔叶林的速效钾含量（分别为59.18±52.41 mg/kg和60.73±58.77 mg/kg）显著高于针叶林的速效钾含量(19.17±3.83 mg/kg)，与落叶阔叶林的速效钾含量(41.65±19.45 mg/kg)差异不显著；而落叶阔叶林与针叶林间的速效钾含量差异也不显著（见表2-7）。

（九）土壤磷素状况

土壤中的磷是植物生长所需磷的主要来源，而土壤磷含量与植被分布在空间上存在一定关系。本次取样中，沙子塘样点的土壤全磷含量显著低于其他6个样点的土壤全磷含量，而这6个样点间的土壤全磷含量差异不显著（见表2-6）。有效磷方面，石古和风火砖的有效磷含量（分别为9.60±8.46 mg/kg和8.86±4.44 mg/kg）显著高于沙子塘（有效磷含量6.49±1.36 mg/kg）以外的其他4个样点：清香木、布岭箐、旧屋基和五个坡（有效率含量分别为2.76±0.89 mg/kg、4.46±1.06mg/kg、3.40±0.35mg/kg和3.95±0.57 mg/kg），但与沙子塘样点的有效磷含量差异不显著;沙子塘样点的有效磷含量与其他4个样点的有效磷含量差异也不显著（见表2-6）。

阔叶针叶混交林、常绿阔叶林和针叶林的全磷含量（分别为0.128±0.004 g/kg、0.129±0.003 g/kg和0.13±0.001 g/kg）显著高于落叶阔叶林的全磷含量(0.125±0.005 g/kg)（见表2-7）。有效磷含量则是落叶阔叶林与针叶林的含量（分别为8.04±6.10 mg/kg和8.86±4.44 mg/kg）显著高于阔叶针叶混交林和常绿阔叶林的含量（分别为4.20±0.87 mg/kg和3.08±0.73 mg/kg），前两个样点之间，及后两个样点之间的有效磷含量差异均不显著（见表2-7）。

（十）阳离子交换量

阳离子交换量是土壤的一个重要的化学性质指标，直接反映土壤保肥能力、供肥能力和缓冲能力。石古、清香木和五个坡的阳离子交换量（分别为21.53±2.64 cmol/kg、26.30±2.38 cmol/kg和22.00±1.68 cmol/kg）显著高于其他4个样点：布岭箐、沙子塘、风火砖和旧屋基（阳离子交换量分别为10.12±1.66 cmol/kg、8.76±1.93 cmol/kg、9.77±2.66 cmol/kg和12.58±3.23 cmol/kg）；前3个样点之间，及后4个样点之间的阳离子交换量差异均不显著（见表2-7）。

落叶阔叶林、阔叶针叶混交林和常绿阔叶林的土壤阳离子交换量（分别为15.14±6.94 cmol/kg、16.06±6.32 cmol/kg和19.44±7.58 cmol/kg）显著高于针叶林的土壤阳离子交换量(9.77±2.66 cmol/kg)，而落叶阔叶林、阔叶针叶混交林和常绿阔叶林三者间的土壤阳离子交换量差异不显著（见表2-7）。

三、小结

土壤的形成过程是多个物理过程、化学过程和生物过程的相互作用过程。不同地区的不同气候、母岩、地形、植被和动物等方面导致了各种土壤类型的形成及土壤性质的差异，土壤具有时间上和空间上变化的特点，即便是同一土壤类型下不同的时间和不同的空间上土壤的某些性质仍然不同。本次7个样点的土壤取样分析结果也表明了土壤理化性质的时空复杂性，而人为活动的介入，加剧了这些复杂性。本次样点中，沙子塘和风火砖这两个样点是人类活动较密集地区，其土壤的比重、容重相对较高，对应的是其有机质含量较低。

土壤的物理性质指标中，落叶阔叶林土壤的比重及容重高于其他3种森林类似的同指标值，也之对应的是其孔隙度和含水量低于其他3种森林类型的孔隙度和含水量。土壤有机质主要来源于植物的凋落物。在一般情况下，不同植被类型凋落物量表现为常绿阔叶林>落叶阔叶林>针叶林，本次调查分析结果中的结果与此相近，为阔叶、针叶混交>常绿阔叶林>落叶阔叶林>针叶林，说明这些样点的软阔类树种较多，植物凋落物有利于分解进入土壤。

全氮、全磷、全钾的基本趋势为常绿阔叶林较高，针叶林较低，而阔叶针叶混交及落叶阔叶林居于中间，而有效磷则是针叶林和落叶阔叶林高于另外两种森林类型。其原因可能为含各元素的有机质矿化过程速率和转化、植物吸收程度以及流失等原因造成。各元素分别在不同的化合物中，水解氮、有效磷和速效钾在土壤中形成的速率以及转化为其他化合物、被植物吸收速率不同。

第三章　森林植被

第一节　森林资源

贵州普安龙吟阔叶林州级自然保护区位于贵州省黔西南州普安县，涉及6个村，总面积5637hm^2。保护区地理位置为东经104°58′～105°4′和北纬25°26′～26°6′之间，与晴隆毗邻，南与兴中镇、白沙乡交融，西与盘州市相壤，北与水城、六枝特区隔河相望，属于中山和低中山，岩性以泥岩、砂岩、灰岩、煤泥岩、砂页岩、白云岩为主，土壤类型以黄壤、紫色土、黄泥土、红黄壤、黄棕壤为主。区内群山连绵、山脊明显，山脉走向大体呈南北向，最高海拔1804m，最低海拔633m，平均海拔1200m，属亚热带湿润季风气候区，光热水资源丰富，适合林木生长，野生动植物资源较为丰富。保护区的建立，对于完善贵州省的自然保护区总体布局体系具有重要意义。本次综合科学考察对保护区内森林资源状况进行了详细调查。

一、调查方法

本次保护区森林资源调查主要根据《贵州省第三次森林资源规划设计调查工作细则》（以下简称“细则”）的有关规定，结合保护区森林资源特点，提出相应的技术标准和调查研究方法。

（一）主要技术标准

（1）地类划分。根据森林资源调查的相关规定，将保护区土地类型分为林地和非林地两大类。林地划分为纯林、混交林、竹林、灌木林、疏林地、未成林地、无立木林地、宜林地和其他林地；非林地划分为25°以上坡耕地和其他非林地。

（2）森林类别划分。森林类别的划分以林地为区划对象，按照主导功能的不同将林地分为生态公益林和商品林两大类别。生态公益林地按照其区位、发挥作用的不同，又划分为重点公益林和一般公益林。

（3）林种划分。根据有林地主导功能的不同划分林种。

（二）调查及数据处理

根据细则规定，以地形图（比例尺1：10000）和最新拍摄的SPOT5卫星影像图（比例尺1：10000）为工作底图，小（细）斑区划采用“对坡”勾绘法进行，采用自然区划或综合区划，在片区范围内，对地域相连、经营方向、措施相同的林地划为同一林斑，在林斑内进行区划。深入小（细）斑进行调查因子的调查记录，最后采用地理信息系统软件以及相关统计软件进行数据处理。

本次调查主要是以区划的保护区范围为调查研究对象，并对森林资源的质量和功能进行深入研究和分析。

二、调查结果

贵州普安龙吟阔叶林州级自然保护区总面积5637hm^2，其中林业用地5242，占总面积的93%；非林地389hm^2，占总面积的7%，森林覆盖率90%。

（一）各地类面积

在林业用地中按地类划分，林地5242hm^2，其中乔木林3043hm^2，有林地占林业用地的58%；灌木林地2161hm^2，占林业用地的41%；其他林地38hm^2，占林业用地的1%。保护区林业用地各地类分布情况见表3-1。

表3-1　贵州普安龙吟阔叶林州级自然保护区林业用地各地类面积统计

单位：hm^2、%

区　域	乔木林地	竹林地	疏林地	特殊灌木林地	其他灌木林地	未成林造林地	森林覆盖率
合　计	3043	0	0	1959	202	36	90
北盘江村	249	0	0	118	33	0	50
高阳村	403	0	0	139	30	6	56
文毕村	891	0	0	689	32	0	69
石古村	561	0	0	613	28	0	72
吟塘村	448	0	0	282	41	30	59
云路村	491	0	0	118	38	0	62

从表3-1可以看出，整体上保护区森林覆盖率较高。其中，北盘江村、石古村、云路村、吟塘村的植被类型以阔叶混交林为主；高阳村由于人为活动强烈，区域的植被类型为针阔混交林，其余区域为阔叶混交林；文毕村植被类型为常绿落叶阔叶混交林；红旗社区由于人为干扰强烈，植被类型多为人工与此生的针叶林，多为人工林与次生林。保护区森林资源分布集中连片，分布有鹅掌楸(*Liriodendron chinense*)、云南樟(*Cinnamomum camphora*)、香果树(*Emmenopterys henryi*)、喜树(*Camptotheca acuminata*)等国家级保护树种；兰科植物有金兰(*Cephalanthera falcata*)、钩距虾脊兰(*Calanthe graciliflora*)、齿爪叠鞘兰(*Chamaegastrodia poilanei*)、短距舌喙兰(*Hemipilia limprichtii*)等，其核心区得天独厚的天然地形地貌形成独立隔离屏障，远离村寨，少有人畜活动，便于管理，是保护区森林原生性最好的片区。

（二）乔木林资源

1. 按林种划分

保护区乔木林总面积为3049hm^2，由防护林、特种用途林、用材林、经济林以及薪炭林组成。其中，防护林面积为2015hm^2，占乔木林总面积的66%；特用林面积为792hm^2，占乔木林总面积的26%；用材林面积为242hm²，占乔木林总面积的8%。可以看出，保护区防护林和特种用途林数量较多，同时用材林超过乔木林面积的1/5。经调查，用材林在各个乡镇皆有分布，体现了当地依然对保护区乔木林资源依然有一定的依赖，将不利于未来保护区的森林资源保护，应及时对林种结构作出规划调整。

2．按龄组划分

保护区乔木林按龄组划分为幼龄林、中龄林、近熟林、成熟林以及过熟林。其中幼龄林为2605hm²，占乔木林总面积的85.4%；中龄林为435hm²，占乔木林总面积的14.3%；近熟林为8hm²，占乔木林总面积的0.3%；成熟林为1hm²，占乔木林总面积的0.03%。保护区内不存在过熟林，且乔木林以幼龄林、中龄林为主，两者面积之和占乔木林总面积的99%，成熟林较少，林龄结构总体上存在不合理之处，抵御外界干扰能力弱，需要根据保护区加强抚育，促进森林生态系统的正向演替。

3．按优势树种组划分

保护区乔木林以白栎(*Quercus fabri*)、麻栎(*Quercus acutissima*)、桦类、枫香(*Liquidambar formosana*)、鹅掌楸、喜树、马尾松(*Pinus massoniana*)、杉木(*Cunninghamia lanceolata*)等为主，面积为2796hm²，占乔木林总面积的92%。其他树种（组）分布面积和所占比例分别为软阔类为211hm²，占乔木林总面积的7%；硬阔类面积为5hm²，占乔木林总面积的0.2%；栎类面积为1621hm²，占乔木林总面积的53%；枫香面积为302hm²，占乔木林总面积的10%；鹅掌楸面积为2hm²，占乔木林总面积的0.06%；喜树面积为30hm²，占乔木林总面积的1%。保护区内阔叶混交林面积为1671hm²，占乔木林总面积的55%；阔叶纯林面积为708hm²，占乔木林总面积的23%；针阔混交林面积为456hm²，占乔木林总面积的15%；针叶林面积为214hm²，占乔木林总面积的7%。同时在区内还有一定数量的国家、省级保护树种分布，如国家Ⅰ级保护树种南方红豆杉，国家Ⅱ级保护树种云南樟、香果树。

4．按起源划分

保护区的乔木林中天然林以白栎、麻栎、光皮桦(*Betula luminifera*)、枫香为主，共2522hm²，其占乔木林总面积的83%；人工林以马尾松、杉木主要树种为527hm²，占乔木林总面积的17%。保护区的天然林占有比例较高，分布比较合理，管理部门应当积极引导、做好宣传，把保护区自然天成的财富保护好。

5．按郁闭度级划分

森林郁闭程度调查显示，保护区的乔木林中，密郁闭度（≥0.70）乔木林为1460hm²，占乔木林总面积的48%；中郁闭度(0.40～0.69)乔木林为1161hm²，占乔木林总面积的38%；疏郁闭度(0.20～0.39)乔木林为428hm²，占乔木林总面积的14%。

（三）灌木林资源

保护区的灌木林地总面积为2161hm²，占保护区林地总面积的41%。其中以文毕村灌木林地面积最大，为721hm²，占灌木林地总面积33%；石古村灌木林地面积为641hm²，占灌木林地总面积的30%；云路村灌木林地面积为156hm²，占灌木林地总面积的7%；吟塘村灌木林地面积为323hm²，占灌木林地总面积的15%；北盘江村灌木林地面积为 151hm²，占灌木林地总面积的7%；高阳村灌木林地面积为169hm²，占灌木林地总面积的8%。由以上数据可以看出，保护区内森林资源具有乔木林占比较大，灌木林相对较少的特点。

根据森林植被资源调查，保护区内灌木树种主要有贵州金丝桃(*Hypericum kouytchense*)、火棘(*Pyracantha fortuneana*)、小果蔷薇(*Rosa cymosa*)、栎类、马桑(*Coriaria nepalensis*)、穗序鹅掌柴(*Schefflera delavayi*)、川榛(*Corylus heterophylla var.*)、香叶树(*Lindera communis*)、盐肤木(*Rhus chinensis*)等构成了保护区灌木林地的主要群落类型。灌木林平均高度为1.0～1.5m，具备良好的正向演替趋势。

（四）活立木蓄积

据调查，保护区活立木总蓄积为180996m³（均为林地林木），林木权属均为集体。按龄组分，幼龄林蓄积量为154949m³（均为散生木蓄积），占总蓄积量的86%；中龄林为25064m³，占总蓄积量的14%；近熟林为836m³，占总蓄积量的0.5%；成熟林为147m³，占总蓄积量的0.08%；保护区内无过熟林分。

按起源分，人工林蓄积量为25087m³，占总蓄积量的14%；天然林蓄积为155909m³，占总蓄积的86%。

从优势树种（组）分布上看，白栎所占比例最大，蓄积量达为31730m³，占总蓄积量的18%。其他树种（组）蓄积和所占比例分别为麻栎77536m³、占总蓄积43%，枫香23113m³、占总蓄积13%，桦类11439m³、占总蓄积6%，马尾松20597m³、占总蓄积11%，杉木4168m³、占总蓄积2%，鹅掌楸254m³、占总蓄积1%，喜树595m³、占总蓄积3%，其他软阔类9763m³、占总蓄积54%，硬阔类218m³、占总蓄积1%。同时在区内还有一定数量的国家、省级保护树种分布，如国家Ⅰ级保护树种有南方红豆杉，国家Ⅱ级保护树种有鹅掌楸、云南樟、香果树，喜树保护区的建立对珍稀树种的保护具有重要意义。

（五）森林生态系统功能分析

1. 自然度

自然度是反映森林类型演替过程或阶段的指标。按照现实森林类型与地带性顶极群落（或原生乡土植物群落）的差异程度，或次生群落位于演替中的阶段，按人为干扰强度、林分类型、树种组成、层次结构、年龄结构等把自然度划分为5级，从I级到V级反映森林原始群落向人工森林群落、灌丛草坡的逆向演替过程。

在保护区林业用地中，自然度分为5个级别（Ⅰ、Ⅱ、Ⅲ、Ⅳ、Ⅴ）。其中，Ⅰ级面积为0hm²，占林地总面积的0%；Ⅱ级面积为11hm²，占林地总面积的0.2%；Ⅲ级面积为61hm²，占林地总面积的1%；Ⅳ级面积为4505hm²，占总林地面积的86%；Ⅴ级面积为665hm²，占林地总面积的13%。分析表明，保护区森林群落中原生性最强的Ⅰ级相对较少，仅占0%，原生性次强Ⅳ的比例较高，达到86%，人工森林或经人为干扰的群落依然偏高，需要对保护区内森林资源加强保护，促进森林群落正向演替。保护区林业用地自然度分布情况见表3-2。

表3-2显示，从整体上看，保护区森林群落次生性较强，从各个片区来看，北盘江村的森林群

落原生性相对较强，群落结构相对完整，这与该片区得天独厚的地理位置、保护力度、周边环境以及内在生态系统结构息息相关。保护区内人为活动强烈导致总体上自然度评价较差，保护区需要加强对本地区的保护与管理，促进区内经济发展与森林资源保护协调发展。

表3-2　保护区林业用地自然度按等级面积、比例统计表

单位：hm²、%

统计单位	汇总	I		II		III		IV		V	
		面积	比例	面积	比例	面积	比例	面积	比例	面积	比例
汇　总	8870.58			17.87	0.2	98.36	1.0	7491.80	75.3	1262.55	12.7
北盘江村	1023.68			17.87	1.5	4.26	0.4	942.17	77.5	59.38	4.9
高阳村	1698.84					22.04	1.0	1341.13	62.8	335.67	15.7
文毕村	1786.52							1715.37	90.9	71.15	3.8
石古村	1338.49							1213.80	88.2	124.69	9.1
吟塘村	1458.42					30.16	1.8	1006.28	60.5	421.98	25.4
云路村	1564.63					41.90	2.5	1273.05	76.4	249.68	15.0

2．**森林健康度**

森林健康度是指森林的健康状况。其通过森林（林地）受虫害、病害、火灾、自然灾害和空气污染5项因子的危害程度调查，分析林分受害立木株数百分率和影响生长程度，分别打分，综合评定。评价等级从好到差依次为Ⅰ、Ⅱ、Ⅲ、Ⅳ级。

经调查，在保护区林业用地中，健康度为Ⅰ级的林地面积为5235hm²，占林业用地的99.9%；健康度为Ⅱ级的林地面积为7hm²，占林业用地的0.1%；健康度为Ⅲ级的林地面积为0hm²，占林业用的0.0%。由保护区森林健康度分布详情况（见表3-3）可见保护区森林总体状况健康良好。

表3-3　保护区森林健康度等级面积、比例统计表

单位：hm²、%

统计单位	汇总	I		II		III		IV	
		面积	比例	面积	比例	面积	比例	面积	比例
汇　总	8870.58	8861.74	89.1	7.44	0.1	1.40	0.00		
北盘江村	1032.52	1023.68	84.2	7.44	0.6	1.40	0.10		
高阳村	1690.00	1690.00	79.1						
文毕村	1786.52	1786.52	94.7						
石古村	1338.49	1338.49	97.3						
吟塘村	1458.42	1458.42	87.7						
云路村	1564.63	1564.63	93.9						

由表3-3可以看出，保护区森林健康状况大部分为健康，只有极小面积的病虫害。经调查，保护区内均发现了轻微的病虫害，经专家鉴定，多为森林鼠害。存在的病虫害虽然面积较小，但应该引起当地林业管护部门重视，及时采取有效措施，防止病虫害面积进一步扩大。森林健康度在一定程度上还反映着森林生物多样性状况，结合对保护区的植被调查情况，保护区的生物多样性良好，有利于保持森林健康。

3．森林生态功能等级

本次调查通过对森林的物种多样性的丰富程度、郁闭度、林层结构的完整性、植被盖度和枯枝落叶层厚度进行评价分析，确定其森林生态功能等级。评价等级从好到差依次为I、II、III、IV级。

据调查，保护区森林中生态功能等级为I级的面积为9hm^2，占林地总面积的0.2%；生态功能等级为II级的面积为5205hm^2，占林地总面积99.3%；生态功能等级为III级的面积为28hm^2，占林地总面积的0.5%；生态功能等级为Ⅳ级的面积为0hm^2。保护区森林生态功能等级分布情况详见表3-4。

表3-4　保护区森林生态功能等级面积、比例统计表

单位：hm^2、%

统计单位	汇总	I		II		III		Ⅳ	
		面积	比例	面积	比例	面积	比例	面积	比例
汇　总	8870.58	24.46	0.2	8785.86	88.3	60.26	0.6		
北盘江村	1023.68			1023.68	84.2				
高阳村	1698.84	24.46	1.1	1646.65	77.0	27.73	1.3		
文毕村	1786.52			1781.13	94.4	5.39	0.3		
石古村	1338.49			1323.69	96.2	14.80	1.1		
吟塘村	1458.42			1446.08	87.0	12.34	0.7		
云路村	1564.63			1564.63	93.9				

由表3-4可见，保护区森林物种多样性较低，森林群落的水平结构与垂直结构单一，本区生态系统组分不完整，生态功能与服务功能较低。由此看来，保护区应加强在造林工程中的技术指导与管护工作，将更有利于森林群落生态系统向优良的方向发展。

4．森林景观类型及等级

本次调查根据森林群落结构特征、层次、古树分布、林相及色彩等森林景观构成要素，评价森林景观等级。评价等级从好到差依次为Ⅰ、Ⅱ、Ⅲ、Ⅳ级。

经调查，在保护区中，森林景观等级为Ⅰ级的林地面积为3799.11hm^2，占林地总面积的38.2%；森林景观等级为Ⅱ级的林地面积为1403.51hm^2，占林地总面积的14.1%；森林景观等级为Ⅲ级的林地面积为3667.96hm^2，占林地总面积的36.9%；森林景观等级为Ⅳ级的林地面积为0.00hm^2，占林地总面积的0.0%。保护区森林景观等级分布详情况见表3-5。

结合森林景观调查可知，整体上看保护区植物种类较少，森林植被类型有针叶林、针阔混

交林、落叶阔叶林、落叶常绿阔叶林，主要的乔木树种有杉木、光皮桦、麻栎、枫香、白栎、云南樟、灯台树、鹅掌楸、清香木、香叶树、刺楸、马尾松、柏栗、泡桐、楸树、梓树和毛栗等，灌木树种主要有马小果蔷薇、金丝桃、滇鼠刺、翅荚香槐、香叶树、盐肤木、金银花、枇杷、慈竹、刺梨、火棘等，草本植物以艾纳香、野茼蒿、醉鱼草、黄鹌菜、白酒草、何首乌、广布野豌豆、鼠曲草、铁芒萁等。

表3-5　保护区森林景观等级面积、比例统计表

单位：hm^2、%

统计单位	汇总	I		II		III	
		面积	比例	面积	比例	面积	比例
汇　总	8870.58	3799.11	38.2	1403.51	14.1	3667.96	36.9
北盘江村	1023.68	511.24	42.0	138.36	11.4	374.08	30.8
高阳村	1698.84	887.66	41.5	372.11	17.4	439.07	20.5
文毕村	1786.52	791.41	41.9	107.46	5.7	887.65	47.0
石古村	1338.49	577.06	42.0	50.97	3.7	710.46	51.7
吟塘村	1458.42	444.06	26.7	414.60	24.9	599.76	36.1
云路村	1564.63	587.68	35.3	320.01	19.2	656.94	39.4

三、森林资源特点及存在问题

（一）森林覆盖率较高，乔木林比重大

根据大量的外业调查和内业统计，总面积为10879hm^2，其中林业用地为5242hm^2，占总面积的93%；非林地为389hm^2，占总面积的7%，森林覆盖率90%。乔木林3049hm^2，竹林0hm^2，有林地占林业用地的58%；灌木林地2161hm^2，占林业用地的41%；其他林地38hm^2，占林业用地的1%。保护区应该加强对境内森林资源保护力度，保护现有森林资源，促进保护区森林植被的正向演替，努力实现乔、灌、草结构平衡。

（二）生物多样性低，树种起源相对合理，残次林多

据调查，保护区内生物多样性较低，野生动植物种类少，国家级与省级重点保护种稀少。区内幼龄林为2605hm^2，占乔木林总面积的85.4%；中龄林为435hm^2，占乔木林总面积的14.3%；近熟林为8hm^2，占乔木林总面积的0.3%；成熟林为1hm^2，占乔木林总面积的0.03%。保护区内不存在过熟林，林龄结构总体上存在不合理。加之人为活动影响强烈，多处森林植被已遭破坏，出现了一定数量的萌生林和残次林，抵御外界干扰能力弱，急需对境内宝贵的乔木林资源加强保护并合理利用，促进森林生态系统的正向演替。

（三）鹅掌楸等阔叶树种面积大，人为干扰威胁较大

保护区内北盘江村、高阳村都有鹅掌楸分布，面积达487.1hm^2，且林下更新良好，属健康林。区内发现大面积的枫香、清香木纯林，是当地群众祖祖辈辈保护下来的，是难得的自然精华。

区内烧毁、砍伐、开垦等现象严重，昔日保存完好的森林植被已变为残次林，保护形式不容乐观。为了保护区内珍贵阔叶树种得到有效管护，保护区主管部门需协调好当地群众生产生活与生态环境的关系，做好宣传、积极引导、奖惩有度、有礼有节，形成保护区人与自然和谐相处的美好景象。

（四）森林资源保护力度不够，分布不平衡

调查结果显示，保护区内森林资源受人为干扰较大。根据社区调查结果，造成此结果的原因主要有：①保护区宣传效果不显著，区内民众不知区域边界，居民没有形成较强的森林保护意识；②管护力度不够，管护条件艰苦，没有管护的积极性；③没有解决周围居民的利益问题以及其他的生活根本保障问题。另外，森林资源分布不平衡也是保护区森林资源的显著特点，包括乔木林资源分布的不平衡、森林起源状况不平衡和林种结构的不平衡。

四、森林资源保护利用建议

（一）加强自然保护区建设

本次规划的贵州贵州普安龙吟阔叶林州级自然保护区（以下简称“保护区”）位于贵州省黔西南州普安县龙吟镇。区内群山连绵、山脊明显，山脉走向大体呈南北向，最高海拔为1780m，最低海拔为750m，平均海拔为1200m，属北亚热带湿润季风气候区，光热水资源丰富，适合林木生长，野生动植物资源较为丰富。保护区内有大面积连片分布鹅掌楸、云南樟、清香木和枫香等，阔叶树纯林，均处于正向演替阶段。在调查中发现区域内人为活动频繁，干扰严重，不利于珍贵野生动植物的保护，应加强该自然保护区的建设，更好地保护天然阔叶林森林群落。

（二）加强资源保护

保护是自然保护区的核心工作。保护的目标是最大限度地保护生物多样性、原生性和特有性，保护生态系统平衡与和谐，减少环境恶化与资源破坏，探索合理利用自然资源和自然环境的途径，促进生物圈进入良性循环与自然演替，达到人与自然共生、和谐。贵州贵州普安龙吟阔叶林州级自然保护区地块较为分散，由于地形的限制，总体上分割为几个片区，因此也将是保护难度最大的保护区之一。

本次调查发现，贵州贵州普安龙吟阔叶林州级自然保护区森林主体上还处于正向演替的关键阶段，森林生态系统自然度、生态功能等级、健康度等指标尚有待提高，森林动植物资源急需得到有效的保护，提高森林生态环境质量的贡献率还有较大的潜力可挖。保护与培育仍是一项艰巨而长期的常规性工作。因此，要严格按照国家、省有关自然保护区管理，环境保护等相关法律法规，建立完善的保护管理体系，进一步加强森林各种资源的保护工作。

首先，解决农民依赖森林资源生存的问题。一是要积极争取国家财政资金，对集体林和自留山进行整体购买，依靠地方政府解决部分居民搬迁问题，实现区内良好生态环境；二是要积极争取生态公益林补偿资金，解决林区群众的基本生活；三是要积极建立社区共管，缓解自然保护区与社区之间在自然资源利用上的矛盾，鼓励林区群众参与自然保护区生物多样性保护，寻求改进社区生产、生活条件，通过以煤代柴、以沼气代柴等技术和资金扶持，提高林区群众的生活水平。

其次，强化森林管护、增强森林防火和病虫害防治意识，建立健全防火责任制度，病虫害防治措施，巡山护林制度，在主要路段设立护林防火标牌，所有入口设立入山须知告示牌，主要路口设卡守护，对主要路段实行巡山护林制度，切实保护好森林资源。

最后，建立健全森林生态系统多样性和野生动植物的监测体系，实行监测手段现代化。

（三）积极开展科学研究工作

拟建的贵州普安龙吟阔叶林州级自然保护区是森林生态系统演替的中期，在生态系统演替中具有重要的科学研究价值，还有很多东西值得研究。要以本次科学考察为基础，以保护区主要保护对象和特色资源为对象，有计划、有组织地开展野生动植物和森林生态学的科学研究工作，进行重点攻关，进一步探究北亚热带常绿阔叶林森林的演替规律和生态系统内部物质、能量、信息流之间的循环与交互以及合理利用自然资源的途径，以提高森林资源质量，促进自然生态系统良性循环，实现生物物种和自然的持续发展和永续利用。

（四）适度开展森林生态旅游

旅游在自然保护区的建立当中具有一定的意义，在保护的同时发展旅游可以使资源发挥最大功效。保护区内常态地貌与喀斯特地貌并存，集山、水、林、田、湖等多个生态系统和自然景观形成了独特的风景线，景观优美，地方政府可以借助建立保护区的有利契机，适当打造当地旅游，形成资源保护和旅游开发相协调的有利局面，区内各个乡镇的景观资源数量不一，景观等级也不一样，总体上说，区内具备发展旅游的有利条件，自然环境得天独厚，浑然天成。

通过生态旅游开发，充分利用保护区独特的自然环境和森林景观资源，迎合人们“回归大自然”的需求，激发人们认识大自然、热爱大自然的生态环境意识，同时可增加就业机会，促进自然保护区与周边地区产业结构调整，加速二、三产业的发展，促进区域社会经济的可持续发展，从而保障保护区总体目标的实现。

第二节　森林植被类型

一、自然地理概况

普安县位于贵州省西南部乌蒙山区，黔西南布依族苗族自治州北部，北纬25.18′～26.10′，东经104.51′～105.9′。乌蒙山脉横穿县境，将全县分为南、北两部分，南部地势向西南倾斜，北部地势向东北倾斜。地貌呈南北走向长条形，南北长为96.6km，东西宽为33km，国土总面积为1429km^2，东邻晴隆县，南与兴仁县、兴义市相连，西接盘县，北与水城县和六枝特区接壤，距黔西南州府所在地兴义市城区110km。

普安县平均海拔为1400m，平均气温为14℃左右，年均日照1563h。年均降水量1438.9mm，森林覆盖率达27%。境内河道属南盘江、北盘江两大流域。主要河道有乌都河、马别河、新寨河和石古河4条，河流总长度为374.3km，河网密度为26.19km/km^2，径流总量为10.03亿m^3，年排涝量13.44亿m^3，年最大排涝量19.8亿m^3。虽四季分明，但夏无酷暑，冬无严寒，属中亚热带湿润季风气候。

二、森林植被类型

贵州普安龙吟阔叶林州级自然保护区处于中亚热带季风湿润气候区域，地带性植被为常绿阔叶林。由于早期人类干扰以及历史的原因，本区现存植被主要为次生植被，总体森林植被为常绿落叶阔叶混交林，主要组成树种有杉木(*Cunninghamia lanceolata*)、马尾松(*Pinus massoniana*)、麻栎(*Quercus acutissima*)、白栎(*Quercus fabri*)、柏木(*Cupressus funebris*)、光皮桦(*Betula luminifera*)、鹅掌楸(*Liriodendron chinense*)、枫香(*Liquidambar formosana*)、化香(*Platycarya strobilacea*)、清香木(*Pistacia weinmannifolia*)、云南樟(*Cinnamomum camphora*)等。本区植被无明显垂直分布现象，但局部仍保存有团状分布的较好林分，如鹅掌楸林、云南樟林、清香木等。因本区的垂直高差达1000m，在低海拔处的山麓处多为人工林，如马尾松、杉林等。本自然保护区现存森林植被类型较为丰富，主要类型有以下8个类型。

1．常绿阔叶林

常绿阔叶林与该区地带性植被相吻合，也是保护区最主要的植被类型之一。但由于人为干扰，该类森林分布范围不大，在保护区内呈零星分布。常绿阔叶林的主要树种有樟科的云南樟，壳斗科白栎、麻栎等树种组成。对该植被类型调查了一个标准地。样地所处位置为高阳村、滥泥箐，海拔为1628m，坡度为10°，坡向西北，样地人为活动较多。群落优势种为云南樟、白栎、麻栎，重要值为220.93，乔木层盖度为65%，树种组成较为单一，大径级树种集中于云南樟（见表3-6）。

表3-6　云南樟林群落重要值

植物名称	相对密度/%	相对显著度/%	相对频度/%	重要值
云南樟	32.97	54.30	5.89	93.16
白　栎	27.47	26.52	26.46	80.45
麻　栎	9.34	11.52	26.46	47.32
光皮桦	9.34	3.2	29.41	41.95
楸　树	13.74	1.86	5.89	21.49
刺　楸	7.14	2.60	5.89	15.66
总　计	100.00	100.00	100.00	300.00

2．常绿落叶阔叶混交林

该植被类型也是保护区主要植被类型，是保护区常见的植被类型，分布范围较广。常绿种略占优势，伴生一定数量的落叶阔叶树种，见表3-7。主要常绿树种有清香木，落叶树种有大戟科的毛桐(*Mallotus barbatus*)、野桐(*Mallotus japonicus var*)、圆叶乌桕(*Sapium rotundifolium*)、乌桕(*Sapium sebiferum*)、油桐(*Vernicia fordii*)等。乔木层盖度在80%，高度为8～20m；主要分布在30°以上地势陡峭地带，树种组成比较丰富。

表3-7　清香木+化香林种群重要值

植物名称	相对密度/%	相对显著度/%	相对频度/%	重要值
清香木	31.9	35.07	4	70.97
化　香	21.5	21.57	4	47.07
猴　樟	16	14.52	8	38.52
窄叶青冈	8.4	10.45	16	34.85
穗序鹅掌柴	4	4.25	20	28.25
圆叶乌桕	8	7.14	12	27.14
漆　树	2.4	1.40	16	19.8
野　桐	5.6	4.65	8	18.25
乌　桕	2.4	0.95	12	15.35
合　计	100.00	100.00	100.00	300.00

3．落叶阔叶林

落叶阔叶林植被以落叶阔叶树种占绝对优势，伴生少量常绿阔叶树种，见表3-8。主要落叶树种有鹅掌楸、喜树(*Camptotheca Decne*)，壳斗科栎属，重要值为204.58。

表3-8　鹅掌楸林种群重要值*

植物名称	相对密度/%	相对显著度/%	相对频度/%	重要值
鹅掌楸	67.10	76.65	3.77	147.52
杉　木	10.09	13.80	37.74	61.63
白　栎	7.71	3.49	33.96	45.16
马尾松	8.39	2.76	22.64	33.79
喜　树	6.71	3.30	1.89	11.90
合　计	100.00	100.00	100.00	300.00

4．针阔混交林

针阔混交林在自然保护区的分布较广。该植被类型乔木层分为两个亚层，针叶树在第一层占绝对优势，亚层主要为阔叶树种，见表3-9。针叶树主要有杉木、马尾松、柏木等树种，阔叶树种主要由光皮桦、麻栎等组成。树种组成较丰富，针叶树种一般处于林分上层。群落外貌不整齐，郁闭度较高，群落结构单一。

表3-9　杉木、光皮桦林种群重要值

植物名称	相对密度/%	相对显著度/%	相对频度/%	重要值
杉木	62.5	61.82	32.26	156.58
光皮桦	18.75	18.57	32.26	69.76
麻栎	12.5	13.49	29.03	55.02
柏木	6.25	6.12	6.45	18.82
合计	100.00	100.00	100.00	300.18

5．针叶林

该植被类型主要为纯林，主要树种为马尾松、杉木、柏木(*Cupressus funebris*)等，见表3-10。林分上层为针叶树。群落郁闭度高、树木密度较大，下层灌木层与草本层物种稀少。针叶林盖度在85%以上，高度为7～22m，胸径为8～23cm。

表3-10　马尾松、杉木林种群重要值

植物名称	相对密度/%	相对显著度/%	相对频度/%	重要值
马尾松	54.5	49.91	24	128.41
杉木	27.3	24.85	40	92.06
柏栗	9.1	13.29	32	54.48
桤木	9.1	11.96	4	25.06
合计	100.00	100.00	100.00	300.01

6．竹林

贵州普安龙吟阔叶林州级自然保护区的竹林主要分布在海拔在1000～1300m，以黔竹、线叶方竹、箬叶竹为主。群落盖度在30%～60%，竹径4～8cm，10～25株一丛的群落。由于人为活动和放牧及其他原因的作用，群落内植株密度小，竹林结构简单，多为单层，一般高3.5～6m，杆径3～4cm，10～25株一丛，每亩株数500～2500株，樱(*Cerasus serrulata*)、枇杷(*Eriobotrya bengalensis*)、毛桐等。林下灌木层发育差，常见有：悬钩子(*Rubus* sp.)、荚蒾(*Viburnumn* sp.)、菝葜 (*Smilax* sp.)等。草本有蓼(*Polygonum* sp.)、阿拉伯婆婆纳(*Veronica persica*)、野香草(*Elsholtzia cypriani*)、浆果薹草(*Carex baccans*)等。

7．灌木林

保护区内灌木林主要分布在石古村、文毕村一带，主要树种以壳斗科的栎属(*Quercus*)、蔷薇科选悬钩子属(*Rubus*)、金丝桃科金丝桃属(*Hypericum*)的物种为主，呈小块镶嵌于各群落之间，一般海拔600～800m，盖度在50%～80%，高度2～4m。

8．人工植被

保护区范围内存在相当数量的人工林，主要为杉木纯林、马尾松纯林、杉木与马尾松混交林。高度9～15m，胸径6～22cm。郁闭度在0.7～0.8。人工林群落内树种密度较大，郁闭度高，结构单一，林下灌木、草本层物种数量稀少，灌木以菝葜属、悬钩子属、山椒属为主，草本层以蓼科、毛茛科、苋科、菊科植物为主。

三、森林植被特点

1．贵州普安龙吟阔叶林州级自然保护区植物资源丰富，森林类型多样，保护区有野生种子植物有125科，646种。按照中国植被的分类系统，保护区内森林植被类型可划分为5个植被型组，8个植被型，27个群系。保护区的森林植被与中亚热带典型的常绿阔叶落叶混交林大致相同，反映了它们深受地带性气候条件的影响。根据保护区科学考察，保护区昆虫有17个目174科832种，两栖动物有2目9科28种，鸟类有49科157种，哺乳动物9目19科74种。

2．贵州普安龙吟阔叶林州级自然保护区森林植被明显地具有次生性。它们是在人们长期经营和干扰下正向演替和逆向演替交织进行过程中不同演替阶段的产物，如滥砍乱伐、不同程度用途的选择、自然灾害、人为地抚育某一树种而将其他树种伐除等方式，其结果就构成了该地区目前半自然半人工的森林群落。由于本区优越的气候条件，植被的自然恢复较容易，因此各类森林在停止人为破坏后，正向演替进度较快。

3．由于人为干扰等原因，贵州普安龙吟阔叶林州级自然保护区森林群落在垂直分异上不明显。

第三节　主要森林群落类型

一、材料与方法

（一）材料来源

调查采用线路调查和标准地调查相结合，群落学调查样地面积一般为20m×20m(600m^2)，同时在样地内均匀设置10个小样方。调查的主要内容包括样地所在位置、群落盖度及其生境因子（包括海拔、坡向、坡度、坡位等），样地内的乔木层、灌木层和草本层。对乔木层（高在3m以上，胸径在2.5cm以上）进行每木调查。调查因子包括种类、胸径、树高、冠幅、枝下高等。对角线法选取5个灌木层(4m×4m)样方。记录指标包括多度、盖度、高度、分布状况和生活强度等。记录草本层(1m×1m)种类、高度和盖度等。本次考察，在保护区内共做了30个样地。

（二）重要值的计算

密度=个体数/样地面积

相对密度=（一个种的密度/所有种的密度之和）×100

显著度=胸高断面积

相对优势度=相对显著度=（一个种的显著度/所有种的显著度之和）×100

频度=该种出现的样方数/样方总数

相对频度=（一个种的频度/所有种的频度和）×100

重要值=相对密度+相对优势度+相对频度

二、主要森林群落类型

（一）针叶林

1．马尾松+杉木林

马尾松(*Pinus massoniana*)林在贵州普安龙吟阔叶林州级自然保护区内主要分布于云路村一带，土壤为黄壤、土层浅薄，见表3-11。马尾松属于人工林，林相变化较小，森林结构比较完整，乔木层大小比较均匀，盖度大，郁闭度为0.5，但大多数地段上林分都表现出受破坏的痕迹，因而乔木层疏密不均，径阶相差大，多数出现天窗，阔叶树种的侵入使得这类地带林层难以划分。整个林分表现出较强的阳性特征。

马尾松林层次明显，可分为乔木层、灌木层、草本层。乔木层的高8～20m，覆盖度达50%～60%。马尾松为明显的优势种，还混有杉木(*Cunninghamia lanceolata*)、白栎(*Quercus fabri*)；灌木层的高为1.5～3m，主要树种有火棘(*Pyracantha fortuneana*)、盐肤木(*Rhus chinensis*)、球核荚蒾(*Viburnum propinquum*)、枫香(*Liquidambar formosana*)、小果蔷薇(*Rosa cymosa*)、琴叶榕(*Ficus pandurata*)。草本层有扁竹兰(*Iris confusa*)、草玉梅(*Anemone rivularis*)、鸭儿芹(*Cryptotaenia japonica*)、堇菜(*Viola collina*)、蛇莓(*Duchesnea indica*)、夏枯草(*Prunella vulgaris*)、细风轮菜(*Clinopodium gracile*)。

表3-11　马尾松+杉木林重要值分析表

植物名称	株数	密度	相对密度/%	胸高断面积/cm^2	相对显著度/%	频度	相对频度/%	重要值	重要值序
马尾松	35	0.06	54.5	3623.88	49.91	0.6	24	128.41	1
杉　木	20	0.03	27.3	1803.93	24.85	1.0	40	92.06	2
白　栎	6	0.01	9.1	964.67	13.29	0.8	32	54.48	3
桤　木	5	0.01	9.1	868.21	11.96	0.1	4	25.06	4
合　计	66	0.11	100.00	7260.69	100.00	2.5	100.00	300.01	

2．杉木林

杉木，属于杉科杉木属，裸子植物，常绿乔木，生长快，见表3-11。杉木是我国特有的速生商品材树种。该群落在保护区范围内分布广泛，而以高阳村分布面积最大。大部分是人工林，其余地方由于受人为强烈干扰和控制，形成小面积的密度大，结构简单的林分。乔木层有麻栎(*Quercus acutissima*)、白栎(*Quercus fabri*)、光皮桦(*Betula luminifera*)等。乔木层盖度为30%～70%，高度为7～18m；灌木层高为1～2m，盖度为20～50%，主要树种有火棘(*Pyracantha fortuneana*)、香叶树(*Lindera communis*)、马桑(*Coriaria nepalensis*)等；草本层有百两金(*Ardisia crispa*)、野茼蒿(*Crassocephalum crepidioides*)、黄鹌菜(*Youngia japonica*)、过路黄(*Lysimachia christiniae*)、千里光(*Senecio scandens*)等。具体重要值见表3-12。

表3-12　杉木林重要值分析表

植物名称	株数	相对密度/%	胸高断面积/cm^2	相对显著度/%	频度	相对频度/%	重要值	重要值序
杉木	58	62.5	7678.08	61.82	1.0	32.26	156.58	1
光皮桦	20	18.75	2305.55	18.57	1.0	32.26	69.76	2
麻栎	14	12.5	1675.16	13.49	0.9	29.03	55.02	3
柏木	8	6.25	759.81	6.12	0.2	6.45	18.82	4
合计	100	100.00	12418.6	100.00	3.1	100.00	300.18	

（二）阔叶林

1．枫香树林

枫香(*Liquidambar formosana*)树，落叶乔木，高达30m，树皮灰褐色，喜温暖湿润气候，性喜光，耐干旱瘠薄。该群落分布于高阳村，主要分布在山脊和较为平缓的斜坡上，海拔为1000m以下，树高度为12～16m，林冠线较整齐，覆盖度为50%，林层结构可明显的划分为乔木层、灌木层和草本层。乔木层高度为5～15m，枫香为优势种，林内混生有杉木、麻栎、灯台树(*Cornus controversa*)、檫木(*Sassafras tzumu*)等，树干通直；灌木层高度为2～3m，覆盖度为60%，种类组成简单，可见有少量枫香幼树，常见灌木有刺梨(*Rosa roxbunghii*)、马桑等；草本层有革叶粗筒苣苔(*Briggsia mihieri*)、蝴蝶花(*Iris japonica*)。具体重要值见表3-13。

表3-13　枫香林重要值分析表

植物名称	株数	相对密度/%	胸高断面积/cm^2	相对显著度/%	频度	相对频度/%	重要值	重要值序
枫　香	30	35.71	9358.77	41.54	0.2	7.69	84.94	1
麻　栎	23	27.14	3891.25	17.28	0.9	34.62	79.04	2
杉　木	10	12.15	4572.02	20.29	1.0	38.46	70.9	3
灯台树	17	20	3037.16	13.49	0.2	7.69	41.18	4
云南樟	3	3.58	1571.73	7	0.2	7.69	18.27	5
化　香	2	1.42	100.13	0.4	0.1	3.85	5.67	6
合　计	85	100.00	22531.06	100.00	2.6	100.00	300.00	

2．云南樟树+白栎林

云南樟树林(*Cinnamomum camphora*)，常绿大乔木，高可达30m，直径可达3m，树冠广卵形；树冠广展，枝叶茂密。生于海拔高度1800m以下，土壤肥沃的向阳山坡、谷地及河岸平地与常绿或落叶树混生，常为上层树种。该群落主要分布于高阳村一带，林下物种丰富，乔木盖度达60%～80%。林层结构可明显的划分为乔木层和草本层。乔木层高度为5～11m，组成简单，云南樟为优势种，长势笔直，林内还混生有白栎、麻栎、楸树(*Catalpa bungei*)、刺楸(*Kalopanax septemlobus*)等；灌木层主要有香叶树、川榛(*Corylus heterophylla* var.)、菝葜(*Smilax china*)等组成单一；草本层组成较单一，种类少。具体重要值见表3-14。

表3-14　云南樟树+白栎林重要值分析表

植物名称	株数	相对密度/%	胸高断面积/cm^2	相对显著度/%	频度	相对频度/%	重要值	重要值序
云南樟	36	32.97	12310.07	54.30	0.2	5.89	93.16	1
白　栎	30	27.47	6013.1	26.52	0.9	26.46	80.45	2
麻　栎	10	9.34	2614.05	11.52	0.9	26.46	47.32	3
光皮桦	10	9.34	726.13	3.2	1.0	29.41	41.95	4
楸　树	15	13.74	423.9	1.86	0.2	5.89	21.49	5
刺　楸	8	7.14	588.75	2.60	0.2	5.89	15.66	6
总　计	109	100.00	22676.00	100.00	3.4	100.00	300.00	

3．鹅掌楸林

该群落类型主要分布于高阳村前进组，坡度30°以上，海拔高度在1631m地区，土层浅、地表湿润。外貌显得林冠连片、整齐。该群落为单优势种，群落层次结构明显的可划分为三层，即乔木层、灌木层和草本层。乔木层盖度为70%，上层高度为3～10m，主要树种有鹅掌楸、喜树、杉木、马尾松等。灌木有盐肤木(*Rhus chinensis*)、八角枫(*Alangium chinense*)、胡颓子(*Elaeagnus pungens*)、小果蔷薇(*Rosa cymosa*)等，盖度约为60%。草本层为毛枝三脉紫菀(*Aster ageratoides* var.)、一把伞蓝星(*Arisaema erubescens*)、吉祥草(*Reineckea carnea*)、珍珠荚蒾(*Viburnum foetidum* var.)、以及多种苔藓等，盖度为50%。具体重要值见表3-15。

表3-15　鹅掌楸林重要值分析表

植物名称	株数	相对密度/%	胸高断面积/cm^2	相对显著度/%	频度	相对频度/%	重要值	重要值序
鹅掌楸	120	67.10	50254.13	76.65	0.1	3.77	147.52	1
杉　木	20	10.09	9048.76	13.80	1.0	37.74	61.63	2
白　栎	14	7.71	2291.25	3.49	0.9	33.96	45.16	3
马尾松	15	8.39	1803.93	2.76	0.6	22.64	33.79	4
喜　树	12	6.71	2162.91	3.30	0.05	1.89	11.90	5
合　计	181	100.00	65561.49	100.00	2.65	100.00	300.00	

4．清香木+化香树林

清香木(*Pistacia weinmannifolia*)属漆树科灌木或小乔木，高为2～8m，稀达10～15m，主要分布于在贵州普安龙吟阔叶林州级自然保护区内的石古村，生于海拔580～2700m的石灰山林下或灌丛中。清香木盖度多为75%，为单优该群落势树种，重要值居首位。清香木为主要优势种，覆盖度较大，分布较多大胸径乔木，林分可明显划分为乔木层、灌木层和草本层。乔木层高度为5～15m；乔木层分布有化香、油桐、异叶榕(*Ficus heteromorpha*)等；灌木层高度为1～3m，盖度为50%，多为清香木幼树，主要树种有小果蔷薇、女贞(*Ligustrum lucidum*)、白马骨(*Serissa serissoides*)等；草本层有滇黄精(*Polygonatum kingianum*)、十大功劳(*Mahonia eurybracteata*)、鸭舌草(*Monochoria vaginalis*)、半夏(*Pinellia ternata*)、臭牡丹(*Clerodendrum bungei*)等。具体重要值见表3-16。

表3-16 清香木+化香林重要值分析表

植物名称	株数	相对密度/%	胸高断面积/cm^2	相对显著度/%	频度	相对频度/%	重要值	重要值序
清香木	24	31.9	2463.74	35.07	0.1	4	70.97	1
化　香	16	21.5	1514.26	21.57	0.1	4	47.07	2
猴　樟	12	16	1018.94	14.52	0.2	8	38.52	3
窄叶青冈	7	8.4	734.12	10.45	0.4	16	34.85	4
穗序鹅掌柴	3	4	298.34	4.25	0.5	20	28.25	5
圆叶乌桕	6	8	501.25	7.14	0.3	12	27.14	6
漆　树	2	2.4	98.65	1.40	0.4	16	19.8	7
野　桐	4	5.6	326.08	4.65	0.2	8	18.25	8
乌　桕	2	2.4	66.98	0.95	0.3	12	15.35	9
合　计	65	100.00	7022.36	100.00	2.5	100.00	300.00	

（三）竹林

贵州普安龙吟阔叶林州级自然保护区的竹林主要分布在云路村，以黔竹、线叶方竹、箬叶竹等为主。群落盖度为30%～60%，竹径为4～8cm，10～25株一丛的群落。由于人为活动和放牧及其他原因的作用，群落内植株密度小，竹林结构简单，多为单层，一般高为3.5～6m，杆径为3～4cm，10～25株一丛，每亩株数为500～2500株。群落有伴生树种樱(*Cerasus serrulata*)、枇杷(*Eriobotrya bengalensis*)、毛桐(*Mallotus barbatus*)等。林下灌木层发育差，常见有悬钩子(*Rubus sp.*)、荚蒾(*Viburnumn sp.*)、菝葜(*Smilax sp.*)等。草本有蓼(*Polygonum sp.*)、香薷(*Elsholtzia ciliata*)、荔枝草(*Salvia yunnanensis*)、沿阶草(*Ophiopogon bodinieri*)等。竹林由于受牧牛、放羊以及人为活动的影响和竹林较老的原因，多处地段有生长不良的表现，出现竹竿断裂、杆径小，竹竿基部残存的丛生竹竿较多，竹林更新差等现象。

三、小结与建议

（1）贵州普安龙吟阔叶林州级自然保护区有良好的水热条件，森林群落的多样性。从现有森林群落整体结果来看，保护区森林植被具有一定的次生性。森林植被总体表现为常绿、落叶阔叶林，针阔混交林，部分区域内典型的地带性常绿阔叶林保持较为完好。

（2）现有森林中大部分是在人们长期经营和干扰下顺向演替和逆向演替交织进行过程中不同演替阶段的产物，森林群体总体处于正向演替中期，森林结构稳定性较差，因此如何优化森林结构，提高森林生态系统稳定性，是保护区保护和经营应解决的问题。

（3）该保护区由于生境多样性，以及良好水热条件，保存了一些珍稀植物群落，如鹅掌楸等珍稀植物群落。这些种群结构较为完整，具有一定的代表性与典型性。

蒙文萍

第四章　大型真菌

通过对贵州普安龙吟阔叶林州级自然保护区大型真菌的初步调查，采集到237份大型真菌标本。经过鉴定及分析，初步确定该区有47科183种（包含种下等级）大型真菌；区内大型真菌分布与植被类型具有一定联系，确定该保护区的大型真菌分为针阔混交林中的大型真菌、阔叶林中的大型真菌、竹林中的大型真菌；该区大型真菌可划分为3个垂直带，即低山林带大型真菌、中山林带大型真菌和山顶林带大型真菌；资源利用类型分为食用菌、药用菌和毒菌，由此可以看出该区大型真菌资源十分丰富。

一、自然地理概况

普安县隶属贵州省黔西南布依族苗族自治州，位于贵州省西南部，东邻晴隆县，南接兴仁县和兴义市，西毗六盘水市盘州市，北望六盘水市六枝特区。

普安县内自然气候、水文、地理环境好，野生植物资源较为丰富。贵州普安龙吟阔叶林州级自然保护区由16个分散的保护区组成，分别是龙吟镇石古一把伞恒河猴资源保护区、龙吟镇沙子塘天然阔叶林自然保护区、龙吟镇布岭箐珍稀树种鹅掌楸资源保护区、罐子窑镇风火砖水库水源涵养林自然保护区、地瓜镇下厂河水土流失治理保护区、地瓜镇莲花山十里杜鹃保护区、地瓜镇鲁沟村古大珍稀树种银杏资源保护区、新店乡牛角山天然常绿阔叶林保护区、青山镇幸福水库水土流失治理保护区、雪浦乡仙人洞阔叶林保护区、楼下镇水箐水土流失治理保护区、盘水镇汪家河水土流失治理保护区、盘水镇关索岭自然生态保护区、白沙乡旧屋基天然阔叶林保护区、高棉乡五个坡水土流失治理保护区、三板桥镇油沙地灌木林植被保护区。

贵州普安龙吟阔叶林州级自然保护区地处云贵高原向黔中过渡的梯级状斜坡地带，由乌蒙山脉横穿其中，境内地势中部较高，四面较低，南部由东北向西南倾斜，北部由西南向东北倾斜。境内最高峰长冲梁子位于中部莲花山附近，海拔约2100m。地形复杂，山峦叠嶂，沟壑纵横，岭谷相间[1]。

贵州普安龙吟阔叶林州级自然保护区属于亚热带湿润的季风气候，谷地干热、高山凉润；光热充足、雨量充沛、相对湿度大、冬无严寒、夏无酷暑、四季分明、雨热同季。普安县内年平均气温为13.7℃，春季平均气温为15.1℃，夏季平均气温为20.0℃。最热7月极端高温为33.4℃，最冷1月极端低温为－6.9℃。年平均日照时数为1554.8h，无霜期一般为247～343天，平均无霜期290天左右。多年平均降水量为1438.9mm[2]。由于境内地形复杂多样，除具有亚热带气候的共同特征，还有山区气候的特点，如气候垂直差异大、立体气候明显。

二、研究方法

（一）室外工作

贵州普安龙吟阔叶林州级自然保护区植物资源丰富，地带性植被为亚热带常绿阔叶林。森林植被类型较为丰富，优越的气候条件，为各种各样的大型真菌提供了多种多样的生境条件。根据保护区内森林的特点，笔者于2017年9月和2018年4月分别对贵州普安龙吟阔叶林州级自然保护区大型真菌进行标本采集，共获得237份标本，详细记录大型真菌的采集地点、时间、数量、海拔高度、植被类型等相关的生态数据。同时，对生长良好或具有特殊特征的大型真菌进行拍照，并及时记录照片编号。所有采集大型菌标本均存放于贵州师范大学植物标本馆（GNUB）。

（二）室内工作

将贵州普安龙吟阔叶林州级自然保护区采集到的大型真菌新鲜标本进行及时处理，观察和鉴定大型真菌标本形态学特征（如菌盖、菌褶、菌帽、菌柄等）、孢子特征等。根据所观察的特征，通过大型真菌相关的鉴定书籍和文献资料[3-12]，对所获得的大型真菌标本进行鉴定分析和统计整理，得出调查结果和大型菌植物名录（参见附录）。

三、结果与分析

笔者通过对贵州普安龙吟阔叶林州级自然保护区大型真菌的采集调查，经过鉴定分析和统计整理，得知该区大型真菌种类极为丰富，共计183种，其中担子菌169种、子囊菌14种。

（一）贵州普安龙吟阔叶林州级自然保护区大型真菌与植被的关系

保护区森林生态系统主要由针阔混交林、常阔叶林、竹林，以及少量的人工针叶林组成。根据区内植被类型的特点，将保护区的大型真菌分为针阔混交林中的大型真菌、阔叶林中的大型真菌、竹林中的大型真菌。

1．针阔混交林中的大型真菌

该区内林下常见种类有白黄小脆柄菇(*Psathyrella candolleana*)、栎裸伞(*Gymopus dryophilus*)、小果蚁巢伞(*Termitomyces microcarpus*)、小托柄鹅膏(*Amanita farinosa Schwein*)、小鸡油菌(*Cantharellus minor*)、点柄乳牛肝菌(*Suillus granulatus*)、隆纹黑蛋巢(*Cyathus striatus*)、梨形马勃(*Iycoperdon pyriforme*)、豆包菌(*Pisolithus tinctorius*)、绒白乳菇(*Lactarius vellereus*)、烟色红菇(*Russula adusta*)、蓝黄红菇(*Russula cyanoxantha*)、绿红菇(*R. virescens*)、怡人拟琐瑚菌(*Clavulinopsis amoena*)等。

2．阔叶林中的大型真菌

该群落主要有云贵鹅耳枥与青榨槭、化香、多脉青冈、川桂、构树、宜昌润楠、灯台树等乔木树种。常见的大型真菌有漏斗多孔菌(*Polyporus arcularius*)、相邻小孔菌(*Microporus affinis*)、四川灵芝(*Ganoderma sichanense*)、烟色烟管菌(*Bjerkandero fumosa*)、红孔菌(*Pycnoporus cinnabarinus*)、杯盖大金钱菌(*Megacollybia ditocyboidea*)、林地蘑菇(*Agaricus silvaticus*)、蘑菇(*Agaricus* sp.)、鬼伞(*Coprinus* sp.)、毡绒垂幕菇(*Lacrymaria lacrymabunda*)、钟形花褶伞(*Panaeolus campanulatus*)、红鳞垂幕菇(*Hypholoma cinnabarinum*)、圆孢毛锈耳(*Crepidotus applanatus* var. *applanatus*)、香菇(*Lentinula edodes*)、白微皮伞(*Marasmiellus candidus*)、长根小奥德蘑

(*Oudemansiella radicata*)、格纹鹅膏(*Amantia fritillaria*)、小托柄鹅膏(*Amanita farinosa*)、黄粉末牛肝菌(*Pulveroboletus ravenelli*)、小果蚁巢伞(*Termitomyces microcarpus*)、网纹灰包(*Lycoperdon perlatum*)、头状秃马勃(*Calvatia craniiformis*)和金针菇(*Flammulina velutipes*)等。

3．竹林中的大型真菌

该群落由箭竹、其他少数的灌木和乔木树种组成，箭竹密度较大。除箭竹，该样地还混生少量的硬斗石栎、杜鹃、海桐、石灰花楸等植物。常见大型真菌有云芝(*Trametes versicolor*)、裂褶菌(*Schizophyllum commune*)、栎裸伞(*Gymnopus dryophilus*)、网纹灰包(*Lycoperdon perlatum*)、梨形马勃(*Lycoperdon pyriforme*)、豆包菌(*Pisolithus tinctorius*)、疣革菌(*Thelephora terrestris*)和小鸡油菌(*Cantharellus minor*)。

（二）贵州普安龙吟阔叶林州级自然保护区大型真菌的垂直分布

贵州普安龙吟阔叶林州级自然保护区地处云南高原向贵州山原过渡地带，是典型的喀斯特山地，其森林生态系统以喀斯特山地森林生态系统为主，也有常态地貌的森林生态系统；同时，由于海拔落差大、沟谷的纵深，气候整体属于北亚热带季风湿润气候，同时又有暖温带及南亚热带沟谷气候特点，使该保护区的气候表现了一定的复杂性与垂直差异性，高大的山体也表现出一定的垂直带谱。从考察及其他学科获得到的资料分析，现该区大型真菌可划分为3个垂直带，即低山林带大型真菌、中山林带大型真菌、山顶林带大型真菌。

1．低山林带的大型真菌

本带森林植被以次生林为主，生长在本带的大型真菌常见的种类有美味牛肝菌(*Boletus edulis*)、马勃状硬皮马勃(*Scleroderma areolatum*)、波状滑锈伞(*Hebeloma sinuous*)、铍孔菌(*Coltricia perennis*)、漏斗多孔菌(*Polyporus arcularius*)、扇形小孔菌(*Microporus flabelliformis*)、相邻小孔菌(*Microporus affinis*)、栎裸伞(*Gymnopus dryophilus*)、假芝(*Amauroderma rugosum*)、四川灵芝(*Ganoderma sichanense*)、香菇(*Lentinula edodes*)、拟臭红菇(*Russula grata*)、土红粉盖鹅膏(*Amanita rufoferruginea*)、绒白乳菇(*Lactarius vellereus*)、烟色红菇(*Russula adusta*)、白红菇(*Russula albida*)、壳状红菇(*Russula crustosa*)、蓝黄红菇(*Russula cyanoxanteha*)和鸡油菌(*Cantharellus cibarius*)等。

2．中山林带的大型真菌

本带植被自然恢复较好，生态环境得以重建，森林茂密、郁闭度较大、枯枝落叶层较厚、土层深、肥力高，形成了相对完善的森林生态系统，大型真菌种类明量增多。常见的种类有近果生炭角菌(*Xylaria liquidambari*)、梨形马勃(*Lycoperdon pyriforme*)、粘小奥德蘑(*Oudemansiella mucida*)、近裸香菇(*Lentinus subnudus*)、烟色烟管菌(*Bjerkandera fumosa*)、桦褶孔菌(*Lenzites betulina*)、盏芝小孔菌(*Microporus xanthopus*)、扇形小孔菌(*Mieroporus flabelliformis*)、蜂窝菌(*Hexagonia tenuis*)、白微皮伞(*Marasiellus candidus*)、四川灵芝(*Ganoderma sichanense*)、银朱拟瑣瑚菌(*Clavulinopsis miniata*)、盾尖鸡枞菌(*Termitomyces clypeatus*)和鸡油菌(*Cantharellus cibarius*)等。

3．山顶林带的大型真菌

本带由于海拔升高、年平均气温低、常年风大、水分少、土层较薄、肥力不高、植物种类少、树种组成简单。在本次采集到的大型真标本中，常见的种类有红孔菌(*Pycnoporus cinnabarinus*)、裂褶菌(*Schizophyllum commune*)、白微皮伞(*Marasiellus candidus*)、相邻小孔菌(*Microporus affinis*)、云芝(*Trametes versicolor*)、漏斗多孔菌(*Polyporus arcularius*)和长根小奥德蘑(*Oudemansiella radicata*)等。

（三）真菌资源评价

1. 食用菌

保护区常见的可食用的种类有鸡油菌、皱木耳(*Auricularia delicate*)、毛木耳(*Auricularia polytricha*)、盾尖鸡枞菌(*Termitomyces clypeatus*)、短裙竹荪(*Dictyophora duplicate*)、长裙竹荪(*D. indusaita*)、香菇(*Lentinula edodes*)、小果蚁巢伞(*Termitomyces microcarpus*)、松乳菇(*Lactarius deliciosus*)、红汁乳菇(*Lactarius hatsudake*)、白乳菇(*L. piperatus*)、近裸香菇(*Lentinus subnudus*)、蓝黄红菇(*Russula cyanoxanteha*)和绿红菇(*Russula virescens*)等。

2. 药用菌

保护区的药用菌有具有抗凝、抗血栓、促纤溶，抗惊厥、抗癌、催眠、降糖，降脂、抑菌等作用的球孢白僵菌(*Beauveria bassiana*)。灵芝(*Ganoderma sichuanense*)、紫芝(*G. sinense*)、树舌灵芝(*Ganoderma applanatum*)，主要含灵芝三萜酸、灵芝三萜醇、多糖等，有抗肿瘤、免疫抑制、抗氧化、抗病毒性、抗炎性和抗溶血等活性，以及生长在倒木上云芝(*Trametes versicolor*)，有抗癌作用；到处可见的栎裸柄伞(*Gymnopus dryophilus*)有良好的抗氧化作用，可延缓衰老作用；还有红菇属(*Russula*)中的臭红菇(*Russula foetens*)、蓝黄红菇(*Russula cyanoxanteha*)，种类对小白鼠肉瘤*180*及艾氏癌的抑制均在60%～80%，有用于止血，头状秃马勃(*Calvatia craniiformis*)、小静灰球菌(*Bovista pusilla*)、毛韧革菌(*Stereum hirsutum*)抗菌活性、抗氧化活性和抑肿瘤作用等。常见药用菌的还有传统的药用真菌香菇、金针菇、桦褶孔、银耳、木耳等。

3. 毒菌

本地区的毒菌不多，其中以残托鹅膏有环变型(*Amanita sychnopyramis*)极毒。本菌中毒发生率较高，其死亡率也高，是防治毒菌中毒的重点。常见的毒菌还有钟形花褶伞(*Panaeolus campanulatus*)、格纹鹅膏(*Amanita fritillaria*)、簇生垂幕菇(*Hypholoma fasciculare* var. *fasciculare*)、黄粉末牛肝菌(*Pulveroboletus ravenelii*)、绿褐裸伞(*Gymnopilus aeruginosus*)、鳞皮扇菇(*Panellus stipticus*)和绒白乳菇(*Lactarius vellereus*)等。

（四）重要食用、药用真菌描述

1. 球孢白僵菌（别名：白僵菌、僵蚕、天虫）

Beauveria bassiana (Bals. -Criv.) Vuill. ，Bull. Soc. Bot. Fr. 12: 40，1912; -*Beauveria densa* (Link) F. Picard, Ann. Ecole Nat. Agr. Montpell. 13: 200, 1914; -*Beauveria doryphorae* R. A. Poiss. et Patay, Compt. Rend. Assoc. Franc. Avancem. Sci. 200 (11): 961, 1935; -*Beauveria stephanoderis* (Bally) Petch, Trans. Br. Mycol. Soc. 10 (4): 249, 1926; -*Botrytis bassiana* Bals. -Criv., Arch. Triennale Lab. Bot. Crittog. 79: 127, 1836; -*Botrytis stephanodris* Bally, inFriederichs et Bally 6: 106, 1923; -*Penicillium bassianum* (Bals. -Criv.) Biourge, La Cellule 33 (1): 101，1923.

生态习性：寄生于多种昆虫的幼虫、蛹及成虫上。

地理分布：黑龙江、吉林、辽宁、河北、陕西、青海、安徽、江苏、江西、四川、贵州、西藏、广东、福建。

食用、药用状况：含有2a.13, 18 – trihydroxystemodane、13, 18 - dihydroxystemodan-2-one、1B，13, 19- trihydroxystemarane、 13 - hydroxystemarane -19 - carboxylic acid、2- hydroxy-3-methylpentanoic acid、棕榈酸酰胺和stearimide、环肽: piperazine-2, 5 – diones、 cyelo-(L-lle-L-Val)、cyclo-(L-lle-L-lle)、eyclo-(L- Ala-L-Pro)、 白僵菌素A、白僵菌素B、bassianolide、 1 - aminoanthrarcene、4-hydroxy-2-(n - indolinyl) butane 具有抗凝、抗血栓、促纤溶、抗惊厥、抗癌、催眠，降糖、降脂、抑菌等作用。球孢白僵菌（僵蚕）最早记载于《神农本草经》，列为中品，具有退热、止咳、化痰、镇静、镇惊、消肿等功效，临床上用僵蚕、蝉蜕、柴胡、连翘、麻黄等组方治疗外感发热等，或用于冶疗癫痫、高热惊蕨、流行性腮腺炎、上呼吸道感染、遗尿、头痛、偏头痛等症。球孢白僵菌（僵蚕）的不良反应有过敏反应、肝胀不良反应，有出血倾向者和肝昏迷患者应慎用。球孢白僵菌所含毒素对革兰氏阳性细菌有较强的抑菌作用，面对革兰氏阴性细菌抑菌作用则很小。

2．长裙竹荪

Dictyophora indusiata (Vent.: Pers.) Fisch., Ann. Mye. 25: 472，1927; -*Phallus indusiatus* Vent.:Pers. Syn. Meth. Fung. 244, 1801; -*Dictyophora phalloidea* Desv. J. Bot. 2: 92, 1809; -*Dictyophora radicata* Mont. Ann. Sci. Nat. Bot. Ser. Ⅲ， 3: 137， 1855; -*Phallus moelleri* Lloyd Myc. Writ. 3,Syn. Phall. 20, 1909.

生态习性：生于竹林或阔叶林中地上。

地理分布：河北、安徽、江苏、浙江、江西、湖南、四川、贵州、云南、台湾、福建、广东、广西、海南。

食用、药用状况：食用菌；抗氧化活性、降血脂、抑菌作用。从竹荪得到的大部分多糖和糖蛋白均表现出了明显的抗肿瘤活性，体外细胞毒性试验也表明对小白鼠肉瘤S -180 也有一定的抑制作用。

3．四川灵芝

Ganoderma sichuanense J. D. Zhao et X. Q. Zhang, in Zhao, Xu et Zhang, Acta Mycol. Sin.2(3):159，1983; - *Ganoderma lingzhi sheng* H. Wu, Y. Cao et Y. C. Dai, in Cao, Wu et Dai, Fungal Diversity 56(1):54，2012.

生态习性：生于阔叶林中地下腐木上或腐木桩周围地上。

地理分布：河南、陕西、浙江、江西、湖南、四川、贵州、云南、福建、台湾、广东、广西、 海南。

食用、药用状况：有抗肿瘤、免疫抑制、抗氧化、抗病毒活性、抗炎活性和抗溶血活性。

4．栎裸柄伞

Gymnopus dryophilus (Bull.) Murrill, N. Amer. Fl. (New York) 9(5): 362, 1916; *Agaricus dryophilus* Bull. , Herb. Fr. 10: tab. 434, 1790; *Collybia dryophila* (Bull) P. Kumm. , Führ. Pilzk. (Zwickau):115, 1871; *Marasmius dryophilus* (Bull.) P. Karst.. Bidr. Känn. Finl. Nat. Folk 48: 103, 1889; *Maras-mius dryophilus* var. *alvearis* (Cooke) Rea, Brit. basidiomyc. (Cambridge): 525, 1922; *Marasmius dryophilus* var. *auratus* (Quél.) Rea, Brit. basidiomyc. (Cambridge): 524. 1922; *Omphalia dryophila* (Bull.) *Gray*, Nat. Arr. Brit. Pl. (London) 1: 612, 1821.

生态习性：生于针叶林或针阔混交林中地上。

地理分布：黑龙江、辽宁、河南、贵州、云南、西藏、福建、广西、海南。

食用、药用状况：别名为栎裸伞、栎金钱菌，有良好的抗氧化作用，可延缓衰老，但记载有微毒。

5．蝉棒束孢

Isaria cicadae Miq., Bull. Sci. phys. nat. Néerd. : 85, 1838; - *Cordyceps cicadae*(Miq) Massee,9:38, 1895; -*Paecilomyces cicadae* (Miq.) Samson, Stud. Mycol.6:52, 1974.

生态习性：寄生于蝉的蛹上。

地理分布：贵州、福建、广西、台湾。

食用、药用状况：又名大蝉草，蝉花，是一种传统中药。现代药理学研究表明，该菌具有滋补强壮、抗疲劳、抗应激、镇静催眠、解热镇痛、免疫调节、改善肾功能、调节神经系统、调节脂类代谢、促进造血、提升营养状况、抗肿瘤等作用。

6．覆鳞褶孔牛肝菌

Phylloporus imbricatus N. K. Zeng, Zhu L Yang et L. P. Tang, Fungal Divers. 58: 84, 2013.

地理分布：贵州、云南、四川。

食用、药用状况：可食用。

7．盾尖蚁巢伞

Termitomyces dypeatus R. Heim, Bull. Jard. Bot. Etat 21: 207, 1951; -Sinotermitomyces taiwanensis M. Zang et C. M. Chen, Fungal Science, Taipei13(1,2);25, 1998.

生态习性：生于地下蚁巢上。

地理分布：贵州、云南、广东、广西、海南。

食用、药用状况：是著名的食用菌；肉质细嫩、洁白无暇、营养丰富、味美而鲜。

8．真根蚁巢伞

Termitomyces eurhizus (Berk.) R. Heim, Arch. Mus. Hist. Nat. Paris, ser.6 18: 140, 1942; -*Rajapa eurhiza* (Berk.) Singer, Lloydia8. 143, 1945; -*Termitomyces albiceps* s. C. He, Acta Mycol. Sin.4(2).1061985; -*Termitomyces macrocarpus* Z.F. Zhang et x. Y. Ruan, Acta Mycol. Sin.5(1): 10, 1986;-*Termitomyces poonensis* Sathe et S. D. Deshp. , Maharashtra Association for the Cultivation of Sceience, Monograph No.1 Agaricales (Mushrooms) of South West India (Pune): 36, 1981.

生态习性：生于白蚁巢上。

地理分布：江苏、浙江、安徽、贵州、云南、广东、广西，海南

食用、药用状况：是著名的食用菌；肉质细嫩、洁白无暇、营养丰富、味美而鲜；报道多糖具有抗肿瘤和免疫抑制活性。

9．鸡油菌

Cantharellus cibarius Fr. Syst. Mycol. (Lundae) 1: 318, 1821;-*Agaricus chantarellus* L., Sp. pl.2:1171, 1753; -*Cantharellus vulgaris* Gray, Nat. Arr. Brit PI. (London) 1: 636，1821; -*Craterellus cibarius*(Fr) Quél.Fl. Mycol. France (Paris): 37, 1888;-*Cantharellus cibarius* f *neglectus* Souché,Bull. Soc. Mycol.Fr .20; 39, 1904; -*Cantharellus cibarius* f. *pallidus* R. Schulz, in Michael et Schulz, Führer für Pilzfreunde (Zwickau) 1: pl.82, 1924; -*Cantharellus pallens* Pilát, Acad. Republ. Pop. Romine:600, 1959.

生态习性：生于阔叶林中地上。

地理分布：陕西、甘肃、安徽、湖南、湖北、四川、贵州、云南、西藏、福建、广东、广西、海南。

食用、药用状况：食用菌；鸡油菌多糖具有降血糖作用；具抗氧化作用，清目、利肺、益肠胃、用于维生素A缺乏症，如皮肤干燥、角膜软化症、眼干燥；可抵抗某些呼吸及消化道感染的疾病，提取物对小白鼠肉瘤有抑制作用。

四、结论

通过对贵州普安龙吟阔叶林州级自然保护区大型真菌的调查，主要得出该区大型真菌种类极为丰富，计183种。其中担子菌169种、子囊菌14种。

由于森林植被类型的不同，反映出大型真菌的种类组成不同，有针阔混交林中的大型真菌、阔叶林中的大型真菌、竹林中的大型真菌。

该区的大型真菌可分为3个垂直带，有低山林带大型真菌、中山林带大型真菌和山顶林带大型真菌。其中以中山带中的大型真菌最多，低山带次之，山顶带最少。可见海拔的垂直变化，直接影响大型真菌的生长。

该区有多种大型真菌适于食用、药用方面，如长裙竹荪、覆鳞褶孔牛肝菌等。

宋锡全

参考文献

[1] 吕大洋. 普安喀斯特生态地质环境质量评价[D]. 贵阳：贵州师范大学, 2008.

[2] 赵显武. 普安县李树种植与气候条件浅析[J]. 贵州气象, 2009, 33(1):25-34.

[3] 邓叔群. 中国的真菌[M]. 北京：科学出版社, 1963. 1-808.

[4] 戴芳澜. 中国真菌总汇[M]. 北京: 科学出版社, 1979.1-1527.

[5] 应建浙, 卯晓岚, 马启明, 宗毓臣, 文华安. 中国药用真菌图鉴[M]. 北京：科学出版社, 1987.1-579.

[6] 卯晓岚. 中国大型真菌[M]. 郑州: 河南科学技术出版, 2000.1-719.

[7] 吴兴亮, 臧穆, 夏同珩. 灵芝及其他真菌彩色图志[M]. 贵阳：贵州科技出版社, 1997.1-347.

[8] 吴兴亮, 戴玉成. 中国灵芝图鉴[M]. 北京: 科学出版社, 2005.1-229.

[9] 吴兴亮, 戴玉成, 李泰辉, 杨祝良, 宋斌. 中国热带真菌[M]. 北京：科学出版社, 2011.1 S48.

[10] 吴兴亮, 卯晓岚, 图力古尔, 宋斌, 李秦辉. 中国药用真菌[M]. 北京：科学出版社, 2013.1-950.

[11] Ainsworth CC, et al. The Fungi on Advanced Treatise. (VoiIV Aand Vol. IV B) [M]. Academic Press. New York and London, 1973.1-621:1-504.

[12] Kirk PM, Geoffrey CA, Cannon P F, Minter DW. Ainsworth et Bisby's Dictionary of the Fungi[M]. 10th ed. Wallingford: CAB International, 2008:1-771.

附录：贵州普安龙吟阔叶林州级自然保护区大型真菌名录

子囊菌门 Ascomycota

锤舌菌纲 Leotiomycetes

锤舌菌亚纲 Leotiomycetidae

柔膜菌目 Helotiales

柔膜菌科 Helotiaccae

1．黄小孢盘菌 *Bisporella citrina* (Batsch) Korf et S.E. Carp，生于阔叶林中枯枝上。

锤舌菌目 Leotiales

锤舌菌科 Leotiaceae

2．黄地锤菌 Cudonia lutea (Peck)Sacc，生于林中地上。

盘菌亚纲 Pezizomycetidac

盘菌目 Pezizales

粪盘菌科 Ascobolaceae

3．牛粪盘菌 *Ascobolu stercorarius* (Ball) J. Schröt，生于林中牛粪上。

马鞍菌科 Helvellaceae

4．盘状马鞍菌 *Helvella pezizoides* Afzel，生于林中地上。

盘菌科 Pezizaceae

5．森地盘菌 *Peziza arvernensis* Boud，生于阔叶林中地上。

6．疣孢褐盘菌 *Peziza bodia* Pers，生于阔叶林中地上。

7．红毛盘 *Scutellinia scutellata* (L.)Lambotte，生于阔叶林中地上。

粪壳菌亚纲 Sordariomycetidae

肉座菌目 Hypocreales

麦角菌科 Claviciptaceae

8．下垂虫草 *Cordyceps nutans* Pat，生于阔叶林地埋在土中的半翅目昆虫或虫上。

9．蝉棒束孢 *Isaria cicadae* Miq.，寄生于蝉的蛹上。

肉座菌科 Hypocreaceae

10．金抱菌寄生菌 *Hypomyces chrysospemus* Tul.et C. Tul.，生于牛肝菌等大量真菌子实体上。

炭团菌目 Xylariales

炭团菌科 Xylariaceae

11．炭球菌 *Daldinia concentrica* (Bolton) Ces.et De Not.，生于阔叶树的枯干及树皮上。

12．果生炭角菌 *Xylaria liquidambaris* J.D.Rogers, Y.M.Ju et F. San MartÍn，生于枫香等落果上。

13．多型炭角菌 *Xylaria* sp.，生于阔叶树腐木上。

14．炭角菌 *Xylaria* sp.，生于阔叶树腐木上。

担子菌门 Basidiomycota

担子菌纲 Basidiomycetes

伞菌亚纲 Agaricomycetidae

伞菌目 Agaricales

伞菌科 Agaricanceae

15．林地蘑菇 *Agaricus silvaticus* Schaeff.，生于混交林中空地上。

16．蘑菇一种 *Agaricus* sp.，生于林中地上。

17．小静灰球菌 *Bovista pusilla* (Batsch) Pers，生于林中地上。

18．隆纹黑蛋巢 *Cyathus striatus* (Huds.) Willd，生于地上的落枝上。

19．黑蛋巢 *Cyathus* sp.，生于地上的落枝上。

20．粟色环柄菇 *Lepiota castanea* Quél.，生于林中地上。

粉褶菌科 Entolomataceae

21．粉褶菌 *Entoloma depluens* (Batsch) Hesler，生于地上的落枝上。

22．纯黄白鬼伞 *Leucocoprinus birnbaumii* (Corda) Singer，生于林中地上。

23．易碎白鬼伞 *Leucocoprinus fragilissimus* (Berk.et M.A.Curtis)Pat.，生于林中地上。

24．白绒红蛋巢 *Nidula niveotomentosa* (Henn.) Lloyd，群生于腐木上。

粪锈伞科 Bolbitiaceae

25．粪锈伞 *Bolbitius vitellinus* (Pers.) Fr.，生于堆肥上。

26．钟形花褶伞 *Panaeolus campanulatus* (L) Quél，生于草地上。

27．花褶伞 *Panaeolus retirugis* (Fr.) Gillet，生于林中牛粪上。

鬼伞科 Coprinaceae

28．墨汁鬼伞 *Coprinus atramentarius* (Bull.)Fr.，生于菜园边地上。

珊瑚菌科 Clavariaceae

29．怡人拟琐瑚菌 *Clavulinopsis amoena* (Zoll.et Moritzi) Corner，生于林中地上。

30．银朱拟琐瑚菌 *Clavulinopsis miniata* (Berk.) Corner，生于林上地上。

31．纤细拟锁瑚菌 *Clavulinopsis tenella* (Boud) Corner，生于林上地上。

32．枝瑚菌 *Ramaria* sp，生于林中地上。

丝膜菌科 Cortinariaceae

33．黄棕丝膜菌 *Cortinarius cinnamomeus* (L.) Fr.，生于林中地上。

34．绿褐裸伞 *Gymnopilus aeruginosus* (Peck) Sing.，生于针叶树腐木或树皮上。

35．裸伞 *Gymnopilus* sp.，生于阔叶或针叶树腐木上或树皮上。

鞭耳科 Crepidotaceae

36．圆孢毛锈耳 *Crepidotus applanatus* var. *applanatus* (Pers.) P. Kumm.，生于倒木上或树桩上。

角齿菌科 Hydnangiaceae

37．紫品蜡蘑 *Laccaria amethystea* (Bull) Murrill，生于阔叶林中地上。

38．双色蜡蘑 *Laccaria bicolor* (Maire) P. D.Orton，生于林地上。

39．红蜡蘑 *Laccaria laccata* (Scop.) Cooke，生于林地上。

蜡伞科 Hygrophoraceae

40．细红鳞小湿伞 *Hygrocybe firma* (Berk. et Broome) Singer

丝盖伞科 Inocybaceae

41．黑黄丝盖伞 *Inocybe flavella* P. Karst.，生于林地上。

42．低矮丝盖伞 *Inocybe humilis* J. Favre，生于林地上。

马勃科 Lycoperdaceae

43．头状秃马勃 *Calvatia craniiformis* (Schwein) Ft.，生于林中地上。

44．网纹灰包 *Lycoperdon perlatum* Pers，生于林中地上。

45．梨形马勃 *Lycoperdon pyriforme* Schaeff，生于林中地上。

46．马勃 *Lycoperdon* sp.，生于林中地上。

小皮伞科Marasmiaceae

47．栎裸伞 *Gymnopus dryophilus* (Bull.) Murrill，生于林地上。

48．盾盖裸脚菇 *Gymnopus peronatus* (Bolton) Antonin，生于林地上。

49．蜜环菌 *Armillaria mellea* (Vahl) P. Kumm，生于混交林的倒木上。

50．假密环菌 *Armillariella tabescens* (Scop.) Singer，生于倒木上根部。

51．金针菇 *Flammulina velutipes* (M. A. Curtis) Singer，生于腐木上。

52．香菇 *Lentinula edodes* (Berk.) Pegler，生于倒木上。

53. 白微皮伞 *Marasiellus candidus* (Bolton) Singer，生于枯枝上。
54. 脐顶皮伞 *Marasmius chordalis* Fr.，生于枯枝上。
55. 小皮伞 *Marasmius* sp.，生于枯枝上，生于林地上。
56. 杯盖大金钱菌 *Megacollybia clitocyboidea* R. H. Petersen，Takehashi et Nagas.，生于林地上。
57. 大金钱菌 *Megacollybia* sp.，生于埋于土中的腐木上。
58. 粘小奥德蘑 *Oudemansiella mucida* (Schrad.) Hahn.，生于倒木上。
59. 长根小奥德蘑 *Oudemansiella radicata* (Relhan) Singer，生于埋于土中的腐木上。
60. 小奥德蘑 *Oudemansiella* sp.，生于理于土中的腐木上。

侧耳科 Pleurotaceae

61. 侧耳 *Pleurotus ostreatus* (Jacq.) P. Kumm.，生于倒木上。

鹅膏科 Amanitaceae

62. 小托柄鹅膏 *Amanita farinosa* Schwein.，生于针叶林或针阔混交林中地上。
63. 格纹鹅膏 *Amanita fritillaria* (Berk.) Sacc.，生于阔叶林中地上。
64. 角磷白鹅膏 *Amanita solitaria* (Bull.) Fr.，生于阔叶林中地上。
65. 东方褐盖鹅膏 *Amanita orientifulva* Zhu L. Yang，M. Weiss et Oberw.，生于林中地上。
66. 红托鹅膏 *Amanita rubrovolvata* S. Imai，生于林中地上。
67. 土红粉盖鹅膏 *Amanita rufoferruginea* Hongo，生于林地上。
68. 鹅膏一种 *Amanita* sp.，生于林地上。
69. 黄盖鹅膏白变种 *Amanita subjunquillea* S Imai var. alba Zhu L. Yang，生于林中地上。
70. 残托鹅膏有环变型 *Amanita sychnopyramis* Corner et Bas f. subannulata Hongo，生于阔叶林或针阔混交林地上。
71. 灰鹅膏 *Amanita vaginata* (Bull.) Fr.，生于林中地上。

小脆柄菇科 Psathyrellaceae

72. 白黄小脆柄菇 *Psathyrella candolleana* (Fr.) Maire，生于草地上。

裂褶菌科 Schizophyllaceae

73. 裂褶菌 *Schizophyllum commune* Fr.， 生于倒木上。

球盖菇科 Strophariaceae

74. 波状滑锈伞 *Hebeloma sinuosu* (Fr.) Quél.，生于林中地上。
75. 簇生垂幕菇 *Hypholoma fasciculare* var. *fasciculare* (Huds.) P. Kumm，生于腐木上。
76. 红鳞垂幕菇 *Hypholoma cinnnabarinum* Teng.，生于麻栎树旁地上。
77. 毡绒垂幕菇 *Lacrymaria Lacrymabumda* (Bull.) Pat.，生于林中地上。
78. 黄伞 *Pholiota adipose* (Batsch) P. Kumm.，生于腐木上。

白蘑科 Tricholomataceae

79. 鳞皮扇菇 *Panellus stipticus* (Bull.) P Karst， 生于腐木上。
80. 盾尖鸡枞菌 *Termitomyces clypeatus* R Heim，生于白蚁巢上。

81．根蚁巢伞 *Termitomyces eurhizus* (Berk.) R. Heim，生于白蚁巢上。

82．小果蚁巢伞 *Termitomyces microcarpus*(Berk. et Broome) R. Heim，生于林缘地下白蚁巢上。

83．蚁巢伞 *Termitomyces* sp.，生于白蚁巢上。

84．赭红拟口蘑 *Tricholomopsis rutilans* (Schaeff) Singer，生于针栎林地上。

牛肝菌目 Boletales

牛肝菌科 Boletaceae

85．美味牛肝菌 *Boletus edulis* Bull.，生于阔叶树林地上。

86．短管牛肝菌 *Boletus brevitubus* M. Zang，生于阔叶树林地上。

87．钉头牛肝菌 *Boletus minutus* W. F. Chiu， 生于针栎林地上。

88．牛肝菌 *Boletus* sp.，生于针栎林地上。

89．黄褐牛肝菌 *Boletus subsplendidus* W. F. Chiu，生于针栎林地上。

90．褐疣柄牛肝菌 *Leccinum scabrum* (Bull) Cray，生于混交林中地上。

91．褐盖褶孔牛肝菌 *Phylloporus bruneceps* N. K. Zeng，Zhu L.Yang et L. P. Tang，生于混交林中地上。

92．覆鳞褶孔牛肝菌 *Phylloporus imbricatus* N. K. Zeng，Zhu L. Yang et L. P. Tang，生于混交林中地上。

93．黄粉末牛肝菌 *Pulveroboletus ravenelii* (Berk. et M. A. Curtis) Murrill，生于林地上。

94．绒柄松塔牛肝菌 *Strobilomyces floccopus* (Vahl) P. Karst，生于林中地上。

95．松塔牛肝菌 *Strobilomyces strobilaceus* (Scop.) Berk.，生于混交林中地上。

96．粉孢牛肝菌 *Tylopilus* sp.，生于林地上。

桩菇科 Paxillaceae

97．绒毛网褶菌 *Paxillus rubicunduluse* P. D. Orton，生于林地上。

98．耳状小塔氏菌 *Tapinella panuoides* (Fr.) E Gilher，生于阔叶林等树木桩上。

硬皮马勃科 Sclerodermataceae

99．硬皮地星 *Astraeus hygrometricus* (Pers.) Morgan，生于林地上。

100．豆包菌 *Pisolithus tinctorius* (Pers) Colker et Couch，生于混交林中地上。

101．马勃状硬皮马勃 *Scleroderma areolatum* Ehrenb.，生于林地上。

102．多根硬皮马勃 *Sclerderma polyrhizum* (J. F. Gmel.) Pers.，生于混交林中地上。

103．硬皮马勃 *Scleroderma* sp.，生于混交林中地上。

乳牛肝菌科Suillaceae

104．乳牛肝菌 *Suillus bovinus* (Pers.) Kuntze，生于林中地上。

105．褐乳牛肝菌 *Suillus collnitus* (Fr.) Kuntze，生于混交林中地上。

106．点柄乳牛肝菌 *Suillus granulatus* (L.) Gray，生于混交林中地上。

107．褐环乳牛肝菌 *Suillus luteus* (L.) Cray，生于松林地上。

108．虎皮乳牛肝菌 *Suillus pictus* (Peck.) A. H. Sm et Thiers，生于松林地上。

109．乳牛肝菌 *Suillus* sp.，生于松林地上。

鸡油菌目 Cantharellales

鸡油菌科 Cantharellaceae

110．鸡油菌 *Cantharellus cibarius* Fr.，生于林地上。

111．小鸡油菌 *Cantharellus minor* Peck.，生于林地上。

喇叭菌科 Craterelaceae

112．金黄喇叭菌 *Craterellus aureus* Berk. et M. A. Curtis，生于林地上。

刺革菌目 Hymenochaetales

刺革菌科 Hymenochaeaceae

113．钹孔菌 *Coltricia perennis* (L.) Murrill，生于林地上。

裂孔菌科 Repetbasdaceae

114．瘦脐菇 *Rickenella fibula* (Bull.) Raithelh

革菌目 Thelephorales

革菌科 Thelephoraceae

115．头花革菌 *Thelephora anthocephala* (Bull.)Fr.，生于林地上。

116．疣革菌 *Thelephora terrestris* Ehrh，生于林地上。

鬼笔目 Phallales

鬼笔科 Phallaceae

117．短裙竹荪 *Dictyophora duplicate* (Bosc) Fisch.，生于树林或竹林地上。

118．长裙竹荪 *Dictyophora indusaita* (Vent) Desv.，生于阔叶林地上。

多孔菌目 Polyporales

韧革菌科 Stereaceae

119．烟色韧革菌 *Stereum gausapatum* (Fr.) Fr.，生于树木桩上。

120．毛韧革菌 *Stereum hirsutum* (Willid.) Pers，生于林中倒木上。

121．扁韧革菌 *Stereum ostrea* (Blume et T. Nees) Fr.，生于林中倒木上。

灵芝科 Ganodermataceae

122．假芝 *Amauroderma rugosum* (Blume etT.Nees) Torrend.，生于腐根上。

123．树舌灵芝 *Ganoderma applanatum* (Pers) Pat.，生于阔叶树腐木上。

124．有柄灵芝 *Ganoderma gibbosum* (Blume et T. Nees)Pat.，生于阔叶树腐根上

125．灵芝 *Ganoderma sichuanense* J. D. Zhao，et X. Q. Zhang，生于树木桩上。

126．紫芝 *Ganoderma sinense* J. D. Zhao. L. W. Hsu et X. Q. Zhang，生于倒木上。

127．灵芝一种 *Ganoderma* sp.，生于树木桩上。

粘褶菌科 Gloeophyllaceae

128．篱边粘褶菌 *Gloeophyllum sepiarium* (Wulfen) P. Karst.，生于菜园边木桩上。

彩孔菌科 Hapalopilaceae

129．烟色烟管菌 *Bjerkandera fumosa* (Pers.) P. Karst.，生于阔叶树木桩上。

多孔菌科 Polyporaceae

130．一色齿毛菌 *Cerrena unicolor* (Bull.) Murrill，生于腐木上。

131．蜂窝菌 *Hexagonia tenuis* J. M. Hook，生于枯枝上。

132．近裸香菇 *Lentinus subnudus* Berk.，生于木桩、倒木上。

133．硬毛香菇 *Lentinus strigosus* Fr.，生于倒木上。

134．香菇属一种 *Lentinus* sp.，生于倒木上。

135．桦褶孔菌 *Lenzites betulina* (L.) Fr.，生于倒木上。

136．相邻小孔菌 *Microporus affinis* (Blume et T. Nees) Kuntze，生于阔叶树的腐木上。

137．扇形小孔菌 *Mieroporus flabelliformis* (Klotzsch) Pat.，生于倒木上。

138．小孔菌 *Mrcroporellus* sp.，生于阔叶树腐木上。

139．盏芝小孔菌 *Mieroporus xanthopus* (Fr.) Kuntze，生于腐木上。

140．漏斗多孔菌 *Polyporus arcularius* (Batsch) Fr.，生于倒木上。

141．多孔菌 *Polyporus* sp.，生于倒木上。

142．桑多孔菌 *Polyporus mori* (Pollini: Fr.) Fr.，生于阔叶林倒木上。

143．红孔菌 *Pycnoporus cinnabarinus* (Jacq.) P. Karst.，生于倒木上。

144．血红孔菌 *Pycnoporrus sanguinens* (L.) Murrill，生于倒木上。

145．云芝 *Trametes versicolor* (L.) Pilát，生于腐木上。

146．冷杉囊孔菌 *Trichaptum abietinum* (Dicks) Ryvarden，生于腐木上。

147．干酪菌一种 *Tyromyces* sp.，生于阔叶树腐朽处。

齿耳科 Steccherinaceae

148．耙齿菌 *Irpe* sp.，生于倒木上。

皱孔菌科 Meruliaceae

149．伯特拟韧革菌 *Stereopsis burtianum* (Peck) D. A. Reid，生于阔叶树腐朽处。

红菇目 Russulales

红菇科 Russulaccac

150．松乳菇 *Lactarius deliciosus* (L.) Gray.，生于阔叶林中地上。

151．脆香乳菇 *Lactarius fragilis* (Barl) Hesler et A. H. Sm.，生于阔叶林中地上。

152．纤细乳菇 *Lactarius gracilis* Hongo，生于阔叶林中地上

153．红汁乳菇 *Lactarius hatsudake* Tanaka，生于林中地上。

154．稀褶乳菇 *Lactarius hygrophoroides* Berk et M. A. Curtis，生于阔叶林中地上。

155．黑乳菇 *Lactarius lignyotus* Fr.，生于阔叶林中地上。

156．白乳菇 *Lactarius piperatus* (L.) Pers，生于阔叶林中地上。

157．绒白乳菇 *Lactarius vellereus* (Fr.) Fr.，生于林中地上。

158．乳菇 *Lactarius* sp.，生于林中地上。

159．烟色红菇 *Russula adusta* (Pers) Fr.，生于阔叶林或针叶林中地上。

160．白红菇 *Russula albida* Peck，生于林中地上。

161．粉粒白菇 *Russula alboareolata* Hongo，生于林中地上。

162．壳状红菇 *Russula crustosa* Peck，生于阔叶林或混交林中地上。

163．蓝黄红菇 *Russula cyanoxanteha* (Schaeff) Fr.，生于混交林或阔叶林中地上。

164．大白菇 *Russula delica* Fr.，生于阔叶林中地上。

165．密褶红菇 *Russula densifolia* Scer. ex Gillet，生于阔叶林或混交林中地上。

166．臭红菇 *Russula foetens* (Pers.) Pers.，生于壳斗科林下或针叶林或混交林中地上。

167．拟臭红菇 *Russula grata* Britzelm.，生于壳斗科林下或针叶林或混交林中地上。

168．汉德尔红菇 *Russula handelli* Singer，生于阔叶林中地上。

169．红菇 *Russula rosea* Pers.，生于园叶林或混交林中地上。

170．赭菇 *Russula mustelina* Fr.，生于国叶林竹林混交地上。

171．点柄黄红菇 *Russula senecis* S. Imai，生于阔叶林成混交林中地上。

172．茶褐黄菇 *Russula sororia* Fr.，生于阔叶林或混交林中地上。

173．粉红慈 *Russula subdepllens* Peck，生于国叶林中地上。

174．绿红菇 *Russula virescens* (Schaeff.) Fr.，生于国叶林或混交林中地上。

175．红菇 *Russula* sp.，生于阔叶林或混交林中地上。

176．红菇 *Russula* sp.，生于阔叶林成混交林中地上。

银耳亚纲 Tremellomycetidane

木耳目 Auricularales

木耳科 Aurialariaccac

177．木耳 *Auricularia auricula* (L) Underw.，生于阔叶林中枯立木上。

178．皱木耳 *Auricularia delicate* (Fr.) Henn，生于阔叶树倒木上。

179．毛木耳 *Auricularia polytricha* (Mont.) Sacc，生于林中枯木上。

银耳目 Tremelales

银耳科 Tremelaceae

180．朱砂银耳 *Tremella cinnabarina* Ball.，生于阔叶树倒木上。

花耳目 Dacrymycetales

花耳科 Dacrymycetaceae

181．银耳 *Tremella fuciformis* Berk.，生于阔叶树腐木上。

182．桂花耳 *Dacryopinax spathularia* (Schein.) G. W. Martin，生于阔叶林中腐木桩上。

鬼笔亚纲 Phallomycetidae

地星目 Geastrales

地星科 Geastraceae

183．毛嘴地星 *Geastrum fimbriatum* Fr.，生于阔叶林中地上。

第五章　植物多样性

第一节　苔藓植物

通过对贵州普安龙吟阔叶林州级自然保护区苔藓植物进行采集，共获得1016份标本。经过鉴定分析，该区苔藓植物种类组成比较丰富，共有苔藓植物50科127属353种，其中苔类植物17科28属57种、藓类植物32科98属295种、角苔类植物1科1属1种；优势科有11个，分别是叶苔科(Jungermanniaceae)、白发藓科(Leucobryaceae)、凤尾藓科(Fissidentaceae)、从藓科(Pottiaceae)、真藓科(Bryaceae)、羽藓科(Thuidiaceae)、青藓科(Brachytheciaceae)、绢藓科(Entodontaceae)、灰藓科(Hypnaceae)、毛锦藓科(Pylaisiadelphaceae)、金发藓科(Polytrichaceae)；优势属有11个，分别是曲尾藓属(*Dicranum*)、曲柄藓属(*Campylopus*)、凤尾藓属(*Fissidens*)、真藓属(*Bryum*)、匐灯藓属(*Plagiomnium*)、丝瓜藓属(*Pohlia*)、羽藓属(*Thuidium*)、青藓属(*Brachythecium*)、美喙藓属(*Eurhynchium*)、绢藓属(*Entodon*)、灰藓属(*Hypnum*)；生境分析得出，共4种基质类型，其中土生基质种类最多，占所有种类的56.94%。

苔藓植物是一群小型的多细胞绿色高等植物，根据其营养体的形态结构，分为藓类植物门、苔类植物门及角苔植物门。它们是一类从水生到陆生过渡的植物，目前全世界已知的苔藓植物大约有23000种，中国有3300多种。贵州地形复杂、气候温暖湿润、适于植物生长，是苔藓植物多样性最丰富的地区之一。贵州藓类植物的研究始于19世纪末。据记载，首先在贵州采集藓类标本的是两位法国传教士Em.Bodinier和L.Martin，他们于1897年9月至1899年6月在贵州的安平（今平坝）、贵阳黔灵山采集了部分苔藓标本，经法国苔藓学家J.Cardot和I.Theriot研究后于1904年发表了14种藓类植物[1]。贵州普安龙吟阔叶林州级自然保护区主要由16个分散的保护区组成。本章对贵州普安龙吟阔叶林州级自然保护区的苔藓植物多样性进行调查，以期为该地区的苔藓植物物种多样性提供本底资料。

一、自然地理概况

贵州普安龙吟阔叶林州级自然保护区位于云贵高原中段，贵州省西南部乌蒙山区边陲，属黔西南布依族苗族自治州普安县境内，地理坐标于东经104°51'10″～105°09'24″、北纬25°18'31″～26°10'35″之间。东邻晴隆县，南接兴仁县和兴义市，西毗邻六盘水市盘州市，北望六盘水市六枝区。贵州普安龙吟阔叶林州级自然保护区由16个分散的保护区组成，分别是龙吟镇石古一把伞恒河猴资源保护区、龙吟镇沙子塘天然阔叶林自然保护区、龙吟镇布岭箐珍稀树种鹅掌楸资源保护区、罐子窑镇风火砖水库水源涵养林自然保护区、地瓜镇下厂河水土流失治理保护区、地瓜镇莲花山十里杜鹃保护区、地瓜镇鲁沟村古大珍稀树种银杏资源保护区、新店乡牛角山天然常绿阔叶林保护区、青山镇幸福水库水土流失治理保护区、雪浦乡仙人洞阔叶林保护区、楼下镇水箐水土流失治理保护区、盘水镇汪家河水土流失治理保护区、盘水镇关索岭自然生态保护区、白沙乡旧屋基天然阔叶林保护区、高棉乡五个坡水土流失治理保护区、三板桥镇油沙地灌木林植被保护区。

贵州普安龙吟阔叶林州级自然保护区地处云贵高原向黔中过渡的梯级状斜坡地带，由乌蒙山脉横穿其中，境内地势中部较高，四面较低，南部由东北向西南倾斜，北部由西南向东北倾斜[2]。境内最高峰长冲梁子位于中部莲花山附近，海拔约2100m。地形复杂、山峦叠嶂、沟壑纵横、岭谷相间。

贵州普安龙吟阔叶林州级自然保护区属于亚热带湿润的季风气候、谷地干热、高山凉润；光热充足、雨量充沛、相对湿度大、冬无严寒、夏无酷暑、四季分明、雨热同季。普安县内年平均气温为13.7°C，春季平均气温为15.1℃，夏季平均气温为20.0℃。最热7月极端高温为33.4℃，最冷1月极端低温为－.9℃。年平均日照时数为1554.8h，无霜期一般为247～343天，平均无霜期290天左右。多年平均降水量1438.9mm[3]。由于境内地形复杂多样，除具有亚热带气候的共同特征，还有山区气候的特点，如气候垂直差异大、立体气候明显。

二、调查方法

（一）外业工作

通过查找文献、网络搜索、实地调查等途径了解贵州普安龙吟阔叶林州级自然保护区的地形及苔藓植物研究深度等近况，根据境内16个分散保护区的实际情况，制定野外详细的工作计划。根据上述制订采集计划，采集时主要在土生、石生、腐殖质、树生4种基质上进行苔藓植物的全面采集，把采集到的苔藓植物标本装入采集袋内，并即时记录采集情况既采集编号、地点、时间、海拔、经纬度、生境等。笔者分别于2017年9月和2018年4月两个时间段对贵州普安龙吟阔叶林州级自然保护区的苔藓植物标本进行采集和补充采集，共获得1016份标本，所有采集的苔藓植物标本均存放于贵州师范大学植物标本馆（GNUB）。

（二）室内工作

在贵州师范大学苔藓植物植物标本室进行苔藓植物标本鉴定，利用实体解剖镜观察标本整体形态特征，然后进行孢子体、鳞毛、叶横切等组织装片制作，再到显微镜上进行细胞形态结构特征鉴定。根据所观察到的特征，运用各种相关的苔藓植物分类工具书[4-21]进行苔藓植物标本种类的鉴定工作。鉴定完毕，做好详细的鉴定记录，包含标本的详细采集信息、所鉴定的种名、鉴定特征等。对标本信息进行一系列整理分析，得出调查结果分析及结论[22-24]，做出该区苔藓植物名录。（苔藓植物名录见附录）

三、调查结果

（一）物种组成

1．种类组成

笔者于2017年9月和2018年4月两个时间段对贵州普安龙吟阔叶林州级自然保护区的苔藓植物

标本进行采集和补充采集，共获得1016份标本，经过鉴定、初步研究、分析整理，统计出该保护区共有苔藓植物50科127属353种（包含亚种和变种），其中苔类植物17科28属57种、藓类植物32科98属295种、角苔类植物1科1属1种。

2．科属组成情况

调查发现该区藓类植物种类较为丰富，此与该地区温暖湿润、雨水充沛等气候特点有着密切关系。对贵州普安龙吟阔叶林州级自然保护区苔藓植物科属的组成情况进行整理分析，结果见表5-1。

由表5-1可以看出的贵州普安龙吟阔叶林州级自然保护区苔藓植物包括50科127属353种。其中含1属的科多达28个，占全部科中的56.00%及总属的22.05%；而含2属的科有7个，共14属，占全部科中的14.00%及总属的11.02%；包含3属的苔藓植物有5个科，共15属，占全部科的10.00%及总属的11.81%；其中含苔藓植物4属的科仅有2个；共8属，占全部科的4.00%及总属的6.30%；包含5属的科也仅有2个，共10属，占全部科的4.00%及属的7.87%；包含6属及以上的科有6个，共52属，占全部科的12%及属的40.94% 。

表5-1　贵州普安龙吟阔叶林州级自然保护区苔藓植物科属组成情况

单科所含属数	科数	R_1/%	属数	R_2/%
1	28	56.00	28	22.05
2	7	14.00	14	11.02
3	5	10.00	15	11.81
4	2	4.00	8	6.30
5	2	4.00	10	7.87
6～17	6	12.00	52	40.94
合计	50	100.00	127	100.00

注：R_1占总科数百分比，R_2占总属数百分比。

3．优势科分析

对贵州普安龙吟阔叶林州级自然保护区苔藓植物进行统计，将科内所含种数为10种（含10种）以上定为优势科，结果见表5-2。

从表5-2可以看出，该区苔藓植物共有11个优势科，分别是叶苔科(Jungermanniaceae)、白发藓科(Leucobryaceae)、凤尾藓科(Fissidentaceae)、从藓科(Pottiaceae)、真藓科(Bryaceae)、羽藓科(Thuidiaceae)、青藓科(Brachytheciaceae)、绢藓科(Entodontaceae)、灰藓科(Hypnaceae)、毛锦藓科(Pylaisiadelphaceae)和金发藓科(Polytrichaceae)。以上11个优势科共有61属240种，分别占该区苔藓植物总属数的48.03%，总种数的67.99%，构成了该区苔藓植物的主体。

这11个优势科中，真藓科是一个非常典型的优势科，仅含3属，却有51个种，占该区总种数的14.45%；其次是青藓科，包括38个种；从藓科位居第三，有35种。其中，灰藓科是世界广布科，叶苔科、白发藓科、凤尾藓科、羽藓科、绢藓科在中国苔藓植物中都比较常见，并且种类很多。本区亚热带湿润的季风气候特点以及山峦起伏、沟壑纵横，岭谷相间的地貌为苔藓植物提供了优越的生长环境。

4．优势属分析

将贵州普安龙吟阔叶林州级自然保护区苔藓植物具有7种（含7种）以上的属定为优势属，结果见表5-3。

从表5-3可以看出，该区苔藓植物共有11个优势属，分别是曲尾藓属(*Dicranum*)、曲柄藓属(*Campylopus*)、凤尾藓属(*Fissidens*)、真藓属(*Bryum*)、匐灯藓属(*Plagiomnium*)、丝瓜藓属(*Pohlia*)、羽藓属(*Thuidium*)、青藓属(*Brachythecium*)、美喙藓属(*Eurhynchium*)、绢藓属(*Entodon*)和灰藓属(*Hypnum*)。以上11个优势属包含123种，分别占该区苔藓植物总属数的8.66%，总种数的34.84%。

表5-2　贵州普安龙吟阔叶林州级自然保护区苔藓植物优势科的属种组成

顺序	科名	属数	R_1/%	种数	R_2/%
1	真藓科	3	2.36	51	14.45
2	青藓科	8	6.30	38	10.76
3	丛藓科	17	13.39	35	9.92
4	灰藓科	8	6.30	25	7.08
5	白发藓科	3	2.36	22	6.23
6	羽藓科	5	3.94	14	3.97
7	叶苔科	6	4.72	12	3.40
8	金发藓科	4	3.15	12	3.40
9	毛锦藓科	5	3.94	11	3.15
10	凤尾藓科	1	0.79	10	2.83
11	绢藓科	1	0.79	10	2.83
合计		61	48.03	240	67.99

注：R_1占总属数百分比，R_2占总种数百分比。

（二）生境分析

苔藓植物的适应能力较强，在很多不同的生境均有分布。对贵州普安龙吟阔叶林州级自然保护区苔藓植物进行实地采集调查，根据采集地环境情况，主要采集到腐木、石生、土生、树生4种生长基质上的苔藓植物。对其分析结果见表5-3。

由表5-3可以看出，贵州普安龙吟阔叶林州级自然保护区苔藓植物生境分布中，以土生基质种类最多，共有201种，达到了所有种类的56.94%；其次为石生基质的苔藓植物也占有较大比例，有182种，为总种数的51.56%；树附生基质为88种，占总数的24.93%；腐殖质基质的植物种类不多，有60种，仅占总数的17.00%，可能与采集标本量有关。由表5-3中数据可知，该区苔藓植物生境类型丰富，但具有明显的优势生境类型；土生、石生基质类型为该区苔藓植物的常习生境类型，树附生、腐质枯落物所占比例均明显低于土生、石生的种类。以上数据说明了贵州普安龙吟阔叶林州级自然保护区苔藓植物生境的多样性，在某一生境类型的苔藓植物种类组成中也表现出了一定的物种多样性。

1．腐木、枯落物

该生境类型为藓类植物生长于树木的折断且脱离根部而腐朽主干、枝叶等部位。该区含有此种生境类型的种类较少，有60种隶属21科34属，如瓦氏皱指苔(*Telaranea wallichiana*)、截叶管口苔(*Solenostoma truncatum*)、绿色白发藓(*Leucobryum chlorophyllosum*)、狭叶小羽藓(*Haplocladium angustifolium*)、短月藓(*Brachymenium nepalense*)、短肋羽藓(*Thuidium kanedae*)、东亚小锦藓(*Brotherell afauriei*)和背胞叉苔(*Metzgeria crassipilis*)等。

2．石生

石生是指藓类植物在岩石、裸石上生长。此种生境类型种包括岩面薄土生长、溪沟湿石及山体落石等生长环境，生长种类繁多。本区属于该基质类型的有182种隶属44科89属，主要包括钩叶青毛藓(*Disranodontium uncinatum*)、尖叶对齿藓原变种(*Didymodon constrictus* var. *flexicuspis*)、反纽藓(*Timmiella anomala*)、花状湿地藓(*Hyophila nymaniana*)、剑叶舌叶藓(*Scoepelophila cataractae*)、波边毛口藓(*Trichostomum tenuirostre*)、黄边凤尾藓(*Fissidens geppii*)、比拉真藓(*Bryum billarderi*)、带叶牛舌藓(*Anomodon perlingulatus*)、羊角藓(*Herpetineuron toccoae*)和美灰藓(*Eurohypnum leptothallum*)等。

表5-3　贵州普安龙吟阔叶林州级自然保护区苔藓植物生境情况

生境类型	种数	占总种数比例/%
腐木、枯落物	60	17.00
石生	182	51.56
土生	201	56.94
树附生	88	24.93

注：计算数量包含生境交叉类的种类。

3．土生

土生是指藓类植物的生长基质为土，其中包括沙土、黄土、蓬松土质等。本区属于该基质类型的有201种隶属36科77属，占所有种类的56.94%。本区含钝叶护蒴苔(*Calypogeia neesiana*)、红丛管口苔(*Solenostoma rubripunctatum*)、大萼苔(*Cephalozia bicuspidata*)、林氏黄角苔(*Phaeoceros carolinianus*)、曲尾藓(*Dicranum scoparium*)、长叶曲柄藓(*Campylopus atrovirens*)、厚壁薄齿藓(*Leptodontium flexifolium*)、东亚小石藓(*Weisia exserta*)、毛口藓(*Trichostomum brachydontium*)、二

形凤尾藓(*Fissidens geminiflorus*)、黄色真藓(*Bryum pallescens*)、卵蒴丝瓜藓(*Pohlia proligera*)、台湾棉藓(*Plagiothecium formoscium*)、东亚拟鳞叶藓(*Pesudotaxiphyllum pohliaecarpum*)和东亚小金发藓(*Pogonatum inflexum*)等。

4．树附生

此种生境类型是指藓类植物生长于树木的各个地上部位（指营养器官）且被附生的树木任然存活。本区属于该基质类型有88种隶属25科49属，包括林氏叉苔(*Metzgeria lindbergii*)、狭尖叉苔(*M. consanguinea*)、叉齿异萼苔(*Heteroscyphus lophocoleoides*)、芽胞裂萼苔(*Chilosayphus minor*)、拟白发藓(*Paraleucobryum enerve*)、东亚附干藓(*Schwetschkea laxa*)、鞭枝新丝藓(*Neodicladiella flagellifera*)、垂蒴小锦藓(*Brotherella nictans*)、橙色锦藓(*Sematophy phoeniceum*)、疣柄拟刺疣藓(*Papillidiopsis complanata*)和长叶绢藓(*Entodon longifolius*)等。

四、结论

经过对贵州普安龙吟阔叶林州级自然保护区苔藓植物的标本采集、鉴定及整理，得出该区共有苔藓植物50科127属353种。

（1）苔类植物17科28属57种、藓类植物32科98属295种、角苔类植物1科1属1种。

（2）含1属的科多达28个，占全部科中的56.00%及总属的22.05%；而含2属的科有7个，共14属，占全部科中的14.00%及总属的11.02%；包含3属的苔藓植物有5个科，共15属，占全部科的10.00%及总属的11.81%；其中含苔藓植物4属的科仅有2个；共8属，占全部科的4.00%及总属的6.30%；包含5属的科也仅有2个，共10属，占全部科的4.00%及总属的7.87%；包含6属及以上的科有6个，共52属，占全部科的12%及总属的40.94% 。

（3）共有11个优势科，分别是叶苔科(Jungermanniaceae)、白发藓科(Leucobryaceae)、凤尾藓科(Fissidentaceae)、从藓科(Pottiaceae)、真藓科(Bryaceae)、羽藓科(Thuidiaceae)、青藓科(Brachytheciaceae)、绢藓科(Entodontaceae)、灰藓科(Hypnaceae)、毛锦藓科(Pylaisiadelphaceae)和金发藓科(Polytrichaceae)。以上11个优势科共有61属240种，分别占该区苔藓植物总属数的48.03%，总种数的67.99%，构成了该区苔藓植物的主体。

（4）共有11个优势属，分别是曲尾藓属(*Dicranum*)、曲柄藓属(*Campylopus*)、凤尾藓属(*Fissidens*)、真藓属(*Bryum*)、匐灯藓属(*Plagiomnium*)、丝瓜藓属(*Pohlia*)、羽藓属(*Thuidium*)、青藓属(*Brachythecium*)、美喙藓属(*Eurhynchium*)、绢藓属(*Entodon*)和灰藓属(*Hypnum*)。以上11个优势属包含123种，分别占该区苔藓植物总属数的8.66%，总种数的34.84%。

（5）由生境分析获知，以土生基质种类最多，共有201种，达到了所有种类的56.94%；其次为石生基质的苔藓植物也占有较大比例，有182种，为总种数的51.56%；树附生基质为88种，占总数的24.93%；腐殖质基质的植物种类不多，有60种，仅占总数的17.00%，可能与采集标本量有关。

（6）本次调查结果表明该区的苔藓植物含量丰富，物种多样，在植物物种多样性上起到一定作用，丰富了该区植物多样性。

彭　涛　唐录艳　夏红霞　周徐平　王　艳

参考文献

[1] 熊源新. 贵州藓类植物研究回顾[J]. 山地农业生物学报, 1999(6):431-440.

[2] 吕大洋. 普安喀斯特生态地质环境质量评价[D]. 贵阳：贵州师范大学. 2008.

[3] 赵显武. 普安县李树种植与气候条件浅析[J]. 贵州气象. 2009, 33(1):25-34.

[4] 高谦. 中国苔藓志：第一卷[M]. 北京：科学出版社,1994.

[5] 高谦. 中国苔藓志：第二卷[M]. 北京：科学出版社, 1996.

[6] 高谦. 中国苔藓志：第九卷[M]. 北京：科学出版社, 2003.

[7] 高谦, 吴玉环. 中国苔藓志：第十卷[M]. 北京：科学出版社, 2008.

[8] 胡人亮, 王幼芳. 中国苔藓志：第七卷[M]. 北京：科学出版社, 2005.

[9] 黎兴江. 中国苔藓志：第四卷[M]. 北京：科学出版社, 2006.

[10] 黎兴江. 中国苔藓志：第三卷[M]. 北京：科学出版社, 2000.

[11] 吴德邻, 张力. 广东苔藓志[M]. 广州：广东科技出版社, 2013.

[12] 吴鹏程. 中国苔藓志：第六卷[M]. 北京：科学出版社, 2002.

[13] 吴鹏程, 贾渝. 中国苔藓志：第八卷[M]. 北京：科学出版社, 2004.

[14] 吴鹏程, 贾渝. 中国苔藓志：第五卷[M]. 北京：科学出版社, 2011.

[15] 熊源新. 贵州苔藓植物图志（习见种卷）[M]. 贵阳：贵州科技出版社, 2011.

[16] 熊源新. 贵州苔藓植物志（第二卷）[M]. 贵阳：贵州科技出版社, 2014.

[17] 熊源新. 贵州苔藓植物志（第一卷）[M]. 贵阳：贵州科技出版社, 2014.

[18] 熊源新, 曹威. 贵州苔藓植物志（第三卷）[M]. 贵阳：贵州科技出版社, 2018.

[19] 中国科学院昆明植物研究所. 云南植物志：第19卷[M]. 北京：科学出版社, 2005.

[20] Cao T., Zhu R. -L., Tan BC, Guo S. -L., Gao C., Wu P. -C. & Li X. -J. A report of the first national red list of Chinese endangered bryophytes[J]. Journal of the Hattori Botanical Laboratory. 2006. 119(99): 275-295.

[21] Renzaglia K. R., Schuette S., Duff R. J., Ligrone R, Shaw A. J., Mishler B. D. & Duckett J. G. 2007. Bryophyte phylogeny: Advancing the molecular and morphological frontiers[J]. The Brylolgist, 2007, 110(2):179-213.

[22] 贾渝, 何思. 中国生物物种名录：第一卷 植物, 苔藓植物[M]. 北京：科学出版社, 2013.

[23] 姜业芳. 贵州黎平自然保护区苔藓植物研究[D]. 贵州大学, 2004.

[24]杨林, 王莲辉, 熊源新, 等. 贵州省佛顶山自然保护区苔藓植物物种组成研究[J]. 贵州林业科技, 2017(4):29-32.

[25] 孙中文, 赵财, 熊源新, 等. 贵州盘县八大山地区苔藓植物研究[J]. 山地农业生物学报, 2013, 32(6):471-478.

附录：贵州普安龙吟阔叶林州级自然保护区苔藓植物名录

贵州普安龙吟阔叶林州级自然保护区苔藓植物共有50科127属353种，其中苔类植物17科28属57种，角苔类植物1科1属1种，藓类植物32科98属295种。该根据陈邦杰（1963,1978）系统排序，参考贾渝和何思（2013），以及熊源新，曹威（2018）进行校对。

苔类 Liverworts

1 **指叶苔科** *Lepidoziaceae* Limpr.

1）指叶苔属 *Lepidzia* (Dumort.) Dumort.

（1）东亚指叶苔 *L. fauriana* Steph.

20180423-34.

（2）指叶苔 *L. reptans* (L.) Dumort.

20170906-28, 20180423-34C, 20180423-35.

2）皱指苔属 *Telaranea* Spruce ex Schiffn.

（3）瓦氏皱指苔 *T. wallichiana* (Gottsche) R. M. Schust.

20180423-31.

2 **护蒴苔科** *Calypogeiaceae* Arnell

3）护蒴苔属 *Calypogeia* Raddi

（4）刺叶护蒴苔 *C. arguta* Ness et Mont.ex Nees

20170903-117.

（5）钝叶护蒴苔 *C. neesiana* (C.Massal. et Carest.) K.Müller ex Loeske

20170902-80B, 20180417-17, 20180417-8, 20180417-16, 20180417-22, 20180417-7.

（6）护蒴苔 *C. fissa* (L.) Raddi.

20180420-6.

（7）双齿护蒴苔 *C. tosana* (Steph.)Steph.

20180423-12B, 20180420-24A, 20180420-22.

3 **叶苔科** Jungermanniaceae Rchb.

4）疣叶苔属 *Horikawaella* S. Hatt. et Amakawa

（8）圆叶疣叶苔 *H. rotundifolia* C. Gao et Y. J. Yi

20170906-64B.

5）叶苔属 *Jungermanniaceae* L.

（9）长萼叶苔原亚种 *J. exsertifolia* subsp. *exsertifolia* Steph.

20170902-215.

（10）深绿叶苔 *J. atrovirens* Dumort.

20170904-75.

6）狭叶苔属 *Liochlaena* Nees

（11）短萼狭叶苔 *L. subulate* (A. Evans) Schljakov

20170906-79.

7）被蒴苔属 *Nardia* S. Gray

（12）南亚被蒴苔 *N. assamica* (Mitt.) Amakawa

20170904-114.

8）假苞苔属 *Notoscyphus* Mitt.

（13）假苞苔 *N. lutescens* (Lehm. et Lindenb.) Mitt.

20170902-207, 20170902-209, 20170904-7, 20170902-208.

9）管口苔属 *Solenostoma* Mitt.

（14）大萼管口苔 *S. macrocarpum* (Schiffn.ex Steph.) Váña et D.G.Long

20170902-196.

（15）红丛管口苔 *S. rubripunctatum* (S. Hatt.) R. M. Schust.

20170902-212A, 20170902-212B, 20170902-214, 20170902-217, 20170902-213. 20170902-220, 20170904-80.

（16）截叶管口苔 *S. truncatum* (Nees) Váña et D. G. Long

20170902-105, 20170906-68, 20170906-17, 20170905-139, 20170906-41, 20170904-85, 20170904-60, 20170903-34, 20170905-131, 20170904-77, 20170905-132.

（17）梨萼管口苔 *S. pyriflorum* var. *pyriflorum*.

20170902-99.

（18）圆叶管口苔 *S. appressifolium* (Mitt.) Váňa et D. G. Long

20170902-199, 20170902-194.

（19）羽叶管口苔 *S. plagiochilaceum* (Grolle) Váňa et D. G. Long

20170903-123,20180416-31, 20180418-8.

4 **折叶苔科** Scapaniaceae Mig.

10）合叶苔属 *Scapania* (Dumort.) Dumort.

（20）短合叶苔 *S. curta* (Mart.) Dumort.

20170903-31B.

（21）格氏合叶苔 *S. griffithii* Schiffn.

20180416-83.

（22）灰绿合叶苔 *S. glaucoviridis* Horrik.

20170902-218, 20170902-110.

（23）柯氏合叶苔 *S. koponenii* Potemkin

20170904-89, 20170902-200, 20170902-184, 20180420-17.

（24）毛茎合叶苔 *S. paraphyllia* T. Cao et C. Gao

20170902-83.

（25）舌叶合叶苔多齿亚种 *S. ligulata* subsp. *stephanii* (K. Müller) Potemkin

20170902-71.

5 **齿萼苔科** Lophocoleaceae Vanden Berghen

11）裂萼苔属 *Chiloscyphus* Corda in Opiz

（26）尖叶裂萼苔 *C. cuspidatus* (Nees) J. J. Engel et R. M. Schust.

20170902-204, 20180416-102, 20180416-79, 20180416-104.

（27）芽胞裂萼苔 *C. minor* (Nees) J. J. Eengel et R. M. Schust.

20180420-25, 20180416-73, 2017094-69, 20170906-69.

12）异萼苔属 *Heteroscyphus* Schiffn.

（28）叉齿异萼苔 *H. lophocoleoides* S. Hatt.

20180418-14, 20180418-15, 20180416-64.

（29）南亚异萼苔 *H. zollingeri* (Gottsche) Schiffn.

20170905-141.

（30）四齿异萼苔 *H. argutus* (Reinw., Blume et Nees) Schiffn.

20180417-21.

6 **大萼苔科** Cephaloziaceae Mig.

13）大萼苔属 *Cephalozia* (Dumort.) Dumort.

（31）大萼苔 *C. bicuspidata* (L.) Dumort.

20170902-80A, 20170902-212A, 20170902-210.

（32）短瓣大萼苔 *C. macounii* (Austin.) Austin.

20170903-137, 20170906-17, 20170904-84, 20170903-63A, 20170903-31A.

（33）毛口大萼苔 *C. lacinulata* (J. B. Jack) Spruce

20170902-13.

7 **圆叶苔科** Jamesoniellaceae He-Nygrén, Julén, Ahonen, Glenny et Piippo

14）对耳苔属 *Syzygiella Spruce*

（34）筒萼对耳苔 *S. autumnalis* (DC.) K. Feldberg

20170906-40.

8 **甲克苔科** Jackiellaceae R. M. Schust.

15）甲克苔属 *Jackiella* Schiffn.

（35）甲克苔 *J. javanica* Schiffn.

20170902-197, 20170902-195, 20170903-82, 20170902-89, 20170903-46, 20170904-91, 20170903-74.

9 **光萼苔科** Porellaceae Cavers

16）光萼苔属 *Porella* L.

（36）密叶光萼苔长叶亚种 *P. densifolia* subsp. *appendiculate* (Steph.) S. Hatt.
20180419-4.

10 **细鳞苔科** Lejeuneaceae Cas.-Gil.

17）顶鳞苔属 *Acrolejeunea* (Spruce) Schiffn.

（37）密枝顶鳞苔 *A. pycnoclada* (Taylor) Schiffn.
20170906-61.

18）细鳞苔属 *Lejeunea* Lib.

（38）黄色细鳞苔 *L. flava* (Sw.) Nees
20180416-44.

（39）弯叶细鳞苔 *L. curviloba* steph.
20180416-41.

19）假细鳞苔属 *Metalejeumea* Grolle

（40）假细鳞苔 *M. cucullata* (Reinw., Blume et Nees) Grolle
20180416-80.

20）瓦鳞苔属 *Trocholejeunea* Schiffn.

（41）南亚瓦鳞苔 *T. sandvicensis* (Gottsche) Mizt.
20180419-22A.

11 **带叶苔科** Pallaviciniaceae Mig.

21）带叶苔属 *Pallavicinia* Gray

（42）长刺带叶苔 *P. subciliata* (Austin) Steph.
20180420-13.

12 **绿片苔科** Aneuraceae H. Klinggr.

22）绿片苔属 *Aneura* Dumort.

（43）绿片苔 *A. pinguis* (L.) Dumort.
20180417-24.

13 **叉苔科** Metzgeriaceae H. Klinggr.

23）毛叉苔属 *Apometzgeria* Kuwah.

（44）毛叉苔 *A. pubescens* (Schrank.) Kuwah.
20180418-12, 20180416-72.

24）叉苔属 *Metzgeria* Raddi

（45）背胞叉苔 *M. crassipilis* (Lindb.) A. Evans

20170904-83, 20170902-111.

（46）林氏叉苔 *M. lindbergii* Schiffn.

20170906-84, 20180416-78, 20180416-4, 20180416-66.

（47）平叉苔 *M. conjugata* Lindb.

20170903-66, 20180416-67.

（48）狭尖叉苔 *M. consanguinea* Schiffn.

20170904-117A, 20180420-21.

14 **溪苔科** Pelliacae H. Klinggr.

25）溪苔属 *Pellia* Raddi

（49）花叶溪苔 *P. endiviifolia* (Dicks.) Dumort.

20170904-49, 20170902-59, 20170905-140, 20170905-57, 20170904-50.

（50）溪苔 *P. epiphylla* (L.) Corda

20170904-55, 20170905-13, 20170904-59, 20180417-28.

15 **蛇苔科** Conocephalaceae K. Müller ex Grolle

26）蛇苔属 *Conocephalum* F.H.Wigg.

（51）蛇苔 *C. conicum* (L.) Dumort.

20180418-1, 20180417-26, 20180417-33, 20180421-25.

（52）小蛇苔 *C. japonicum* (Thunb.) Grolle

20170902-81, 20170902-106, 20170902-124, 20170904-61, 20170906-22.

20170905-32, 20170904-48, 20170902-114, 20170902-144, 20170904-8.

20170905-71, 20170905-96, 20170902-193B, 20170902-63.

16 **疣冠苔科** Aytoniaceae Cavers

27）紫背苔属 *Plagiochasma* Lehm. et Lindenb.

（53）短柄紫背苔 *P. pterospermum* C.Massal.

20170906-106.

（54）钝鳞紫背苔 *P. appendiculatm* Lehm. et Lindenb.

20170905-83, 20170904-41, 20170903-1.

（55）紫背苔 *P. cordatum* Lehm. et Lindenb.

20170902-169, 20170904-33, 20170902-7, 20170905-77, 20170902-27, 20170903-22.

17 **地钱科** Marchantiaceae Lindl.

28）地钱属 *Marchantia* L.

（56）尼泊尔地钱 *M. nepalensis* Lehm. et Lindenb.

20170905-53, 20170902-178, 20170902-179, 20170902-193A, 20170904-65.

（57）疣鳞地钱粗鳞亚种 *M. papillata* subsp. *grossibarba* (Steph.) Bischl.

20170902-34, 20180417-25, 20180416-124B.

角苔类 Hornworts

1 **短角苔科** Notothyladaceae Müll. Frib. ex Prosk.

1）黄角苔属 *Phaeoceros* Prosk.

（1）林氏黄角苔 *P. carolinianus* (Michx.) Prosk.

20170902-145, 20170902-143, 20170902-193, 20170902-177, 20170906-10, 20170902-146, 20170902-190, 20170902-6, 20170902-62, 20170902-78, 20170905-120, 20180417-30B, 20180417-32.

藓类 Mosses

1 **牛毛藓科** Ditrichaceae Limpr.

1）丛毛藓属 *Pleuridium* Rabenh.

（1）丛毛藓 *P. subulatum* (Hedw.) Rabenh.

20170903-101.

2 **小曲尾藓科** Dicranellaceae M.Stech

2）小曲尾藓属 *Dicranella* (Müll.Hal.) Schimp.

（2）多形小曲尾藓 *D. heteromalla* (Hedw.) Schimp.

20170903-52, 20170000-99, 20170902-21.

3 **曲尾藓科** Dicranaceae Schimp.

3）曲尾藓属 *Dicranum* Hedw.

（3）东亚曲尾藓 *D. nipponense* Besch.

20180423-34A.

（4）多蒴曲尾藓 *D. majus* Turner

20180419-49, 20180416-71.

（5）克什m尔曲尾藓 D. kashmirense Broth.

20180416-109.

（6）曲尾藓 *D. scoparium* Hedw.

20170902-149A, 20170906-87, 20170902-82, 20170902-224, 20170902-219, 20170903-78, 20170903-73, 20170906-85.

（7）日本曲尾藓 *D. japonicum* Mitt.

20170902-20, 20170902-38, 20170902-211, 20180423-30.

（8）细叶曲尾藓 *D. muehlenbeckii* Bruch et Schimp.

20170902-92, 20170906-34, 20170903-100.

（9）硬叶曲尾藓 *D. lorifolium* Mitt.

20180416-55.

4）拟白发藓属 *Paraleucobryum* (Lindb. ex Limpr.) Loeske

（10）拟白发藓 *P. enerve* (Thed.) Loeske

20170902-59.

4 **白发藓科** Leucobryaceae Schimp.

5）曲柄藓属 Campylopus Brid.

（11）脆枝曲柄藓 *C. fragilis* (Brid.) Bruch et Schimp. in B. S. G.

20170902-206.

（12）长尖曲柄藓 *C. setifolius* Wilson

20170902-96, 20170903-86, 20170904-98, 20170904-107, 20170903-130, 20170905-133, 20170904-3A,20180416-57.

（13）长叶曲柄藓 *C. atrovirens* De Not.

20170903-84,20170904-92,20170906-58,20180416-51.

（14）大曲柄藓 *C. hemitrichius* (Müll. Hal.) A. Jaeger

20180423-3B.

（15）黄曲柄藓 *C. schmidii* (Müll. Hal.) A. Jaeger

20170904-95, 20170904-110, 20170904-95, 20170904-101, 20170904-109, 20170906-59, 20170904-108, 20170903-134, 20170902-86B,20180416-62.

（16）节茎曲柄藓 *C. umbellatus* (Arnott) Paris

20170903-42.

（17）毛叶曲柄藓 *C. ericoides* (Griff.) A. Jaeger

20170902-84, 20170902-38.

（18）拟脆枝曲柄藓 *C. subfragilis* Renauld & Cardot

20180420-24C.

（19）疏网曲柄藓 *C. laxitextus* Sande Lac.

20170903-43.

（20）台湾曲柄藓 *C. taiwanensis* Sakuria

20170904-111,20170904-112,20170904-74,20180416-70,20180416-56, 20180418-16.

（21）尾尖曲柄藓 *C. comosus* (Schwägr.) Bosh

20170903-132.

（22）中华曲柄藓 *C. sinensis* (Müll. Hal.) J-P. Frahm

20180416-59, 20170902-10, 20170904-104, 20170904-103.

6）青毛藓属 *Dicranodontium* Bruch et Schimp.

（23）长叶青毛藓 *D. didymodon* (Griff.) Paris

20170902-142A,20170902-49.

（24）粗叶青毛藓 *D. asperulum* (Mitt.) Broth.

20170902-52A.

（25）钩叶青毛藓 *D. uncinatum* (Harv.) A. Jaeger

20180416-99, 20180416-107, 20180416-27.

（26）毛叶青毛藓 *D. filifolium* Broth. in Handel-Mazzetti

20180417-77.

（27）山地青毛藓 *D. didictyon* (Mitt.) A. Jaeger

20180417.

7）白发藓属 *Leucobryum* Hampe

（28）白发藓 *L. glaucum* (Hedw.) Aöngström in Fries

20170904-16.

（29）桧叶白发藓 *L. juniperoideum* (Brid.) Müell. Hal.

20170902-51,20170902-52B,20180423-28,20180423-4, 20180420-7, 20180420-8B, 20180416-3220180416-106, 20180416-54, 20180416-85.

（30）绿色白发藓 *L. chlorophyllosm* Müll. Hal.

20170902-149B,20170902-57,20170904-17,20170903-72,20170906-47, 20180423-34B, 20180422-19B, 20180421-17, 20180421-13, 20180416-123.

（31）弯叶白发藓 *L. aduncum* Dozy et Molk.

20170902-71.

（32）狭叶白发藓 *L. bowringii* Mitt.

20170904-58.

5 **凤尾藓科** Fissidentaceae Schimp.

8）凤尾藓属 *Fissidens* Hedw. Sp.

（33）车氏凤尾藓 *F. zolligeri* Mont.

20170906-51.

（34）齿叶凤尾藓 *F. crenulatus* Mitt.

20180418-9.

（35）垂叶凤尾藓 *F. obscurus* Mitt.

20170904-69.

（36）短肋凤尾藓 *F. gardneri* Mitt.

20180418-16.

（37）二形凤尾藓 *F. geminiflorus* Dozy et Molk.

20170902-130.

（38）广东凤尾藓 *F. guangdongensis* Z. Iwats. et Z. H. Li

20170906-72.

（39）黄边凤尾藓 *F. geppii* M. Fleisch.

20170902-8.

（40）拟小凤尾藓 *F. tosaensis* Broth.

20170904-5 B, 20170906-64, 20170904-4.

（41）暖地凤尾藓 *F. flaccidus* Mitt.

20170904-45.

（42）小凤尾藓 *F. bryoides* Hedw.

20170905-11.

6 **从藓科** Pottiaceae Schimp.

9）丛本藓属 *Anoectangium* Schwägr.

（43）卷叶丛本藓 *A. thomsonii* Mitt.

20170906-56.

10）扭口藓属 *Barbula* Hedw.

（44）小扭口藓 *B. indica* (Hook.) spreng in steud.

20170906-114.

11）红叶藓属 *Bryoerythrophyllum* P. C. Chen

（45）红叶藓 *B. recurvirostrum* (Hedw.) P. C. Chen

20170903-129B.

（46）异叶红叶藓 *B. hostile* (Herzog) P. C. Chen

20170904-2, 20170902-60.

（47）云南红叶藓 *B. yunnanense* (Herzog) P. C. Chen.

20180422-16, 20180422-17.

12）陈氏藓属 *Chenia* R. H. Zander

（48）陈氏藓 *C. leptophylla* (Müll. Hal.) R. H. Zander

20170903-6.

13）对齿藓属 *Didymodon* Hedw.

（49）长尖对齿藓 *D. ditrichoides* (Broth.) X. J. Li & S. He

20170902-161B,20170902-136B,20170904-51.

（50）黑对齿藓 *D. nigrescens* (Mitt.) Saito

20170902-138.

（51）剑叶对齿藓 *D. rufidulus* (Müll. Hal.) Broth.

20170902-159.

（52）尖叶对齿藓原变种 *D. constrictus* var. *constrictus*

20170902-193, 20170903-8, 20170902-22.

（53）尖叶对齿藓芒尖变种 *D. constrictus* var. *flexicuspis* (P. C. Chen) Saito

20170905-50, 20170902-2, 20170905-22A, 20170902-129, 20170905-8B, 20170902-160, 20170904-24A, 20170902-135.

14）净口藓属 *Gymnostomum* Nees & Hornsch.

（54）净口藓 *G. calcareum* Nees & Hornsch.

20170902-136A.

15）湿地藓属 *Hyophila* Brid. Bryol.

（55）花状湿地藓 *H. nymaniana* (M. Fleisch.) Menzel

20170902-132,20170906-2B, 20180417-2.

（56）卷叶湿地藓 *H. involuta* (Hook.) A. Jaeger.

20170905-60.

（57）匙叶湿地藓 *H. spathulata* (Harv.) A. Jaeger

20170906-101.

16）薄齿藓属 *Leptodontium* (Müll. Hal.) Hampe ex Lindb.

（58）厚壁薄齿藓 *L. flexifolium* (Dick.) Hampe in Lindb.

20170904-38, 20170905-2, 20170904-1, 20170903-87, 20170902-42.

17）侧出藓属 *Pleurochaete* Lindb.

（59）侧出藓 *P. squarrosa* (Brid.) Lindb.

20170905-127.

18）拟合睫藓属 *Pseudosymblepharis* Broth.

（60）细拟合睫藓 *P. duriuscula* (Mitt.) P. C. Chen

20180420-19, 20180416-116.

（61）狭叶拟合睫藓 *P. angustata* (Mitt.) Hilp.

20170902-168B.

19）舌叶藓属 *Scopelophila* (Mitt.) Lindb.

（62）剑叶舌叶藓 *S. cataractae* (Mitt.) Broth.

20170902-24, 20170902-36, 20170902-14, 20170905-16, 20170902-170,20170902-31.

（63）舌叶藓 *S. ligulata* (Spruce) Spruce

20170903-28.

20）赤藓属 *Syntrichia* Brid.

（64）芽胞赤藓 *S. gemmascens* (P. C. Chen) R. H.Z ander

20170905-8A,20180422-18.

21）反纽藓属 *Timmiella* (De Not.) Limpr.

（65）反纽藓 *T. anomala* (Bruch et Schimp.) Limpr.

20170903-19,20170905-8B, 20180417-14, 20180418-13.

（66）小反纽藓 *T. diminuta* (Müll. Hal.) P. C. Chen

20170904-24B,20170904-40.

22）墙藓属 *Tortula* Hedw.

（67）长蒴墙藓 *T. leptotheca* (Broth.)P. C. Chen

20170905-145.

（68）泛生墙藓 *T. muralis* Hedw.

20170906-107.

（69）泛生墙藓原变种 *T. muralis* var. *muralis*

20170905-23.

（70）平叶墙藓 *T. planifolia* X. J. Li.

20170902-191.

23）毛口藓属 *Trichostomum* Bruch

（71）波边毛口藓 *T. tenuirostre* (Hook. f. et Taylor) Lindb.

20170903-20.

（72）卷叶毛口藓 *T. hattorianum* B. C. Tan et Z. Iwats.

20170905-75.

（73）毛口藓 *T. brachydontium* Bruch in F. A. Müll.

20170903-17, 20170905-61, 20170902-121, 20170902-26.

24）小墙藓属 *Weisiopsis* Broth.

（74）褶叶小墙藓 *W. anomala* (Broth. et Paris) Broth.

20170903-26.

25）小石藓属 *Weissia* Hedw.

（75）东亚小石藓 *W. exserta* (Broth.) P. C. Chen

20170906-109.

（76）小石藓 *W. controversa* Hedw.

20170902-176.

（77）小口小石藓 *W. brachycarpa* (Nees et Hornsch.) Jur.

20170906-1.

7　**缩叶藓科** Ptychomitriaceae Schimp.

26）缩叶藓属 *Ptychomitrium* Fürnr.

（78）多枝缩叶藓 *P. gardneri* Lesq.

20170905-69, 20170905-128.

（79）台湾缩叶藓 *P. formosicum* Broth.et Yasuda

20180421-23.

（80）威氏缩叶藓 *P. wilsonii* Sull.et Lesq.

20180421-9.

8 **紫萼藓科** *Grimmiaceae* Arn.

27）长齿藓属 *Niphotrichium* (Bednarek-Ochyra)

（81）东亚长齿藓 *N. japonicum* (Dozy et Molk.) Bednarek-Ochyra et Ochyra

20170904-97.

（82）长枝长齿藓 *N. ericoides* (Brid.) Bednarek-Ochyra

20170902-115.

9 **葫芦藓科** Funariaceae Schwägr.

28）梨蒴藓属 *Entosthodon* Schwäegr.

（83）钝叶梨蒴藓 *E. buseanus* Dozy et Molk.

20170903-21.

29）葫芦藓属 *Funaria* Hedw.

（84）刺边葫芦藓 *F. muhlenbergii* Turner

20170904-120.

（85）葫芦藓 *F. hygrometrica* Hedw.

20170906-3.

（86）小口葫芦藓 *F. microstoma* Bruch ex Schimp.

20170905-149, 20170906-150.

10 **真藓科** Bryaceae Schwägr.

30）短月藓属 *Brachymenium* Schwägr.

（87）多枝短月藓 *B. leptophyllum* (Mull. Hal.) A. Jaeger

20170902-42, 20180416-25.

（88）短月藓 *B. nepalense* Hook. in Schwägr.

20170904-119, 20170905-87, 20180421-30.

（89）尖叶短月藓 *B. acuminatum* Harv. in Hook.

20170902-152, 20170906-5.

（90）纤枝短月藓 *B. exile* (Dozy et. Molk.) Bosch et Sande Lac.

20170902-35, 20170904-32.

31）真藓属 Bryum Hedw.

（91）比拉真藓 *B. billarderi* Schwägr.

20170906-100, 20170903-89, 20170903-88, 20170903-125, 20170906-100,

20170905-16B,20170903-90,20180419-14,20180419-18,20180416-12A, 20180419-15.

（92）垂蒴真藓 *B. uliginosum* (Brid.) Bruch et Schimp.

20170902-162A, 20170903-92, 20180416-24.

（93）高山真藓 *B. alpinum* Huds. ex With.

20170903-127.

（94）红蒴真藓 *B. atrovirens* Brid.

20170902-45.

（95）黄色真藓 *B. pallescens* Schleich. ex Schwägr.

20170902-16, 20170906-4, 20180416-89.

（96）灰黄真鲜 *B. pallens* sw.

20180416-90.

（97）近高山真藓 *B. paradoxum* Schwägr.

20170902-40, 20170902-152, 20170902-139, 20170902-44, 20170904-100.

（98）卷叶真藓 *B. thomsonii* Mitt.

20170902-47.

（99）瘤根真藓 *B. bornholmense* Winkelm. et Ruthe

20170902-205.

（100）卵蒴真藓 *B. blindii Bruch* et Schimp.

20170902-122.

（101）毛状真藓 *B. apiculatum* Schwägr.

20170902-30.

（102）拟大叶真藓 *B. salakense* Cardot

20170904-70B,20170903-140, 20180416-23.

（103）拟纤枝真藓 *B. petelotii* Thér. et Henry

20170905-20, 20180416-21.

（104）柔叶真藓 *B. cellulare* Hook. in Schwägr.

20180422-5.

（105）双色真藓 *B. dichotomum* Hedw.

20170902-23, 20180421-28.

（106）细叶真藓 *B. capillare* Hedw.

20170904-105.

（107）狭网真藓 *B. algovicum* Sendt.

20180422-13.

（108）纤茎真藓 *B. leptocaulon* Cardot

20170902-163,20170902-30.

（109）真藓 *B. argenteum* Hedw.

20170903-121, 20170904-44, 20170906-3C, 20170904-28, 20170905-148, 20170905-147, 20180416-19, 20180416-15.

32）平蒴藓属 *Plagiobryum* Lindb.

（110）尖叶平蒴藓 *P. demissum* (Hook.) Lindb.

20170902-39.

11 **提灯藓科** Mniaceae Schwägr.

33）北灯藓属 *Cinclidium* Sw.

（111）北灯藓 *C. stygium* Sw.in Schrad.

20180418-18.

34）提灯藓属 *Mnium* Hedw.

（112）具缘提灯藓 *M. marginatum* (With.) P. Beauv.

20170905-95.

（113）平肋提灯藓 *M. laevinerve* Cardot

20170905-135, 20180420-8A.

35）立灯藓属 *Orthomnion* Wilson

（114）裸帽立灯藓 *O. nudum* E. B. Bartram

20170905-100A.

36）匐灯藓属 *Plagiomnium* T. J. Kop.

（115）粗齿匐灯藓 *P. drummondii* (Bruch et Schimp.) T. J. Kop.

20170903-106.

（116）侧枝匐灯藓 *P. maximoviczii* (Lindb.) T. J. Kop.

20170905-88, 20180422-10, 20180417-29.

（117）大叶匐灯藓 *P. succulentum* (Mitt.) T. J. Kop.

20170904-35.

（118）多蒴匐灯藓 *P. medium* (Bruch et Schimp.) T. J. Kom.

20170905-54.

（119）匐灯藓 *P. cuspidatum* (Hedw.) T. J. Kop.

20170905-58,20170903-93,20190904-73,20170905-19,20170902-62, 20170904-64A,20170902-165B,20170905-80B,20170904-47, 20170906-46,20170904-15.

（120）尖叶匐灯藓 *P. acutum* (Lindb.) T. J. Kop.

20170906-66, 20170906-18, 20170906-19, 20170903-91, 20180416-8.

（121）具喙匐灯藓 *P. rhynchophorum* (Hook.) T. J. Kop.

20170905-70, 20170902-167A.

（122）阔边匐灯藓 *P. ellipticum* (Brid.) T. J. Kop.

20170905-130, 20180423-12C, 20180420-14, 20180416-1.

（123）瘤柄匐灯藓 *P. venustum* (Mitt.) T. J. Kop

20170905-118, 20180420-12B.

（124）全缘匐灯藓 *P. integrum* (Bosch et Sande Lac.) T. J. Kop.

20170905-45, 20170905-48A, 20180422-14.

（125）圆叶匐灯藓 *P. vesicatum* (Besch.) T. J. Kop.

20170906-7,20170905-30,20170905-49,20170905-70A,20170902-123, 2070905-62.

37）丝瓜藓属 *Pohlia* Hedw.

（126）大坪丝瓜藓 *P. tapintzensis* (Besch.) Redf. et B. C. Tan

20170902-222.

（127）卵蒴丝瓜藓 *P. proligera* (Kindb.) Lindb. ex Arnell

20170902-189, 20180416-26.

（128）明齿丝瓜藓 *P. hyaloperistoma* D. C. Zhang

20170902-66, 20170902-182, 20170902-91, 20170904-90.

（129）南亚丝瓜藓 *P. gedeana* (Bosch. et Sande Lac.) Gangulee

20170902-32, 20170902-133, 20170902-2A, 20170902-181, 20170902-140, 20170904-115 A.

（130）疏叶丝瓜藓 *P. macrocarpa* D. C. Zhang

20170902-141.

（131）丝瓜藓 *P. elongata* Hedw.

20170902-93A.

（132）异芽丝瓜藓 *P. leucostoma* (Bosch et Sande Lac.) M. Fleisch.

20170902-101, 20170902-11.

（133）疣齿丝瓜藓 *P. flexuosa* Harv. in Hook.

20170902-156,20170902-186, 20180416-63.

38）毛灯藓属 *Rhizomnium* (Mitt. ex Broth.) T. J. Kop.

（134）毛灯藓 *R. punctatum* (Hedw.) T. J. Kop.

20170902-174.

（135）小毛灯藓 *R. parvulum* (Mitt.) T. J. Kop.

20180423-17B.

（136）细枝毛灯藓 *R. striatulum* (Mitt.) T. J. Kop.

20180418-11.

39）疣灯藓属 *Trachycystis* Lindb.

（137）鞭枝疣灯藓 *T. flagellaris* (Sull. et Lesq.) Lindb.

20180417-30A.

12　**珠藓科** Bartramiaceae Schwägr.

40）泽藓属 *Philonotis* Brid.

（138）斜叶泽藓 *P. secunda* (Dozy et Molk.) Bosch et Sande Lac.

2017090-146.

13　**白齿藓科** Leucodontaceae Schimp.

41）白齿藓属 *Leucodon* Schwägr.

（139）中华白齿藓 *L. sinensis* Thér.

20170903-11.

42）拟白齿藓属 *Pterogoniadelphus* M. Fleisch.

（140）拟白齿藓 *P. esquirolii* (Thér.) Ochyra et Zijlstra

20170904-26 A.

43）单齿藓属 *Dozya* Sande Lac.

（141）单齿藓 *D. japonica* Sande Lac.

20170905-21.

14　**蕨藓科** Pterobryaceae Kindb.

44）拟蕨藓属 *Pterobryopsis* M. Fleisch.

（142）拟蕨藓 *P. crassicaulis* (Müll.Hal.)M.Fleisch.

20180419-3.

15　**蔓藓科** Meteoriaceae Kindb.

45）垂藓属 *Chrysocladium* M. Fleisch.

（143）垂藓 *C. retrorsum* (Mitt.) M. Fleisch.

20180417-12.

46）粗蔓藓属 *Meteoriopsis* M. Fleisch.in Broth.

（144）反叶粗蔓藓 *M. reclinata* (Müll. Hal.) M. Fleisch. in Broth.

20180419-6,20180419-11.

47）蔓藓属 *Meteorium* Dozy et Molk.

（145）蔓藓 *M. polytrichum* Dozy et Molk.

20170905-98, 20170905-101, 20170905-117.

48）新丝藓属 *Neodicladiella* (Nog.) W. R. Buck

（146）鞭枝新丝藓 *N. flagellifera* (Cardot) Huttunen et D. Quandt.

20170902-126.

49）反叶藓属 Toloxis W.R.Buck

（147）扭叶反叶藓 *T. semitorta* (Müll. Hal.) W. R. Buck.

20180421-20.

50）拟扭叶藓属 *Trachypodopsis* M. Fleish.

（148）大耳拟扭叶藓 *T. auriculate* (Mitt.) M. Fleish.

20170902-168A.

16 **平藓科** Neckeraceae Schimp.

51）平藓属 *Neckera* Hedw.

（149）平藓 *N. pennata* Hedw.

20180419-2.

（150）延叶平藓 *N. decurrens* Broth.

20170906.

17 **薄罗藓科** Leskeaceae Schimp.

52）麻羽藓属 *Claopodium gracillimum* (Cardot et Thér.) Nog.

（151）细麻羽藓 *C. gracillimum* (Cardot et Thér.) Nog.

20170903-14.

（152）狭叶麻羽藓 *C. aciculum* (Broth.) Broth.

20170904-10,20170904-56.

（153）偏叶麻羽藓 *C. rugulosifolium* S. Y. Zeng

20170905-26,20170905-116,20170904-94, 20180416-12B.

53）附干藓属 *Schwetschkea* Müll. Hal.

（154）东亚附干藓 *S. laxa* (Wilson) A. Jaeger

20170905-4.

（155）缺齿附干藓 *S. gymnostoma* Thér.

20170905-81,20170905-103,20170905-5,20170905-74,20170906-110,

20170905-29, 20170905-29.

18 **假细罗藓科** Pseudoleskeellaceae Ignatov et Ignatova

54）假细罗藓属 *Pseudoleskeella* Kindb.

（156）假细罗藓 *P. catenulata* (Brid. ex Schrad.) Kindb.

20180423-10.

19 **牛舌藓科** Anomodontaceae Kindb.

55）牛舌藓属 *Anomodon* Hook. et Taylor

（157）带叶牛舌藓 *A. perlingulatus* Broth. ex P. C. Wu et Y. Jia

20170905-37, 20170904-36, 20180419-7.

（158）小牛舌藓 *A. minor* (Hedw.)Lindb.

20180419-10.

（159）皱叶牛舌藓 *A. rugelii* (Müll. Hal.) Keissl.

20170902-173, 20170905-121.

56）羊角藓属 *Herpetineuron* (Müll. Hal.) Cardot

（160）羊角藓 *H. toccoae* (Sull.et Lesp.) Cardot

20170905-3, 20170906-108, 20170906-103, 20170905-72, 20170905-41, 20170905-75, 20140906-105, 20170905-78, 20170902-172, 20170905-67, 20170904-26 B, 20170903-139, 20180421-12, 20180417-13.

57）多枝藓属 *Haplohymenium* Dozy et Molk.

（161）暗绿多枝藓 *H. triste* (Ces.) Kindb.

20170905-79, 20170905-46, 20180419-17, 20180419-22B.

（162）拟多枝藓 *H. pseudo-triste* (Müll. Hal.) Broth.

20170905-47, 20180416-18.

20　**羽藓科** Thuidiaceae Schimp.

58）毛羽藓属 *Bryonoguchia* Z. Iwats. et Inoue

（163）毛羽藓 *B. molkenboeri* (Sande Lac.) Z. Iwats. et Inoue

20170902-131.

59）小羽藓属 *Haplocladium* (Müll. Hal.) Müll. Hal.

（164）狭叶小羽藓 *H. angustifolium* (Hampe et C Müell. Hal.) Broth.

20170906-52, 20170903-105, 20170906-61, 20170906-44, 2017003-110, 20170906-52, 20170906-24, 20170903-118, 20170903-111, 20170902-102, 20170906-6, 20170904-42, 20170904-93, 20170903-108, 20170906-25, 20170902-125, 20180423-37, 20180422-15, 20180423-14, 20180423-9, 20180421-22, 20180416-114, 20180420-20, 20180416-35, 20180416-69, 20180416-68.

（165）细叶小羽藓 *H. microphyllum* (Hedw.) Broth.

20170905-52, 20170905-55, 20170905-56, 20170903-120.

60）鹤嘴藓属 *Perekium* Mitt.

（166）多疣鹤嘴藓 *P. pygmaeum* (Schimp.) A. Touw

2080416-3.

61）细羽藓属 *Cyrto-hypnum* Hampe et Lorentz

（167）多毛细羽藓 *C. vestitissimum* (Besch.) W. R. Buck et H. A. Crum

20180416-37.

（168）密枝细羽藓 *C. tamariscellum* (Müll. Hal.) W. R. Buck et H. A. Crum

20180421-24.

62）羽藓属 *Thuidium* Bruch et Schimp.

（169）大羽藓 *T. cymbifolium* (Dozy et Molk.) Dozy et Molk.

20170902-192, 20180420-12A.

（170）短枝羽藓 *T. submicropteris* Cardot.

20170904-21,20180419-5,20180416-108,20180420-11,20180416-6, 20180421-11.

（171）短肋羽藓 *T. kanedae* Sakurai

20170906-21, 20170902-114, 20170906-95, 20170906-15, 20170903-148, 20170906-89, 20170905-76, 20170902-116, 20170904-38, 20170902-117B, 20170905-66, 20170905-66 A, 20180423-21, 20180423-21, 20180422-4, 20180423-6, 20180416-93, 20180416-39, 20180416-43, 20180416-122,20180419-8, 20180418-4, 20180417-18, 20180416-111, 20180417-5, 20180417-3,20180421-3.

（172）灰羽藓 *T. pristocalyx* (Müll. Hal.) A. Jaeger

20180416-5.

（173）毛尖羽藓 *T. plumulosum* (Dozy et Molk.) Dozy et Molk

20180423-26, 20180422-8, 20180417-19.

（174）细枝羽藓 *T. delicatulum* (Hedw.) Schimp.

20170902-166, 20170905-65, 20170902-9.

（175）亚灰羽藓 *T. subglaucinum* Cardot

20170906-70.

（176）羽藓 *T. tamariscinum* (Hedw.) Bruch et Schimp.

20170902-154, 20170904-66.

21 **柳叶藓科** Amblystegiaceae G. Roth

63）沼地藓属 *Palustriella* Ochyra

（177）沼地藓 *P. commutata* (Hedw.) Ochyra

20170905-51, 20180417-23.

22 **湿原藓科** Calliergonaceae Vanderpoorten

64）湿原藓属 *Calliergon* (Sull.) Kindb.

（178）湿原藓 *C. cordifolium* (Hedw.) Kindb.

20180420-10.

23 **异齿藓科** Regmatodontaceae Broth.

65）异齿藓属 *Regmatudon* Brid.

（179）多蒴异齿藓 *R. orthostegius* Mont.

20170905-42.

24 **青藓科** Brachytheciaceae Schimp.

66）青藓属 *Brachythecium* Bruch et Schimp.

（180）扁枝青藓 *B. planiusculum* Müll.Hal.

20180421-4.

（181）勃氏青藓 *B. brotheri* Paris

20170905-86,20170903-75,20170905-93, 20180416-120.

（182）脆枝青藓 *B. thraustum* Müll. Hal.

20170903-55.

（183）长肋青藓 *B. populeum* (Hedw.) Bruch et Schiump.

20170905-40, 20180421-33, 20180417-4, 20180416-92.

（184）多枝青藓 *B. fasciculirameum* Müll.Hal.

20170902-104.

（185）耳叶青藓 *B.auriculatum* A.Jaeger

20170905-36,20170905-100B.

（186）华北青藓 *B. pinnirameum* Müll. Hal.

20170905-63.

（187）林地青藓 *B. starkii* (Brid.) Schimp.

20170905-28A, 20180422-9, 20180422-11.

（188）绿枝青藓 *B. viridefactum* Müll. Hal.

20170905-142, 20170902-74, 20170902-161C, 20180416-94.

（189）卵叶青藓 *B. rutabulum* (Hedw.) Bruch et Schimp. in B. S. G.

20180416-2.

（190）密枝青藓 *B. amnicola* Müll. Hal.

20170905-9,20170905-64,20170906-63.

（191）毛尖青藓 *B. Piligerum* Cardot

20170903-35,20170903-35, 20170903-35.

（192）平枝青藓 *B. helminthocladum* Broth. et Paris

20170905-134, 20180422-12.

（193）青藓 *B. pulchellum* Broth. et Paris.

20170905-89.

（194）绒叶青藓 *B. velutinum* (Hedw.) Bruch et Schimp.

20170903-59.

（195）石地青藓 *B. glareosum* (Spruce) Bruch et Schimp.

20180416-5B.

（196）弯叶青藓 *B. reflexum* (Stark.) Bruch et Schimp.

20170905-49B, 20180420-31, 20180416-124A.

（197）斜枝青藓 *B. campylothallum* Müll.Hal.

20170902-167B.

（198）圆枝青藓 *B. garovaglioides* Müll. Hal.

20170903-2, 20170905-15, 20170906-93, 20180423-23, 20180418-5.

（199）野口青藓 *B. noguchii* Takaki

20170904-34, 20170902-162, 20170906-31, 20170902-188, 20170902-165, 20170905-6, 20170906-12, 20180421-19, 20180418-7.

67）燕尾藓属 *Bryhnia* Kaurin

（200）毛尖燕尾藓 *B. trichomitria* Dixon et Thér.

20170904-86, 20170903-77, 20170906-50, 20170903-69, 20170903-94, 20170906-98, 20170903-55.

（201）燕尾藓 *B. novae-aangliae* (Sull. et Lesq.) Grout

20170905-18, 20170902-70, 20170905-31, 20170904-52, 20180417-27.

68）毛尖藓属 *Cirriphyllum* Grout

（202）匙叶毛尖藓 *C. cirrosum* (Schwägr.) Grout

20170903-25.

69）美喙藓属 *Eurhynchium* Bruch et Schimp.

（203）短尖美喙藓 *E. angustirete* (Broth.) T. J. Kop.

20170902-175.

（204）尖叶美喙藓 *E. eustegium* (Besch.) Dixon

20170905-16A.

（205）密叶美喙藓 *E. savatieri* Schinp.ex Besch.

20180423-25.

（206）扭尖美喙藓 *E. kirishimense* Takaki

20170903-119.

（207）疏网美喙藓 *E. laxirete* Broth. in Cardot

20170905-17,20170902-202, 20180423-38, 20180423-20, 20180423-17A, 20180423-12A, 20180423-15, 20180420-16, 20180420-3, 20180418-17.

（208）狭叶美喙藓 *E. coarctum* Müll. Hal.

20180423-33, 20180423-32, 20180423-24, 20180423-13, 20180423-16, 20180421-5, 20180416-40.

（209）小叶美喙藓 *E. filiforme* (Müll. Hal.) Y. F. Wang et R. L. Hu

20170906-82.

70）同蒴藓属 *Homalothecium* Bruch et Schimp.

（210）无疣同蒴藓 *H. laevisetum* Sande Lac.

20170904-82.

71）斜蒴藓属 *Camptothecium* Schimp.

（211）斜蒴藓 *C. lutescens* (Hedw.) Schimp.

20170905-92, 20180417-10.

72）褶叶藓属 *Palamocladium* Müll. Hal.

（212）褶叶藓 *P. leskeoides* (Hook.) E.Britton.

20170902-168.

73）长喙藓属 *Rhynchostegium* Bruch et Schimp.

（213）淡叶长喙藓 *R. pallidifolium* (Mitt.) A. Jaeger

20170902-180, 20180416-95.

（214）淡枝长喙藓 *R. pallenticaule* Müll. Hal.

20170902-179, 20170904-11.

（215）美丽长喙藓 *R. subspeciosum* (Müll. Hal.) Müll. Hal.

20170902-6,20170903-58,20170902-45.

（216）匐枝长喙藓 *R. serpenticaule* (Müll. Hal.) Broth.

20170906-16, 20180421-27.

（217）狭叶长喙藓 *R. fauriei* Cardot.

20170906-46, 20170903-24, 20170902-120.

25 **绢藓科** Entodontaceae Kindb.

74）绢藓属 *Entodon* Müll. Hal.

（218）宝岛绢藓 *E. taiwanensis* C. K. Wang et S. H. Lin

20170902-4, 20180416-7, 20180416-88.

（219）长帽绢藓 *E. dolichocucullatus* S. Okamura

20170904-116.

（220）长叶绢藓 *E. longifolius* (Müll. Hal) A. Jaeger

20180423-19.

（221）钝叶绢藓 *E. obtusatus* Broth.

20170903-16, 20180422-3.

（222）绢藓 *E. cladorrhizans* (Hedw.) Müll. Hal.

20170903-131.

（223）绿叶绢藓 *E. viridulus* Cardot

20170905-53.

（224）深绿绢藓 *E. luridus* (Griff.) A. Jaeger

20170902-61,20170903-145,2018046-20.

（225）细绢藓 *E. giraldii* Müll. Hal.

20170903-145.

（226）中华绢藓 *E. smaragdinus* Paris et Broth.

20170905-1,20170905-102, 20180420-27.

（227）柱蒴绢藓 *E. challengeri* (Paris) Cardot

20170906-91.

26 **棉藓科** Plagiotheciaceae M. Fleisch.

75）棉藓属 *Plagiothecium* Bruch et Schimp.

（228）扁平棉藓原变种 *P. neckeroideum* var.*neckeroideum*

20180422-20, 20180420-26.

（229）长喙棉藓 *P. succulentum* (Wilson) Lindb.

20170904-55B.

（230）光泽棉藓 *P. laetum* Bruch et Schimp.

20170904-37,20170902-137, 20180423-11, 20180416-28.

（231）毛尖棉藓 *P. piliferum.* (Hartm.) Bruch et Schimp.

20180418-3.

（232）棉藓 *P. denticulatum* (Hedw.) Bruch et Schimp.

20170902-56A.

（233）台湾棉藓 *P. formoscium* Broth. et Yasuda

20170906-75.

27 **锦藓科** Sematophyllaceae Broth.

76）拟刺疣藓属 *Papillidiopsis* W. R. Buck et B. C. Tan

（234）疣柄拟刺疣藓 *P. complanata* (Dixon) W. R. Buck et B. C. Tan

20170902-56B.

77）锦藓属 *Sematophyllum* Mitt.

（235）矮锦藓 *S. subhumile* (Müll. Hal.) M. Fleisch.

20180416-82.

（236）橙色锦藓 *S. phoeniceum* (Muell. Hal.) M. Fleisch

20170903-61B,20170906-43, 20170903-85, 20170903-65.

（237）锦藓 *S. subpinnatum* (Brid.) E. Britton

20170905-114, 20180421-14, 20180416-87, 20180416-110.

78）刺疣藓属 Trichosteleum Mitt.

（238）全缘刺疣藓 *T. lutschianum* (Broth. et Paris) Broth.

20170902-203.

28 **灰藓科** Hypnaceae Schimp.

79）偏蒴藓属 *Ectropothecium* Mitt.

（239）大偏蒴藓 *E. penzigianum* M. Fleisch.

20170903-80,20170903-72,20170903-112.

（240）卷叶偏蒴藓 *E. ohosimense* Cardot et Thér.

20180416-34, 20180416-33.

（241）平叶偏蒴藓 *E. zollingeri* (Müll. Hal.) A. Jaeger.

20170904-33.

80）厚角藓属 *Gammiella* Broth.

（242）厚角藓 *G. pterogonioides* (Griff.) Broth

20170906-33.

81）粗枝藓属 *Gollania* Broth.

（243）粗枝藓 *G. clarescens* (Mitt.) Broth.

20170902-171,20170902-98.

（244）中华粗枝藓 *G. sinensis* Broth.et Paris.

20170905-84, 20170905-115.

82）灰藓属 *Hypnum* Hedw.

（245）长喙灰藓 *H. fujiyamae* (Broth.) Paris

20170902-223, 20170904-13, 20180423-36.

（246）多毛灰藓 *H. recurvatum* (Lindb. et Arnell) Kindb.

20180416-113.

（247）多蒴灰藓 *H. fertile* Cardot

20170902-97.

（248）钙生灰藓 *H. calciaola* Ando

20170906-90,20170906-45,20170905-140,20180416-105,20180420-18,
20180421-7,20180416-42,20180416-9,20180416-98,20180416-38,
20180416-18, 20180417-15.

（249）黄灰藓 *H. pallescens* (Hedw.) P. Beauv.

20170904-99,20170904-14,20180422-2,20180422-6,20180423-3A,
20180423-2, 20180421-15, 20180417-34, 20180416-58, 20180416-117.

（250）灰藓 *H. cupressiforme* Hedw.

20170903-142, 20180416-112.

（251）卷叶灰藓 *H. revolutum* (Mitt.) Lindb.

20180423-22, 20180421-1, 20180416-75.

（252）美灰藓 *H. Leptothallum* (Müll. Hal.) Paris.

20170904-25,20170905-124,20170904-22,20170904-23,20170904-20,
20170904-29,20170906-92,20170905-122,20170902-157,20170904-43,
20170904-27,20170904-31,20170905-34,20170902-158,20170905-66B,

20170905-94,20170905-82,20170903-104,20170905-35,20170904-24C,
20170905-44,20180423-7,20180419-20,20180421-29,20180421-21,
20180421-26,20180421-10,20180417-1,20180419-12,20180419-1,
20180421-16, 20180416-118, 20180417-6, 20180421-2, 20180417-6.

（253）密枝灰藓 *H. densirameum* Ando
20170906-57,20170902-185,20170904-87A,20170902-148,20170902-13,
20180422-7, 20180418-3, 20180412-121.

（254）南亚灰藓 *H. oldhamii* (Mitt.) A. Jaeger
20170903-62,20170902-87,20170906-97,20170905-97,20170903-62,
20180416-53.

（255）拟梳灰藓 *H. submolluscum* Besch.
20180422-1, 20180416-115.

83）叶齿藓属 *Phyllodon* Bruch et Schimp.

（256）舌形叶齿藓 *P. lingulatus* (Cardot) W. R. Buck.
20170905-109.

84）拟鳞叶藓属 *Pseudotaxiphyllum* Z. Iwats.

（257）东亚拟鳞叶藓 *P. pohliaecarpum* (Sull. et lesq.) Z. Iwats.
20170903-54, 20170903-53, 20170903-103, 20170902-58, 20170902-55,
20170903-141, 20170903-144, 20170903-39, 20170903-57, 20170903-47,
20170903-54, 20170903-53, 20170903-103, 20170903-98, 20170903-56,
20170906-11, 20180416-29.

（258）密叶拟鳞叶藓 *P. densum* (Cardot.) Z. Iwats.
20170906-42,20170902-19,20170903-102, 20180423-27, 20180420-23,
20180417-35B.

85）鳞叶藓属 *Taxiphyllum* M. Fleisch.

（259）钝头鳞叶藓 *T. arcuatum* (Besch. et Sande Lac.) S. He
20170902-69, 20180423-5.

（260）鳞叶藓 *T. taxirameum* (Mitt.) M. Fleisch.
20170905-136, 20180416-100, 20180421-32, 20180418-6.

（261）凸尖鳞叶藓 *T. cuspidifolium* (Cardot.) Z. Iwats.
20170902-94, 20170902-50, 20170904-72, 20170905-24, 20170906-37,
20170902-95, 20170903-29, 20170902-66, 20180422-1.

（262）细尖鳞叶藓 *T. aomoriense* (Besch.) Z. Iwats.
20170905-12, 20170906-36, 20170903-13, 20170906-23, 20180423-6, 20180421-8.

86）明叶藓属 *Vesicularia* (Müll. Hal.) Müll. Hal.

（263）长尖明叶藓 *V. reticulata* (Dozy et Molk.) Broth.

20170906-35.

29　**金灰藓科** Pylaisiaceae Schimp.

87）大湿原藓属 *Calliergonella* Loeske

（264）大湿原藓 *C. cuspidata* (Hedw.) Loeske

20170905-112.

（265）弯叶大湿原藓 *C. lindbergii* (Mitt.) Hedenäs

20170905-106.

88）毛灰藓属 *Homomallium* (Schimp.) Loeske

（266）毛灰藓 *H. incurvatum* (Brid.) Loeske

20170906-88.

（267）南亚毛灰藓 *H. simlaense* (Mitt.) Broth.

20170905-25.

（268）华中毛灰藓 *H. plagiongium* (Müll. Hal.) Broth.

20170905-38, 20180416-74.

30　**毛锦藓科** Pylaisiadelphaceae Goffinet et W. R. Fleisch.

89）小锦藓属 *Brotherella* Loeske ex M. Fleisch.

（269）垂蒴小锦藓 *B. nictans* (Mitt.) Broth. var. nictans

20170906-83, 20180416-101, 20180416-103, 20180416-50, 20180416-84.

（270）东亚小锦藓 *B. fauriei*（Cardot.) Broth.

20170903-64, 20170903-109, 20170906-68, 20180420-4.

（271）南方小锦藓 *B. henonii* (Duby) M. Fleisch. var. henonii

20170905-138 ,20170902-147,20170902-112, 20170903-63B, 20180420-9, 20180416-96, 20180416-86.

90）拟疣胞藓属 *Clastobryopsis* M. Fleisch.

（272）拟疣胞藓 *C. planula* (Mitt.) M. Fleisch. var. planula

20170905-43.

91）同叶藓属 *Isopterygium* Mitt.

（273）齿边同叶藓 *I. serrulatum* M. Fleisch.

20170903-143,20170903-124.

（274）华东同叶藓 *I. courtoisii* Broth. et Paris

20170905-22B,20170904-115B, 20180417-11.

（275）纤枝同叶藓 *I. minutirameum* (Müll. Hal.) A. Jaeger.

20170903-113,2017090-68, 20180416-65.

（276）柔叶同叶藓 *I. tenerum* (Sw.) Mitt.

20170905-28B.

92）毛锦藓属 *Pylaisiadelpha* Cardot

（277）暗绿毛锦藓 *P. tristoviridis* (Broth.) O. M. Afonina

20180422-19A.

（278）短叶毛锦藓 *P. yokohamae* (Broth.) W. R. Buck

2018046-45.

93）刺枝藓属 Wijkia (Mitt.) H.A.Crum

（279）细枝刺枝藓 *W. surcularis* (Mitt.) H. A. Crum

20180416-91.

31 **塔藓科** Hylocomiaceae M. Fleisch

94）梳藓属 *Ctenidium* (Schimp.) Mitt.

（280）麻齿梳藓 *C. malacobolum* (Müll. Hal.) Broth.

20180417-20.

（281）平叶梳藓 *C. homalophyllum* Broth. et Yasuda ex Ihsiba.

20170902-117A, 20170905-80（A).

（282）弯叶梳藓 *C. lychnites* (Mitt.) Broth.

20170902-155.

（283）羽枝梳藓 *C. pinnatum* (Broth.et Paris) Broth.

20170902-127,20180417-9.

32 **金发藓科** Polytrichaceae Schwägr

95）仙鹤藓属 *Atrichum* P.Beauv.

（284）东亚仙鹤藓 *A. yakushimense* (Horik.) Mizut.

20170904-5 A, 20180416-30.

（285）小胞仙鹤藓 *A. rhystophyllum* (Müll. Hal.) paris.

20170903-114, 20170904-87B, 20170903-114,20170906-9, 20180423-8, 20180417-31, 20180416-16, 20180416-32.

（286）小仙鹤藓 *A. crispulum* Schimp.ex Besch

20170902-54, 20170902-8, 20170902-25, 20170902-109, 20170904-57, 20170902-86, 20170902-153, 20180416-36.

（287）仙鹤藓多蒴变种 *A. undulatum* (Hedw.) P. Beauv. var. *gracilisetum* Besch

20170905-129, 20170902-29, 20170902-17.

96）小金发藓属 *Pogonatum* P.Beauv.

（288）川西小金发藓 *P. nudiusculum* Mitt.

20170902-79, 20180416-22.

（289）东亚小金发藓 *P. inflexum* (Lindb.) Sande Lac.

20170904-76, 20170902-183, 20170905-149, 20170902-76, 20170706-71, 20170902-18, 20170904-102, 20180416-46, 20180420-2, 20180420-24B, 20180416-61, 20180416-27.

（290）南亚小金发藓 *P. proliferum* (Griff.) Mitt.

20170902-115, 20180423-29.

（291）扭叶小金发藓 *P. contortum* (Brid.) Lesq.

20180416-47.

（292）硬叶小金发藓 *P. neesii* (Müll. Hal.) Dozy

20180418-2.

97）拟金发藓属 *Polytrichastrum* G. L. Sm.

（293）拟金发藓 *P. alpinum* (Hedw.) G. L. Sm.

20180416-60.

（294）多形拟金发藓 *P. ohioense* Renauld et Cardot

20170904-106.

98）金发藓属 *Polytrichum* Hedw.

（295）金发藓 *P. commune* Hedw.

20170904-78, 20170904-78, 20180416-48, 20180420-5.

第二节　苔藓植物区系研究

通过对贵州普安龙吟阔叶林州级自然保护区1016份苔藓植物标本进行鉴定分析，该区共有苔藓植物50科127属353种，其中苔类植物17科28属57种，藓类植物32科98属295种，角苔类植物1科1属1种；该区区系成分复杂，分布交错，可划分为13种类型，明显的优势成分为东亚成分，包含105种，占总种数的29.75%，其次为北温带成分，包含84种，占总种数的23.80%，热带亚洲成分有42种，占总种数的11.90%。

贵州普安龙吟阔叶林州级自然保护区位于贵州省西南部，地处云贵高原向黔中过渡的梯级状斜坡地带，由乌蒙山脉横穿其中。境内地势中部较高，四面较低，南部由东北向西南倾斜，北部由西南向东北倾斜[1]，属黔西南布依族苗族自治州普安县境内，地理坐标位于东经104°56′20″～104°59′30″，北纬25°44′28″～25°46′32″。该区属于亚热带湿润的季风气候，四季分明，雨热同季，其主要植被为中亚热带湿性常绿阔叶林。本章对贵州普安龙吟阔叶林州级自然保护区的苔藓植物多样性进行调查，以期为进一步深入研究贵州，乃至中国苔藓植物区系积累基础的数据和资料。

一、物种组成

笔者于2017年3月和2018年4月对贵州普安龙吟阔叶林州级自然保护区的苔藓植物进行采集，

获得1016份标本，经过鉴定、初步研究、分析整理，统计出该保护区共有苔藓植物50科127属353种（包含亚种和变种）[2-12]，其中苔类植物17科28属57种、藓类植物32科98属295种、角苔类植物1科1属1种。贵州普安龙吟阔叶林州级自然保护区苔藓植物名录另文发表。

二、区系地理成分分析

一个区系内的苔藓植物现有种类的组成情况在一定范围内能反映出该区自然环境的各个方面的情况，如土质、水质、气候等。通过对采集回来的苔藓植物标本进行鉴定和整理得到名录，再进行详细的统计分析，根据苔藓植物的分布习性及生长环境等特点，参考吴征镒[13-23]中国种子植物属的分布类型和中国种子植物区系地理及前人[7-16]所做的相关数据资料，结合贵州普安龙吟阔叶林州级自然保护区的实际地理分布，划分出13种地理区系成分，详细的地理区系成分分布见表5-4。

从表5-4的数据得出：该区的苔藓植物在地理区系分布上很丰富，明显的优势成分为东亚成分，包含105种，占总种数的29.75%，构成了该区苔藓植物区系成分的主体；其次为北温带成分，包含84种，占总种数的23.80%，是该区苔藓植物的重要组成部分；热带亚洲成分有42种，占总种数的11.90%；旧世界热带成分仅有两种，占总种数的0.57%。这说明该区的苔藓植物在全国的种类组成上具有一定价值，与欧洲、大洋洲、非洲、美洲地区苔藓植物具有一定的联系。

（一）世界广布 (Cosmopolitans)

世界广布是指广布于世界各大洲或近世界各地，无特定的分布区域中心。在贵州普安龙吟阔叶林州级自然保护区有16种属于该分布类型，属于12科13属，分别是叉齿异萼苔(*Heteroscyphus lophocoleoides*)、黄色细鳞苔(*Lejeunea flava*)、平叉苔(*Metzgeria conjugata*)、紫背苔(*Plagiochasma cordatum*)、林氏黄角苔(*Phaeoceros carolinianus*)、小石藓(*Weissia controversa*)、葫芦藓(*Funaria hygrometrica*)、双色真藓(*Bryum dichotomum*)、细叶真藓(*B. capillare*)、狭网真藓(*B. algovicum*)、真藓(*B.argenteum*)、平藓(*Neckera pennata*)、大羽藓(*Thuidium cymbifolium*)、灰藓(*Hypnum cupressiforme*)、金发藓(*Polytrichum commune*)和拟金发藓(*Polytrichastrum alpinum*)。

（二）泛热带成分 (Pantropical elements)

泛热带成分是指广布于东西两半球热带地区，在全世界热带范围内有一个或数个分布中心。在本区中属于泛热带成分的苔藓植物有14种，属于10科11属，分别是四齿异萼苔(*Heteroscyphus argutus*)、甲克苔(*Jackiella javanica*)、假细鳞苔(*Metalejeunea cucullata*)、车氏凤尾藓(*Fissidens zolligeri*)、短肋凤尾藓(*F. gardneri*)、 暖地凤尾藓(*F. flaccidus*)、厚壁薄齿藓(*Leptodontium flexifolium*)、纤枝短月藓(*Brachymenium exile*)、 比拉真藓(*Bryum billarderi*)、柔叶真藓(*B. cellulare*)、具喙匐灯藓(*Plagiomnium rhynchophorum*)、羊角藓(*Herpetineuron toccoae*)、褶叶藓(*Palamocladium leskeoides*)和锦藓(*Sematophyllum subpinnatum*)。

（三）旧世界热带成分 (Old World Pantropical elements)

旧世界热带成分也称为旧大陆热带分布，是指分布于亚洲、非洲和大洋洲热带地区、太平洋及其岛屿。本区属于该成分的苔藓植物仅有2种隶属2科2属，分别是短月藓(*Brachymenium nepalense*)和拟多枝藓(*Haplohymenium pseudo-triste*)。

表5-4　贵州普安龙吟阔叶林州级自然保护区苔藓植物地理成分

区系成分	种数	占总种数比例 (%)
世界广布成分①	16	—
泛热带成分	14	3.97
旧世界热带成分	2	0.57
热带亚洲至热带大洋洲成分	12	3.40
热带亚洲至热带非洲成分	4	1.13
热带亚洲至热带美洲间断分布	6	1.70
热带亚洲成分	42	11.90
北温带成分	84	23.80
东亚和北美间断分布	20	5.67
旧世界温带分布	8	2.27
温带亚洲成分	4	1.13
东亚成分	105	29.75
中国特有成分	36	10.20

注：①表示计算比例时除外。

（四）热带亚洲至热带大洋洲成分 (Tropical Asian and tropical Oceanian elements)

热带亚洲至热带大洋洲成分是指旧世界热带分布区的东部地区，其西端有时可达马达加斯加，但一般不到非洲大陆。本区属于该分布类型的苔藓植物有12种隶属8科10属，分别是林氏叉苔(*Metzgeria lindbergii*)、密枝顶鳞苔(*Acrolejeunea pycnoclada*)、节茎曲柄藓(*Campylopus umbellatus*)、疏网曲柄藓(*C. laxitextus*)、尾尖曲柄藓(*C. comosus*)、东亚长齿藓(*Niphotrichum japonicum*)、反叶粗蔓藓(*Meteoriopsis reclinata*)、蔓藓(*Meteorium polytrichum*)、密叶美喙藓(*Eurhynchium savatieri*)、纤枝同叶藓(*Isopterygium minutirameum*)、长尖明叶藓(*Vesicularia reticulata*)和麻齿梳藓(*Ctenidium malacobolum*)。

（五）热带亚洲至热带非洲成分 (Tropical Asian and African elements)

热带亚洲至热带非洲成分是指从热带非洲至印度—马来西亚地域，尤其是其西部，部分分布到斐济等南太平洋岛屿，但不见于澳大利亚大陆。本区属于该分布类型的苔藓植物有4种隶属4科4属，分别是狭尖叉苔(*Metzgeria consanguinea*)、钝鳞紫背苔(*Plagiochasma appendiculatm*)、多枝短月藓(*Brachymenium leptophyllum*)和疣柄拟刺疣藓(*Papillidiopsis complanata*)。

（六）热带亚洲至热带美洲间断分布 (Torp. Asia to Trop. Amer.disjuncted)

热带亚洲至热带美洲间断分布是指间断分布于亚洲和美洲热带地区的种类，在东半球从亚洲可能延伸到澳大利亚东北部或西南太平洋岛屿。本区属于该成分的苔藓植物有6种隶属4科5属，分别是狭叶白发藓(*Leucobryum bowringii*)、尖叶短月藓(*Brachymenium acuminatum*)、毛状真藓(*Bryum apiculatum*)、拟纤枝真藓(*B. petelotii*)、疣齿丝瓜藓(*Pohlia flexuosa*)和鳞叶藓(*Taxiphyllum taxirameum*)。

（七）热带亚洲成分 (Tropical Asian elements)

这一类型是旧世界热带的中心部分，分布区的范围包括印度、斯里兰卡、中南半岛、印度尼西亚、加里曼丹岛、菲律宾及新几内亚等。东面可到斐济等南太平洋岛屿，但不到澳大利亚大陆。其分布区的北部边缘，到达我国西南、华南及台湾，甚至更北地区。本区中属于该分布类型的苔藓植物有42种隶属20科31属，分别是南亚异萼苔(*Heteroscyphus zollingeri*)、圆叶管口苔(*Jungermannia appressifolia*)、假苞苔(*Notoscyphus lutescens*)、绿色白发藓(*Leucobryum chlorophyllosm*)、齿叶凤尾藓(*Fissidens crenulatus*)、二形凤尾藓(*F. geminiflorus*)、毛叶曲柄藓(*Campylopus ericoides*)、钝叶梨蒴藓(*Entosthodon buseanus*)、拟大叶真藓(*Bryum salakense*)、大叶匐灯藓(*Plagiomnium succulentum*)、南亚丝瓜藓(*Pohlia gedeana*)、鞭枝新丝藓(*Neodicladiella flagellifera*)、垂藓(*Chrysocladium retrorsum*)、大耳拟扭叶藓(*Trachypodopsis auriculate*)、垂蒴小锦藓(*Brotherella nictans*)、矮锦藓(*Sematophyllum subhumile*)、大偏蒴藓(*Ectropothecium penzigianum*)、东亚拟鳞叶藓(*Pseudotaxiphyllum pohliaecarpum*)和南亚小金发藓(*Pogonatum proliferum*)等。

（八）北温带成分 (Tropical Asian elements)

北温带成分是指一般广布于欧洲、亚洲和北美洲温带地区。本区属于该分布类型的苔藓植物有84种隶属32科56属，分别是刺叶护蒴苔(*Calypogeia arguta*)、疣鳞地钱粗鳞亚种(*Marchantia papillata subsp. grossibarba*)、粗叶青毛藓(*Dicranodontium asperulum*)、桧叶白发藓(*Leucobryum juniperoideum*)、丛毛藓(*Pleuridium subulatum*)、波边毛口藓(*Trichostomum tenuirostre*)、侧出藓(*Pleurochaete squarrosa*)、陈氏藓(*Chenia leptophylla*)、垂蒴真藓(*Bryum uliginosum*)、刺边葫芦藓(*Funaria muhlenbergii*)、粗齿匐灯藓(*Plagiomnium drummondii*)、匐灯藓(*P. cuspidatum*)、北灯藓(*Cinclidium stygium*)、暗绿多枝藓(*Haplohymenium triste*)、狭叶小羽藓(*Haplocladium angustifolium*)、燕尾藓(*Bryhnia novae-aangliae*)和硬叶小金发藓(*Pogonatum neesii*)等。

（九）东亚和北美间断分布 (East Asian and North American elements)

东亚和北美间断分布是指间断分布于东亚和北美洲温带及亚热带地区的类群。本区属于该分布类型的苔藓植物有20种隶属13科17属，分别是截叶管口苔(*Solenostoma truncatum*)、黄曲柄藓(*Campylopus. schmidii*)、剑叶舌叶藓(*Scopelophila cataractae*)、多枝缩叶藓(*Ptychomitrium gardneri*)、近高山真藓(*Bryum paradoxum*)、卵蒴丝瓜藓(*Pohlia. proligera*)、鞭枝疣灯藓(*Trachycystis flagellaris*)、柱蒴绢藓(*Entodon challengeri*)、凸尖鳞叶藓(*Taxiphyllum cuspidifolium*)、多疣鹤嘴藓(*Pelekium pygmaeum*)和扭叶小金发藓(*Pogonatum contortum*)等。

（十）旧世界温带分布 (Old World Temperate elements)

旧世界温带成分是指分布于欧亚大陆高纬度地区的温带和寒温带，或个别延伸到北非及亚洲、非洲热带山地或澳大利亚。本区属于该分布类型的苔藓植物有8种隶属8科7属，分别是南亚被蒴苔(*Nardia assamica*)、芽胞裂萼苔(*Chilosayphus minor*)、长尖曲柄藓(*Campylopus setifolius*)、圆叶匐灯藓(*Plagiomnium vesicatum*)、羽藓(*Thuidium tamariscinum*)、短尖美喙藓(*Eurhynchium angustirete*)、扁平棉藓原变种(*Plagiothecium neckeroideum* var. *neckeroideum*)和长喙棉藓(*P. succulentum*)。

（十一）温带亚洲成分 (Temperate Asian elements)

该分布仅限于亚洲温带地区，分布范围一般包括从苏联中亚（或南俄罗斯）至东西伯利亚和东北亚，南部界限至喜马拉雅山区，我国西南、华北至东北，朝鲜和日本北部。本区属于该分布类型有4种隶属4科4属，分别是短柄紫背苔(*Plagiochasma pterospermum*)、小蛇苔(*Conocephalum japonicum*)、弯叶白发藓(*Leucobryum aduncum*)和多毛细羽藓(*Cyrto-hypnum vestitissimum*)。

（十二）东亚分布 (East Asian elements)

这一分布类型是指从喜马拉雅一直分布到日本的种类。即东亚的东北部，包括俄罗斯的远东和日本、韩国和朝鲜，北以中国的内蒙古的阴山和狼山为界，向西南达陕北至甘东北的森林草原区，然后西以甘东南、青海的大通海流域（唐古特区），达横断山脉区北段，西以横断山脉区和青藏高原为界，更南至藏东南、上缅和滇西北的三大峡谷区，南界包括泰国东北部、老挝、越南北部，以中国南岭为北，南以滇东南至闽南一线，再向东回到台湾（包括邻近岛屿）的东海岸，向东北到琉球和小笠原群岛。该成分中除广泛分布喜马拉雅至日本的类型外，因种的分布中心不同，还可划分为中国—喜马拉雅成分和中国—日本成分。

1．东亚广布成分(East Asian elements)

本区属于该分布类型的苔藓植物有28种隶属17科25属，分别是东亚指叶苔(*Lepidozia fauriana*)、背胞叉苔(*Metzgeria crassipilis*)、钩叶青毛藓(*Disranodontium uncinatum*)、白发藓(*Leucobryum glaucum*)、红蒴真藓(*Bryum atrovirens*)、侧枝匐灯藓(*Plagiomnium maximoviczii*)、花状湿地藓(*Hyophila nymaniana*)、尖叶匐灯藓(*Plagiomnium acutum*)、中华白齿藓(*Leucodon sinensis*)和圆枝青藓(*Brachythecium garovaglioides*)等。

2．中国—日本成分(Sino—Japanese elements)

其分布中心位于东亚区系成分的东部，物种向西部延至喜马拉雅。本区属于中国—日本成分的苔藓植物有60种隶属20科35属，分别是红丛管口苔(*Solenostoma rubripunctatum*)、长刺带叶苔(*Pallavicinaia subciliata*)、东亚曲尾藓(*Dicranum nipponense*)、拟小凤尾藓(*Fissidens tosaensis*)、单齿藓(*Dozya japonica*)、短肋羽藓(*Thuidium kanedae*)、勃氏青藓(*Brachythecium brotheri*)、野口青藓(*B. noguchii*)、毛尖燕尾藓(*Bryhnia trichomitria*)、疏网美喙藓(*Eurhynchium laxirete*)、淡叶长喙藓(*Rhynchostegium pallidifolium*)、钝叶绢藓(*Entodon obtusatus*)、深绿绢藓(*E. luridus*)、暗绿毛锦藓(*Pylaisiadelpha tristoviridis*)、全缘刺疣藓(*Trichosteleum lutschianum*)、钙生灰藓(*Hypnum calciaola*)、美灰藓(*H. Leptothallum*)、小胞仙鹤藓(*Atrichum rhystophyllum*)和东亚小金发藓(*Pogonatum inflexum*)等。

3．中国—喜玛拉雅成分(Sino—Himalayan elements)

其分布中心位于东亚成分的西部，物种分布向东延伸不到日本。本区属于中国—喜马拉雅成分的种类有17种属于10科15属，分别是大萼管口苔(*Solenostoma macrocarpum*)、格氏合叶苔(*Scapania griffithii*)、密叶光萼苔长叶亚种(*Porella densifolia subsp. appendiculata*)、克什米尔曲尾藓(*Dicranum kashmirense*)、硬叶曲尾藓(*Dicranum lorifolium*)、拟脆枝曲柄藓(*Campylopus subfragilis*)、细拟合睫藓(*Pseudosymblepharis duriuscula*)、小反纽藓(*Timmiella diminuta*)、云南红叶藓(*Bryoerythrophyllum yunnanense*)、匐枝长喙藓(*Rhynchostegium serpenticaule*)、齿边同叶藓(*Isopterygium serrulatum*)、拟疣胞藓(*Clastobryopsis planula*)、拟梳灰藓(*Hypnum submolluscum*)、粗枝藓(*Gollania clarescens*)、南亚毛灰藓(*Homomallium simlaense*)、川西小金发藓(*Pogonatum nudiusculum*)和南亚小金发藓(*P. proliferum*)。

（十三）中国特有成分 (Endemic to China)

中国特有成分是指分布界限仅限中国境内。本区属于中国特有的种类有36种隶属16科22属，分别是灰绿合叶苔(*Scapania glaucoviridis*)、柯氏合叶苔(*Scapania koponenii*)、毛茎合叶苔(*Scapania paraphyllia*)、尖叶对齿藓芒尖变种(*Didymodon constrictus var. flexicuspis*)、剑叶对齿藓(*D. rufidulus*)、台湾曲柄藓(*Campylopus taiwanensis*)、带叶牛舌藓(*Anomodon perlingulatus*)、裸帽立灯藓(*Orthomnion nudum*)、大坪丝瓜藓(*Pohlia tapintzensis*)、明齿丝瓜藓(*P. hyaloperistoma*)、偏叶麻羽藓(*C. rugulosifolium*)、缺齿附干藓(*Schwetschkea gymnostoma*)、扁枝青藓(*Brachymenium planiusculum*)、脆枝青藓(*B. thraustum*)、多枝青藓(*B. fasciculirameum*)、淡枝长喙藓(*Rhynchostegium pallenticaule*)、美丽长喙藓(*R. subspeciosum*)、宝岛绢藓(*Entodon taiwanensis*)、华东同叶藓(*Isopterygium courtoisii*)和中华粗枝藓(*Gollania sinensis*)等。

三、结论

经过对贵州普安龙吟阔叶林州级自然保护区苔藓植物的标本采集、鉴定及整理，统计出该保护区共有苔藓植物50科127属353种，其中苔类植物17科28属57种、藓类植物32科98属295种、角苔类植物1科1属1种；区系成分复杂多样，可划分为13种分布类型。

（1）该区的苔藓植物在地理区系分布上很丰富，明显的优势成分为东亚成分，包含105种，占总种数的29.75%，构成了该区苔藓植物区系成分的主体；其次为北温带成分，包含84种，占总种数的23.80%，是该区苔藓植物的重要组成部分；热带亚洲成分有42种，占总种数的11.90%；旧世界热带成分仅有两种，占总种数的0.57%。说明该区的苔藓植物在全国的种类组成上具有一定价值，与欧洲、大洋洲、非洲、美洲地区苔藓植物具有一定的联系。

（2）本次调查结果表明该区的苔藓植物含量丰富，物种多样，在植物物种的多样性上起到一定的作用，丰富了该区植物的多样性。

唐录艳　彭　涛　夏红霞　周徐平　王　艳　杨紫庭

参考文献

[1] 吕大洋. 普安喀斯特生态地质环境质量评价[D]. 贵阳：贵州师范大学. 2008.
[2] 高谦. 中国苔藓志：第二卷[M]. 北京：科学出版社, 1996.
[3] 高谦. 中国苔藓志：第九卷[M]. 北京：科学出版社, 2003.
[4] 高谦, 吴玉环. 中国苔藓志：第十卷[M]. 北京：科学出版社, 2008.
[5] 胡人亮, 王幼芳. 中国苔藓志：第七卷[M]. 北京：科学出版社, 2005.
[6] 黎兴江. 中国苔藓志： 第四卷[M]. 北京：科学出版社, 2006.
[7] 吴德邻, 张力 . 广东苔藓志[M]. 广州：广东科技出版社, 2013.
[8] 吴鹏程. 中国苔藓志：第六卷[M]. 北京：科学出版社, 2002.
[9] 吴鹏程, 贾渝. 中国苔藓志：第五卷[M]. 北京：科学出版社, 2011.
[10] 熊源新. 贵州苔藓植物志：第一卷[M]. 贵州：贵州科技出版社, 2014.
[11] 熊源新. 贵州苔藓植物志：第二卷[M]. 贵州：贵州科技出版社, 2014.
[12] 贾渝, 何思. 中国生物物种名录：第一卷 植物, 苔藓植物[M]. 北京：科学出版社, 2013.
[13] 吴征镒. 中国种子植物属的分布区研究[J]. 云南植物研究, 1991（增刊）：1-139.
[14] 吴征镒, 孙航, 周浙昆, 等. 中国种子植物区系地理[M]. 北京：科学出版社, 2010.
[15] Zhang L. & Corlett Richard T. 2003. Phytogeography of Hong Kong bryophytes. Journal of Biogeography[J]. 2003, 30(9):1329-1337.
[16] 彭涛, 张朝晖. 贵州香纸沟喀斯特区域苔藓植物区系研究[J]. 贵州科学, 2009, 27(4):56-62.
[17] 卢美西, 彭涛. 贵州施秉喀斯特世界自然遗产地藓类植物多样性研究[J]. 贵州师范大学学报：自然科学版, 2017, 35(3):31-45.
[18] 周艳. 雷公山自然保护区苔藓植物区系研究[D]. 贵阳：贵州大学, 2007.
[19] 王美会, 熊源新, 贾鹏, 等. 贵州安龙仙鹤坪自然保护区苔藓植物区系研究[J]. 山地农业生物学报, 2010, 29(4):283-286.
[20] 杨冰, 熊源新, 韩敏敏, 等. 贵州省独山都柳江源湿地自然保护区苔藓植物区系研究[J]. 贵州林业科技, 2013, 41(1):5-11.
[21] 李晓娜, 张朝晖, 龙明忠. 云南罗平多依河景区苔藓植物区系研究[J]. 热带亚热带植物学报, 2015, 23(1):89-98.
[22] 谈洪英, 熊源新, 曹威, 等. 月亮山自然保护区苔藓植物区系研究[J]. 山地农业生物学报, 2015(5):28-32.
[23] 刘正东, 熊源新, 孙中文, 等. 贵州省盘县八大山苔藓植物区系研究[J]. 贵州科学, 2013, 31(5):21-25.

第三节　蕨类植物

通过对贵州普安龙吟阔叶林州级自然保护区蕨类植物标本的采集、拍照、鉴定，该区共有蕨类植物28科51属93种（包含种下等级），占贵州蕨类植物总科数的51.9%、总属数的33.6%、总种数（含种以下等级）的11.5%。数量前5个优势的科依次为水龙骨科、鳞毛蕨科、金星蕨科、凤尾蕨科、卷柏科和铁角蕨科，共51种，占全部种数的54.8%。该区蕨类植物区系成分复杂多样，划分为15种区系成分，其中温带分布类型占优势，有47种，占总数的50.5%。该区蕨类植物区系以温带分布种为主的温带性质。

一、自然地理概况

普安县隶属贵州省黔西南布依族苗族自治州，位于贵州省西南部，东邻晴隆县，南接兴仁县和兴义市，西毗六盘水市盘州市，北望六盘水市六枝特区。普安县保护区内自然气候、水文、地理环境好，野生植物资源较为丰富。贵州普安龙吟阔叶林州级自然保护区由16个分散的保护区组成，分别是龙吟镇石古一把伞恒河猴资源保护区、龙吟镇沙子塘天然阔叶林自然保护区、罐子窑镇风火砖水库水源涵养林自然保护区、地瓜镇下厂河水土流失治理保护区、地瓜镇莲花山十里杜鹃保护区、地瓜镇鲁沟村古大珍稀树种银杏资源保护区、新店乡牛角山天然常绿阔叶林保护区、青山镇幸福水库水土流失治理保护区、雪浦乡仙人洞阔叶林保护区、楼下镇水箐水土流失治理保护区、盘水镇汪家河水土流失治理保护区、盘水镇关索岭自然生态保护区、白沙乡旧屋基天然阔叶林保护区、高棉乡五个坡水土流失治理保护区、三板桥镇油沙地灌木林植被保护区。

贵州普安龙吟阔叶林州级自然保护区地处云贵高原向黔中过渡的梯级状斜坡地带，由乌蒙山脉横穿其中，境内地势中部较高，四面较低，南部由东北向西南倾斜，北部由西南向东北倾斜。境内最高峰长冲梁子位于中部莲花山附近，海拔约2100m。该区地形复杂，山峦叠嶂、沟壑纵横，岭谷相间。

贵州普安龙吟阔叶林州级自然保护区属于亚热带湿润的季风气候，谷地干热，高山凉润；光热充足、雨量充沛、相对湿度大、冬无严寒、夏无酷暑、四季分明、雨热同季。普安县内年平均气温为13.7℃，春季平均气温为15.1℃，夏季平均气温为20.0℃。最热7月极端高温为33.4℃，最冷1月极端低温为－6.9℃。年平均日照时数为1554.8h，无霜期一般为247～343天，平均无霜期为290天左右。多年平均降水量为1438.9mm。由于境内地形复杂多样，除具有亚热带气候的共同特征，还有山区气候的特点，如气候垂直差异大、立体气候明显。

二、调查方法

（一）资料收集

通过对相关文献和资料的查找，对贵州普安龙吟阔叶林州级自然保护区内的地形、气候、植被等概况进行了解，并根据境内16个分散保护区的实际情况，制订了相关的野外调查计划，为野外调查和后期室内文字整理工作提供了重要的依据。

（二）野外采集

根据上述制订采集计划，对16个分散保护区内的蕨类植物进行采集，并对采集地点海拔、经纬度、生境以及分布数量等进行记录。在2017年9月和2018年4月两个时间段对贵州普安龙吟阔叶林州级自然保护区的蕨类植物标本进行了两次采集，共获得110份标本，所有采集的蕨类植物标本均存放于贵州师范大学植物标本馆（GNUB）。

（三）标本鉴定

在贵州师范大学植物标本室进行蕨类植物标本进行压制和鉴定，利用显微镜等工具对蕨类植物孢子形态以及鳞片等进行观察，同时利用《中国植物志》《贵州植物志》等工具书对采集的标本进行鉴定，以得出此次调查中的蕨类植物名录，并在后期对该区蕨类植物进行区系成分分析。（蕨类植物名录见附录）

三、调查结果

（一）蕨类植物的组成情况

普安县自然保护区内数量前5个优势的科依次为水龙骨科(Polypodiaceae)、鳞毛蕨科(Dryopteridaceae)、金星蕨科(Thelypteridaceae)、凤尾蕨科(Pteridaceae)、卷柏科(Selaginellaceae)和铁角蕨科(Aspleniaceae)。5科有51种，占全部种数的54.8%。其中，只含有一个属的科有20个，占所有科的71.4%；只含有一个种的属有31个，占所有属的60.8%。含5个属及其以上的科有两个，水龙骨科（Polypodiaceae，9属15种）和金星蕨科（Thelypteridaceae，5属7种），占该区总数的23.7%。5种以下的科有22科29个属共计42种，占总数的45.2%（见表5-5）

表5-5　普安县自然保护区内蕨类植物统计表

科　名	属　数	种　数
水龙骨科	9	15
金星蕨科	5	7
鳞毛蕨科	4	10
姬蕨科	3	4
三叉蕨科	3	3
骨碎补科	2	3
里白科	2	2
中国蕨科	2	3
凤尾蕨科	1	9
海金沙科	1	1
卷柏科	1	5

（续表）

科　名	属　数	种　数
蕨　科	1	2
鳞始蕨科	1	2
木贼科	1	3
肾蕨科	1	1
石杉科	1	1
石松科	1	1
蹄盖蕨科	1	2
铁角蕨科	1	5
铁线蕨科	1	4
乌毛蕨科	1	2
肿足蕨科	1	1
紫萁科	1	1
槲蕨科	1	1
裸子蕨科	1	2
苹　科	1	1
松叶蕨科	1	1
稀子蕨科	1	1

（二）种的区系成分

现将普安县自然保护区蕨类植物93种（含种以下等级）及参照吴征镒的《中国种子植物属的分布区类型》划分见表5-3。其中种数在10种以上的区系成分有5个，分别是泛热带分布类型、南亚—中南半岛—东亚分布、中南半岛—东亚分布、东亚（东喜马拉雅—日本）和中国特有的分布类型，共占总数的60.2%（见表5-6）。

表5-6　普安县自然保护区蕨类植物区系成分

区系类型	种数	占总数的比例 (%)
世界分布	2	2.15
泛热带分布	10	10.75
旧大陆热带分布	2	2.15
亚洲热带至大洋洲热带分布	5	5.38
亚洲热带至非洲热带分布	3	3.23

（续表）

区系类型	种数	占总数的比例 (%)
亚洲热带、亚热带分布		
亚洲热带、亚热带广布	5	5.38
南亚—中南半岛—东亚分布	10	10.75
中南半岛—东亚分布	11	11.83
北温带分布	5	5.38
亚洲温带分布	3	3.23
东亚分布		
东亚（东喜马拉雅—日本）	13	13.98
中国—喜马拉雅	6	6.45
中国—日本	1	1.08
中国特有分布		
中国特有	12	12.90
西南特有	5	5.38

（三）属的区系成分

普安县自然保护区内蕨类植物51属，参照吴征镒《中国种子植物属的分布区类型》，其分布区类型划分见表5-7。其中热带分布类型是所占比例最多的类型，共有6种，分别是泛热带分布、亚洲热带至美洲热带间断分布、旧世界热带分布、亚洲热带至大洋洲热带分布、亚洲热带至非洲热带分布和亚洲热带、亚热带分布类型，共32属，占总属数的62.75%。温带地理成分只有10属，仅占19.61%。

表5-7　普安县自然保护区蕨类植物属的分布区类型

分布区类型	属数	占总属数（包括世界分布属）(%)
世界分布	8	15.69
泛热带分布	15	29.41
亚洲热带至美洲热带间断分布	1	1.96
旧世界热带分布	2	3.92
亚洲热带至大洋洲热带分布	1	1.96
亚洲热带至非洲热带分布	5	9.80
亚洲热带、亚热带分布	8	15.69
北温带分布	6	11.76

（续表）

分布区类型	属数	占总属数（包括世界分布属）(%)
旧大陆温带分布	2	3.92
亚洲温带分布	1	1.96
东亚分布	2	3.92

（四）区系特点

普安县自然保护区蕨类植物中，温带分布种类占优势，有47种，占总数的50.5%，说明了普安县自然保护区蕨类植物区系是以温带分布种为主的温带性质。

该保护区中热带、亚热带的成分共有46种，占总数49.5%，其中南亚—中南半岛—东亚分布种类21种，占总数22.6%，可以看出该区域与南亚地区联系较为密切，这与普安县在贵州省地理位置靠南相契合。

在属的地理成分中温带地理成分只有10属，仅占19.61%，而热带成分有32属，达62.75%，占据优势。但种的地理成分中只有46种为热带成分，占49.4%，居于次要地位。两者不一致，这说明属更多地反映古老或历史上的性质和特点，而种则代表现代蕨类植物分布的性质和特点。

本区中特有成分共有17种，占18.3%，其中西南特有的为5种，具有一定的特有性质。

四、结论

经过对贵州普安龙吟阔叶林州级自然保护区蕨类植物的标本采集、鉴定及整理，得出该区共有蕨类植物28科51属93种（包含种下等级）。

（1）含1属的科有20个；只含有一个种的属有31个。含5个属及其以上的科有两个，即水龙骨科和金星蕨科。

（2）数量前5个优势的科依次为水龙骨科、鳞毛蕨科、金星蕨科、凤尾蕨科、卷柏科和铁角蕨科，构成了该区蕨类植物的主体。

（3）该区蕨类植物优势属有5个，分别是凤尾蕨属、鳞盖蕨属、铁角蕨属、卷柏属和铁线蕨属。

（4）该区区系成分复杂多样，特有成分较多，具有一定的特有性质，以温带成分为主。

彭　涛　徐　婷　刘行行

参考文献

[1] 吕大洋. 普安喀斯特生态地质环境质量评价[D]. 贵阳：贵州师范大学. 2008.

[2] 赵显武. 普安县李树种植与气候条件浅析[J]. 贵州气象. 2009, 33(1):25-34.

[3] 王培善, 王筱英. 贵州蕨类植物志[M]. 贵阳：贵州科技出版社, 2001.8.

[4] 秦仁昌, 等. 中国植物志：第二卷[M]. 北京：科学出版社, 1959.

[5] 吴征镒, 周浙昆, 李德铢, 彭华, 孙航. 世界种子植物科的分布区类型系统[J]. 云南植物研究. 2003, 25(3). doi:10.3969/j.issn.2095-0845.2003.03.001.

[6] 王荷生.中国植物区系的性质和各成分间的关系[J]. 云南植物研究, 2000, 22(2). doi:10.3969/j.issn.2095-0845.2000.02.001.

附录：蕨类植物名录

贵州普安龙吟阔叶林州级自然保护区蕨类植物共有28科51属93种（包含种下等级）蕨类植物。

一、石杉科 Huperziaceae

（一）石杉属 *Huperzia* Bernh.

1．蛇足石杉 *H. serrata* (Thunb.) Trev.

二、石松科 Lycopodiaceae

（一）石松属 *Lycopodium* L.

1．石松 *L. japonicum* Thunb.

三、卷柏科 Selaginellaceae

（一）卷柏属 *Selaginella* Beauv.

1．翠云草 *S. uncinata* (Desv.) Sprin

2．薄叶卷柏 *S. delicatula* (Desv.) Alston

3．大叶卷柏 *S.bodinieri* Hieron.

4．疏松卷柏 *S. effusa* Alston

5．红枝卷柏 *S. sanguinolenta* (L.) Spring

四、木贼科 Equisetaceae

（一）木贼属 *Equisetum* L.

1．草问荆 *E. pratense* Ehrhart

2．节节草 *E. ramosissima* (Desf.) Bŏern.

3．笔管草 *E. ramosissimum* subsp. Debile (Roxb. ex Vauch.) Hauke

五、紫萁科 Osmundaceae

（一）紫萁属 *Osmunda* L.

1．紫萁 *O. japonica* Thunb.

六、里白科 Gleicheniaceae

（一）芒萁属 *Dicranopteris* Bernh.

1．芒萁 *D. pedata* (Houtt.) Nakaike

（二）里白属 *Diplopterygium* (Diels) Nakai

1．里白 *D. glaucum* (Thunb. ex Houtt.) Nakai

七、海金沙科 Lygodiaceae

（一）海金沙属 *Lygodium* Sw.

1．海金沙 *L. japonicum* (Thunb.) Sw.

八、鳞始蕨科 Lindsaeaceae

（一）乌蕨属 *Sphenomeris* Maxon

1．乌蕨 *S. chenensis* (L.) Maxon

（二）鳞始蕨属 Lindsaea Dry.

1．鳞始蕨 *L. odorata* Roxb.

九、姬蕨科 Hypolepidaceae

（一） 姬蕨属 *Hypolepis* Bernh.

1．姬蕨 *H. punctata* (Thunb.) Mett.

（二）鳞盖蕨属 *Microlepia* Presl

1．薄叶鳞盖蕨 *M. tenera* Christ

2．边缘鳞盖蕨 *M. marginata* (Houtt.) C. Chr.

（三）碗蕨属 *Dennstaedtia* Bernh.

1．碗蕨 *D. scabra* (Wall. ex Hook.) T. Moore

十、蕨科 Pteridiaceae

（一）蕨属 *Pteridium* Scopoli

1．蕨 *P. aquilinum* (L.) Kuhn var. *latiusculum* (Desv.) Underw. ex Heller

2．毛轴蕨 *P. revolutum* (Bl.) Nakai

十一、凤尾蕨科 Pteridaceae

（一）凤尾蕨属 *Pteris* L.

1．井栏边草 *P. multifida* Poir.

2．蜈蚣草 *P. vittata* L.

3．傅氏凤尾蕨 *P. fauriei* Hieron.

4．猪鬣凤尾蕨 *P. actiniopteroides* Christ

5．阔叶凤尾蕨 *P.esquirolii* Christ

6．凤尾蕨 *P. cretica* var. *nervosa* (Thunb.) Ching et S.

7．狭叶凤尾蕨 *P. henryi* Christ

8．多羽凤尾蕨 *P. decrescens* Christ

9．西南凤尾蕨 *P. wallichiana* Agardh

十二、中国蕨科 Sinopteridaceae

（一）金粉蕨属 *Onychium* Kaulf.

1．野鸡尾金粉蕨 *O. japonicum* (Thunb.) Kze.

（二）粉背蕨属 *Aleuritopteris* Fée

1．雪白粉背蕨 *A. niphobola* (C. Chr.) Ching

十三、铁线蕨科 Adiantaceae

（一）铁线蕨属 *Adiantum* L.

1．铁线蕨 A. capillus-veneris L.

2．半月形铁线蕨 *A. philippense* Linn.

3．毛足铁线蕨 *A. bonatianum* Brause

4．鞭叶铁线蕨 *A. caudatum* L.

5．铁线蕨 *A. capillus-veneris* (L.) Hook.

十四、蹄盖蕨科 Athyriaceae

（一）蹄盖蕨属 *Athyrium* Roth

1．毛轴蹄盖蕨 *A. hirtirachis* Ching et Y. P. Hsu

2．翅轴蹄盖蕨 *A. delavayi* Christ

十五、肿足蕨科 Hypodematiaceae

（一）肿足蕨属 *Hypodematium* Kze.

1．肿足蕨 *H. crenatum* (Forssk.) Kuhn

十六、金星蕨科 Thelypteridaceae

（一）金星蕨属 *Parathelypteris* (H.Ito) Ching

1．光脚金星蕨 *P. japonica* (Bak.) Ching

2．长根金星蕨 *P. beddomei* (Bak.) Ching

3．金星蕨 *P. glanduligera* (Kze.) Ching

（二）卵果蕨属 *Phegopteris* Fée

1．延羽卵果蕨 *Ph. decursive-pinnata* (van Hall) Fée

（三）毛蕨属 *Cyclosorus* Link

1．渐尖毛蕨 *C. acuminatus* (Houtt.) Nakai ex H.Ito

（四）假毛蕨属 *Pseudocyclosorus* Ching

1．西南假毛蕨 *P. esquirolii* (Christ) Ching

（五）新月蕨属 *Pronephrium* Presl

1．披针新月蕨 *P. penangianum* (Hook.) Holtt.

十七、铁角蕨科 Aspleniaceae

（一）铁角蕨属 *Asplenium* L.

1．铁角蕨 *A. trichomanes* L.

2．变异铁角蕨 *A. varians* Wall. ex Hook. et Grev.

3．北京铁角蕨 *A. ekinense* Hance

4．细茎铁角蕨 *A. tenuicaule* Hayata

5．华中铁角蕨 *A. sarelii* Hook.

十八、乌毛蕨科 Blechnaceae

（一）狗脊蕨属 *Woodwardia* Sm.

1．狗脊 *W. japonica* (L.f.) Sm.

2．顶芽狗脊 *W. biserrata* (Makino) Nakai

十九、鳞毛蕨科 Dryopteridaceae

（一）鳞毛蕨属 *Dryopteris* Adanson

1．黑鳞鳞毛蕨 *D. lepidopoda* Hayata

2．红盖鳞毛蕨 *D. erythrosora* (Eaton) O. Kuntze

3．二型鳞毛蕨 *D. cochleata* (Buch.-Ham. ex D. Don) C. Chr.

4．变异鳞毛蕨 *D. varia* (Linn.) O. Kuntze

（二）耳蕨属 *Polystichum* Roth

1．对马耳蕨 *P. tsus-simense* (Hook.) J.Sm.

2．尖齿耳蕨 *P. acutidens* Ching et S. K. Wu

3．鞭叶耳蕨 *P. craspedosorum* J. Sm.

（三）贯众属 *Cyrtomium* Presl

1．贯众 *C. fortunei* J.Sm.

2．刺齿贯众 *C. caryotideum* (Wall. ex Hook. et Grev.) Presl

（四）复叶耳蕨属 *Arachniodes* Bl.

1．斜方复叶耳蕨 *A. rhomboidea* (Blume) Tindale

二十、三叉蕨科 Aspidiaceae

（一）轴脉蕨属 *Ctenitopsis* Ching ex Tard.-Blot et C. Chr.

1．黑鳞轴脉蕨 *C. fuscipes* (Bedd.) Tard.-Blot et C. Chr.

（二）地耳蕨属 *Quercifilix* Cop.

1．地耳蕨 *Tectaria zeilanica* (Houtt.) Sledge

（三）肋毛蕨属 *Ctenitis* (C. Chr.) C. Chr.

1．膜叶肋毛蕨 *Ctenitis membranifolia* Ching et C. H. Wang

二十一、肾蕨科 Nephrolepidaceae

（一）肾蕨属 *Nephrolepis* Schott

1．肾蕨 *N. auriculata* (L.) Trimen

二十二、水龙骨科 Polypodiaceae

（一）水龙骨属 *Polypodiodes* Ching

1．友水龙骨 *P. moena* (Wall.ex Mett.) Ching

2．柔毛水龙骨 *P. amoena* var. *pilosa* (C. B. Clarke) Ching

3．水龙骨 *Polypodiodes niponica*

（二）盾蕨属 *Neolepisorus* Ching

1．盾蕨 *N. ovatus* (bedd.) Ching

2．蟹爪盾蕨 *N. ovatus* f. *doryopteris* (Christ) Ching

（三）瓦韦属 *Lepisorus* (J.Sm.) Ching

1．瓦韦 *L. thunbergianus* (Kaulf.) Ching

2．黄瓦韦 *L. asterolepis* (Baker) Ching

（四）石韦属 *Pyrrosia* Mirbel

1．庐山石韦 *P. sheareri* (Bak.) Ching

2．石韦 *P. lingua* (Thunb.) Farwell

3．光石韦 *P. calvata* (Baker) Ching

（五）骨牌蕨属 *Lepidogrammitis* Ching

1．抱石莲 *L. drymoglossoides* (Baker) Ching

（六）假瘤蕨属 *Phymatopteris* Pic. Serm.

1．金鸡脚假瘤蕨 *P. hastata* (Thunb.) H. Ohashi et K. Ohashi

（七）瘤蕨属 *Phymatosorus* Pic. Serm.

1．光亮瘤蕨 *P. cuspidatus* (D. Don) Pic. Serm.

（八）星蕨属 *Microsorum* Link

1．江南星蕨 *M. fortunei* Kuntze

（九）线蕨属 *Colysis* C. Presl

1．绿叶线蕨 *C. leveillei* (Christ) Ching

二十三、骨碎补科 Davalliaceae

（一）阴石蕨属 *Humata* Cav.

1．阴石蕨 *H. repens* (Linn. f.) Diels

2．杯盖阴石蕨 *H. griffithiana* (Hook.) C. Chr.

（二）小膜盖蕨属 *Araiostegia* Cop.

1．鳞轴小膜盖蕨 *A. perdurans* (Christ) Cop.

二十四、槲蕨科 Drynariaceae

（一）槲蕨属 *Drynaria* (Bory) J. Sm.

1．槲蕨 *D. roosii* Nakaike

二十五、**裸子蕨科** Hemionitidaceae

（一）凤了蕨属 *Coniogramme* Fée

1．尖齿凤丫蕨 *C. affinis* Hieron.

2．普通凤丫蕨 *C. intermedia* Hieron.

二十六、**苹科** Marsileaceae

（一）苹属 *Marsilea* Linn.

1．苹 *M. quadrifolia* Linn.

二十七、**松叶蕨科** Psilotaceae

（一）松叶蕨属 *Psilotum* Sw.

1．松叶蕨 *Psilotum nudum* (L.) P. Beauv.

二十八、**稀子蕨科** Monachosoraceae

（一）稀子蕨属 *Monachosorum* Kunze

1．大叶稀子蕨 *M. subdigitatum* (Blume) Kuhn

第四节　草本植物

草本植物的调查包括了一年生草本、二年生草本、多年生草本、水生草本、腐生草本和草质藤本。此次调查方法是采用样方和样线相结合，对不易识别的种类进行标本采集，对常见种进行记录和拍摄数码照片。

一、种类组成

经过野外调查、室内标本鉴定，整理出保护区内有野生草本植物69科224属317种（包括种下等级）。其中，双子叶植物55科169属239种，占草本植物总科、属、种的79.71%、75.45%、75.39%；单子叶植物14科55属78种，占草本植物总科、属、种的20.29%、24.55%、24.61%。

二、优势科属

（一）优势科

按照科内含物种数的多少进行统计排序，保护区内草本种子植物含10种以上的科有9个，见表5-5。这9个科共包含103属156种，占保护区草本植物总属数、种数的48.66%、49.21%，是保护区草本植物区系中的优势科。另外，蝶形花科(Fabaceae)、茜草科(Rubiaceae)、桔梗科(Campanulaceae)、堇菜科(Violaceae)、报春花科(Primulaceae)等在种的数量上虽不及前者，但在保护区分布很广，也是保护区草本植物区系中的优势科。

（二）优势属

按照属内含物种数的多少进行统计排序，保护区内草本种子植物含3种以上的属有21个，见表5-6。这些科共含85种，占保护区草本植物总种数的26.81%，是保护区内木本种子植物区

表5-8 贵州普安龙吟阔叶林州级自然保护区草本种子植物种数超过10种的科排序

排序	科	属数	占属数的比例（%）	种数	占属数的比例（%）
1	菊科 (Compositae)	33	14.73	42	13.25
2	禾本科 (Poaceae)	19	8.48	21	6.62
3	蓼科 (Polygonaceae)	6	2.68	19	5.99
4	莎草科 (Cyperaceae)	6	2.68	17	5.36
5	唇形科 (Labiatae)	10	4.46	14	4.42
6	百合科 (Liliaceae)	11	4.91	13	4.10
7	毛茛科 (Ranunculaceae)	4	1.79	10	3.15
8	荨麻科 (Urticaceae)	6	2.68	10	3.15
9	玄参科 (Scrophulariaceae)	8	3.57	10	3.15
合　计		103	45.98	156	49.21

系的优势属。另外，野豌豆属(*Vicia*)、委陵菜属(*Potentilla*)、蛇莓属(*Duchesnea*)、何首乌属(*Fallopia*)、母草属(*Lindernia*)、通泉草属(*Mazus*)、鼠麴草属(*Gnaphalium*)等植物在保护区内分布广泛，也是保护区内草本植物的优势属。

表5-9 贵州普安龙吟阔叶林州级自然保护区草本种子植物种数超过3种的属排序

排序	属	种数	占总种数的比例（%）
1	蓼属 (*Polygonum*)	9	2.84
2	薹草属 (*Carex*)	9	2.84
3	堇菜属 (*Viola*)	6	1.89
4	珍珠菜属 (*Lysimachia*)	5	1.58
5	铁线莲属 (*Clematis*)	4	1.26
6	酸模属 (*Rumex*)	4	1.26
7	车前属 (*Plantago*)	4	1.26
8	天南星属 (*Arisaema*)	4	1.26
9	薯蓣属 (*Dioscorea*)	4	1.26
10	毛茛属 (*Ranunculus*)	3	0.95
11	景天属 (*Sedum*)	3	0.95
12	荞麦属 (*Fagopyrum*)	3	0.95
13	冷水花属 (*Pilea*)	3	0.95

（续表）

排序	属	种数	占总种数的比例（%）
14	拉拉藤属 (*Galium*)	3	0.95
15	紫菀属 (*Aster*)	3	0.95
16	黄鹌菜属 (*Youngia*)	3	0.95
17	婆婆纳属 (*Veronica*)	3	0.95
18	风轮菜属 (*Clinopodium*)	3	0.95
19	黄精属 (*Polygonatum*)	3	0.95
20	灯心草属 (*Juncus*)	3	0.95
21	莎草属 (*Cyperus*)	3	0.95
	合计	85	26.81

三、用途分类

根据贵州普安龙吟阔叶林州级自然保护区分布的野生草本种子植物资源的用途不同，初步将其分为10类：药用植物、观赏植物、材用植物、食用植物、纤维植物、油脂植物、饲料植物、绿肥植物、芳香植物和其他类。

（一）药用植物

普安野生草本种子植物中有药用价值的植物有181种，林缘常见的有打破碗花花(*Anemone hupehensis*)、草玉梅(*Anemone rivularis*)、还亮草(*Delphinium anthriscifolium*)、弯曲碎m荠(*Cardamine flexuosa*)、杠板归(*Polygonum perfoliatum*)、何首乌(*Fallopia multiflora*)、地榆(*Sanguisorba officinalis*)、球花马蓝(*Strobilanthes dimorphotricha*)等；林下常见的有大花细辛(*Asarum macranthum*)、青城细辛(*A. splendens*)、南黄堇(*Corydalis davidii*)、直刺变豆菜(*Sanicula orthacantha*)、蜘蛛香(*Valeriana jatamansi*)、蛛丝毛蓝耳草(*Cyanotis arachnoidea*)等；保护区边缘还有人工大面积种植的接骨草(*Sambucus chinensis*)和滇黄精(*Polygonatum kingianum*)，保护区内也有这两种植物的野生状态。

（二）食用植物

普安野生草本种子植物中可食用的植物有30种，其中大百合(*Cardiocrinum giganteum*)、薤白(*Allium macrostemon*)、鱼腥草(*Houttuynia cordata*)、天门冬(*Asparagus cochinchinensis*)、魔芋(*Amorphophallus konjac*)、多花黄精(*Polygonatum cyrtonema*)等的主要食用部分为鳞茎、球茎、根或块根；藜(*Chenopodium album*)、艾(*Artemisia argyi*)、野茼蒿(*Crassocephalum crepidioides*)、鼠麹草(*Gnaphalium affine*)等，是当地人常吃的茎叶菜。

（三）观赏植物

普安野生草本种子植物中有观赏价值的植物有25种，如红纹凤仙花(*Impatiens rubrostriata*)、黄金凤(*I. siculifer*)、深裂竹根七(*Disporopsis pernyi*)、吉祥草(*Reineckea carnea*)、钩距虾脊兰

(*Calanthe graciliflora*)、金兰(*Cephalanthera falcata*)、大百合(*Cardiocrinum giganteum*)、野百合(*Lilium brownii*)和滇黄精(*Polygonatum kingianum*)等。

（四）饲料植物

普安野生草本种子植物中可作家畜饲料的有23种，如广布野豌豆(*Vicia cracca*)、救荒野豌豆(*V. sativa*)、看麦娘(*Alopecurus aequalis*)、青葙(*Celosia argentea*)、漆姑草(*Sagina japonica*)、酸模(*Rumex acetosa*)、六叶葎(*Galium asperuloides* subsp. *Hoffmeisteri*)、百脉根(*Lotus corniculatus*)、圆叶节节菜(*Rotala rotundifolia*)、莲子草(*Alternanthera sessilis*)等。

（五）其他类

除上述4类资源植物，保护区还有其他价值的木本资源植物约15种，如可作杀虫剂和农药的草玉梅、毛茛(*Ranunculus japonicus*)、艾；可作蜜源植物的百脉根、广布野豌豆等；可作固沙护堤的拂子茅(*Calamagrostis epigeios*)和知风草(*Eragrostis ferruginea*)等。

陈丰林

第五节　珍稀濒危及特有植物

经调查，保护区现有珍稀濒危植物11种，隶属于8科11属。国家Ⅱ级保护植物3科3属3种；贵州省保护植物4科4属4种；濒危野生动植物种国际贸易公约（CITES）附录Ⅱ收录兰科植物4属4种。

一、珍稀濒危植物

本文所述的珍稀濒危植物，建立在野外实地调查和室内文献资料研究的基础上，选取依据为《国家重点保护植物名录（第一批）》（1998）、濒危野生动植物种国际贸易公约（CITES）（1997）、《贵州省重点保护树种名录》（1993）以及《贵州省林木种质资源清查工作手册》（2005）。

（一）珍稀濒危植物的统计

经过统计整理，贵州普安龙吟阔叶林州级自然保护区有各类珍稀濒危植物8科11属11种。其中，国家Ⅱ级保护植物3科3属3种；贵州省保护植物4科4属4种；濒危野生动植物种国际贸易公约(CITES)附录Ⅱ收录兰科植物4属4种，见表5-7。

表5-7　贵州普安龙吟阔叶林州级自然保护区珍稀濒危植物种类统计

种名	科名	习性	保护级别
鹅掌楸 (*Liriodendron chinense*)	木兰科 (*Magnoliaceae*)	落叶乔木	Ⅱ
香果树 (*Emmenopterys henryi*)	茜草科 (*Rubiaceae*)	落叶乔木	Ⅱ
金荞麦 (*Fagopyrum dibotrys*)	蓼科 (*Polygonaceae*)	多年生草本	Ⅱ
穗花杉 (*Amentotaxus argotaenia*)	红豆杉科 (*Taxaceae*)	常绿小乔木	省级

（续表）

种名	科名	习性	保护级别
檫木 (*Sassafras tzumu*)	樟科 (*Lauraceae*)	落叶乔木	省级
刺楸 (*Kalopanax septemlobus*)	五加科 (*Araliaceae*)	落叶乔木	省级
清香木 (*Pistacia weinmannifolia*)	漆树科 (*Anacardiaceae*)	常绿小乔木	省级
钩距虾脊兰 (*Calanthe graciliflora*)	兰科 (*Orchidaceae*)	地生草本	CITES
金兰 (*Cephalanthera falcata*)	兰科 (*Orchidaceae*)	地生草本	CITES
齿爪叠鞘兰 (*Chamaegastrodia poilanei*)	兰科 (*Orchidaceae*)	腐生草本	CITES
短距舌喙兰 (*Hemipilia limprichtii*)	兰科 (*Orchidaceae*)	地生草本	CITES

（二）珍稀濒危植物的分布

鹅掌楸(*Liriodendron chinense*)在保护区内主要分布前进村，成群落分布。鹅掌楸在群落中占据优势，树形高大，平均胸径25cm，平均树高13m。群落中的主要伴生种有楝叶吴茱萸(*Evodia glabrifolia*)、蓝果树(*Nyssa sinensis*)、毛叶木姜子(Litsea mollis)、蜡瓣花(*Corylopsis sinensis*)、野茉莉(*Styrax japonicus*)、尼泊尔桤木(*Alnus nepalensis*)、菱叶钓樟(*Lindera supracostata*)、亮叶桦(*Betula luminifera*)等。

香果树(*Emmenopterys henryi*)在保护区内呈零星散生，目前只在高阳村的林缘有记录。

金荞麦(*Fagopyrum dibotrys*)在保护区的林缘广泛分布，比较常见。金荞麦的块根木质化，是比较知名的中药材，能清热解毒、排脓去瘀。

穗花杉(*Amentotaxus argotaenia*)在保护区较为少见，只在高棉有记录，植株较小，在群落中为伴生种，不占优势。

檫木(*Sassafras tzumu*)在保护区内分布较为广泛，呈群落分布或散生，常在植物群落中占据优势地位，是保护区针阔混交林和常绿落叶阔叶混交林中的重要组成种。

刺楸(*Kalopanax septemlobus*)分布在高棉片区的林缘和较稀疏的树林下，在龙吟片区的石灰岩地也偶有分布，不是群落中的优势树种。

清香木(*Pistacia weinmannifolia*)在保护区较为常见，是岩底下一带石灰岩地的优势种。清香木属小乔木，在群落中并不占据上层，但在岩底下一带常群聚形成优势。

钩距虾脊兰(*Calanthe graciliflora*)在保护区内较为少见，莲花村、高阳的阔叶林下有零星散生。

金兰(*Cephalanthera falcata*)在保护区内分布广泛，常在针阔混交林下呈群落分布。高棉片区和龙吟片区的针阔混交林下均有分布。

齿爪叠鞘兰(*Chamaegastrodia poilanei*)为腐生草本，花期在8、9月份，常生长在阴湿的阔叶林下。齿爪叠鞘兰在保护区内罕见，只在莲花村、高棉有记录两个小居群，植株数都不超过5株。

短距舌喙兰(*Hemipilia limprichtii*)为地生草本，常生长在较为开阔的潮湿土壤上。在保护区内罕见，只在莲花村的针阔混交林源的潮湿的土坡上有记录分布。

二、特有植物

保护区内的贵州特有植物只有两种，即安龙石楠(*Photinia anlungensis*)和冬青叶山茶(*Camellia ilicifolia*)。

安龙石楠主要分布在贵州省西南部，模式产地为安龙县。本种在保护区少见，在高棉片区的林缘偶见分布。

冬青叶山茶主要分布在贵州北部，贵州南部也有分布，模式产地为赤水县金沙沟。本种在保护区的高棉片区偶见分布。

三、珍稀濒危及特有植物的保护与利用

贵州普安龙吟阔叶林州级自然保护区内的珍稀濒危及特有植物种类的丰富度虽然一般，但有些种类的分布十分广泛，如金荞麦、金兰、檫木；也有居群数量少、极易造成灭绝的种类，如齿爪叠鞘兰、短距舌喙兰。因此有必要加强对珍稀濒危及特有植物的监测和管理。

建议保护区一方面争取各方资金，对保护区内的珍稀濒危及特有植物进行全面排查、登记、监测；对居群数量少的种类进行人工繁育、引种和驯化。另一方面，加大管理力度，进入社区加强法制宣传，建立保护区管理机构-护林员-社区居民联动的长效机制。

参考文献

[1]屠玉麟. 贵州特有植物初步研究（二）[J]. 贵州林业科技, 1991, 19(4): 71-78.

[2]屠玉麟. 贵州特有植物初步研究（三）[J]. 贵州林业科技, 1992, 20(2): 69-80.

[3]屠玉麟. 贵州特有植物初步研究（一）[J]. 贵州林业科技, 1991, 19(3): 68-81.

[4]于永福.中国野生植物保护工作的里程碑[国家重点保护野生植物名录（第1批）][J]. 植物杂志, 1999 (5) :3-11.

[5]张华海. 贵州野生珍贵植物资源[M]. 北京：中国林业出版社, 2000.

陈丰林

第六节　种子植物区系

经现场调查，确认保护区现种子植物664种，隶属于219科407属。其中，裸子植物4科6属8种，被子植物125科401属656种。

一、研究方法

采用路线调查法、样方调查法对贵州普安龙吟阔叶林州级自然保护区各个保护小区进行标本采集。通过室内标本鉴定和参考相关文献资料，整理出贵州普安龙吟阔叶林州级自然保护区种子植物名录，分析保护区内种子植物的组成和区系地理成分。

二、种子植物的区系组成

贵州普安龙吟阔叶林州级自然保护区有野生种子植物664种（包括种下等级），隶属于哈钦森系统的129科407属。其中，裸子植物4科6属8种、被子植物125科401属656种。被子植物中，双子叶植物有108科338属564种、单子叶植物有17科63属92种。

三、科的区系特点

（一）数量统计

按照科内种数的多少，将保护区种子植物科的组成划分为4类，见表5-8。

含种数20种以上的有4科（见表5-9），涵盖了83属123种，占保护区种子植物总科的3.10%、总属数的20.39%、总种数的18.52%。这4科分别为菊科（Compositae，34属44种）、蔷薇科（Rosaceae，15属32种）、蝶形花科（Fabaceae，15属26种）、禾本科（Poaceae，19属21种）。

表5-8　贵州普安龙吟阔叶林州级自然保护区种子植物科的统计

级　别	科		属		种	
	数量	占总科（%）	数量	占总属（%）	数量	占总种（%）
≥20种	4	3.10	83	20.39	123	18.52
10～19种	14	10.85	94	23.10	197	29.67
2～9种	78	60.47	197	48.40	311	46.84
单种科	33	25.58	33	8.11	33	4.97
合　计	129	100	407	100	664	100

含种数10～19种的有14科，涵盖了94属197种，占保护区种子植物总科的10.85%、总属数的23.10%、总种数的29.67%。其主要有樟科（Lauraceae，6属19种）、蓼科（Polygonaceae，6属19种）、莎草科（Cyperaceae，6属17种）、大戟科（Euphorbiaceae，10属16种）、唇形科（Labiatae，10属16种）、毛茛科（Ranunculaceae，4属14种）、山茶科（Theaceae，4属13种）、桑科（Moraceae，3属13种）、壳斗科（Fagaceae，5属10种）等。

含种数2~9种的有78科，涵盖了197属311种，占保护区种子植物总科的60.47%、总属数的48.40%、总种数的46.84%。其主要有五加科（Araliaceae，7属9种）、杜鹃花科（Rhododendraceae，3属9种）、榆科（Ulmaceae，4属8种）、鼠李科（Rhamnaceae，4属8种）、桔梗科（Campanulaceae，8属8种）、马鞭草科（Verbenaceae，5属8种）、紫金牛科（Myrsinaceae，4属7种）等。

只含1种的科有33个，如红豆杉科(Taxaceae)、三白草科(Saururaceae)、金鱼藻科

(Ceratophyllaceae)、蓝果树科(Nyssaceae)、芭蕉科(Musaceae)、川续断科(Dipsacaceae)和八角科(Illiciaceae)等。

表5-9 贵州普安龙吟阔叶林州级自然保护区种子植物科的组成统计

科名	属数	种数	科名	属数	种数
菊科 (Compositae)	34	44	败酱科 (Valerianaceae)	2	3
蔷薇科 (Rosaceae)	15	32	龙胆科 (Gentianaceae)	3	3
蝶形花科 (Papilionaceae)	15	26	旋花科 (Convolvulaceae)	3	3
禾本科 (Poaceae)	19	21	鸭跖草科 (Commelinaceae)	3	3
樟科 (Lauraceae)	6	19	灯芯草科 (Juncaceae)	1	3
蓼科 (Polygonaceae)	6	19	柏科 (Cupressaceae)	2	2
莎草科 (Cyperaceae)	6	17	木兰科 (Magnoliaceae)	2	2
大戟科 (Euphorbiaceae)	10	16	马兜铃科 (Aristolochiaceae)	1	2
唇形科 (Labiatae)	10	16	紫堇科 (Fumariaceae)	1	2
毛茛科 (Ranunculaceae)	4	14	远志科 (Polygalaceae)	1	2
山茶科 (Theaceae)	4	13	虎耳草科 (Saxifragaceae)	2	2
桑科 (Moraceae)	3	13	酢浆草科 (Oxalidaceae)	1	2
玄参科 (Scrophulariaceae)	10	13	凤仙花科 (Balsaminaceae)	1	2
百合科 (Liliaceae)	11	13	柳叶菜科 (Onagraceae)	2	2
荨麻科 (Urticaceae)	8	12	海桐花科 (Pittosporaceae)	1	2
茜草科 (Rubiaceae)	8	12	猕猴桃科 (Actinidiaceae)	1	2
壳斗科 (Fagaceae)	5	10	含羞草科 (Mimosaceae)	1	2
忍冬科 (Caprifoliaceae)	3	10	旌节花科 (Stachyuraceae)	1	2
五加科 (Araliaceae)	7	9	金缕梅科 (Hamamelidaceae)	2	2
杜鹃花科 (Rhododendraceae)	3	9	黄杨科 (Buxaceae)	2	2
榆科 (Ulmaceae)	4	8	杨柳科 (Salicaceae)	2	2
鼠李科 (Rhamnaceae)	4	8	杨梅科 (Myricaceae)	1	2
桔梗科 (Campanulaceae)	8	8	胡颓子科 (Elaeagnaceae)	1	2
马鞭草科 (Verbenaceae)	5	8	胡桃科 (Juglandaceae)	2	2
小檗科 (Berberidaceae)	3	7	越桔科 (Vacciniaceae)	1	2
紫金牛科 (Myrsinaceae)	4	7	柿树科 (Ebenaceae)	1	2
木犀科 (Oleaceae)	3	7	醉鱼草科 (Buddlejaceae)	1	2

（续表）

科名	属数	种数	科名	属数	种数
菝葜科 (Smilacaceae)	1	7	半边莲科 (Lobeliaceae)	1	2
天南星科 (Araceae)	4	7	紫草科 (Boraginaceae)	2	2
堇菜科 (Violaceae)	1	6	紫葳科 (Bignoniaceae)	1	2
金丝桃科 (Hypericaceae)	1	6	棕榈科 (Palmaceae)	2	2
卫矛科 (Celastraceae)	3	6	杉科 (Taxodiaceae)	1	1
报春花科 (Primulaceae)	2	6	红豆杉科 (Taxaceae)	1	1
茄科 (Solanaceae)	2	6	八角科 (Illiciaceae)	1	1
爵床科 (Acanthaceae)	4	6	五味子科 (Schisandraceae)	1	1
十字花科 (Cruciferae)	4	5	金鱼藻科 (Ceratophyllaceae)	1	1
苋科 (Amaranthaceae)	4	5	木通科 (Lardizabalaceae)	1	1
野牡丹科 (Melastomataceae)	3	5	胡椒科 (Piperaceae)	1	1
云实科 (Caesalpiniaceae)	4	5	三白草科 (Saururaceae)	1	1
桦木科 (Betulaceae)	4	5	金粟兰科 (Chloranthaceae)	1	1
葡萄科 (Vitaceae)	4	5	商陆科 (Phytolaccaceae)	1	1
芸香科 (Rutaceae)	2	5	亚麻科 (Linaceae)	1	1
伞形科 (Umbelliferae)	5	5	牻牛儿苗科 (Geraniaceae)	1	1
苦苣苔科 (Gesneriaceae)	5	5	千屈菜科 (Lythraceae)	1	1
竹科 (Bambusaceae)	5	5	瑞香科 (Thymelaeaceae)	1	1
松科 (Pinaceae)	2	4	马桑科 (Coriariaceae)	1	1
景天科 (Crassulaceae)	2	4	大风子科 (Flacourtiaceae)	1	1
石竹科 (Caryophyllaceae)	3	4	秋海棠科 (Begoniaceae)	1	1
锦葵科 (Malvaceae)	4	4	杜英科 (Elaeocarpaceae)	1	1
绣球花科 (Hydrangeaceae)	3	4	鼠刺科 (Escalloniaceae)	1	1
桑寄生科 (Loranthaceae)	4	4	大麻科 (Cannabaceae)	1	1
漆树科 (Anacardiaceae)	3	4	无患子科 (Sapindaceae)	1	1
山茱萸科 (Cornaceae)	3	4	槭树科 (Aceraceae)	1	1
山矾科 (Symplocaceae)	1	4	清风藤科 (Sabiaceae)	1	1
夹竹桃科 (Apocynaceae)	3	4	省沽油科 (Staphyleaceae)	1	1
车前草科 (Plantaginaceae)	1	4	八角枫科 (Alangiaceae)	1	1

（续表）

科名	属数	种数	科名	属数	种数
薯蓣科 (Dioscoreaceae)	1	4	蓝果树科 (Nyssaceae)	1	1
兰科 (Orchidaceae)	4	4	川续断科 (Dipsacaceae)	1	1
防己科 (Menispermaceae)	3	3	泽泻科 (Alismataceae)	1	1
藜科 (Chenopodiaceae)	2	3	芭蕉科 (Musaceae)	1	1
葫芦科 (Cucurbitaceae)	3	3	姜科 (Zingiberaceae)	1	1
冬青科 (Aquifoliaceae)	1	3	雨久花科 (Pontederiaceae)	1	1
楝科 (Meliaceae)	3	3	鸢尾科 (Iridaceae)	1	1
安息香科 (Styracaceae)	1	3	仙茅科 (Hypoxidaceae)	1	1
萝藦科 (Asclepiadaceae)	3	3			

二、科的区系地理成分分析

根据吴征镒等（2003）和李锡文（1996）对中国种子植物科的分布区类型的划分，将贵州普安龙吟阔叶林州级自然保护区的129科野生种子植物划分为10个分布区类型（见表5-10），可以大致分为世界分布、热带成分和温带成分3大类，无中国特有科。

表5-10　贵州普安龙吟阔叶林州级自然保护区种子植物科的分布区类型统计

分布区类型	科数	占非世界科比例 (%)
T1 世界分布科	42	/
T2 泛热带分布科	40	45.98
T3 热带亚洲和热带美洲间断分布	8	9.20
T4 旧世界热带	3	3.45
T5 热带亚洲至热带大洋洲分布	1	1.15
T7 热带亚洲分布	1	1.15
T8 北温带分布	25	28.74
T9 东亚和北美间断分布	6	6.90
T10 旧世界温带分布	1	1.15
T14 东亚分布	2	2.30
合计	129	100

（一）世界分布

世界分布类型是指那些几乎遍布世界各个洲没有特殊的分布中心的科，或虽有一个或多个分布中心而包含世界分布属的科。本区域内有世界分布科类型42科，常见的有菊科、禾本科、蓼科、莎草科、毛茛科、堇菜科(Violaceae)、十字花科(Cruciferae)、苋科(Amaranthaceae)、伞形科(Umbelliferae)等，以草本植物为主，不构成本区域植被的乔木层，不占主导地位。

（二）热带成分科

贵州普安龙吟阔叶林州级自然保护区种子植物区系中有热带成分科53科，占本区域内种子植物非世界分布科数的60.92%，包括T2泛热带分布、T3热带亚洲至热带美洲间断分布、T4旧世界热带分布、T5热带亚洲至热带大洋洲分布、T7热带亚洲分布。53个热带成分科包含132属212种，占本区域内种子植物总属数的32.43%、总种数的31.93%。

T2泛热带分布类型，是指普遍分布于东西两半球的热带地区的科。保护区有该类型的40科，占本区域内种子植物非世界分布科数的45.98%。常见的有樟科、大戟科、山茶科(Theaceae)、紫金牛科(Myrsinaceae)、云实科(Caesalpiniaceae)、漆树科(Anacardiaceae)、山矾科(Symplocaceae)、卫矛科(Celastraceae)、楝科(Meliaceae)和紫葳科(Bignoniaceae)等。属于这一类型的很多植物都是本区域常绿落叶阔叶混交林的主要组成部分，在本区域的植被中占有重要地位。

T3热带亚洲至热带美洲间断分布类型，是指分布于美洲和亚洲温暖地区的热带科。保护区内有此类型8科，占本区域内种子植物非世界分布科数的9.20%。这些科中除苦苣苔科(Gesneriaceae)部分为草本植物，其他如五加科(Araliaceae)、马鞭草科(Verbenaceae)、冬青科(Aquifoliaceae)、安息香科(Styracaceae)、木通科(Lardizabalaceae)、杜英科(Elaeocarpaceae)和省沽油科(Staphyleaceae)等均为木本植物。

T4旧世界热带分布类型，是指分布于热带亚洲、大洋洲、非洲及临近岛屿的古热带，与美洲新大陆热带有别。保护区内属于此类型的有海桐花科(Pittosporaceae)、八角枫科(Alangiaceae)和芭蕉科(Musaceae)3科。

T5热带亚洲至热带大洋洲分布类型，是指分布于旧世界热带的东翼区域，连续或间断分布于热带亚洲和热带大洋洲，不分布于非洲大陆。保护区内属于此分布区类型的只有姜科(Zingiberaceae)1科。

T7热带亚洲分布类型，是指分布于热带东南亚、印度－马来和西南太平洋诸岛的科。保护区内属于此类型的仅清风藤科(Sabiaceae)1科。

（三）温带成分科

保护区内有温带成分科34科，占本区域内种子植物非世界分布科数的39.08%，包括T8北温带分布、T9东亚和北美间断分布、T10旧世界温带分布和T14东亚分布4种类型。

T8北温带分布类型是指广泛分布在亚洲、欧洲、北美温带地区的科。保护区内属于此类型的有25科，占本区域内种子植物非世界分布科数的28.74%。常见的有壳斗科(Fagaceae)、忍冬科(Caprifoliaceae)、小檗科(Berberidaceae)、金丝桃科(Hypericaceae)、桦木科(Betulaceae)、松科(Pinaceae)、绣球花科(Hydrangeaceae)、山茱萸科(Cornaceae)、杉科(Taxodiaceae)、金缕梅科(Hamamelidaceae)、胡桃科(Juglandaceae)、槭树科(Aceraceae)等。松科、杉科、金缕梅科、壳斗科、胡桃科和山茱萸科等植物是本区域针阔混交林和常绿落叶阔叶混交林中的优势植物。

T9东亚和北美间断分布类型，是指分布于东亚和北美洲温带及亚热带地区的科。保护区内属于此类型的有木兰科(Magnoliaceae)、八角科、五味子科(Schisandraceae)、三白草科(Saururaceae)、鼠刺科(Escalloniaceae)和蓝果树科(Nyssaceae)等6科。

T10旧世界温带分布类型，是指广泛分布于欧洲、亚洲中高纬度的温带、寒温带、或最多有个别属延伸到亚洲－非洲热带山地或甚至澳大利亚的科。保护区内仅有川续断科(Dipsacaceae)1科属于此类型。

T14东亚分布类型，是指从东喜马拉雅一直分布到日本的一些科。保护区内属于此类型的有猕猴桃科(Actinidiaceae)和旌节花科(Stachyuraceae)2科。

综上所述，保护区内的129科植物，其中世界广布有40科，热带成分科55科，温带成分科34科。可知，保护区内植物区系以热带成分科为优势，说明该区域内种子植物区系具有较强的热带亲缘。

四、属的区系特点

（一）属的数量统计

贵州普安龙吟阔叶林州级自然保护区的407属种子植物，按照所含种数的多少可以大致划分为3类，见表5-11。

表5-11　贵州普安龙吟阔叶林州级自然保护区种子植物属的统计

级　别	属数		属内含种数	
	数量	占总属数（%）	数量	占总种数（%）
5～9种	18	4.42	118	17.77
2～4种	109	26.78	266	40.06
单种属	280	68.80	280	42.17
合　计	407	100	664	100

含种5～9种的有悬钩子属（*Rubus*，9种）、蓼属（*Polygonum*，9种）、薹草属（*Carex*，9种）、山胡椒属（*Lindera*，8种）、铁线莲属（*Clematis*，8种）、榕属（*Ficus*，8种）、菝葜属（*Smilax*，7种）、堇菜属（*Viola*，6种）山茶属（*Camellia*，6种）、金丝桃属（*Hypericum*，6种）、杜鹃花属（*Rhododendron*，6种）、荚蒾属（*Viburnum*，6种）、栎属（*Quercus*，6种）、朴属（*Celtis*，5种）等18属，共含118种，占本区域种子植物总种数的17.77%。

含种2～4种的有木姜子属（*Litsea*，4种）、柃木属（*Eurya*，4种）、野桐属（*Mallotus*，4种）、石楠属（*Photinia*，4种）、花椒属（*Zanthoxylum*，4种）、山矾属（*Symplocos*，4种）、女贞属（*Ligustrum*，4种）、松属（*Pinus*，3种）、樟属（*Cinnamomum*，3种）、小檗属（*Berberis*，3种）、十大功劳属（*Mahonia*，3种）、黄檀属（*Dalbergia*，3种）和桑属（*Morus*，3种）等109属，共含266种，占本区域种子植物总种数的40.06%。

单种属有280个，常见的有蒲儿根属(*Sinosenecio*)、檫木属(*Sassafras*)、轮环藤属(*Cyclea*)、荠属(*Capsella*)、漆姑草属(*Sagina*)、商陆属(*Phytolacca*)、马桑属(Coriaria)、何首乌属(*Fallopia*)等。

其中，杉木属(*Cunninghamia*)、鸡仔木属(*Sinoadina*)、蕺菜属(*Houttuynia*)、刺楸属(*Kalopanax*)、袋果草属(*Peracarpa*)、鞭打绣球属(*Hemiphragma*)、地涌金莲属(*Musella*)、长冠苣苔属(*Rhabdothamnopsis*)和吉祥草属(*Reineckea*)等为单型属。

二、属的区系地理成分分析

根据吴征镒(1991, 1993)和吴征镒等(2006, 2010)对中国种子植物属的分布区类型统计，可以将贵州普安龙吟阔叶林州级自然保护区内的407属种子植物划分为14个分布区类型，见表5-12。

T1世界广布类型，包括几乎遍布世界各大洲而没有特殊分布中心的属，或虽有一个或数个分布中心而包含世界分布种的属。保护区内有43属为世界广布属，如蓼属、薹草属、堇菜属、珍珠菜属(*Lysimachia*)、酸模属(*Rumex*)、车前属(*Plantago*)、灯芯草属(*Juncus*)、莎草属(*Cyperus*)和繁缕属(*Stellaria*)等，主要为草本植物。

T2泛热带分布类型，包括普遍分布于东、西两半球热带，和在全世界热带范围内有一个或数个分布中心，但在其他地区也有一些种类分布的热带属。保护区内有泛热带分布及其变型81属，其中，正型有榕属(*Ficus*)、朴属(*Celtis*)、山矾属(*Symplocos*)、冬青属(*Ilex*)、安息香属(*Styrax*)、乌桕属(*Sapium*)、鹅掌柴属(*Schefflera*)、柿属(*Diospyros*)和紫金牛属(*Ardisia*)等77属；变型2-1热带亚洲、大洋洲和热带美洲分布的有糙叶树属(*Aphananthe*)、菊芹属(*Erechtites*)和蓝花参属(*Wahlenbergia*)3属；变型2-2热带亚洲－热带非洲－热带美洲分布的只有糯m团属(*Gonostegia*)1属。

T3热带亚洲和热带美洲间断分布，包括间断分布于美洲和亚洲温暖地区的热带属，在旧世界（东半球）从亚洲可能延伸到澳大利亚东北部或西南太平洋岛屿。保护区内属于此类型的有木姜子属、柃属、楠木属(*Phoebe*)、月见草属(*Oenothera*)、白珠树属(*Gaultheria*)、萝芙木属(*Rauvolfia*)和藿香蓟属(*Ageratum*)等6属。

T4旧世界热带分布，是指亚洲、非洲和大洋洲热带地区及其邻近岛屿（也常称为古热带），以与美洲新大陆热带相区别。保护区有旧世界热带分布及其变型24属。其中，正型有22属，常见的有野桐属(*Mallotus*)、海桐花属(*Pittosporum*)、金锦香属(*Osbeckia*)、合欢属(*Albizia*)、酸藤子属(*Embelia*)、杜茎山属(*Maesa*)、五月茶属(*Antidesma*)等；变型4-1热带亚洲、非洲(或东非、马达加斯加)和大洋洲间断分布的有青牛胆属(*Tinospora*)和飞蛾藤属(*Porana*)2属。

T5热带亚洲至热带大洋洲分布，是指分布在旧世界热带分布区的东翼，其西端有时可达马达加斯加，但一般不到非洲大陆的属。保护区有热带亚洲至热带大洋洲分布及其变型11属。其中，属于正型的有10属，如野牡丹属(*Melastoma*)、栝楼属(*Trichosanthes*)、雀舌木属(*Leptopus*)、猫乳属(*Rhamnella*)等；属于变型5-1中国（西南）亚热带至新西兰间断分布的只有梁王茶属(*Nothopanax*)1属。

T6热带亚洲至热带非洲分布是旧世界热带分布区类型的西翼，即从热带非洲至印度－马来西亚，特别是其西部（西马来西亚），有的属也分布到斐济等南太平洋岛屿，但不见于澳大利亚大陆。保护区内属于此类型及其变型的有22属。其中，属于正型的有紫雀花属(*Parochetus*)、水麻属(*Debregeasia*)、铁仔属(*Myrsine*)、蓝耳草属(*Cyanotis*)、豆腐柴属(*Premna*)、孩儿草属(*Rungia*)、鱼眼草属(*Dichrocephala*)、魔芋属(*Amorphophallus*)等20属；属于变型6-2热带亚洲和东非或马达加斯加间断分布的有杨桐属(*Adinandra*)和马蓝属(*Strobilanthes*)2属。

T7热带亚洲（印度、马来西亚）分布，包括印度、斯里兰卡、中南半岛、印度尼西亚、加里曼丹岛、菲律宾及新几内亚岛等。保护区内属于此类型及其变型的有32属。其中，属于正型的有山胡椒属(*Lindera*)、山茶属(*Camellia*)、润楠属(*Machilus*)、青冈属(*Cyclobalanopsis*)、构属(*Broussonetia*)、黄杞属(*Engelhardtia*)、鸡仔木属(*Sinoadina*)、紫麻属(*Oreocnide*)等25属；属于7-1爪哇（或苏门答腊）、喜马拉雅至华南、西南间断或星散分布的有木荷属(*Schima*)1属；属于7-2热带印度至华南（特别滇南）分布的有大苞寄生属(*Tolypanthus*)1属；属于7-3缅甸、泰国至华西南分布的有穗花杉属(*Amentotaxus*)、来江藤属(*Brandisia*)和粗筒苣苔属(*Briggsia*)3属；属于7-4越南（或中南半岛）至华南（或西南）分布的有青篱柴属(*Tirpitzia*)和竹根七属(*Disporopsis*)2属。

T8北温带分布是指广泛分布于欧洲、亚洲和北美洲温带地区的属。保护区内属于此类型及其变型的有78属。其中，属于正型的有杜鹃花属(*Rhododendron*)、荚蒾属(*Viburnum*)、栎属(*Quercus*)、松属、细辛属(*Asarum*)、栒子属(*Cotoneaster*)、桤木属(*Alnus*)等62属；属于变型8-4北温带和南温带间断（泛温带）分布有景天属(*Sedum*)、婆婆纳属(*Veronica*)、野豌豆属(*Vicia*)、杨梅属(*Myrica*)等14属；属于变型8-5欧亚和温带南美洲间断分布的有看麦娘属(*Alopecurus*)1属；属于变型8-6地中海、东亚、新西兰和墨西哥－智利间断分布有马桑属(*Coriaria*)1属。

T9东亚和北美间断分布，是指间断分布于东亚和北美洲温带及亚热带地区的属。保护区内属于此类型的有石楠属、山蚂蝗属(*Desmodium*)、十大功劳属、漆属(*Toxicodendron*)、楤木属(*Aralia*)、络石属(*Trachelospermum*)、鹅掌楸属(*Liriodendron*)等31属。

T10旧世界温带分布，是指广泛分布于欧洲、亚洲中－高纬度的温带和寒温带、或最多有个别种延伸到亚洲－非洲热带山地或甚至澳大利亚的属。保护区内属于此类型及其变型的有17属。其中，属于正型的有香薷属(*Elsholtzia*)、天名精属(*Carpesium*)、淫羊藿属(*Epimedium*)、瑞香属(*Daphne*)、川续断属(*Dipsacus*)、毛连菜属(*Picris*)、筋骨草属(*Ajuga*)等12属；属于变型10-1地中海、西亚（或中亚）和东亚间断分布的有女贞属(*Ligustrum*)、火棘属(*Pyracantha*)和牧根草属(*Asyneuma*)3属；属于变型10-3欧亚和南部非洲(有时也在大洋洲)间断分布的有苜蓿属(*Medicago*)和百脉根属(*Lotus*)2属。

T11温带亚洲分布，是指主要局限于亚洲温带地区的属。保护区内属于此类型的有马兰属(*Kalimeris*)、黏冠草属(*Myriactis*)和附地菜属(*Trigonotis*)等3属。

表5-12　贵州普安龙吟阔叶林州级自然保护区种子植物属的分布区类型统计

分布区类型	属数	占非世界属的比例 (%)
T1．世界广布	43	—
T2．泛热带分布	77	21.15
2-1．热带亚洲、大洋洲和热带美洲	3	0.82
2-2．热带亚洲－热带非洲－热带美洲	1	0.27

（续表）

分布区类型	属数	占非世界属的比例 (%)
T3．热带亚洲和热带美洲间断分布	7	1.92
T4．旧世界热带分布	22	6.04
4-1．热带亚洲、非洲（或东非、马达加斯加）和大洋洲间断	2	0.55
T5．热带亚洲至热带大洋洲分布	10	2.75
5-1．中国（西南）亚热带至新西兰间断分布	1	0.27
T6．热带亚洲至热带非洲分布	20	5.49
6-2．热带亚洲和东非或马达加斯加间断	2	0.55
T7．热带亚洲（印度、马来西亚）分布	25	6.87
7-1．爪哇（或苏门答腊）、喜马拉雅至华南、西南间断或星散	1	0.27
7-2．热带印度至华南（特别滇南）	1	0.27
7-3．缅甸、泰国至华西南	3	0.82
7-4．越南（或中南半岛）至华南（或西南）	2	0.55
T8．北温带分布	62	17.03
8-4．北温带和南温带间断（泛温带）	14	3.85
8-5．欧亚和温带南美洲间断	1	0.27
8-6．地中海、东亚、新西兰和墨西哥-智利间断分布	1	0.27
T9．东亚和北美间断分布	31	8.52
T10．旧世界温带分布	12	3.30
10-1．地中海、西亚（或中亚）和东亚间断	3	0.82
10-3．欧亚和南部非洲（有时也在大洋洲）间断分布	2	0.55
T11．温带亚洲分布	3	0.82
T12．地中海区、西亚至中亚分布		
12-3．地中海区至温带－热带亚洲、大洋洲和南美洲间断分布	1	0.27
T14．东亚分布（东喜马拉雅－日本）	27	7.42
14SH．中国－喜马拉雅	11	3.02
14SJ．中国－日本	13	3.57
T15．中国特有分布	6	1.65
总计	407	100

T12地中海区、西亚至中亚分布，是指分布于现代地中海周围，经过西亚或西南亚至苏联中亚和我国新疆、青藏高原及蒙古高原一带的属。保护区内只有1属属于此类型的变型，12-3地中海区至温带－热带亚洲、大洋洲和南美洲间断分布，即黄连木属(*Pistacia*)。

T14东亚分布，是指从东喜马拉雅一直分布到日本的一些属。保护区内属于此类型及其变型的有51属。其中，属于正型的有猕猴桃属(*Actinidia*)、旌节花属(*Stachyurus*)、绣线梅属(*Neillia*)、蜡瓣花属(*Corylopsis*)、青荚叶属(*Helwingia*)、袋果草属、斑种草属(*Bothriospermum*)等27属；属于变型14SH中国－喜马拉雅分布的有油杉属(*Keteleeria*)、侧柏属(*Platycladus*)、石莲属(*Sinocrassula*)、珊瑚苣苔属(*Corallodiscus*)、吊石苣苔属(*Lysionotus*)等11属；属于变型14SJ中国－日本分布的有钻地风属(*Schizophragma*)、枳椇属(*Hovenia*)、刺楸属(*Kalopanax*)、叠鞘兰属(*Chamaegastrodia*)等13属。

T15中国特有属，有杉木属、香果树属(*Emmenopterys*)、同钟花属(*Homocodon*)、翅茎草属(*Pterygiella*)、长冠苣苔属(*Rhabdothamnopsis*)、地涌金莲属(*Musella*)等6属。杉属的分布区虽然已经到了老挝、越南北部，但中国才是其分布中心。

综上所述，保护区内世界广布属43属，热带成分属117属，温带成分属181属，中国特有属6属。可见，温带成分属的比重较热带成分属高，占有优势。

五、种的地理成分分析

研究到区域内每个种的分布区，才能正确反映出该区域内种子植物区系的特点（朱华，2007）。本文利用《中国植物志》查找出本区域内种子植物的分布范围，并结合《Flora of China》，对每一个种的分布区进行修正，找出每一个种最完整的分布区。借鉴吴征镒(1991)对种子植物属的分布区类型的划定，对每一个种进行分布区类型界定。最终将本区域的664种种子植物大致划分为14大类型（见表5-13）。

T1世界广布，有12种，如金鱼藻(*Ceratophyllum demersum*)、繁缕(*Stellaria media*)、藜(*Chenopodium album*)、杖藜(*C. giganteum*)、救荒野豌豆(Vicia sativa)、少花龙葵(*Solanum americanum*)、稗(*Echinochloa crusgalli*)等，均为草本植物。

T2泛热带分布，保护区有16种，占保护区非世界分布总种数的2.45%，如广泛分布于泛热带地区的一点红(*Emilia sonchifolia*)；分布世界热带和亚热带地区的升马唐(*Digitaria ciliaris*)，在我国分布范围也比较广泛；原产非洲现广布于大洋洲、美洲和亚洲的热带和亚热带地区的棕叶狗尾草(*Setaria palmifolia*)，在我国分布于西南、华南、华中、华东地区；广泛分布于热带亚洲、大洋洲、南美洲的假烟叶树(*Solanum erianthum*)，在我国主要分布在华南、西南地区。

T3热带亚洲和热带美洲间断分布，保护区内有6种，占保护区非世界分布总种数的0.92%，如分布于印度、斯里兰卡、中南半岛、日本、马来西亚、印度尼西亚至南美的叶下珠(*Phyllanthus urinaria*)；分布于美洲及亚洲的热带地区的紫马唐(*Digitaria violascens*)和梁子菜(*Erechtites hieraciifolius*)等。

T4旧世界热带分布，保护区内有6种，占保护区非世界分布总种数的1.07%，如分布于亚洲、非洲、大洋洲的金盏银盘(*Bidens biternata*)；分布于亚洲南部、非洲、澳大利亚等地区的竹叶茅

(*Microstegium nudum*)，在我国主要分布在华南、西南、华东、华中等地区；分布于中南半岛、亚洲东部、非洲和大洋洲的黄独(*Dioscorea bulbifera*)。

T5热带亚洲至热带大洋洲分布，保护区内有14种，占保护区非世界分布总种数的2.15%，如亚洲南部和东南部、大洋洲热带区分布的粗糠柴(*Mallotus philippinensis*)；分布于亚洲热带和亚热带地区及澳大利亚的糯m团(*Gonostegia hirta*)；在南亚、中南半岛、大洋洲均有分布的金发草(*Pogonatherum paniceum*)，在我国主要分布在华南、西南、华中地区；在朝鲜、日本、中南半岛、南亚及澳大利亚普遍分布的泥胡菜(*Hemisteptia lyrata*)。

T6热带亚洲至热带非洲分布，保护区内有10种，占保护区非世界分布总种数的1.53%，如分布于朝鲜、日本、俄罗斯（远东）、阿富汗、巴基斯坦、印度、尼泊尔、菲律宾、印度尼西亚及非洲的尼泊尔蓼(*Polygonum nepalense*)；在我国，除新疆，其他地方均有。分布于朝鲜、日本、俄罗斯、印度、越南、缅甸、泰国、菲律宾、马来西亚及热带非洲的青葙(*Celosia argentea*)；分布于亚速尔群岛、非洲、亚洲西南部、印度的铁仔(*Myrsine africana*)。

T7热带亚洲（印度、马来西亚）分布，保护区内有209种，占保护区非世界分布总种数的32.06%，如分布于越南北部、缅甸南部和我国的大八角(*Illicium majus*)；分布于印度、尼泊尔、缅甸至马来西亚的云南樟(*Cinnamomum glanduliferum*)；分布于不丹、印度东北部、老挝、缅甸、泰国、越南的冠毛榕(*Ficus gasparriniana*)；中国、越南有分布的青篱柴(*Tirpitzia sinensis*)等。

T8北温带分布，保护区内有30种，占保护区非世界分布总种数的4.60%，如分布于不丹、印度、日本、哈萨克斯坦、朝鲜、吉尔吉斯斯坦、尼泊尔、巴基斯坦、俄罗斯、塔吉克斯坦、土库曼斯坦、乌兹别克斯坦、非洲、亚州西南部、欧洲、北美洲的夏枯草(*Prunella vulgaris*)；分布于日本、朝鲜、欧洲、北美的半夏(*Pinellia ternata*)；分布于欧亚大陆之寒温和温暖地区与北美的看麦娘(*Alopecurus aequalis*)等。

T9东亚和北美间断分布，保护区内只有钻叶紫菀(*Aster subulatus*)1种。

T10旧世界温带分布，保护区内有5种，占保护区非世界分布总种数的0.77%，如广布于亚洲、欧洲温带地区的地榆(*Sanguisorba officinalis*)；分布于亚洲中部、北部、西南部、印度、尼泊尔、巴基斯坦和欧洲的大车前(*Plantago major*)；分布于欧洲、地中海地区、俄罗斯（欧洲部分、西西伯利亚）、哈萨克斯坦、不丹、印度北部、克什m尔地区的毛连菜(*Picris hieracioides*)。

T11温带亚洲分布，保护区内有31种，占保护区非世界分布总种数的4.75%，如分布于俄罗斯(远东地区)、朝鲜、日本、印度、尼泊尔等地区的漆姑草(*Sagina japonica*)；分布于蒙古、日本、俄罗斯远东地区的毛茛(*Ranunculus japonicus*)；分布于日本、朝鲜和俄罗斯远东地区的羊蹄(*Rumex crispus* var. *japonicus*)、老鹳草(*Geranium wilfordii*)等。

T14东亚分布，保护区内有76种，占保护区非世界分布总种数的11.66%，如分布于福建、贵州、四川、湖北、湖南、江西、安徽、浙江、江苏、甘肃、陕西、河南、山东、山西、河北、辽宁、吉林、北京的垂盆草(*Sedum sarmentosum*)，也在日本和朝鲜分布；分布于不丹、印度、尼泊尔的青灰叶下珠(*Phyllanthus glaucus*)，在我国主要分布在安徽、福建、广东、广西、贵州、海南、湖北、湖南、江苏、江西、四川、西藏、云南、浙江等地；在越南也有分布的山杜英

表5-13　贵州普安龙吟阔叶林州级自然保护区种子植物种的分布区类型统计

分布区类型	种数	占非世界种的比例 (%)
T1．世界广布	12	—
T2．泛热带分布	16	2.45
T3．热带亚洲和热带美洲间断分布	6	0.92
T4．旧世界热带分布	7	1.07
T5．热带亚洲至热带大洋洲分布	14	2.15
T6．热带亚洲至热带非洲分布	10	1.53
T7．热带亚洲（印度、马来西亚）分布	209	32.06
T8．北温带分布	30	4.60
T9．东亚和北美间断分布	1	0.15
T10．旧世界温带分布	5	0.77
T11．温带亚洲分布	31	4.75
T14．东亚分布（东喜马拉雅－日本）	76	11.66
T15．中国特有分布	81	12.42
15-1南方片区	88	13.50
15-2西南地区分布	76	11.66
15-3贵州特有	2	0.31
总计	664	100

(*Elaeocarpus sylvestris*)，在我国分布在福建、广东、广西、海南、湖南、江西、四川、云南、浙江等地；在我国广东、广西、贵州、湖南、江苏、云南、浙江有分布的翅荚香槐(*Cladrastis platycarpa*)，在日本也分布。

T15中国特有分布，保护区内有247种，占保护区非世界分布总种数的37.88%。其中，中国广布或亚广布的有81种，如中华石楠(*Photinia beauverdiana*)、绒毛钓樟(*Lindera floribunda*)、黑壳楠(*Lindera megaphylla*)、中华猕猴桃(*Actinidia chinensis*)、中华绣线梅(*Neillia sinensis*)等；15-1南方片区分布较广的有88种，如香粉叶(*Lindera pulcherrima* var. *attenuata*)、猴樟(*Cinnamomum bodinieri*)、球果赤瓟(*Thladiantha globicarpa*)、蜡瓣花(*Corylopsis sinensis*)、过山枫(*Celastrus aculeatus*)等；15-2西南地区分布的有76种，如云南松(*Pinus yunnanensis*)、菱叶钓樟(*Lindera supracostata*)、贵州小檗(*Berberis cavaleriei*)、贵州远志(*Polygala dunniana*)、滇鼠刺(*Itea yunnanensis*)、红纹凤仙花(*Impatiens rubrostriata*)等；15-3贵州特有分布的有2种，即安龙石楠(*Photinia anlungensis*)和冬青叶山茶(*Camellia ilicifolia*)。

六、小结

贵州普安龙吟阔叶林州级自然保护区有种子植物129科407属664种，区系成分丰富。

区域内分布的664种种子植物中，有热带分布种262种，占保护区内非世界分布总种数的40.18%；有温带分布种143种，占保护区内非世界分布总种数的21.93%；热带分布种占有明显优势，说明保护区内的种子植物区系具有很强的热带性质。

中国特有种有247种，其中贵州特有分布种两种。本区域的中国特有种占保护区内非世界分布总种数的37.88%，比重较大，这与该区域特殊的地质地貌和气候有很大关系。

参考文献

[1]李锡文. 中国种子植物区系统计分析[J]. 云南植物研究, 1996, 18(4): 363-384.

[2]吴征镒. 中国种子植物属的分布区类型[J]. 云南植物研究, 1991, 增刊Ⅳ：1-139.

[3]吴征镒. “中国种子植物属的分布区类型”的增订和勘误[J]. 云南植物研究, 1993, 增刊Ⅳ：141-148.

[4]吴征镒, 等. 世界种子植物科的分布区类型系统[J]. 2003, 25(3): 245-257.

[5]吴征镒, 等. 种子植物分布区类型及其起源和分化[M]. 昆明：云南科技出版社, 2006.

[6]吴征镒, 等. 中国种子植物区系地理[M]. 北京：科学出版社，2010:120-314.

裸子植物

G.4 **松科** Pinaceae

油杉属 *Keteleeria* Carr.

1．云南油杉 *Keteleeria evelyniana* Mast.

松属 *Pinus* Linn.

2．华山松 *Pinus armandii* Franch.

3．马尾松 *Pinus massoniana* Lamb.

4．云南松 *Pinus yunnanensis* Franch.

G.5 **杉科** Taxodiaceae

杉木属 *Cunninghamia* R. Br.

5．杉木 *Cunninghamia lanceolata* (Lamb.) Hook.

G.6 **柏科** Cupressaceae

柏木属 *Cupressus* Linn.

6．柏木 *Cupressus funebris* Endl.

侧柏属 *Platycladus* Spach

7．侧柏 *Platycladus orientalis* (L.) Franco

G.9 **红豆杉科** Taxaceae

穗花杉属 *Amentotaxus* Pilger

8．穗花杉 *Amentotaxus argotaenia* (Hance) Pilger

被子植物

1　**木兰科** Magnoliaceae

鹅掌楸属 *Liriodendron* Linn.

9．鹅掌楸 *Liriodendron chinense* (Hemsl.) Sargent.

玉兰属 *Yulania* Spach

10．玉兰 *Yulania denudata* (Desr.) D. L. Fu

2A **八角科**Illiciaceae

八角属 *Illicium* L.

11．大八角 *Illicium majus* Hook. f. et Thoms.

3　**五味子科** Schisandraceae

五味子属 *Schisandra* Michx.

12．云南五味子 *Schisandra henryi* subsp. *yunnanensis* (A. C. Smith) R. M. K. Saunders

11　**樟科** Lauraceae

樟属 *Cinnamomum* Trew

13．猴樟 *Cinnamomum bodinieri* Levl.

14．云南樟 *Cinnamomum glanduliferum* (Wall.) Nees

15．黄樟 *Cinnamomum parthenoxylon* (Jack.) Meissn

山胡椒属 *Lindera* Thunb.

16．香叶树 *Lindera communis* Hemsl.

17．绒毛钓樟 *Lindera floribunda* (Allen) H. P. Tsui

18．黑壳楠 *Lindera megaphylla* Hemsl.

19．绒毛山胡椒 *Lindera nacusua* (D. Don) Merr.

20．绿叶甘橿 *Lindera neesiana* (Wall. ex Nees) Kurz

21．香粉叶 *Lindera pulcherrima* var. *attenuata* Allen

22．四川山胡椒 *Lindera setchuenensis* Gamble

23．菱叶钓樟 *Lindera supracostata* Lec.

木姜子属 *Litsea* Lam.

24．山鸡椒 *Litsea cubeba* (Lour.) Pers.

25．近轮叶木姜子 *Litsea elongata* var. *subverticillata* (Yang) Yang et P. H. Huang

26．毛叶木姜子 *Litsea mollis* Hemsl.

27．钝叶木姜子 *Litsea veitchiana* Gamble

润楠属 *Machilus* Nees

28．安顺润楠 *Machilus cavaleriei* Levl.

29．柳叶润楠 *Machilus salicina* Hance

楠木属 *Phoebe* Nees

30．细叶楠 *Phoebe hui* Cheng ex Yang

檫木属 *Sassafras* Trew

31．檫木 *Sassafras tzumu* (Hemsl.) Hemsl.

15　**毛茛科** Ranunculaceae

银莲花属 *Anemone* L.

32．打破碗花花 *Anemone hupehensis* Lem.

33．草玉梅 *Anemone rivularis* Buch.-Ham.

铁线莲属 *Clematis* L.

34．威灵仙 *Clematis chinensis* Osbeck

35．金毛铁线莲 *Clematis chrysocoma* Franch.

36．小蓑衣藤 *Clematis gouriana* Roxb. ex DC.

37．粗齿铁线莲 *Clematis grandidentata* (Rehder et E. H. Wilson) W. T. Wang

38．锈毛铁线莲 *Clematis leschenaultiana* DC.

39．裂叶铁线莲 *Clematis parviloba* Gardn. et Champ.

40．毛茛铁线莲 *Clematis ranunculoides* Franch.

41．柱果铁线莲 *Clematis uncinata* Champ.

翠雀属 *Delphinium* L.

42．还亮草 *Delphinium anthriscifolium* Hance

毛茛属 *Ranunculus* L.

43．禺毛茛 *Ranunculus cantoniensis* DC.

44．毛茛 *Ranunculus japonicus* Thunb.

45．石龙芮 *Ranunculus sceleratus* L.

17 **金鱼藻科** Ceratophyllaceae

金鱼藻属 *Ceratophyllum* Linn.

46．金鱼藻 *Ceratophyllum demersum* L.

19 **小檗科** Berberidaceae

小檗属 *Berberis* Linn.

47．渐尖小檗 *Berberis acuminata* Franch.

48．贵州小檗 *Berberis cavaleriei* H. Lév.

49．豪猪刺 *Berberis julianae* Schneid.

淫羊藿属 *Epimedium* Linn.

50．粗毛淫羊藿 *Epimedium acuminatum* Franch.

十大功劳属 Mahonia Nuttall

51．宽苞十大功劳 *Mahonia eurybracteata* Fedde

52．遵义十大功劳 *Mahonia imbricata* Ying et Boufford

53．阿里山十大功劳 *Mahonia oiwakensis* Hayata

21 **木通科** Lardizabalaceae

木通属 *Akebia* Decne.

54．白木通 *Akebia trifoliata* subsp. *australis* (Diels) T. Shimizu

23 **防己科** Menispermaceae

木防己属 *Cocculus* DC.

55．毛木防己 *Cocculus orbiculatus* var. *mollis* (Wall. ex Hook. f. et Thoms.) Hara

轮环藤属 *Cyclea* Arn. et Wight

56．粉叶轮环藤 *Cyclea hypoglauca* (Schauer) Diels

青牛胆属 *Tinospora* Miers

57．青牛胆 *Tinospora sagittata* (Oliv.) Gagnep.

24 **马兜铃科** Aristolochiaceae

细辛属 *Asarum* L.

58．地花细辛 *Asarum geophilum* Hemsl.

59．青城细辛 *Asarum splendens* (Maekawa) C. Y. Cheng et C. S. Yang

28 **胡椒科** Piperaceae

草胡椒属 *Peperomia* Ruiz et Pavon

60．蒙自草胡椒 *Peperomia heyneana* Miq.

29 **三白草科** Saururaceae

蕺菜属 *Houttuynia* Thunb.

61．鱼腥草 *Houttuynia cordata* Thunb.

30 **金粟兰科** Chloranthaceae

金粟兰属 *Chloranthus* Swartz

62．多穗金粟兰 *Chloranthus multistachys* Pei

33 **紫堇科** Fumariaceae

紫堇属 *Corydalis* DC.

63．南黄堇 *Corydalis davidii* Franch.

64．金钩如意草 *Corydalis taliensis* Franch.

39 **十字花科** Cruciferae

荠属 *Capsella* Medic.

65．荠 *Capsella bursa-pastoris* (Linn.) Medic.

碎米荠属 *Cardamine* L.

66．弯曲碎米荠 *Cardamine flexuosa* With.

67．碎米荠 *Cardamine hirsuta* L.

豆瓣菜属 *Nasturtium* R. Br.

68．豆瓣菜 *Nasturtium officinale* R. Br.

蔊菜属 *Rorippa* Scop.

69．蔊菜 *Rorippa indica* (L.) Hiern

40 **堇菜科** Violaceae

堇菜属 *Viola* L.

70．鸡腿堇菜 *Viola acuminata* Ledeb.

71．堇菜 *Viola arcuata* Blume

72．球果堇菜 *Viola collina* Bess.

73．深圆齿堇菜 *Viola davidii* Franch.

74．七星莲 *Viola diffusa* Ging.

75．阔萼堇菜 *Viola grandisepala* W. Beck.

42 **远志科** Polygalaceae

远志属 *Polygala* Linn.

76．贵州远志 *Polygala dunniana* Levl.

77．瓜子金 *Polygala japonica* Houtt.

45 **景天科** Crassulaceae

景天属 *Sedum* L.

78．佛甲草 *Sedum lineare* Thunb.

79．长苞景天 *Sedum phyllanthum* Lévl. et Vant.

80．垂盆草 *Sedum sarmentosum* Bunge

石莲属 *Sinocrassula* Berger

81．石莲 *Sinocrassula indica* (Decne.) Berger

47 **虎耳草科** Saxifragaceae

山梅花属 *Philadelphus* Linn.

82．绢毛山梅花 *Philadelphus sericanthus* Koehne

虎耳草属 *Saxifraga* Tourn. ex L.

83．虎耳草 *Saxifraga stolonifera* Curtis

53 **石竹科** Caryophyllaceae

漆姑草属 *Sagina* L.

84．漆姑草 *Sagina japonica* (Sw.) Ohwi

狗筋蔓属 *Silene* Linn.

85．狗筋蔓 *Silene baccifera* (L.) Roth

繁缕属 *Stellaria* Linn.

86．繁缕 *Stellaria media* (L.) Vill.

87．箐姑草 *Stellaria vestita* Kurz

57 **蓼科** Polygonaceae

金线草属 *Antenoron* Rafin.

88．金线草 Antenoron filiforme (Thunb.) Rob. et Vaut.

荞麦属 *Fagopyrum* Mill.

89．金荞麦 *Fagopyrum dibotrys* (D. Don) Hara

90．细柄野荞麦 *Fagopyrum gracilipes* (Hemsl.) Damm. ex Diels

91．长柄野荞麦 *Fagopyrum statice* (Lévl.) H. Gross

何首乌属 *Fallopia* Adans.

92．何首乌 *Fallopia multiflora* (Thunb.) Haraldson

蓼属 *Polygonum* L.

93．高山蓼 *Polygonum alpinum* All.

94．毛蓼 *Polygonum barbatum* L.

95．头花蓼 *Polygonum capitatum* Buch.-Ham. ex D. Don

96．宽叶火炭母 *Polygonum chinense* var. *ovalifolium* Meisn.

97．水蓼 *Polygonum hydropiper* L.

98．酸模叶蓼 *Polygonum lapathifolium* Linn.

99．尼泊尔蓼 *Polygonum nepalense* Meisn.

100．杠板归 *Polygonum perfoliatum* L.

101．赤胫散 *Polygonum runcinatum* var. *sinense* Hemsl.

虎杖属 *Reynoutria* Houtt.

102．虎杖 *Reynoutria japonica* Houtt.

酸模属 *Rumex* L.

103．酸模 *Rumex acetosa* L.

104．羊蹄 *Rumex japonicus* Houtt.

105．尼泊尔酸模 *Rumex nepalensis* Spreng.

106．长刺酸模 *Rumex trisetifer* Stokes

59 **商陆科** Phytolaccaceae

商陆属 *Phytolacca* L.

107．商陆 *Phytolacca acinosa* Roxb.

61 **藜科** Chenopodiaceae

千针苋属 *Acroglochin* Schrad.

108．千针苋 *Acroglochin persicarioides* (Poir.) Moq.

藜属 *Chenopodium* Linn.

109．藜 *Chenopodium album* L.

110．杖藜 *Chenopodium giganteum* D. Don

63 **苋科** Amaranthaceae

牛膝属 *Achyranthes* Linn.

111．土牛膝 *Achyranthes aspera* Linn.

莲子草属 *Alternanthera* Forsk.

112．莲子草 *Alternanthera sessilis* (L.) R.Br. ex DC.

苋属 *Amaranthus* Linn.

113．反枝苋 *Amaranthus retroflexus* Linn.

114．绿苋 *Amaranthus viridis* L.

青葙属 *Celosia* Linn.

115．青葙 *Celosia argentea* Linn.

65　**亚麻科** Linaceae

青篱柴属 *Tirpitzia* Hallier

116．青篱柴 *Tirpitzia sinensis* (Hemsl.) Hallier

67　**牻牛儿苗科** Geraniaceae

老鹳草属 *Geranium* Linn.

117．老鹳草 *Geranium wilfordii* Maxim.

69　**酢浆草科** Oxalidaceae

酢浆草属 *Oxalis* L.

118．酢浆草 *Oxalis corniculata* L.

119．山酢浆草 *Oxalis griffithii* Edgeworth et Hook. f.

71　**凤仙花科** Balsaminaceae

凤仙花属 *Impatiens* Linn.

120．红纹凤仙花 *Impatiens rubrostriata* Hook. f.

121．黄金凤 *Impatiens siculifer* Hook. f.

72　**千屈菜科** Lythraceae

节节菜属 *Rotala* Linn.

122．圆叶节节菜 *Rotala rotundifolia* (Buch.-Ham. ex Roxb.) Koehne

77　**柳叶菜科** Onagraceae

柳叶菜属 *Epilobium* Linn.

123．长籽柳叶菜 *Epilobium pyrricholophum* Franch. et Savat.

月见草属 *Oenothera* Linn.

124．粉花月见草 *Oenothera rosea* L'Hér. ex Ait.

81　**瑞香科** Thymelaeaceae

瑞香属 *Daphne* Linn.

125．白瑞香 *Daphne papyracea* Wall. ex Steud.

87　**马桑科** Coriariaceae

马桑属 *Coriaria* Linn.

126．马桑 *Coriaria nepalensis* Wall.

88　**海桐花科** Pittosporaceae

海桐花属 *Pittosporum* Banks

127．光叶海桐 *Pittosporum glabratum* Lindl.

128．峨眉海桐 *Pittosporum omeiense* Chang et Yan

93 **大风子科** Flacourtiaceae

柞木属 *Xylosma* G. Forst.

129．柞木 *Xylosma congesta* (Lour.) Merr.

103 **葫芦科** Cucurbitaceae

绞股蓝属 *Gynostemma* Bl.

130．绞股蓝 *Gynostemma pentaphyllum* (Thunb.) Makino

赤瓟属 *Thladiantha* Bunge

131．球果赤瓟 *Thladiantha globicarpa* A. M. Lu et Z. Y. Zhang

栝楼属 *Trichosanthes* Linn.

132．中华栝楼 *Trichosanthes rosthornii* Harms

104 **秋海棠科** Begoniaceae

秋海棠属 *Begonia* Linn.

133．心叶秋海棠 *Begonia labordei* Lévl.

108 **山茶科** Theaceae

杨桐属 *Adinandra* Jack

134．川杨桐 *Adinandra bockiana* Pritzel ex Diels

135．尖叶川杨桐 *Adinandra bockiana* var. *acutifolia* (Hand.-Mazz.) Kobuski

山茶属 *Camellia* L.

136．贵州连蕊茶 *Camellia costei* Lévl.

137．冬青叶山茶 *Camellia ilicifolia* Li

138．油茶 *Camellia oleifera* Abel

139．西南红山茶 *Camellia pitardii* Coh. St.

140．红花瘤果茶 *Camellia pyxidiacea* var. *rubituberculata* (H. T. Chang ex M. J. Lin et Q. M. Lu) T. L. Ming

141．大厂茶 *Camellia tachangensis* F. S. Zhang

柃属 *Eurya* Thunb.

142．岗柃 *Eurya groffii* Merr.

143．微毛柃 *Eurya hebeclados* Ling

144．钝叶柃 *Eurya obtusifolia* H. T. Chang

145．金叶柃 *Eurya obtusifolia* var. *aurea* (H. Lév.) Ming

木荷属 *Schima* Reinw.

146．木荷 *Schima superba* Gardn. et Champ.

112 **猕猴桃科** Actinidiaceae

猕猴桃属 *Actinidia* Lindl.

147．中华猕猴桃 *Actinidia chinensis* Planch.

148．革叶猕猴桃 *Actinidia rubricaulis* var. *coriacea* (Fin. et Gagn.) C.F.Liang

118A **杜英科** Elaeocarpaceae

杜英属 *Elaeocarpus* Linn.

149．山杜英 *Elaeocarpus sylvestris* (Lour.) Poir.

120 **野牡丹科** Melastomataceae

野海棠属 *Bredia* Blume

150．叶底红 *Bredia fordii* (Hance) Diels

野牡丹属 *Melastoma* Linn.

151．地菍 *Melastoma dodecandrum* Lour.

152．展毛野牡丹 *Melastoma normale* D. Don

金锦香属 *Osbeckia* Linn.

153．金锦香 *Osbeckia chinensis* L.

154．朝天罐 *Osbeckia opipara* C. Y. Wu et C. Chen

123 **金丝桃科** Hypericaceae

金丝桃属 *Hypericum* Linn.

155．无柄金丝桃 *Hypericum augustinii* N. Robson

156．贵州金丝桃 *Hypericum kouytchense* Lévl.

157．狭叶金丝桃 *Hypericum lagarocladum* subsp. *angustifolium* N. Robson

158．密腺小连翘 *Hypericum seniawinii* Maxim.

159．匙萼金丝桃 *Hypericum uralum* Buch.-Ham. ex D. Don

160．遍地金 *Hypericum wightianum* Wall. ex Wight et Arn.

132 **锦葵科** Malvaceae

秋葵属 *Abelmoschus* Medicus

161．黄葵 *Abelmoschus moschatus* Medicus

锦葵属 *Malva* Linn.

162．野葵 *Malva verticillata* Linn.

黄花稔属 *Sida* Linn.

163．拔毒散 *Sida szechuensis* Matsuda

梵天花属 *Urena* Linn.

164．云南地桃花 *Urena lobata* var. *yunnanensis* S. Y. Hu

136 **大戟科** Euphorbiaceae

铁苋菜属 *Acalypha* L.

165．铁苋菜 *Acalypha australis* Linn.

五月茶属 *Antidesma* Linn.

166．山地五月茶 *Antidesma montanum* Bl.

大戟属 *Euphorbia* Linn.

167．大戟 *Euphorbia pekinensis* Rupr.

白饭树属 *Flueggea* Willd.

168．一叶萩 *Flueggea suffruticosa* (Pall.) Baill.

算盘子属 *Glochidion* T. R. et G. Forst.

169．红算盘子 *Glochidion coccineum* (Buch.-Ham.) Muell. Arg.

170．算盘子 *Glochidion puberum* (Linn.) Hutch.

雀舌木属 *Leptopus* Decne.

171．尾叶雀舌木 *Leptopus esquirolii* (Lévl.) P. T. Li

野桐属 *Mallotus* Lour.

172．毛桐 *Mallotus barbatus* (Wall.) Muell. Arg.

173．野桐 *Mallotus japonicus* var. *floccosus* S. M. Hwang

174．粗糠柴 *Mallotus philippinensis* (Lam.) Müll. Arg.

175．杠香藤 *Mallotus repandus* var. *chrysocarpus* (Pamp.) S. M. Hwang

叶下珠属 *Phyllanthus* Linn.

176．青灰叶下珠 *Phyllanthus glaucus* Wall. ex Muell. Arg.

177．叶下珠 *Phyllanthus urinaria* Linn.

乌桕属 *Sapium* P. Br.

178．圆叶乌桕 *Sapium rotundifolium* Hemsl.

179．乌桕 *Sapium sebiferum* (L.) Roxb.

油桐属 *Vernicia* Lour.

180．油桐 *Vernicia fordii* (Hemsl.) Airy Shaw

139 **鼠刺科** Escalloniaceae

鼠刺属 *Itea* Linn.

181．滇鼠刺 *Itea yunnanensis* Franch.

142 **绣球花科** Hydrangeaceae

常山属 *Dichroa* Lour.

182．常山 *Dichroa febrifuga* Lour.

绣球属 *Hydrangea* Linn.

183．中国绣球 *Hydrangea chinensis* Maxim.

184．伞形绣球 *Hydrangea umbellata* Briq.

钻地风属 *Schizophragma* Sieb. et Zucc.

185．柔毛钻地风 *Schizophragma molle* (Rehd.) Chun

143 **蔷薇科** Rosaceae

龙牙草属 *Agrimonia* Linn.

186．黄龙尾 *Agrimonia pilosa* var. *nepalensis* (D. Don) Nakai

樱属 *Cerasus* Mill.

187．崖樱桃 *Cerasus scopulorum* (Koehne) Yu et Li

栒子属 *Cotoneaster* B. Ehrhart

188．匍匐栒子 *Cotoneaster adpressus* Bois

189．光叶栒子 *Cotoneaster glabratus* Rehd. et Wils.

山楂属 *Crataegus* Linn.

190．野山楂 *Crataegus cuneata* Sieb. et Zucc.

蛇莓属 *Duchesnea* J. E. Smith

191．蛇莓 *Duchesnea indica* (Andr.) Focke

绣线梅属 *Neillia* D. Don

192．中华绣线梅 *Neillia sinensis* Oliv.

193．毛叶绣线梅 *Neillia ribesioides* Rehd.

稠李属 *Padus* Mill.

194．橉木 *Padus buergeriana* (Miq.) Yü et Ku

石楠属 *Photinia* Lindl.

195．安龙石楠 *Photinia anlungensis* Yu

196．中华石楠 *Photinia beauverdiana* Schneid.

197．贵州石楠 *Photinia bodinieri* Lévl.

198．椤木石楠 *Photinia davidsoniae* Rehd. et Wils.

委陵菜属 *Potentilla* Linn.

199．三叶委陵菜 *Potentilla freyniana* Bornm.

200．蛇含委陵菜 *Potentilla kleiniana* Wight et Arn.

火棘属 *Pyracantha* Roem.

201．火棘 *Pyracantha fortuneana* (Maxim.) Li

梨属 *Pyrus* L.

202．豆梨 *Pyrus calleryana* Dcne.

蔷薇属 *Rosa* L.

203．小果蔷薇 *Rosa cymosa* Tratt.

204．野蔷薇 *Rosa multiflora* Thunb.

205．缫丝花 *Rosa roxburghii* Tratt.

悬钩子属 *Rubus* L.

206．寒莓 *Rubus buergeri* Miq.

207．毛萼莓 *Rubus chroosepalus* Focke

208．小柱悬钩子 *Rubus columellaris* Tutcher

209．山莓 *Rubus corchorifolius* L. f.

210．长叶悬钩子 *Rubus dolichophyllus* Hand.-Mazz.

211．栽秧泡 *Rubus ellipticus* var. *obcordatus* (Franch.) Focke

212．川莓 *Rubus setchuenensis* Bureau et Franch.

213．红腺悬钩子 *Rubus sumatranus* Miq.

214．木莓 *Rubus swinhoei* Hance

地榆属 *Sanguisorba* Linn.

215．地榆 *Sanguisorba officinalis* L.

绣线菊属 *Spiraea* L.

216．粉花绣线菊 *Spiraea japonica* L. f.

217．毛枝绣线菊 *Spiraea martinii* Levl.

146 **含羞草科** Mimosaceae

合欢属 *Albizia* Durazz.

218．合欢 *Albizia julibrissin* Durazz.

219．山合欢 *Albizia kalkora* (Roxb.) Prain

147 **云实科** Caesalpiniaceae

羊蹄甲属 *Bauhinia* Linn.

220．鞍叶羊蹄甲 *Bauhinia brachycarpa* Wall.

221．龙须藤 *Bauhinia championii* (Benth.) Benth.

云实属 *Caesalpinia* Linn.

222．华南云实 *Caesalpinia crista* Linn.

决明属 *Cassia* Linn.

223．短叶决明 *Cassia leschenaultiana* DC.

紫荆属 *Cercis* Linn.

224．湖北紫荆 *Cercis glabra* Pampan.

148 **蝶形花科** Papilionaceae

鸡血藤属 *Callerya* Endl.

225．香花鸡血藤 *Callerya dielsiana* (Harms) P.K. Loc ex Z. Wei et Pedley

香槐属 *Cladrastis* Rafin.

226．翅荚香槐 *Cladrastis platycarpa* (Maxim.) Makino

黄檀属 *Dalbergia* Linn. f.

227．大金刚藤 *Dalbergia dyeriana* Prain ex Harms

228．藤黄檀 *Dalbergia hancei* Benth.

229．狭叶黄檀 *Dalbergia stenophylla* Prain

山蚂蝗属 *Desmodium* Desv.

230．假地豆 *Desmodium heterocarpon* (Linn.) DC.

231．小叶三点金 *Desmodium microphyllum* (Thunb.) DC.

232．饿蚂蝗 *Desmodium multiflorum* DC.

233．长波叶山蚂蝗 *Desmodium sequax* Wall.

木蓝属 *Indigofera* Linn.

234．河北木蓝 *Indigofera bungeana* Walp.

235．川西木蓝 *Indigofera dichroa* Craib

236．黔南木蓝 *Indigofera esquirolii* Lévl.

237．马棘 *Indigofera pseudotinctoria* Matsum.

238．茸毛木蓝 *Indigofera stachyodes* Lindl.

鸡眼草属 *Kummerowia* Schindl.

239．鸡眼草 *Kummerowia striata* (Thunb.) Schindl.

胡枝子属 *Lespedeza* Michx.

240．截叶铁扫帚 *Lespedeza cuneata* (Dum.-Cours.) G. Don

241．细梗胡枝子 *Lespedeza virgata* (Thunb.) DC.

百脉根属 *Lotus* Linn.

242．百脉根 *Lotus corniculatus* Linn.

苜蓿属 *Medicago* Linn.

243．天蓝苜蓿 *Medicago lupulina* L.

崖豆藤属 *Millettia* Wight et Arn.

244．厚果崖豆藤 *Millettia pachycarpa* Benth.

小槐花属 *Ohwia* H. Ohashi

245．小槐花 *Ohwia caudata* (Thunb.) Ohashi

紫雀花属 *Parochetus* Buch.-Ham. ex D. Don

246．紫雀花 *Parochetus communis* Buch.-Ham. ex D. Don

鹿藿属 *Rhynchosia* Lour.

247．鹿藿 *Rhynchosia volubilis* Lour.

槐属 *Sophora* Linn.

248．白刺花 *Sophora davidii* (Franch.) Skeels

野豌豆属 *Vicia* Linn.

249．广布野豌豆 *Vicia cracca* L.

250．救荒野豌豆 *Vicia sativa* L.

150 **旌节花科** Stachyuraceae

旌节花属 *Stachyurus* Sieb. et Zucc.

251．西域旌节花 *Stachyurus himalaicus* Hook. f. et Thoms. ex Benth.

252．云南旌节花 *Stachyurus yunnanensis* Franch.

151 **金缕梅科** Hamamelidaceae

蜡瓣花属 *Corylopsis* Sieb. et Zucc.

253．蜡瓣花 *Corylopsis sinensis* Hemsl.

枫香树属 *Liquidambar* Linn.

254．枫香树 *Liquidambar formosana* Hance

154 **黄杨科** Buxaceae

板凳果属 *Pachysandra* Michx.

255．板凳果 *Pachysandra axillaris* Franch.

野扇花属 *Sarcococca* Lindl.

256．野扇花 *Sarcococca ruscifolia* Stapf

156 **杨柳科** Salicaceae

杨属 *Populus* L.

257．响叶杨 *Populus adenopoda* Maxim.

柳属 *Salix* L.

258．皂柳 *Salix wallichiana* Anderss.

159 **杨梅科** Myricaceae

杨梅属 *Myrica* L.

259．云南杨梅 *Myrica nana* Cheval.

260．杨梅 *Myrica rubra* (Lour.) Siebold et Zucc.

161 **桦木科** Betulaceae

桤木属 *Alnus* Mill.

261．尼泊尔桤木 *Alnus nepalensis* D. Don

262．江南桤木 *Alnus trabeculosa* Hand.-Mazz.

桦木属 *Betula* L.

263．亮叶桦 *Betula luminifera* H. Winkl.

鹅耳枥属 *Carpinus* L.

264．多脉鹅耳枥 *Carpinus polyneura* Franch.

榛属 *Corylus* Linn.

265．川榛 *Corylus heterophylla* var. *sutchuanensis* Franch.

163 **壳斗科** Fagaceae

栗属 *Castanea* Mill.

266．茅栗 *Castanea seguinii* Dode

锥属 *Castanopsis* Spach

267．高山锥 *Castanopsis delavayi* Franch.

青冈属 *Cyclobalanopsis* Oerst.

268．窄叶青冈 *Cyclobalanopsis augustinii* (Skan) Schott.

269．滇青冈 *Cyclobalanopsis glaucoides* Schott.

柯属 *Lithocarpus* Bl.

270．窄叶柯 *Lithocarpus confinis* Huang

栎属 *Quercus* L.

271．麻栎 *Quercus acutissima* Carruth.

272．槲栎 *Quercus aliena* Bl.

273．小叶栎 *Quercus chenii* Nakai

274．白栎 *Quercus fabri* Hance

275．云南波罗栎 *Quercus yunnanensis* Franch.

165　**榆科** Ulmaceae

糙叶树属 *Aphananthe* Planch.

276．糙叶树 *Aphananthe aspera* (Thunb.) Planch.

朴属 *Celtis* L.

277．紫弹朴 *Celtis biondii* Pamp.

278．黑弹树 *Celtis bungeana* Bl.

279．珊瑚朴 *Celtis julianae* Schneid.

280．朴树 *Celtis sinensis* Pers.

281．朴属一种 *Celtis* sp.

山黄麻属 *Trema* Lour.

282．山油麻 *Trema cannabina* var. *dielsiana* (Hand.-Mazz.) C. J. Chen

榆属 *Ulmus* Linn.

283．多脉榆 *Ulmus castaneifolia* Hemsl.

167　**桑科** Moraceae

构属 *Broussonetia* L’Hert. ex Vent.

284．葡蟠 *Broussonetia kaempferi* Sieb.

285．构树 *Broussonetia papyrifera* (Linn.) L'Hér. ex Vent.

榕属 *Ficus* Linn.

286．冠毛榕 *Ficus gasparriniana* Miq.

287．菱叶冠毛榕 *Ficus gasparriniana* var. *laceratifolia* (Lévl. et Vant.) Corner

288．异叶榕 *Ficus heteromorpha* Hemsl.

289．粗叶榕 *Ficus hirta* Vahl

290．苹果榕 *Ficus oligodon* Miq.

291．薜荔 *Ficus pumila* L.

292．爬藤榕 *Ficus sarmentosa* var. *impressa* (Champ.) Corner

293．地果 *Ficus tikoua* Bur.

桑属 *Morus* Linn.

294．鸡桑 *Morus australis* Poir.

295．蒙桑 *Morus mongolica* (Bur.) Schneid.

296．云南桑 *Morus mongolica* var. *yunnanensis* (Koidz.) C. Y. Wu et Cao

169 **荨麻科** Urticaceae

苎麻属 *Boehmeria* Jacq.

297．滇黔苎麻 *Boehmeria pseudotricuspis* W. T. Wang

298．小赤麻 *Boehmeria spicata* (Gaudich.) Endl.

水麻属 *Debregeasia* Gaudich.

299．水麻 *Debregeasia orientalis* C. J. Chen

楼梯草属 *Elatostema* J. R. et G. Forst.

300．华南楼梯草 *Elatostema balansae* Gagnep.

301．石生楼梯草 *Elatostema rupestre* (Buch.-Ham.) Wedd.

蝎子草属 *Girardinia* Gaudich.

302．大蝎子草 *Girardinia diversifolia* (Link) Friis

糯m团属 *Gonostegia* Turcz.

303．糯m团 *Gonostegia hirta* (Bl.) Miq.

紫麻属 *Oreocnide* Miq.

304．紫麻 *Oreocnide frutescens* (Thunb.) Miq.

冷水花属 *Pilea* Lindl.

305．华中冷水花 *Pilea angulata* subsp. *latiuscula* C. J. Chen

306．冷水花 *Pilea notata* C. H. Wright

307．石筋草 *Pilea plataniflora* C. H. Wright

荨麻属 *Urtica* Linn.

308．咬人荨麻 *Urtica thunbergiana* Sieb. et Zucc.

170 **大麻科** Cannabaceae

葎草属 *Humulus* Linn.

309．葎草 *Humulus scandens* (Lour.) Merr.

171 **冬青科** Aquifoliaceae

冬青属 *Ilex* L.

310．细刺枸骨 *Ilex hylonoma* Hu et Tang

311．长梗冬青 *Ilex macrocarpa* var. *longipedunculata* S. Y. Hu

312．小果冬青 *Ilex micrococca* Maxim.

173 **卫矛科** Celastraceae

南蛇藤属 *Celastrus* L.

313．过山枫 *Celastrus aculeatus* Merr.

314．苦皮藤 *Celastrus angulatus* Maxim.

315．大芽南蛇藤 *Celastrus gemmatus* Loes.

卫矛属 *Euonymus* L.

316．扶芳藤 *Euonymus fortunei* (Turcz.) Hand.-Mazz.

317．西南卫矛 *Euonymus hamiltonianus* Wall. ex Roxb.

沟瓣木属 *Glyptopetalum* Thw.

318．罗甸沟瓣 *Glyptopetalum feddei* (Levl.) D. Hou

185 **桑寄生科** Loranthaceae

鞘花属 *Macrosolen* (Blume) Reichb.

319．鞘花 *Macrosolen cochinchinensis* (Lour.) Van Tiegh.

梨果寄生属 *Scurrula* Linn.

320．梨果寄生 *Scurrula atropurpurea* (Blume) Danser

桑寄生属 *Taxillus* Van Tiegh.

321．桑寄生 *Taxillus sutchuenensis* (Lecomte) Danser

大苞寄生属 *Tolypanthus* (Blume) Reichb.

322．黔桂大苞寄生 *Tolypanthus esquirolii* (Levl.) Lauener

190 **鼠李科** Rhamnaceae

勾儿茶属 *Berchemia* Neck.

323．毛叶勾儿茶 *Berchemia polyphylla* var. *trichophylla* Hand.-Mazz.

枳椇属 *Hovenia* Thunb.

324．枳椇 *Hovenia acerba* Lindl.

猫乳属 *Rhamnella* Miq.

325．多脉猫乳 *Rhamnella martinii* (Lévl.) Schneid.

鼠李属 *Rhamnus* L.

326．大花鼠李 *Rhamnus grandiflora* C. Y. Wu ex Y. L. Chen

327．异叶鼠李 *Rhamnus heterophylla* Oliv.

328．薄叶鼠李 *Rhamnus leptophylla* Schneid.

329．帚枝鼠李 *Rhamnus virgata* Roxb.

330．山鼠李 *Rhamnus wilsonii* Schneid.

191 **胡颓子科** Elaeagnaceae

胡颓子属 *Elaeagnus* Linn.

331．蔓胡颓子 *Elaeagnus glabra* Thunb.

332．胡颓子 *Elaeagnus pungens* Thunb.

193 **葡萄科** Vitaceae

蛇葡萄属 *Ampelopsis* Michaux

333．三裂蛇葡萄 *Ampelopsis delavayana* Planch. ex Franch.

334．光叶蛇葡萄 *Ampelopsis glandulosa* var. *hancei* (Planch.) Momiy.

乌蔹莓属 *Cayratia* Juss.

335．乌蔹莓 *Cayratia japonica* (Thunb.) Gagnep.

崖爬藤属 *Tetrastigma* (Miq.) Planch.

336．崖爬藤 *Tetrastigma obtectum* (Wall.) Planch.

葡萄属 *Vitis* Linn.

337．毛葡萄 *Vitis heyneana* Roem. et Schult

194 **芸香科** Rutaceae

吴茱萸属 *Evodia* J. R. et G. Forst.

338．楝叶吴萸 *Evodia glabrifolia* (Champ. ex Benth.) Huang

花椒属 *Zanthoxylum* Linn.

339．刺花椒 *Zanthoxylum acanthopodium* DC.

340．竹叶花椒 *Zanthoxylum armatum* DC.

341．蚬壳花椒 *Zanthoxylum dissitum* Hemsl.

342．刺异叶花椒 *Zanthoxylum ovalifolium* var. *spinifolium* (Rehd. et Wils.) Huang

197 **楝科** Meliaceae

浆果楝属 *Cipadessa* Bl.

343．浆果楝 *Cipadessa baccifera* (Roth) Miq.

楝属 *Melia* Linn.

344．楝树 *Melia azedarach* Linn.

香椿属 *Toona* Roem.

345．香椿 *Toona sinensis* (A. Juss.) Roem.

198 **无患子科** Sapindaceae

栾属 *Koelreuteria* Laxm.

346．复羽叶栾树 *Koelreuteria bipinnata* Franch.

200 **槭树科** Aceraceae

槭属 *Acer* Linn.

347．青榨槭 *Acer davidii* Franch.

201 **清风藤科** Sabiaceae

清风藤属 *Sabia* Colelbr.

348．平伐清风藤 *Sabia dielsii* Levl.

204 **省沽油科** Staphyleaceae

野鸦椿属 *Euscaphis* Sieb. et Zucc.

349．野鸦椿 *Euscaphis japonica* (Thunb.) Kanitz

205 **漆树科** Anacardiaceae

黄连木属 *Pistacia* L.

350．清香木 *Pistacia weinmannifolia* J. Poisson ex Franch.

盐肤木属 *Rhus* (Tourn.) Linn. emend. Moench

351．盐肤木 *Rhus chinensis* Mill.

漆属 *Toxicodendron* (Tourn.) Mill.

352．野漆 *Toxicodendron succedaneum* (Linn.) O. Kuntze

353．漆 *Toxicodendron vernicifluum* (Stokes) F. A. Barkl.

207 **胡桃科** Juglandaceae

黄杞属 *Engelhardtia* Lesch. ex Bl.

354．云南黄杞 *Engelhardtia spicata* Lesch. ex Bl.

化香树属 *Platycarya* Sieb. et Zucc.

355．化香树 *Platycarya strobilacea* Sieb.et Zucc.

209 **山茱萸科** Cornaceae

梾木属 *Cornus* L.

356．灯台树 *Cornus controversa* Hemsl.

357．光皮梾木 *Cornus wilsoniana* Wangerin

青荚叶属 *Helwingia* Willd.

358．西域青荚叶 *Helwingia himalaica* Hook. f. et Thomson ex C. B. Clarke

鞘柄木属 *Toricellia* DC.

359．有齿鞘柄木 *Toricellia angulata* var. *intermedia* (Harms) Hu

210 **八角枫科** Alangiaceae

八角枫属 *Alangium* Lam.

360．八角枫 *Alangium chinense* (Lour.) Harms

211 **蓝果树科** Nyssaceae

蓝果树属 *Nyssa* Gronov. ex Linn.

361．蓝果树 *Nyssa sinensis* Oliv.

212 **五加科** Araliaceae

五加属 *Acanthopanax* Miq.

362．白簕 *Acanthopanax trifoliatus* (L.) Merr.

楤木属 *Aralia* Linn.

363．楤木 *Aralia chinensis* L.

364．虎刺楤木 *Aralia finlaysoniana* (Wall. ex DC.) Seem.

罗伞属 *Brassaiopsis* Decne. et Planch.

365．尾叶罗伞 *Brassaiopsis producta* (Dunn) C. B. Shang

常春藤属 *Hedera* Linn.

366．常春藤 *Hedera nepalensis* var. *sinensis* (Tobl.) Rehd.

刺楸属 *Kalopanax* Miq.

367．刺楸 *Kalopanax septemlobus* (Thunb.) Koidz.

梁王茶属 *Nothopanax* Miq.

368．异叶梁王茶 *Nothopanax davidii* (Franch.) Harms ex Diels

鹅掌柴属 *Schefflera* J. R. G. Forst.

369．短序鹅掌柴 *Schefflera bodinieri* (Levl.) Rehd.

370．穗序鹅掌柴 *Schefflera delavayi* (Franch.) Harms ex Diels.

213　**伞形科** Umbelliferae

鸭儿芹属 *Cryptotaenia* DC.

371．鸭儿芹 *Cryptotaenia japonica* Hassk.

天胡荽属 *Hydrocotyle* Linn.

372．天胡荽 *Hydrocotyle sibthorpioides* Lam.

白苞芹属 *Nothosmyrnium* Miq.

373．白苞芹 *Nothosmyrnium japonicum* Miq.

水芹属 *Oenanthe* Linn.

374．水芹 *Oenanthe javanica* (Bl.) DC.

变豆菜属 *Sanicula* Linn.

375．直刺变豆菜 *Sanicula orthacantha* S. Moore

215　**杜鹃花科** Rhododendraceae

白珠树属 *Gaultheria* Kalm ex Linn.

376．滇白珠 *Gaultheria leucocarpa* var. *yunnanensis* (Franch.) T. Z. Hsu et R. C. Fang

珍珠花属 *Lyonia* Nutt.

377．小果珍珠花 *Lyonia ovalifolia* var. *elliptica* (Sieb. et Zucc.) Hand.-Mazz.

378．毛叶珍珠花 *Lyonia villosa* (Wall. ex C. B. Clarke) Hand.-Mazz.

杜鹃花属 *Rhododendron* Linn.

379．大白杜鹃 *Rhododendron decorum* Franch.

380．马缨杜鹃 *Rhododendron delavayi* Franch.

381．岭南杜鹃 *Rhododendron mariae* Hance

382．亮毛杜鹃 *Rhododendron microphyton* Franch.

383．杜鹃 *Rhododendron simsii* Planch.

384．长蕊杜鹃 *Rhododendron stamineum* Franch.

216 **越桔科** Vacciniaceae

越桔属 *Vaccinium* Linn.

385．乌饭树 *Vaccinium bracteatum* Thunb.

386．凸脉越桔 *Vaccinium supracostatum* Hand.-Mazz.

221 **柿树科** Ebenaceae

柿属 *Diospyros* Linn.

387．野柿 *Diospyros kaki* var. *silvestris* Makino

388．油柿 *Diospyros oleifera* Cheng

223 **紫金牛科** Myrsinaceae

紫金牛属 *Ardisia* Swartz

389．百两金 *Ardisia crispa* (Thunb.) A. DC.

390．圆果罗伞 *Ardisia thyrsiflora* D. Don

酸藤子属 *Embelia* Burm. f.

391．短梗酸藤子 *Embelia sessiliflora* Kurz

392．大叶酸藤子 *Embelia subcoriacea* (C. B. Clarke) Mez.

杜茎山属 *Maesa* Forsk.

393．杜茎山 *Maesa japonica* (Thunb.) Zipp. ex Scheff.

394．鲫鱼胆 *Maesa perlarius* (Lour.) Merr.

铁仔属 *Myrsine* Linn.

395．铁仔 *Myrsine africana* Linn.

224 **安息香科** Styracaceae

安息香属 *Styrax* Linn.

396．老鸹铃 *Styrax hemsleyanus* Diels

397．野茉莉 *Styrax japonicus* Sieb. et Zucc.

398．毛萼野茉莉 *Styrax japonicus* var. *calycothrix* Gilg

225 **山矾科** Symplocaceae

山矾属 *Symplocos* Jacq.

399．薄叶山矾 *Symplocos anomala* Brand

400．白檀 *Symplocos paniculata* (Thunb.) Miq.

401．多花山矾 *Symplocos ramosissima* Wall. ex G. Don

402．山矾 *Symplocos sumuntia* Buch.-Ham. ex D. Don

228A **醉鱼草科** Buddlejaceae

醉鱼草属 *Buddleja* Linn.

403．驳骨丹 *Buddleja asiatica* Lour.

404．密蒙花 *Buddleja officinalis* Maxim.

229 **木犀科** Oleaceae

梣属 *Fraxinus* Linn.

405．白蜡树 *Fraxinus chinensis* Roxb.

406．苦枥木 *Fraxinus insularis* Hemsl.

女贞属 *Ligustrum* Linn.

407．川滇蜡树 *Ligustrum delavayanum* Hariot

408．女贞 *Ligustrum lucidum* Ait.

409．小叶女贞 *Ligustrum quihoui* Carr.

410．女贞属一种 *Ligustrum* sp.

木犀属 *Osmanthus* Lour.

411．木犀 *Osmanthus fragrans* Lour.

230 **夹竹桃科** Apocynaceae

链珠藤属 *Alyxia* Banks ex R. Br.

412．狭叶链珠藤 *Alyxia schlechteri* Levl.

萝芙木属 *Rauvolfia* Linn.

413．萝芙木 *Rauvolfia verticillata* (Lour.) Baill.

络石属 *Trachelospermum* Lem.

414．紫花络石 *Trachelospermum axillare* Hook. f.

415．络石 *Trachelospermum jasminoides* (Lindl.) Lem.

231 **萝藦科** Asclepiadaceae

吊灯花属 *Ceropegia* Linn.

416．短序吊灯花 *Ceropegia christenseniana* Hand.-Mazz.

鹅绒藤属 *Cynanchum* Linn.

417．牛皮消 *Cynanchum auriculatum* Royle ex Wight

杠柳属 *Periploca* Linn.

418．黑龙骨 *Periploca forrestii* Schltr.

232 **茜草科** Rubiaceae

香果树属 *Emmenopterys* Oliv.

419．香果树 *Emmenopterys henryi* Oliv.

拉拉藤属 *Galium* Linn.

420．四叶律 *Galium bungei* Steud.

421．六叶律 *Galium hoffmeisteri* (Klotzsch) Ehrend. et Schönb.-Tem. ex R.R.Mill

422．猪殃殃 *Galium spurium* L.

栀子属 *Gardenia* Ellis

423．栀子 *Gardenia jasminoides* Ellis

耳草属 *Hedyotis* Linn.

424．双花耳草 *Hedyotis biflora* (Linn.) Lam.

425．长节耳草 *Hedyotis uncinella* Hook. et Arn.

鸡矢藤属 *Paederia* Linn.

426．鸡矢藤 *Paederia foetida* Linn.

茜草属 *Rubia* Linn.

427．茜草 *Rubia cordifolia* Linn.

428．大叶茜草 *Rubia schumanniana* Pritzel

六月雪属 *Serissa* Comm. ex Juss.

429．白马骨 *Serissa serissoides* (DC.) Druce

鸡仔木属 *Sinoadina* Ridsd.

430．鸡仔木 *Sinoadina racemosa* (Sieb. et Zucc.) Ridsd.

233　**忍冬科** Caprifoliaceae

忍冬属 *Lonicera* Linn.

431．金银忍冬 *Lonicera maackii* (Rupr.) Maxim.

432．忍冬属一种 *Lonicera* sp.

接骨木属 *Sambucus* Linn.

433．接骨草 *Sambucus javanica* Reinw. ex Blume

434．接骨木 *Sambucus williamsii* Hance

荚蒾属 *Viburnum* Linn.

435．桦叶荚蒾 *Viburnum betulifolium* Batal.

436．金佛山荚蒾 *Viburnum chinshanense* Graebn.

437．水红木 *Viburnum cylindricum* Buch.-Ham. ex D. Don

438．宜昌荚蒾 *Viburnum erosum* Thunb.

439．珍珠荚蒾 *Viburnum foetidum* var. *ceanothoides* (C. H. Wright) Hand.-Mazz.

440．南方荚蒾 *Viburnum fordiae* Hance

235　**败酱科** Valerianaceae

败酱属 *Patrinia* Juss.

441．墓头回 *Patrinia heterophylla* Bunge

缬草属 *Valeriana* Linn.

442．长序缬草 *Valeriana hardwickii* Wall.

443．蜘蛛香 *Valeriana jatamansi* Jones

236　**川续断科** Dipsacaceae

川续断属 *Dipsacus* Linn.

444. 川续断 *Dipsacus asper* Wall.

238 **菊科** Compositae

下田菊属 *Adenostemma* J. R. Forst. et G. Forst.

445. 宽叶下田菊 *Adenostemma lavenia* var. *latifolium* (D.Don) Hand.-Mazz.

紫茎泽兰属 *Ageratina* Spach

446. 破坏草 *Ageratina adenophora* (Spreng.) R. M. King et H. Rob.

藿香蓟属 *Ageratum* Linn.

447. 藿香蓟 *Ageratum conyzoides* Sieber ex Steud.

兔儿风属 *Ainsliaea* DC.

448. 宽叶兔儿风 *Ainsliaea latifolia* (D. Don) Sch.-Bip.

香青属 *Anaphalis* DC.

449. 珠光香青 *Anaphalis margaritacea* (L.) A.Gray

蒿属 *Artemisia* Linn.

450. 艾 *Artemisia argyi* Lévl. et Van.

451. 魁蒿 *Artemisia princeps* Pamp.

紫菀属 *Aster* L.

452. 毛枝三脉紫菀 *Aster ageratoides* var. *lasiocladus* (Hayata) Hand.-Mazz.

453. 耳叶紫菀 *Aster auriculatus* Franch.

454. 钻叶紫菀 *Aster subulatus* Michx.

鬼针草属 *Bidens* Linn.

455. 金盏银盘 *Bidens biternata* (Lour.) Merr. et Sherff

456. 白花鬼针草 *Bidens pilosa* Linn.

天名精属 *Carpesium* Linn.

457. 天名精 *Carpesium abrotanoides* L.

458. 烟管头草 *Carpesium cernuum* L.

蓟属 *Cirsium* Mill.

459. 马刺蓟 *Cirsium monocephalum* (Vant.) Lévl.

460. 刺儿菜 *Cirsium setosum* (Willd.) MB.

白酒草属 *Conyza* Less.

461. 白酒草 *Conyza japonica* (Thunb.) Less.

野茼蒿属 *Crassocephalum* Moench

462. 野茼蒿 *Crassocephalum crepidioides* (Benth.) S. Moore

鱼眼草属 *Dichrocephala* DC.

463. 小鱼眼草 *Dichrocephala benthamii* C. B. Clarke

东风菜属 *Doellingeria* Nees

464. 东风菜 *Doellingeria scabra* (Thunb.) Nees

一点红属 *Emilia* (Cass.) Cass.

465. 一点红 *Emilia sonchifolia* Benth.

菊芹属 *Erechtites* Raf.

466. 梁子菜 *Erechtites hieracifolia* (L.) Raf. ex DC.

飞蓬属 *Erigeron* L.

467. 短葶飞蓬 *Erigeron breviscapus* (Vant.) Hand.-Mazz.

泽兰属 *Eupatorium* Linn.

468. 白头婆 *Eupatorium japonicum* Thunb. ex Murray

牛膝菊属 *Galinsoga* Ruiz et Pav.

469. 牛膝菊 *Galinsoga parviflora* Cav.

大丁草属 *Gerbera* Cass.

470. 毛大丁草 *Gerbera piloselloides* (Linn.) Cass.

鼠麴草属 *Gnaphalium* L.

471. 鼠麴草 *Gnaphalium affine* D. Don

472. 秋鼠麴草 *Gnaphalium hypoleucum* DC.

泥胡菜属 *Hemistepta* Bunge

473. 泥胡菜 *Hemistepta lyrata* (Bunge) Bunge

小苦荬属 *Ixeridium* (A. Gray) Tzvelev

474. 抱茎小苦荬 *Ixeridium sonchifolium* (Maxim.) Shih

马兰属 *Kalimeris* (Cass.) Cass.

475. 马兰 *Kalimeris indica* (L.) Sch. -Bip.

粘冠草属 *Myriactis* Less.

476. 圆舌粘冠草 *Myriactis nepalensis* Less.

毛连菜属 *Picris* L.

477. 毛连菜 *Picris hieracioides* L.

千里光属 *Senecio* Linn.

478. 千里光 *Senecio scandens* Buch.-Ham. ex D.Don

豨莶属 *Sigesbeckia* L.

479. 腺梗豨莶 *Sigesbeckia pubescens* (Makino) Makino

蒲儿根属 *Sinosenecio* B. Nord.

480. 蒲儿根 *Sinosenecio oldhamianus* (Maxim.) B. Nord.

一枝黄花属 *Solidago* L.

481. 一枝黄花 *Solidago decurrens* Lour.

蒲公英属 *Taraxacum* F. H. Wigg.

482．蒲公英 *Taraxacum mongolicum* Hand.-Mazz.

斑鸠菊属 *Vernonia* Schreb.

483．毒根斑鸠菊 *Vernonia cumingiana* Benth.

484．斑鸠菊 *Vernonia esculenta* Hemsl.

苍耳属 *Xanthium* Linn.

485．苍耳 *Xanthium strumarium* L.

黄鹌菜属 *Youngia* Cass.

486．红果黄鹌菜 *Youngia erythrocarpa* (Vant.) Babcock et Stebbins

487．黄鹌菜 *Youngia japonica* (Linn.) DC.

488．黄鹌菜属一种 *Youngia* sp.

239 **龙胆科** Gentianaceae

花锚属 *Halenia* Borkh.

489．卵萼花锚 *Halenia elliptica* D. Don

獐牙菜属 *Swertia* Linn.

490．大籽獐牙菜 *Swertia macrosperma* (C. B. Clarke) C. B. Clarke

双蝴蝶属 *Tripterospermum* Blume

491．双蝴蝶 *Tripterospermum chinense* (Migo) H. Smith

240 **报春花科** Primulaceae

点地梅属 *Androsace* L.

492．点地梅 *Androsace umbellata* (Lour.) Merr.

珍珠菜属 *Lysimachia* L.

493．过路黄 *Lysimachia christiniae* Hance

494．珍珠菜 *Lysimachia clethroides* Duby

495．临时救 *Lysimachia congestiflora* Hemsl.

496．五岭过路黄 *Lysimachia fistulosa* var. *wulingensis* Chen et C. M. Hu

497．叶头过路黄 *Lysimachia phyllocephala* Hand.-Mazz.

242 **车前草科** Plantaginaceae

车前属 *Plantago* L.

498．车前 *Plantago asiatica* L.

499．尖萼车前 *Plantago cavaleriei* Lévl.

500．平车前 *Plantago depressa* Willd.

501．大车前 *Plantago major* L.

243 **桔梗科** Campanulaceae

沙参属 *Adenophora* Fisch.

502．杏叶沙参 *Adenophora petiolata* subsp. *hunanensis* (Nannf.) D. Y. Hong et S. Ge

牧根草属 *Asyneuma* Griseb. et Schenk

503．球果牧根草 *Asyneuma chinense* Hong

风铃草属 *Campanula* Linn.

504．西南风铃草 *Campanula pallida* Wall.

党参属 *Codonopsis* Wall.

505．鸡蛋参 *Codonopsis convolvulacea* Kurz

蓝钟花属 *Cyananthus* Wall. ex Benth.

506．胀萼蓝钟花 *Cyananthus inflatus* Hook. f. et Thoms.

同钟花属 *Homocodon* D. Y. Hong

507．同钟花 *Homocodon brevipes* (Hemsl.) D. Y. Hong

袋果草属 *Peracarpa* Hook. f. et Thoms.

508．袋果草 *Peracarpa carnosa* (Wall.) Hook. f. et Thoms.

蓝花参属 *Wahlenbergia* Schrad. ex Roth

509．蓝花参 *Wahlenbergia marginata* (Thunb.) A. DC.

244 **半边莲科** Lobeliaceae

半边莲属 *Lobelia* L.

510．铜锤玉带草 *Lobelia angulata* Forst.

511．西南山梗菜 *Lobelia seguinii* Lévl. et Van.

249 **紫草科** Boraginaceae

斑种草属 *Bothriospermum* Bge.

512．柔弱斑种草 *Bothriospermum zeylanicum* (J. Jacq.) Druce

附地菜属 *Trigonotis* Stev.

513．附地菜 *Trigonotis peduncularis* (Trev.) Benth. ex Baker et Moore

250 **茄科** Solanaceae

酸浆属 *Physalis* Linn.

514．苦蘵 *Physalis angulata* Linn.

茄属 *Solanum* L.

515．喀西茄 *Solanum aculeatissimum* Jacquem.

516．少花龙葵 *Solanum americanum* Mill.

517．野茄 *Solanum coagulans* Forsk.

518．珊瑚樱 *Solanum pseudocapsicum* Linn.

519．假烟叶树 *Solanum verbascifolium* L.

251 **旋花科** Convolvulaceae

打碗花属 *Calystegia* R. Br.

520．打碗花 *Calystegia hederacea* Wall.ex.Roxb.

番薯属 *Ipomoea* Linn.

521．圆叶牵牛 *Ipomoea purpurea* (L.) Roth

飞蛾藤属 *Porana* Burm. f.

522．飞蛾藤 *Porana racemosa* Roxb.

252　**玄参科** Scrophulariaceae

来江藤属 *Brandisia* Hook. f. et Thoms.

523．来江藤 *Brandisia hancei* Hook. f.

鞭打绣球属 *Hemiphragma* Wall.

524．鞭打绣球 *Hemiphragma heterophyllum* Wall.

陌上菜属 *Lindernia* All.

525．长蒴母草 *Lindernia anagallis* (Burm. f.) Pennell

通泉草属 *Mazus* Lour.

526．长蔓通泉草 *Mazus longipes* Bonati

沟酸浆属 *Mimulus* L.

527．尼泊尔沟酸浆 *Mimulus tenellus* var. *nepalensis* (Benth.) Tsoong

泡桐属 *Paulownia* Sieb. et Zucc.

528．川泡桐 *Paulownia fargesii* Franch.

529．白花泡桐 *Paulownia fortunei* (Seem.) Hemsl.

翅茎草属 *Pterygiella* Oliv.

530．杜氏翅茎草 *Pterygiella duclouxii* Franch.

蝴蝶草属 *Torenia* Linn.

531．长叶蝴蝶草 *Torenia asiatica* Linn.

婆婆纳属 *Veronica* Linn.

532．直立婆婆纳 *Veronica arvensis* L.

533．华中婆婆纳 *Veronica henryi* Yamazaki

534．阿拉伯婆婆纳 *Veronica persica* Poir.

腹水草属 *Veronicastrum* Heist. ex Farbic.

535．四方麻 *Veronicastrum caulopterum* (Hance) Yamazaki

256　**苦苣苔科** Gesneriaceae

粗筒苣苔属 *Briggsia* Craib

536．革叶粗筒苣苔 *Briggsia mihieri* (Franch.) Craib

唇柱苣苔属 *Chirita* Buch.-Ham. ex D. Don

537．斑叶唇柱苣苔 *Chirita pumila* D. Don

珊瑚苣苔属 *Corallodiscus* Batalin

538．西藏珊瑚苣苔 *Corallodiscus lanuginosus* (Wall. ex A. DC.) B. L. Burtt

吊石苣苔属 *Lysionotus* D. Don

539．吊石苣苔 *Lysionotus pauciflorus* Maxim.

长冠苣苔属 *Rhabdothamnopsis* Hemsl.

540．长冠苣苔 *Rhabdothamnopsis chinensis* (Franch.) Hand.-Mazz.

257 **紫葳科** Bignoniaceae

梓属 *Catalpa* Scop.

541．灰楸 *Catalpa fargesii* Bur.

542．梓树 *Catalpa ovata* G. Don

259 **爵床科** Acanthaceae

白接骨属 *Asystasia* Bl.

543．白接骨 *Asystasia neesiana* (Wall.) Nees

爵床属 *Justicia* Linn.

544．紫苞爵床 *Justicia latiflora* Hemsl.

545．爵床 *Justicia procumbens* L.

孩儿草属 *Rungia* Nees

546．腋花孩儿草 *Rungia axilliflora* H. S. Lo

马蓝属 *Strobilanthes* Bl.

547．肖笼鸡 *Strobilanthes affinis* (Griff.) Terash. ex J. R. I. Wood et J. R. Benett.

548．球花马蓝 *Strobilanthes dimorphotricha* Hance

263 **马鞭草科** Verbenaceae

紫珠属 *Callicarpa* Linn.

549．老鸦糊 *Callicarpa giraldii* Hesse ex Rehd.

550．长叶紫珠 *Callicarpa longifolia* Lamk.

551．红紫珠 *Callicarpa rubella* Lindl.

莸属 *Caryopteris* Bunge

552．金腺莸 *Caryopteris aureoglandulosa* (Van) C. Y. Wu

大青属 *Clerodendrum* Linn.

553．臭牡丹 *Clerodendrum bungei* Steud.

554．海通 *Clerodendrum mandarinorum* Diels

豆腐柴属 *Premna* Linn.

555．毛狐臭柴 *Premna puberula* var. *bodinieri* (Lévl.) C. Y. Wu et S. Y. Pao

牡荆属 *Vitex* Linn.

556．牡荆 *Vitex negundo* var. *cannabifolia* (Sieb. et Zucc.) Hand.-Mazz.

264 **唇形科** Labiatae

筋骨草属 *Ajuga* Linn.

557．金疮小草 *Ajuga decumbens* Thunb.

风轮菜属 *Clinopodium* Linn.

558．细风轮菜 *Clinopodium gracile* (Benth.) Matsum.

559．寸金草 *Clinopodium megalanthum* (Diels) C. Y. Wu et Hsuan ex H. W. Li

560．灯笼草 *Clinopodium polycephalum* (Vaniot) C. Y. Wu et Hsuan ex Hsu

香薷属 Elsholtzia Willd.

561．野香草 *Elsholtzia cypriani* (Pavol.) C. Y. Wu et S. Chow

562．野苏子 *Elsholtzia flava* (Benth.) Benth.

563．野拔子 *Elsholtzia rugulosa* Hemsl.

野芝麻属 *Lamium* Linn.

564．野芝麻 *Lamium barbatum* Sieb. et Zucc.

龙头草属 *Meehania* Britt. ex Small et Vaill.

565．松林华西龙头草 *Meehania fargesii* var. *pinetorum* (Hand.-Mazz.) C. Y. Wu

罗勒属 *Ocimum* Linn.

566．罗勒 *Ocimum basilicum* Linn.

夏枯草属 *Prunella* Linn.

567．夏枯草 *Prunella vulgaris* Linn.

香茶菜属 *Rabdosia* (Bl.) Hassk.

568．香茶菜 *Rabdosia amethystoides* (Benth.) Hara

569．毛萼香茶菜 *Rabdosia eriocalyx* (Dunn) Hara

鼠尾草属 *Salvia* Linn.

570．荔枝草 *Salvia plebeia* R. Br.

571．云南鼠尾草 *Salvia yunnanensis* C. H. Wright

水苏属 *Stachys* Linn.

572．甘露子 *Stachys sieboldii* Miq.

267 **泽泻科** Alismataceae

泽泻属 *Alisma* Linn.

573．泽泻 *Alisma plantago-aquatica* Linn.

280 **鸭跖草科** Commelinaceae

鸭跖草属 *Commelina* Linn.

574．饭包草 *Commelina benghalensis* L.

蓝耳草属 *Cyanotis* D. Don

575．蛛丝毛蓝耳草 *Cyanotis arachnoidea* C. B. Clarke

水竹叶属 *Murdannia* Royle

576．水竹叶 *Murdannia triquetra* (Wall.) Bruckn.

287　芭蕉科 Musaceae

地涌金莲属 *Musella* (Franch.) C. Y. Wu ex H. W. Li

577．地涌金莲 *Musella lasiocarpa* (Franch.) C. Y. Wu ex H. W. Li

290　姜科 Zingiberaceae

姜属 *Zingiber* Boehm.

578．阳荷 *Zingiber striolatum* Diels

293　百合科 Liliaceae

粉条儿菜属 *Aletris* L.

579．粉条儿菜 *Aletris spicata* (Thunb.) Franch.

葱属 *Allium* L.

580．薤白 *Allium macrostemon* Bunge

天门冬属 *Asparagus* L.

581．天门冬 *Asparagus cochinchinensis* (Lour.) Merr.

大百合属 *Cardiocrinum* (Endl.) Lindl.

582．大百合 *Cardiocrinum giganteum* (Wall.) Makino

竹根七属 *Disporopsis* Hance

583．深裂竹根七 *Disporopsis pernyi* (Hua) Diels

万寿竹属 *Disporum* Salisb.

584．万寿竹 *Disporum cantoniense* (Lour.) Merr.

百合属 *Lilium* Linn.

585．野百合 *Lilium brownii* F.E.Br. ex Miellez

沿阶草属 *Ophiopogon* Ker-Gawl.

586．沿阶草 *Ophiopogon bodinieri* Lévl.

黄精属 *Polygonatum* Mill.

587．多花黄精 *Polygonatum cyrtonema* Hua

588．滇黄精 *Polygonatum kingianum* Coll. et Hemsl.

589．湖北黄精 *Polygonatum zanlanscianense* Pamp.

吉祥草属 *Reineckia* Kunth

590．吉祥草 *Reineckea carnea* (Andrews) Kunth

油点草属 *Tricyrtis* Wall.

591．黄花油点草 *Tricyrtis pilosa* Wall.

296　雨久花科 Pontederiaceae

雨久花属 *Monochoria* Presl

592．鸭舌草 *Monochoria vaginalis* (Burm.f.) C.Presl

297 **菝葜科** Smilacaceae

菝葜属 *Smilax* L.

593．菝葜 *Smilax china* L.

594．柔毛菝葜 *Smilax chingii* Wang et Tang

595．小果菝葜 *Smilax davidiana* A. DC.

596．折枝菝葜 *Smilax lanceifolia* var. *elongata* (Warb.) Wang et Tang

597．小叶菝葜 *Smilax microphylla* C. H. Wright

598．牛尾菜 *Smilax riparia* A. DC.

599．短梗菝葜 *Smilax scobinicaulis* C. H. Wright

302 **天南星科** Araceae

魔芋属 *Amorphophallus* Blume

600．魔芋 *Amorphophallus rivieri* Durieu

天南星属 *Arisaema* Mart.

601．棒头南星 *Arisaema clavatum* Buchet

602．一把伞南星 *Arisaema erubescens* (Wall.) Schott

603．象头花 *Arisaema franchetianum* Engl.

604．天南星 *Arisaema heterophyllum* Blume

芋属 *Colocasia* Schott

605．野芋 *Colocasia esculentum* var. *antiquorum* (Schott) Hubbard et Rehder

半夏属 *Pinellia* Tenore

606．半夏 *Pinellia ternata* (Thunb.) Makino

307 **鸢尾科** Iridaceae

鸢尾属 *Iris* Linn.

607．扁竹兰 *Iris confusa* Sealy

311 **薯蓣科** Dioscoreaceae

薯蓣属 *Dioscorea* Linn.

608．黄独 *Dioscorea bulbifera* Linn.

609．薯莨 *Dioscorea cirrhosa* Lour.

610．粘山药 *Dioscorea hemsleyi* Prain et Burkill

611．黑珠芽薯蓣 *Dioscorea melanophyma* Prain et Burkill

314 **棕榈科** Palmaceae

棕竹属 *Rhapis* Linn. f. ex Ait.

612．棕竹 *Rhapis excelsa* (Thunb.) Henry ex Rehd.

棕榈属 *Trachycarpus* H. Wendl.

613．棕榈 *Trachycarpus fortunei* (Hook.) H. Wendl.

318 **仙茅科** Hypoxidaceae

仙茅属 *Curculigo* Gaertn.

614．大叶仙茅 *Curculigo capitulata* (Lour.) O. Kuntze

326 **兰科** Orchidaceae

虾脊兰属 *Calanthe* R. Br.

615．钩距虾脊兰 *Calanthe graciliflora* Hayata

头蕊兰属 *Cephalanthera* L. C. Rich

616．金兰 *Cephalanthera falcata* (Thunb. ex A. Murray) Bl.

叠鞘兰属 *Chamaegastrodia* Makino et F. Maekawa

617．齿爪叠鞘兰 *Chamaegastrodia poilanei* (Gagnep.) Seidenf. et A. N. Rao

舌喙兰属 *Hemipilia* Lindl.

618．短距舌喙兰 *Hemipilia limprichtii* Schltr. ex Limpricht

327 **灯芯草科** Juncaceae

灯心草属 *Juncus* Linn.

619．翅茎灯心草 *Juncus alatus* Franch. et Savat.

620．笄石菖 *Juncus prismatocarpus* R. Br.

621．野灯心草 *Juncus setchuensis* Buchen.

331 **莎草科** Cyperaceae

薹草属 *Carex* Linn.

622．浆果薹草 *Carex baccans* Nees

623．青绿薹草 *Carex breviculmis* R.Br.

624．十字薹草 *Carex cruciata* Wahlenb.

625．签草 *Carex doniana* Spreng.

626．蕨状薹草 *Carex filicina* Nees

627．镜子薹草 *Carex phacota* Spreng.

628．大理薹草 *Carex rubrobrunnea* var. *taliensis* (Franch.) Kukenth.

629．相仿薹草 *Carex simulans* C. B. Clarke

630．薹草属一种 *Carex* sp.

莎草属 *Cyperus* Linn.

631．砖子苗 *Cyperus cyperoides* (L.) Kuntze

632．异型莎草 *Cyperus difformis* Linn.

633．碎m莎草 *Cyperus iria* Linn.

飘拂草属 *Fimbristylis* Vahl

634．扁鞘飘拂草 *Fimbristylis complanata* (Retz.) Link

635．两歧飘拂草 *Fimbristylis dichotoma* (L.) Vahl

芙兰草属 *Fuirena* Rottb.

636．黔芙兰草 *Fuirena rhizomatifera* Tang & F.T.Wang

水蜈蚣属 *Kyllinga* Rottb.

637．水蜈蚣 *Kyllinga brevifolia* Rottb.

扁莎属 *Pycreus* P. Beauv.

638．球穗扁莎 *Pycreus flavidus* (Retz.) T. Koyama

332A　**竹科** Bambusaceae

寒竹属 *Chimonobambusa* Makino

639．线叶方竹 *Chimonobambusa angustifolia* C. D. Chu et C. S. Chao

牡竹属 *Dendrocalamus* Nees

640．黔竹 *Dendrocalamus tsiangii* (McClure) Chia et H. L. Fung

箬竹属 *Indocalamus* Nakai

641．箬叶竹 *Indocalamus longiauritus* Hand.-Mazz.

刚竹属 *Phyllostachys* Sieb. et Zucc.

642．早园竹 *Phyllostachys propinqua* McClure

矢竹属 *Pseudosasa* Makino ex Nakai

643．托竹 *Pseudosasa cantori* (Munro) Keng f.

332B　**禾本科** Poaceae

看麦娘属 *Alopecurus* Linn.

644．看麦娘 *Alopecurus aequalis* Sobol.

拂子茅属 *Calamagrostis* Adans.

645．拂子茅 *Calamagrostis epigeios* (L.) Roth

弓果黍属 *Cyrtococcum* Stapf

646．弓果黍 *Cyrtococcum patens* (L.) A. Camus

马唐属 *Digitaria* Hall.

647．升马唐 *Digitaria ciliaris* (Retz.) Koel.

648．紫马唐 *Digitaria violascens* Link

稗属 *Echinochloa* Beauv.

649．稗 *Echinochloa crusgalli* (L.) Beauv.

披碱草属 *Elymus* Linn.

650．麦蓍草 *Elymus tangutorum* (Nevski) Hand.-Mazz.

画眉草属 *Eragrostis* Wolf

651．知风草 *Eragrostis ferruginea* (Thunb.) Beauv.

白茅属 *Imperata* Cyrillo

652．白茅 *Imperata cylindrica* (L.) Beauv.

柳叶箬属 *Isachne* R. Br.

653．柳叶箬 *Isachne globosa* (Thunb.) O. Kuntze

莠竹属 *Microstegium* Nees

654．竹叶茅 *Microstegium nudum* (Trin.) A. Camus

芒属 *Miscanthus* Anderss.

655．五节芒 *Miscanthus floridulus* (Lab.) Warb. ex Schum. et Laut.

类芦属 *Neyraudia* Hook. f.

656．类芦 *Neyraudia reynaudiana* (Kunth) Keng

求m草属 *Oplismenus* Beauv.

657．求m草 *Oplismenus undulatifolius* (Ard.) Roem. & Schult.

黍属 *Panicum* Linn.

658．短叶黍 *Panicum brevifolium* L.

狼尾草属 *Pennisetum* Rich.

659．陕西狼尾草 *Pennisetum shaanxiense* S. L. Chen & Y. X. Jin

金发草属 *Pogonatherum* Beauv.

660．金发草 *Pogonatherum paniceum* (Lam.) Hack.

棒头草属 *Polypogon* Desf.

661．棒头草 *Polypogon fugax* Nees ex Steud.

甘蔗属 *Saccharum* Linn.

662．斑茅 *Saccharum arundinaceum* Retz.

狗尾草属 *Setaria* Beauv.

663．棕叶狗尾草 *Setaria palmifolia* (Koen.) Stapf

664．狗尾草 *Setaria viridis* (Linn.) Beauv.

陈丰林

第七节　观赏种子植物

根据野外实地调查，初步统计出保护区内有观赏种子植物83科142属225种。其中裸子植物3科5属6种，双子叶植物73科124属206种，单子叶植物7科13属13种。按主要观赏部位和用途分为观叶（形）植物、观花植物和观果植物3类。

一、观叶（形）植物

观叶（形）植物主要是指以观赏树木的叶的颜色及其季相变化，观赏叶及树干的形状和可作为绿化美化环境用的行道树、庭荫树、风景树及地被绿化和绿篱盆景等的植物。保护区内有观叶（形）植物127种，如适合作行道树或庭院风景树的有穗花杉(*Amentotaxus argotaenia*)、鹅掌楸(*Liriodendron chinense*)、黄樟(*Cinnamomum parthenoxylon*)、棕榈(*Trachycarpus fortunei*)等；适合作地被绿化的有吉祥草(*Reineckea carnea*)、青城细辛(*Asarum splendens*)、佛甲草(*Sedum lineare*)、金荞麦(*Fagopyrum dibotrys*)等；适合作盆景的，如石莲(*Sinocrassula indica*)、垂盆草(*Sedum sarmentosum*)等。

二、观花植物

一些植物的花色艳丽，或花朵硕大，或花形奇异，或具香气，这些植物适合作为地被绿化或盆景，用来观赏。保护区内有观花植物77种，如玉兰(*Yulania denudata*)、地涌金莲(*Musella lasiocarpa*)、黄花油点草(*Tricyrtis pilosa*)、蛛丝毛蓝耳草(*Cyanotis arachnoidea*)、金兰(*Cephalanthera falcata*)、钩距虾脊兰(*Calanthe graciliflora*)、滇黄精(*Polygonatum kingianum*)、杜氏翅茎草(*Pterygiella duclouxii*)、蓝花参(*Wahlenbergia marginata*)等。

三、观果植物

保护区内有观果植物21种，如崖樱桃(*Cerasus scopulorum*)、珊瑚樱(*Solanum pseudocapsicum*)、火棘(*Pyracantha fortuneana*)、野鸦椿(*Euscaphis japonica*)等，果实成熟时呈红色，非常艳丽夺目，甚为壮观。观果植物艳丽的果实色彩、奇特的果实形状，具有较高的观赏价值，是城镇绿化、美化的重要植物资源。

四、贵州普安龙吟阔叶林州级自然保护区观赏植物名录

（一）观叶（形）植物

G.4　**松科** Pinaceae

1．云南油杉 *Keteleeria evelyniana*

2．华山松 *Pinus armandii*

3．云南松 *Pinus yunnanensis*

G.6　**柏科** Cupressaceae

4．柏木 *Cupressus funebris*

5．侧柏 *Platycladus orientalis*

G.9　**红豆杉科** Taxaceae

6．穗花杉 *Amentotaxus argotaenia*

1　**木兰科** Magnoliaceae

7．鹅掌楸 *Liriodendron chinense*

2A　**八角科** Illiciaceae

8．大八角 *Illicium majus*

11　**樟科** Lauraceae

9．猴樟 *Cinnamomum bodinieri*

10．云南樟 *Cinnamomum glanduliferum*

11．黄樟 *Cinnamomum parthenoxylon*

12．香叶树 *Lindera communis*

13．绒毛钓樟 *Lindera floribunda*

14．黑壳楠 *Lindera megaphylla*

15．绒毛山胡椒 *Lindera nacusua*

16．绿叶甘橿 *Lindera neesiana*

17．香粉叶 *Lindera pulcherrima* var. *attenuata*

18．四川山胡椒 *Lindera setchuenensis*

19．菱叶钓樟 *Lindera supracostata*

20．山鸡椒 *Litsea cubeba*

21．近轮叶木姜子 *Litsea elongata* var. *subverticillata*

22．毛叶木姜子 *Litsea mollis*

23．钝叶木姜子 *Litsea veitchiana*

24．安顺润楠 *Machilus cavaleriei*

25．柳叶润楠 *Machilus salicina*

26．细叶楠 *Phoebe hui*

27．檫木 *Sassafras tzumu*

19　**小檗科** Berberidaceae

28．贵州小檗 *Berberis cavaleriei*

29．粗毛淫羊藿 *Epimedium acuminatum*

30．宽苞十大功劳 *Mahonia eurybracteata*

31．遵义十大功劳 *Mahonia imbricata*

32．阿里山十大功劳 *Mahonia oiwakensis*

24　**马兜铃科** Aristolochiaceae

33．地花细辛 *Asarum geophilum*

34．青城细辛 *Asarum splendens* (Maekawa)

40　**堇菜科** Violaceae

35．鸡腿堇菜 *Viola acuminata*

36．堇菜 *Viola arcuata*

37．球果堇菜 *Viola collina*

38．深圆齿堇菜 *Viola davidii*

39．七星莲 *Viola diffusa*

40．阔萼堇菜 *Viola grandisepala*

45　**景天科** Crassulaceae

41．佛甲草 *Sedum lineare*

42．长苞景天 *Sedum phyllanthum*

43．垂盆草 *Sedum sarmentosum*

44．石莲 *Sinocrassula indica*

57　**蓼科** Polygonaceae

45．金荞麦 *Fagopyrum dibotrys*

81　**瑞香科** Thymelaeaceae

46．白瑞香 *Daphne papyracea*

88　**海桐花科** Pittosporaceae

47．光叶海桐 *Pittosporum glabratum*

48．峨眉海桐 *Pittosporum omeiense*

108　**山茶科** Theaceae

49．川杨桐 *Adinandra bockiana*

50．尖叶川杨桐 *Adinandra bockiana* var. *acutifolia*

51．贵州连蕊茶 *Camellia costei*

52．大青叶山茶 *Camellia ilicifolia*

53．油茶 *Camellia oleifera*

54．西南红山茶 *Camellia pitardii*

55．红花瘤果茶 *Camellia pyxidiacea* var. *rubituberculata*

56．大厂茶 *Camellia tachangensis*

57．木荷 *Schima superba*

118A　**杜英科** Elaeocarpaceae

58．山杜英 *Elaeocarpus sylvestris*

136　**大戟科** Euphorbiaceae

59．毛桐 *Mallotus barbatus*

60．野桐 *Mallotus japonicus* var. *floccosus*

61．粗糠柴 *Mallotus philippinensis*

62．圆叶乌桕 *Sapium rotundifolium*

63．乌桕 *Sapium sebiferum*

143 **蔷薇科** Rosaceae

64．匍匐栒子 *Cotoneaster adpressus*

65．光叶栒子 *Cotoneaster glabratus*

66．安龙石楠 *Photinia anlungensis*

67．中华石楠 *Photinia beauverdiana*

68．贵州石楠 *Photinia bodinieri*

69．椤木石楠 *Photinia davidsoniae*

70．豆梨 *Pyrus calleryana*

71．毛枝绣线菊 *Spiraea martinii*

146 **含羞草科** Mimosaceae

72．合欢 *Albizia julibrissin*

73．山合欢 *Albizia kalkora*

148 **蝶形花科** Papilionaceae

74．白刺花 *Sophora davidii*

151 **金缕梅科** Hamamelidaceae

75．枫香树 *Liquidambar formosana*

154 **黄杨科** Buxaceae

76．板凳果 *Pachysandra axillaris*

156 **杨柳科** Salicaceae

77．响叶杨 *Populus adenopoda*

159 **杨梅科** Myricaceae

78．杨梅 *Myrica rubra*

161 **桦木科** Betulaceae

79．尼泊尔桤木 *Alnus nepalensis*

80．江南桤木 *Alnus trabeculosa*

163 **壳斗科** Fagaceae

81．高山锥 *Castanopsis delavayi*

82．窄叶青冈 *Cyclobalanopsis augustinii*

83．滇青冈 *Cyclobalanopsis glaucoides*

84．云南波罗栎 *Quercus yunnanensis*

165 **榆科** Ulmaceae

85．紫弹朴 *Celtis biondii*

86．黑弹树 *Celtis bungeana*

87．珊瑚朴 *Celtis julianae*

88．朴树 Celtis sinensis

167 **桑科** Moraceae

89．蒙桑 Morus mongolica

171 **冬青科** Aquifoliaceae

90．细刺枸骨 Ilex hylonoma

91．长梗冬青 Ilex macrocarpa var. longipedunculata

92．小果冬青 Ilex micrococca

173 **卫矛科** Celastraceae

93．扶芳藤 Euonymus fortunei

185 **桑寄生科** Loranthaceae

94．鞘花 Macrosolen cochinchinensis

95．黔桂大苞寄生 Tolypanthus esquirolii

190 **鼠李科** Rhamnaceae

96．枳椇 Hovenia acerba

194 **芸香科** Rutaceae

97．楝叶吴萸 Evodia glabrifolia

197 **楝科** Meliaceae

98．楝树 Melia azedarach

99．香椿 Toona sinensis

205 **漆树科** Anacardiaceae

100．清香木 Pistacia weinmannifolia

209 **山茱萸科** Cornaceae

101．灯台树 Cornus controversa

102．光皮梾木 Cornus wilsoniana

103．西域青荚叶 Helwingia himalaica

211 **蓝果树科** Nyssaceae

104．蓝果树 Nyssa sinensis

212 **五加科** Araliaceae

105．尾叶罗伞 Brassaiopsis producta

106．常春藤 Hedera nepalensis var. sinensis

107．刺楸 Kalopanax septemlobus

108．异叶梁王茶 Nothopanax davidii

109．短序鹅掌柴 Schefflera bodinieri

110．穗序鹅掌柴 Schefflera delavayi

221 **柿树科** Ebenaceae

111．野柿 Diospyros kaki var. silvestris

112．油柿 Diospyros oleifera

228A **醉鱼草科** Buddlejaceae

113．密蒙花 Buddleja officinalis

229 **木犀科** Oleaceae

114．白蜡树 Fraxinus chinensis

115．苦枥木 Fraxinus insularis

116．木犀 Osmanthus fragrans

230 **夹竹桃科** Apocynaceae

117．狭叶链珠藤 Alyxia schlechteri

232 **茜草科** Rubiaceae

118．香果树 Emmenopterys henryi.

119．栀子 Gardenia jasminoides

120．白马骨 Serissa serissoides

257 **紫葳科** Bignoniaceae

121．灰楸 Catalpa fargesii

122．梓树 Catalpa ovata

293 **百合科** Liliaceae

123．粉条儿菜 Aletris spicata

124．吉祥草 Reineckea carnea

302 **天南星科** Araceae

125．象头花 Arisaema franchetianum

314 **棕榈科** Palmaceae

126．棕竹 Rhapis excelsa

127．棕榈 Trachycarpus fortunei

（二）观花植物

1 **木兰科** Magnoliaceae

128．玉兰 Yulania denudata

15 **毛茛科** Ranunculaceae

129．打破碗花花 Anemone hupehensis

130．草玉梅 Anemone rivularis

33 **紫堇科** Fumariaceae

131．南黄堇 Corydalis davidii

132．金钩如意草 Corydalis taliensis

47 **虎耳草科** Saxifragaceae

133．绢毛山梅花 Philadelphus sericanthus

134．虎耳草 Saxifraga stolonifera

69 **酢浆草科** Oxalidaceae

135．酢浆草 Oxalis corniculata

136．山酢浆草 Oxalis griffithii

71 **凤仙花科** Balsaminaceae

137．黄金凤 Impatiens siculifer

77 **柳叶菜科** Onagraceae

138．粉花月见草 Oenothera rosea

120 **野牡丹科** Melastomataceae

139．展毛野牡丹 Melastoma normale

140．金锦香 Osbeckia chinensis

141．朝天罐 Osbeckia opipara

123 **金丝桃科** Hypericaceae

142．无柄金丝桃 Hypericum augustinii

143．贵州金丝桃 Hypericum kouytchense

144．狭叶金丝桃 Hypericum lagarocladum subsp. angustifolium

145．密腺小连翘 Hypericum seniawinii

146．匙萼金丝桃 Hypericum uralum

132 **锦葵科** Malvaceae

147．黄葵 Abelmoschus moschatus

148．野葵 Malva verticillata

149．油桐 Vernicia fordii (Hemsl.)

142 **绣球花科** Hydrangeaceae

150．中国绣球 Hydrangea chinensis

151．伞形绣球 Hydrangea umbellata

143 **蔷薇科** Rosaceae

152．中华绣线梅 Neillia sinensis

153．毛叶绣线梅 Neillia ribesioides

154．野蔷薇 Rosa multiflora

155．缫丝花 Rosa roxburghii

156．粉花绣线菊 Spiraea japonica

148 **蝶形花科** Papilionaceae

157．香花鸡血藤 Callerya dielsiana

158．紫雀花 Parochetus communis

215 **杜鹃花科** Ericaceae

159．滇白珠 Gaultheria leucocarpa var. yunnanensis

160．小果珍珠花 Lyonia ovalifolia var. elliptica

161．毛叶珍珠花 Lyonia villosa

162．大白杜鹃 Rhododendron decorum

163．马缨杜鹃 Rhododendron delavayi

164．岭南杜鹃 Rhododendron mariae

165．亮毛杜鹃 Rhododendron microphyton

166．杜鹃 Rhododendron simsii

167．长蕊杜鹃 Rhododendron stamineum

216 **越桔科** Vacciniaceae

168．乌饭树 Vaccinium bracteatum

169．凸脉越桔 Vaccinium supracostatum

224 **安息香科** Styracaceae

170．老鸹铃 Styrax hemsleyanus

171．野茉莉 Styrax japonicus

172．毛萼野茉莉 Styrax japonicus var. calycothrix

230 **夹竹桃科** Apocynaceae

173．紫花络石 Trachelospermum axillare

231 **萝藦科** Asclepiadaceae

174．牛皮消 Cynanchum auriculatum

233 **忍冬科** Caprifoliaceae

175．金银忍冬 Lonicera maackii

238 **菊科** Compositae

176．蒲儿根 Sinosenecio oldhamianus

177．一枝黄花 Solidago decurrens

178．蒲公英 Taraxacum mongolicum

239 **龙胆科** Gentianaceae

179．双蝴蝶 Tripterospermum chinense

240 **报春花科** Primulaceae

180．过路黄 Lysimachia christiniae

181．珍珠菜 Lysimachia clethroides

182．五岭过路黄 Lysimachia fistulosa var. wulingensis

183．叶头过路黄 Lysimachia phyllocephala

243　桔梗科 Campanulaceae

184．蓝花参 Wahlenbergia marginata

249　紫草科 Boraginaceae

185．附地菜 Trigonotis peduncularis

252　玄参科 Scrophulariaceae

186．来江藤 Brandisia hancei

187．杜氏翅茎草 Pterygiella duclouxii

188．长叶蝴蝶草 Torenia asiatica

256　苦苣苔科 Gesneriaceae

189．革叶粗筒苣苔 Briggsia mihieri

256　苦苣苔科 Gesneriaceae

190．斑叶唇柱苣苔 Chirita pumila

191．西藏珊瑚苣苔 Corallodiscus lanuginosus

192．吊石苣苔 Lysionotus pauciflorus

193．长冠苣苔 Rhabdothamnopsis chinensis

259　爵床科 Acanthaceae

194．白接骨 Asystasia neesiana

195．腋花孩儿草 Rungia axilliflora

263　马鞭草科 Verbenaceae

196．臭牡丹 Clerodendrum bungei

264　唇形科 Labiatae

197．松林华西龙头草 Meehania fargesii var. pinetorum

280　鸭跖草科 Commelinaceae

198．蛛丝毛蓝耳草 Cyanotis arachnoidea

287　芭蕉科 Musaceae

199．地涌金莲 Musella lasiocarpa

293　百合科 Liliaceae

200．深裂竹根七 Disporopsis pernyi

201．滇黄精 Polygonatum kingianum

202．黄花油点草 Tricyrtis pilosa

307　鸢尾科 Iridaceae

203．扁竹兰 Iris confusa

326　兰科 Orchidaceae

204．钩距虾脊兰 Calanthe graciliflora

205．金兰 Cephalanthera falcata

（三）观果植物

143 蔷薇科 Rosaceae

206．崖樱桃 Cerasus scopulorum

207．火棘 Pyracantha fortuneana

150 旌节花科 Stachyuraceae

208．西域旌节花 Stachyurus himalaicus

209．云南旌节花 Stachyurus yunnanensis

165 榆科 Ulmaceae

210．山油麻 Trema cannabina var. dielsiana

191 胡颓子科 Elaeagnaceae

211．蔓胡颓子 Elaeagnus glabra

212．胡颓子 Elaeagnus pungens

198 无患子科 Sapindaceae

213．复羽叶栾树 Koelreuteria bipinnata

200 槭树科 Aceraceae

214．青榨槭 Acer davidii

204 省沽油科 Staphyleaceae

215．野鸦椿 Euscaphis japonica

223 紫金牛科 Myrsinaceae

216．百两金 Ardisia crispa

217．圆果罗伞 Ardisia thyrsiflora

233 忍冬科 Caprifoliaceae

218．桦叶荚蒾 Viburnum betulifolium

219．金佛山荚蒾 Viburnum chinshanense

220．水红木 Viburnum cylindricum

221．宜昌荚蒾 Viburnum erosum

222．珍珠荚蒾 Viburnum foetidum var. ceanothoides

223．南方荚蒾 Viburnum fordiae

244 半边莲科 Lobeliaceae

224．铜锤玉带草 Lobelia angulata

250 茄科 Solanaceae

225．珊瑚樱 Solanum pseudocapsicum

夏 纯

第八节　药用植物

经现场调查，确认保护区观赏植物296种，隶属于99科223属。其中裸子植物3科3属3种、双子叶植物86科195属260种、单子叶植物10科25属33种。

一、调查方法

在实地调查的基础上，参考《中国植物志》《贵州植物志》《中药大典》等对种子植物药用价值的描述，整理出保护区内的药用种子植物资源。

二、调查结果

贵州普安龙吟阔叶林州级自然保护区内有药用种子植物99科223属296种（包括种下等级）。其中裸子植物3科3属3种、双子叶植物86科195属260种、单子叶植物10科25属33种。

按照药用植物的功用可以初步划分为以下几种。

（1）清热解毒利湿药有46种，如青牛胆(*Tinospora sagittata*)、土牛膝(*Achyranthes aspera*)、小叶三点金(*Codariocalyx microphyllus*)、蒲公英(*Taraxacum mongolicum*)、野百合(*Lilium brownii*)、藿香蓟(*Ageratum conyzoides*)、密蒙花(*Buddleja officinalis*)等。

（2）祛风散寒、止痛药35种，如尼泊尔酸模(*Rumex nepalensis*)、藤黄檀(*Dalbergia hancei*)、香椿(*Toona sinensis*)、一枝黄花(*Solidago decurrens*)、附地菜(*Trigonotis peduncularis*)、白瑞香(*Daphne papyracea*)等。

（3）治蛇、虫咬伤药28种，如乌桕(*Sapium sebiferum*)、蛇含委陵菜(*Potentilla kleiniana*)、象头花(*Arisaema franchetianum*)、蛇莓(*Duchesnea indica*)、金盏银盘(*Bidens biternata*)、过路黄(*Lysimachia christiniae*)等。

（4）止咳化痰药16种，如绞股蓝(*Gynostemma pentaphyllum*)、鞘花(*Macrosolen cochinchinensis*)、牛皮消(*Cynanchum auriculatum*)、牛尾菜(*Smilax riparia*)、小叶三点金(*Codariocalyx microphyllus*)、蔓胡颓子(*Elaeagnus glabra*)等。

（5）止血药35种，如艾(*Artemisia argyi*)、络石(*Trachelospermum jasminoides*)、赤胫散(*Polygonum runcinatum* var. *sinense*)、野草香(*Elsholtzia cyprianii*)、地榆(*Sanguisorba officinalis*)、墓头回(*Patrinia heterophylla*)、展毛野牡丹(*Melastoma normale*)等。

（6）其他类如驱虫药合欢(*Albizia julibrissin*)、漆(*Toxicodendron vernicifluum*)等，有治、抗癌功效药荔枝草(*Salvia plebeia*)、墓头回等；补益药如川续断(*Dipsacus asper*)、构树(*Broussonetia papyrifera*)、滇黄精(*Polygonatum kingianum*)、薯莨(*Dioscorea cirrhosa*)等。

三、药用种子植物名录及用途

G.4　松科(Pinaceae)

1．马尾松(*Pinus massoniana*)：树干可割取松脂，为医药、化工原料。

G.5　杉科(Taxodiaceae)

2．杉木(*Cunninghamia lanceolata*)：杉木根皮性辛、温，用于淋症、疝气、痧秽、腹痛、关节痛、跌打损伤、疥癣；树皮有祛风止痛、燥湿、止血之功效，主治水肿、脚气、金疮、漆疮、烫伤；心材、枝叶可治漆疮、风湿毒疮、脚气、心腹胀痛；外用于跌打损伤；杉树种子可治疝气、乳痛。

G.6　柏科(Cupressaceae)

3．侧柏(*Platycladus orientalis*)：种子与生鳞叶的小枝入药，前者为强壮滋补药，后者为健胃药，又为清凉收敛药及淋疾的利尿药

1　木兰科(Magnoliaceae)

4．玉兰(*Yulania denudata*)：花蕾入药与有“辛夷木笔”之称的紫玉兰的花蕾入药的功效相同。

11　樟科(Lauraceae)

5．云南樟(*Cinnamomum glanduliferum*)：树皮及根可入药，有祛风、散寒之效。

6．黄樟(*Cinnamomum parthenoxylon*)：木材可蒸樟油和提制樟脑，用于医药上。

7．香叶树(*Lindera communis*)：民间用于治疗跌打损伤及牛马癣疥等。

8．山鸡椒(*Litsea cubeba*)：根、茎、叶和果实均可入药，有祛风散寒、消肿止痛之效。果实入药，上海、四川、昆明等地中药业称之为“毕澄茄”（一般生药学上所记载的“毕澄茄”是属胡椒科的植物，学名为*Piper cubeba* Linn.）。近年来应用“毕澄茄”治疗血吸虫病，效果良好。

15　毛茛科(Ranunculaceae)

9．打破碗花花(*Anemone hupehensis*)：根状茎药用，治热性痢疾、胃炎、各种顽癣、疟疾、消化不良、跌打损伤等症（陕西中草药）。

10．草玉梅(*Anemone rivularis*)：根状茎和叶供药用，治喉炎、扁桃腺炎、肝炎、痢疾、跌打损伤等症（云南中草药）。

11．威灵仙(*Clematis chinensis*)：根入药，能祛风湿、利尿、通经、镇痛，治风寒湿热、偏头疼、黄胆浮肿、鱼骨硬喉、腰膝腿脚冷痛。鲜株能治急性扁桃体炎、咽喉炎；根治丝虫病，外用治牙痛（中草药学）。

12．金毛铁线莲(*Clematis chrysocoma*)：全株药用，能清热利尿，治肾炎、尿结、火眼，根外用，治鼻窦炎、疥疮、骨折。

13．小蓑衣藤(*Clematis gouriana*)：茎和根药用，有行气活血、祛风湿、止痛作用，治跌打损伤、痕滞疼痛、风湿性筋骨痛、肢体麻木等（江苏新医学院“中药大辞典”）。

14．粗齿铁线莲(*Clematis grandidentata*)：根药用，能行气活血、祛风湿、止痛，主治风湿筋骨痛、跌打损伤、血疼痛、肢体麻木等症；茎藤药用，能杀虫解毒，主治失音声嘶、杨梅疮毒、虫疮久烂等症（秦岭植物志）。

15．锈毛铁线莲(*Clematis leschenaultiana*)：叶供药用，治疮毒（云南药用植名录）。治

角膜炎、四肢痛（广西）。

16．柱果铁线莲(*Clematis uncinata*)：根入药，能祛风除湿、舒筋活络、镇痛，治风湿性关节痛、牙痛、骨鲠喉；叶外用治外伤出血（全国中草药汇编）。

17．还亮草(*Delphinium anthriscifolium*)：全草供药用，治风湿骨痛，外涂治痈疮癣癞（浙江天目山药用植物志）。

18．禺毛茛(*Ranunculus cantoniensis*)：全草含原白头翁素，捣敷发泡，治黄疸，目疾。

19．毛茛(*Ranunculus japonicus*)：全草含原白头翁素，有毒，为发泡剂和杀菌剂，捣碎外敷，可截疟、消肿及治疮癣。

20．石龙芮(*Ranunculus sceleratus*)：全草含原白头翁素，有毒，药用能消结核、截疟及治痈肿、疮毒、蛇毒和风寒湿痺。

17　**金鱼藻科**(Ceratophyllaceae)

21．金鱼藻(*Ceratophyllum demersum*)：全草药用，治内伤吐血。

19　**小檗科**(Berberidaceae)

22．豪猪刺(*Berberis julianae*)：根可做黄色染料。根部含小檗碱3%，巴马亭6%，药根碱1%以及其他多种生物碱，可供药用，有清热解毒，消炎抗菌的功效。

23．粗毛淫羊藿(*Epimedium acuminatum*)：全草入药，用于治疗阳痿，小便失禁，风湿痛，虚劳久咳等症。

21　**木通科**(Lardizabalaceae)

24．白木通(*Akebia trifoliata* subsp. *australis*)：根、茎和果均入药，利尿、通乳，有舒筋活络之效，治风湿关节痛。

23　**防己科**(Menispermaceae)

25．青牛胆(*Tinospora sagittata*)：块根入药，名“金果榄”，味苦性寒，功能清热解毒。

24　**马兜铃科**(Aristolochiaceae)

26．地花细辛(*Asarum geophilum*)：本种的根状茎和根或全草在贵州部分地区作土细辛用，而在广西多作兽药。

27．青城细辛(*Asarum splendens*)：全草在四川、贵州入药。

29　**三白草科**(Saururaceae)

28．鱼腥草(*Houttuynia cordata*)：全株入药，有清热、解毒、利水之效，治肠炎、痢疾、肾炎水肿及乳腺炎、中耳炎等。

30　**金粟兰科**(Chloranthaceae)

29．多穗金粟兰(*Chloranthus multistachys*)：根及根状茎供药用，能祛湿散寒，理气活血、散瘀解毒，有毒。

33　**紫堇科**(Fumariaceae)

30．南黄堇(*Corydalis davidii*)：药用，有接骨镇痛的功效，主治骨折、跌打损伤．也有用全草抗痉镇痛。

31．金钩如意草(*Corydalis taliensis*)：据《滇南本草》记载："性微寒，祛风，明目退翳，消散一切风热。"

39　**十字花科**(Cruciferae)

32．荠(*Capsella bursa-pastoris*)：全草入药，有利尿、止血、清热、明目、消积功效。

33．弯曲碎米荠(*Cardamine flexuosa*)：全草入药，能清热、利湿、健胃、止泻。

34．碎米荠(*Cardamine hirsuta*)：全草可作野菜食用；也供药用，能清热去湿。

35．豆瓣菜(*Nasturtium officinale*)：全草可药用，有解热、利尿的效能。

40　**堇菜科**(Violaceae)

36．鸡腿堇菜(*Viola acuminata*)：全草民间供药用，能清热解毒，排脓消肿；嫩叶作蔬菜。

37．堇菜(*Viola arcuata*)：全草供药用，能清热解毒，可治节疮、肿毒等症。

38．球果堇菜(*Viola collina*)：全草民间供药用，能清热解毒，凉血消肿。

39．七星莲(*Viola diffusa*)：全草入药，能清热解毒；外用可消肿、排脓。

42　**远志科**(Polygalaceae)

40．瓜子金(*Polygala japonica*)：全草或根入药，有镇咳、化痰、活血、止血、安神、解毒的功效。

45　**景天科**(Crassulaceae)

41．佛甲草(*Sedum lineare*)：全草药用，有清热解毒、散瘀消肿、止血之效。

42．垂盆草(*Sedum sarmentosum*)：全草药用，能清热解毒。

43．石莲(*Sinocrassula indica*)：全草药用，活血散瘀，提伤止痛。治跌打损伤及外伤肿痛（湖北西部），或作清热、消炎用（广西、云南）。

47　**虎耳草科**(Saxifragaceae)

44．虎耳草(*Saxifraga stolonifera*)：全草入药；微苦、辛，寒，有小毒；祛风清热，凉血解毒。

53　**石竹科**(Caryophyllaceae)

45．漆姑草(*Sagina japonica*)：全草可供药用，有退热解毒之效，鲜叶揉汁涂漆疮有效；嫩时可作猪词料。

46．狗筋蔓(*Silene baccifera*)：根或全草入药，用于骨折、跌打损伤和风湿关节痛等。

47．繁缕(*Stellaria media*)：茎、叶及种子供药用，嫩苗可食。

48．箐姑草(*Stellaria vestita*)：全草供药用，可舒筋活血。

57　**蓼科**(Polygonaceae)

49．金荞麦(*Fagopyrum dibotrys*)：块根供药用，清热解毒、排脓去瘀。

50．何首乌(*Fallopia multiflora*)：块根入药，安神、养血、活络。

51．头花蓼(*Polygonum capitatum*)：全草入药，治尿道感染、肾盂肾炎。

52．水蓼(*Polygonum hydropiper*)：全草入药，消肿解毒、利尿、止痢。古代为常用调味剂。

53．杠板归(*Polygonum perfoliatum*)：药用，可清热解毒、利水消肿、利湿退黄

54．赤胫散(*Polygonum runcinatum* var. *sinense*)：根状茎及全草入药，清热解毒、活血止血。

55．虎杖(*Reynoutria japonica*)：根状茎供药用，有活血、散瘀、通经、镇咳等功效。

56．酸模(*Rumex acetosa*)：全草供药用，有凉血、解毒之效；嫩茎、叶可作蔬菜及饲料。

57．羊蹄(*Rumex japonicus*)：根入药，清热凉血。

58．尼泊尔酸模(*Rumex nepalensis*)：根、叶入药，止血、止痛。

59 **商陆科**(Phytolaccaceae)

59．商陆(*Phytolacca acinosa*)：根入药，以白色肥大者为佳，红根有剧毒，仅供外用。通二便，逐水、散结，治水肿、胀满、脚气、喉痹，外敷治痈肿疮毒，也可作兽药及农药。

61 **藜科**(Chenopodiaceae)

60．藜(*Chenopodium album*)：全草又可入药，能止泻痢，止痒，可治痢疾腹泻；配合野菊花煎汤外洗，治皮肤湿毒及周身发痒。

63 **苋科**(Amaranthaceae)

61．土牛膝(*Achyranthes aspera*)：根药用，有清热解毒，利尿功效，主治感冒发热，扁桃体炎，白喉，流行性腮腺炎，泌尿系结石，肾炎水肿等症。

62．莲子草(*Alternanthera sessilis*)：全植物入药，有散瘀消毒、清火退热功效，治牙痛、痢疾，疗肠风、下血；嫩叶作为野菜食用，又可作饲料。

63．反枝苋(*Amaranthus retroflexus*)：种子作青箱子入药；全草药用，治腹泻、痢疾、痔疮肿痛出血等症。

64．绿苋(*Amaranthus viridis*)：全草入药，有清热解毒、利尿止痛的功效。

65．青葙(*Celosia argentea*)：种子供药用，有清热明目作用。

65 **亚麻科**(Linaceae)

66．青篱柴(*Tirpitzia sinensis*)：茎、叶能消肿止痛、接骨。

67 **牻牛儿苗科**(Geraniaceae)

67．老鹳草(*Geranium wilfordii*)：全草供药用，祛风通络。

69 **酢浆草科**(Oxalidaceae)

68．酢浆草(*Oxalis corniculata*)：全草入药，能解热利尿，消肿散淤。

69．山酢浆草(*Oxalis griffithii*)：全草入药，能利尿解热。

71 **凤仙花科**(Balsaminaceae)

70．黄金凤(*Impatiens siculifer*)：茎入药，清热解毒、消肿、止痛，治风湿、跌打和烫伤。

77 **柳叶菜科**(Onagraceae)

71．粉花月见草(*Oenothera rosea*)：根入药，有消炎、降血压功效。

81 **瑞香科**(Thymelaeaceae)

72．白瑞香(*Daphne papyracea*)：根及茎皮入药，祛风除湿，调经止痛。主治风湿麻木、筋骨疼痛、跌打损伤、癫痫、月经不调、痛经、经期手脚冷痛。

88 海桐花科(Pittosporaceae)

73．光叶海桐(*Pittosporum glabratum*)：根供药用，有镇痛功效。

93 大风子科(Flacourtiaceae)

74．柞木(*Xylosma congesta*)：叶、刺供药用，有清热解毒;解毒;散瘀消肿之功效。

103 葫芦科(Cucurbitaceae)

75．绞股蓝(*Gynostemma pentaphyllum*)：本种入药，有消炎解毒、止咳祛痰的功效。

76．中华栝楼(*Trichosanthes rosthornii*)：入药，可清热化痰；宽胞散结；润燥滑肠。主肺热咳嗽；胸痹；消渴；便秘；痈肿疮毒。

108 山茶科(Theaceae)

77．钝叶柃(*Eurya obtusifolia*)：果实入药，治胸炎、泻痢等症。

120 野牡丹科(Melastomataceae)

78．叶底红(*Bredia fordii*)：全株供药用，有止痛、止血、祛瘀等功效；用于吐血、通经、跌打等症。煎水服治月经不调；叶捣碎加m汤及冬蜂蜜内服，治小儿疳积；全株捣碎外敷治烫火伤，煎水洗治疥疮。

79．地菍(*Melastoma dodecandrum*)：全株供药用，有涩肠止痢，舒筋活血，补血安胎，清热燥湿等作用；捣碎外敷可治疮、痈、疽、疖；根可解木薯中毒。

80．展毛野牡丹(*Melastoma normale*)：全株有收敛作用，可治消化不良、腹泻、肠炎、痢疾等症，也用于利尿；外敷可止血；又用于治疗慢性支气管炎有一定的疗效。

81．金锦香(*Osbeckia chinensis*)：全草入药，能清热解毒、收敛止血，治痢疾止泻，又能治蛇咬伤。鲜草捣碎外敷，治痈疮肿毒以及外伤止血。

123 金丝桃科(Hypericaceae)

82．无柄金丝桃(*Hypericum augustinii*)：全株及根入药，全株具清热解毒，渗湿利水功。

83．密腺小连翘(*Hypericum seniawinii*)：全草入药，具调经活血，解毒消肿功效；用于月经不调，跌打损伤。

84．匙萼金丝桃(*Hypericum uralum*)：叶入药，具清热解毒功效；用于肝炎。

85．遍地金(*Hypericum wightianum*)：全草入药，具清热解毒，收敛止泻功效；用于肝炎，小儿发热，消化不良，久痢，久泻，毒蛇咬伤。

132 锦葵科(Malvaceae)

86．黄葵(*Abelmoschus moschatus*)：根、叶、花入药，有清热利湿，拔毒排脓之功效。

87．野葵(*Malva verticillata*)：种子、根和叶作中草药，能利水滑窍，润便利尿，下乳汁，去死胎；鲜茎叶和根可拔毒排脓，疗疔疮疖痈。嫩苗也可供蔬食。

88．拔毒散(*Sida szechuensis*)：全草可作药用，有消炎拔毒生肌之功，治急性扁桃体炎、急性乳腺炎、肠炎、菌痢和跌打损伤等症。

89．云南地桃花(*Urena lobata* var. *yunnanensis*)：根作药用，煎水点酒服可治疗白痢。

136　**大戟科**(Euphorbiaceae)

90．大戟(*Euphorbia pekinensis*)：根入药，逐水通便，消肿散结，主治水肿，并有通经之效；亦可作兽药用；有毒，宜慎用。

91．一叶萩(*Flueggea suffruticosa*)：花和叶供药用，对中枢神经系统有兴奋作用，可治面部神经麻痹、小儿麻痹后遗症、神经衰弱、嗜睡症等。

92．算盘子(*Glochidion puberum*)：根、茎、叶和果实均可药用，有活血散瘀、消肿解毒之效，治痢疾、腹泻、感冒发热、咳嗽、食滞腹痛、湿热腰痛、跌打损伤、氙气（果）等；也可作农药。

93．青灰叶下珠(*Phyllanthus glaucus*)：药用，根可治小儿疳积病。

94．叶下珠(*Phyllanthus urinaria*)：药用，全草有解毒、消炎、清热止泻、利尿之效，可治赤目肿痛、肠炎腹泻、痢疾、肝炎、小儿疳积、肾炎水肿、尿路感染等。

95．乌桕(*Sapium sebiferum*)：根皮治毒蛇咬伤。

142　**绣球花科**(Hydrangeaceae)

96．常山(*Dichroa febrifuga*)：根含有常山素 (*Dichroin*)，为抗疟疾要药。

143　**蔷薇科**(Rosaceae)

97．黄龙尾(*Agrimonia pilosa* var. *nepalensis*)：全草供药用，为收敛止血药，兼有强心作用，市售止血剂仙鹤草素即自本品提取。近年使用秋末春初间的地下根茎芽，作驱绦虫特效药，有效成分为鹤草酚。

98．野山楂(*Crataegus cuneata*)：果实多肉可供生食，酿酒或制果酱，入药有健胃、消积化滞之效；嫩叶可以代茶，茎叶煮汁可洗漆疮。

99．蛇莓(*Duchesnea indica*)：全草药用，能散瘀消肿、收敛止血、清热解毒。茎叶捣敷治疗疮有特效，亦可敷蛇咬伤、烫伤、烧伤。果实煎服能治支气管炎。全草水浸液可防治农业害虫、杀蛆、孑孓等。

100．三叶委陵菜(*Potentilla freyniana*)：根或全草入药，清热解毒，止痛止血，对金黄色葡萄球菌有抑制作用。

101．蛇含委陵菜(*Potentilla kleiniana*)：全草供药用，有清热、解毒、止咳、化痰之效，捣烂外敷治疮毒、痛肿及蛇虫咬伤。

102．寒莓(*Rubus buergeri*)：果可食及酿酒；根及全草入药，有活血、清热解毒之效。

103．山莓(*Rubus corchorifolius*)：果、根及叶入药，有活血、解毒、止血之效。

104．栽秧泡(*Rubus ellipticus* var. *obcordatus*)：根、叶入药，可消肿止痛，收敛止泻。用于扁桃体炎，咽喉痛，牙痛等炎症治疗。

105．川莓(*Rubus setchuenensis*)：果可生食；根供药用，有祛风、除湿、止呕、活血之效。

106．红腺悬钩子(*Rubus sumatranus*)：根入药，有清热、解毒、利尿之效。

107．地榆(*Sanguisorba officinalis*)：本种根为止血要药及治疗烧伤、烫伤。

146 **含羞草科**(Mimosaceae)

108．合欢(*Albizia julibrissin*)：树皮供药用，有驱虫之效。

148 **蝶形花科**(Papilionaceae)

109．藤黄檀(*Dalbergia hancei*)：根、茎入药，能舒筋活络，用治风湿痛，有理气止痛、破积之效。

110．假地豆(*Desmodium heterocarpon*)：全株供药用，能清热，治跌打损伤。

111．小叶三点金(*Desmodium microphyllum*)：根供药用，有清热解毒、止咳、祛痰之效。

112．饿蚂蝗(*Desmodium multiflorum*)：花、枝供药用，有清热解表之效。

113．河北木蓝(*Indigofera bungeana*)：全草药用，能清热止血、消肿生肌，外敷治创伤。

114．马棘(*Indigofera pseudotinctoria*)：根供药用，能清凉解表、活血祛瘀。

115．鸡眼草(*Kummerowia striata*)：全草供药用，有利尿通淋、解热止痢之效；全草煎水，可治风疹；又可作饲料和绿肥。

116．鹿藿(*Rhynchosia volubilis*)：根祛风和血、镇咳祛痰，治风湿骨痛、气管炎。叶外用治疮疥。

117．救荒野豌豆(*Vicia sativa*)：全草药用。花果期及种子有毒，国外曾有用其提取物作抗肿瘤的报道。

150 **旌节花科**(Stachyuraceae)

118．西域旌节花(*Stachyurus himalaicus*)：茎髓供药用，为中药“通草”。

151 **金缕梅科**(Hamamelidaceae)

119．枫香树(*Liquidambar formosana*)：树脂供药用，能解毒止痛，止血生肌；根、叶及果实亦入药，有祛风除湿，通络活血功效。

159 **杨梅科**(Myricaceae)

120．杨梅(*Myrica rubra*)：树皮富于单宁，可用作赤褐色染料及医药上的收敛剂。

165 **榆科**(Ulmaceae)

121．朴树(*Celtis sinensis*)：根、皮、嫩叶入药有消肿止痛、解毒治热的功效，外敷治水火烫伤。

167 **桑科**(Moraceae)

122．构树(*Broussonetia papyrifera*)：果与根共入药，功能补肾、利尿、强筋骨。主治：补肾、明目、强筋骨。

123．粗叶榕(*Ficus hirta*)：药用治风气，去红肿（植物名实图考）。《浙江植物志》称根、果祛风湿，益气固表。

124．薜荔(*Ficus pumila*)：祛风，利湿，活血，解毒。治风湿痹痛，泻痢，淋病，跌打损伤，痈肿疮疖。

125．蒙桑(*Morus mongolica*)：根皮入药，为消炎利尿剂；果实可酿酒。

169 荨麻科(Urticaceae)

126．大蝎子草(*Girardinia diversifolia*)：全草入药，有祛痰，利湿，解毒之功效；用于咳嗽 痰多，水肿；外用治疮毒 。

127．糯米团(*Gonostegia hirta*)：全草药用，治消化不良、食积胃痛等症，外用治血管神经性水肿、疔疮疖肿、乳腺炎、外伤出血等症。全草可饲猪。

128．紫麻(*Oreocnide frutescens*)：根、茎、叶入药，可行气活血。

129．冷水花(*Pilea notata*)：全草药用，有清热利湿、生津止渴和退黄护肝之效。

130．石筋草(*Pilea plataniflora*)：全草入药，有舒筋活血、消肿和利尿之效。

170 大麻科(Cannabaceae)

131．葎草(*Humulus scandens*)：清热解毒、利尿通淋、主肺热咳嗽、肺痈、虚热烦渴、热淋、水肿、小便不利、湿热泻痢、热毒疮疡、皮肤瘙痒。

171 冬青科(Aquifoliaceae)

132．长梗冬青(*Ilex macrocarpa* var. *longipedunculata*)：根药用，有固精、止血之功效；用于遗精、月经过多、崩漏等症。

185 桑寄生科(Loranthaceae)

133．鞘花(*Macrosolen cochinchinensis*)：全株药用，有清热、止咳等效。

134．桑寄生(*Taxillus sutchuenensis*)：全株入药，有治风湿痹痛、腰痛、胎动、胎漏等功效。

190 鼠李科(Rhamnaceae)

135．枳椇(*Hovenia acerba*)：果序轴肥厚、含丰富的糖，可生食、酿酒、熬糖，民间常用以浸制“拐枣酒”，能治风湿。种子为清凉利尿药，能解酒毒，适用于热病消渴、酒醉、烦渴、呕吐、发热等症。

136．薄叶鼠李(*Rhamnus leptophylla*)：全草药用，有清热、解毒、活血之功效。在广西用根、果及叶利水行气、消积通便、清热止咳。

191 胡颓子科(Elaeagnaceae)

137．蔓胡颓子(*Elaeagnus glabra*)：叶有收敛止泻、平喘止咳之效，根行气止痛，治风湿骨痛、跌打肿痛、肝炎、胃病。

138．胡颓子(*Elaeagnus pungens*)：种子、叶和根可入药。种子可止泻，叶治肺虚短气，根治吐血及煎汤洗疮疥有一定疗效。

193 葡萄科(Vitaceae)

139．乌蔹莓(*Cayratia japonica*)：全草入药，有凉血解毒、利尿消肿之功效。

140．崖爬藤(*Tetrastigma obtectum*)：全草入药，有祛风湿的功效。

194 芸香科(Rutaceae)

141．楝叶吴萸(*Evodia glabrifolia*)：根及果用作草药。据载有健胃、驱风、镇痛、消肿之功效。

142．蚬壳花椒(*Zanthoxylum dissitum*)：根、茎皮及叶均供药用，能祛风活络、散瘀止痛、解毒消肿，是许多中成药组方中的主要成分，如妇科千金片，妇科外用洗液等。

197 **楝科** (Meliaceae)

143．浆果楝(*Cipadessa baccifera*)：根或树皮治疟疾、感冒、腹泻、痢疾、皮肤瘙痒、外伤出血。

144．楝树(*Melia azedarach*)：根皮粉调醋可治疥癣。

145．香椿(*Toona sinensis*)：根皮及果入药，有收敛止血、去湿止痛之功效。

198 **无患子科** (Sapindaceae)

146．复羽叶栾树(*Koelreuteria bipinnata*)：根入药，有消肿、止痛、活血、驱蛔之功，亦治风热咳嗽，花能清肝明目，清热止咳，又为黄色染料。

204 **省沽油科** (Staphyleaceae

147．野鸦椿(*Euscaphis japonica*)：根及干果入药，用于祛风除湿。

205 **漆树科** (Anacardiaceae)

148．清香木(*Pistacia weinmannifolia*)：叶及树皮供药用，有消炎解毒、收敛止泻之效。

149．盐肤木(*Rhus chinensis*)：本种为五倍子蚜虫寄主植物，在幼枝和叶上形成虫瘿，即五倍子，是医药工业的原料。根、叶、花及果均可供药用，能治跌打损伤。

150．野漆(*Toxicodendron succedaneum*)：根、叶及果入药，有清热解毒、散瘀生肌、止血、杀虫之效，治跌打骨折、湿疹疮毒、毒蛇咬伤，又可治尿血、血崩、白带、外伤出血、子宫下垂等症。

151．漆 (*Toxicodendron vernicifluum*)：有通经、驱虫、镇咳的功效。

210 **八角枫科** (Alangiaceae)

152．八角枫(*Alangium chinense*)：本种药用，根名白龙须，茎名白龙条，治风湿、跌打损伤、外伤止血等。

212 **五加科** (Araliaceae)

153．白簕(*Acanthopanax trifoliatus*)：本种为民间常用草药，根有祛风除湿、舒筋活血、消肿解毒之效，治感冒、咳嗽、风湿、坐骨神经痛等症。

154．楤木(*Aralia chinensis*)：本种为常用的中草药，有镇痛消炎、祛风行气、祛湿活血之效，根皮治胃炎、肾炎及风湿疼痛，亦可外敷刀伤。

155．虎刺楤木(*Aralia finlaysoniana*)：根皮为民间草药，有消肿散瘀，除风祛湿之效，治肝炎、肾炎、前列腺炎等症。

156．常春藤(*Hedera nepalensis* var. *sinensis*)：常春藤全株供药用，有舒筋散风之效，茎叶捣碎治衄血，也可治痈疽或其他初起肿毒。

157．刺楸(*Kalopanax septemlobus*)：根皮为民间草药，有清热祛痰、收敛镇痛之效。嫩叶可食。

158. 异叶梁王茶(*Nothopanax davidii*)：为民间草药，治跌打损伤、风湿关节痛。

159. 穗序鹅掌柴(*Schefflera delavayi*)：为民间常用草药，根皮治跌打损伤，叶有发表功效。

213 **伞形科**(Umbelliferae)

160. 鸭儿芹(*Cryptotaenia japonica*)：全草入药，治虚弱，尿闭及肿毒等，民间有用全草捣烂外敷治蛇咬伤。

161. 天胡荽(*Hydrocotyle sibthorpioides*)：全草入药，清热、利尿、消肿、解毒，治黄疸、赤白痢疾、目翳、喉肿、痈疽疔疮、跌打瘀伤。

162. 白苞芹(*Nothosmyrnium japonicum*)：根药用，为镇静止痛药。

163. 直刺变豆菜(*Sanicula orthacantha*)：全草有清热解毒的功效，治麻疹后热毒未尽、耳热瘙痒、跌打损伤。

215 **杜鹃花科**(Ericaceae)

164. 滇白珠(*Gaultheria leucocarpa* var. *yunnanensis*)：全株入药治风湿性关节炎。

165. 大白杜鹃(*Rhododendron decorum*)：其根熬水喂牛治牛跌伤后腹泻。

221 **柿树科**(Ebenaceae)

166. 油柿(*Diospyros oleifera*)：柿果含碘较高，多食可防甲状腺肥大。柿霜是一种甘露醇，可作清热剂、治口疮、肺热咳嗽。柿叶可制柿叶茶，有解热、降血压之功效。柿蒂（宿存花萼）、树皮、根均可入药。

223 **紫金牛科**(Myrsinaceae)

167. 百两金(*Ardisia crispa*)：根、叶有清热利咽、舒筋活血等功效，用于治咽喉痛、扁桃腺炎、肾炎水肿及跌打风湿等症，又用于治白浊、骨结核、痨伤咳血、痈疔、蛇咬伤等。

168. 大叶酸藤子(*Embelia subcoriacea*)：可入药，能驱蛔虫。

169. 杜茎山(*Maesa japonica*)：全株供药用，有祛风寒、消肿之功，用于治腰痛、头痛、心燥烦渴、眼目晕眩等症；根与白糖煎服治皮肤风毒，亦治妇女崩带；茎、叶外敷治跌打损伤，止血。

170. 鲫鱼胆(*Maesa perlarius*)：全株供药用，有消肿去腐、生肌接骨的功效，用于跌打刀伤，亦用于疔疮、肺病。

171. 铁仔(*Myrsine africana*)：枝、叶药用，治风火牙痛、咽喉痛、脱肛、子宫脱垂、肠炎、痢疾、红淋、风湿、虚劳等症；叶捣碎外敷，治刀伤。

225 **山矾科**(Symplocaceae)

172. 白檀(*Symplocos paniculata*)：清热解毒；调气散结；祛风止痒。主乳腺炎；淋巴腺炎；肠痈；疮疖；疝气；荨麻疹；皮肤瘙痒。

173. 山矾(*Symplocos sumuntia*)：根、花、叶入药，有清热利湿，理气化痰之功效。主治黄疸，咳嗽，关节炎。外用治急性扁桃体炎，鹅口疮。

228A 醉鱼草科(Buddlejaceae)

174. 驳骨丹(*Buddleja asiatica*)：根和叶供药用，有驱风化湿、行气活络之功效。

175. 密蒙花(*Buddleja officinalis*)：花（包括花序）有清热利湿、明目退翳之功效。根可清热解毒。兽医用枝叶治牛和马的红白痢。

229 木犀科(Oleaceae)

176. 白蜡树(*Fraxinus chinensis*)：树皮药用，主治疟疾，月经不调，小儿头疮。

177. 女贞(*Ligustrum lucidum*)：果入药称女贞子，为强壮剂；叶药用，具有解热镇痛的功效。

178. 小叶女贞(*Ligustrum quihoui*)：叶入药，具清热解毒等功效，治烫伤、外伤；树皮入药治烫伤。

230 夹竹桃科(Apocynaceae)

179. 萝芙木(*Rauvolfia verticillata*)：根、叶供药用，民间有用来治高血压、高热症、胆囊炎、急性黄疸型肝炎、头痛、失眠、玄晕、癫痫、疟疾、蛇咬伤、跌打损伤等病症。植株含阿马里新、利血平、萝芙甲素及山马蹄硷等生物硷，为“降压灵”的原料。

180. 紫花络石(*Trachelospermum axillare*)：茎藤和茎皮入药，有祛风解表、活络止痛之功效。主治感冒头痛，咳嗽，风湿痹痛，跌打损伤。

181. 络石(*Trachelospermum jasminoides*)：根、茎、叶、果实供药用，有祛风活络、利关节、止血、止痛消肿、清热解毒之效能，我国民间有用来治关节炎、肌肉痹痛、跌打损伤、产后腹痛等；安徽地区有用作治血吸虫腹水病。

231 萝藦科(Asclepiadaceae)

182. 牛皮消(*Cynanchum auriculatum*)：药用块根，养阴清热，润肺止咳，可治神经衰弱，胃及十二指肠溃疡、肾炎、水肿等。

183. 黑龙骨(*Periploca forrestii*)：全株供药用，可舒筋活络、祛风除湿；治风湿性关节炎、跌打损伤、胃痛、消化不良、闭经、疟疾等。

232 茜草科(Rubiaceae)

184. 四叶律(*Galium bungei*)：全草药用，清热解毒、利尿、消肿；治尿路感染、赤白带下、痢疾、痈肿、跌打损伤。

185. 猪殃殃(*Galium spurium*)：全草药用，清热解毒，消肿止痛，利尿，散瘀；治淋浊、尿血、跌打损伤、肠痈、疖肿、中耳炎等。

186. 栀子(*Gardenia jasminoides*)：有清热，泻火，凉血之功效。治热病虚烦不眠，黄疸，淋病，消渴，目赤，咽痛，吐血，衄血，血痢，尿血，热毒疮疡，扭伤肿痛。

187. 鸡矢藤(*Paederia foetida*)：根据中草药汇编，本种主治风湿筋骨痛、跌打损伤、外伤性疼痛、肝胆及胃肠绞痛、黄疸型肝炎、肠炎、痢疾、消化不良、小儿疳积、肺结核咯血、支气管炎、放射反应引起的白细胞减少症、农药中毒；外用治皮炎、湿疹、疮疡肿毒。

233 忍冬科(Caprifoliaceae)

188. 金银忍冬(*Lonicera maackii*)：根用于解毒截疟；茎叶用于祛风解毒、活血祛瘀；花用于淡，平，祛风解表，消肿解毒。

189. 接骨草(*Sambucus javanica*)：可治跌打损伤，有去风湿、通经活血、解毒消炎之功效。

190. 水红木(*Viburnum cylindricum*)：叶、花和根供药用。根味苦、凉，有祛风活络之功效。用于跌打损伤，风湿筋骨痛。叶味苦、凉，有清热解毒之功效。用于泄泻，口腔破溃，淋证；外用于烧、烫伤，疮疡肿毒，皮肤瘙痒。花用于风热咳喘。

235 败酱科(Valerianaceae)

191. 墓头回(*Patrinia heterophylla*)：根茎和根供药用，能燥湿，止血；主治崩漏、赤白带，民间并用以治疗子宫癌和子宫颈癌。

192. 蜘蛛香(*Valeriana jatamansi*)：用于脘腹胀痛，食积不化，腹泻痢疾，风湿痹痛，腰膝酸软，失眠。

236 川续断科(Dipsacaceae)

193. 川续断(*Dipsacus asper*)：根入药，有行血消肿、生肌止痛、续筋接骨、补肝肾、强腰膝、安胎的功效。

238 菊科(Compositae)

194. 宽叶下田菊(*Adenostemma lavenia* var. *latifolium*)：全草治脚气病。

195. 藿香蓟(*Ageratum conyzoides*)：全草作清热解毒用和消炎止血用。在南美洲，当地居民对用该植物全草治妇女非子宫性阴道出血，有极高评价。

196. 艾(*Artemisia argyi*)：全草入药，有温经、去湿、散寒、止血、消炎、平喘、止咳、安胎、抗过敏等作用。

197. 金盏银盘(*Bidens biternata*)：全草入药，有清热解毒、散瘀活血的功效，主治上呼吸道感染、咽喉肿痛、急性阑尾炎、急性黄疸型肝炎、胃肠炎、风湿关节疼痛、疟疾，外用治疮疖、毒蛇咬伤、跌打肿痛。

198. 白花鬼针草(*Bidens pilosa*)：为我国民间常用草药，有清热解毒、散瘀活血的功效，主治上呼吸道感染、咽喉肿痛、急性阑尾炎、急性黄疸型肝炎、胃肠炎、风湿关节疼痛、疟疾，外用治疮疖、毒蛇咬伤、跌打肿痛。

199. 天名精(*Carpesium abrotanoides*)：全草也供药用，功能清热解毒、祛痰止血。主治咽喉肿痛、扁桃体炎、支气管炎；外用治创伤出血、疗疮肿毒、蛇虫咬伤。

200. 烟管头草(*Carpesium cernuum*)：全草入药，发汗、解毒、散瘀。

201. 白酒草(*Conyza japonica*)：根或全草药用，治小儿肺炎、肋膜炎、喉炎、角膜炎等症。

202．野茼蒿(*Crassocephalum crepidioides*)：草入药，有健脾、消肿之功效，治消化不良、脾虚浮肿等症。

203．小鱼眼草(*Dichrocephala benthamii*)：贵州又名翳子草、地细辛，药用消炎止泻，治小儿消化不良。

204．东风菜(*Doellingeria scabra*)：主治风毒壅热、头痛目眩、肝热眼赤，堪入羹臛食。

205．一点红(*Emilia sonchifolia*)：全草药用，消炎，止痢，主治腮腺炎、乳腺炎、小儿疳积、皮肤湿疹等症。

206．短葶飞蓬(*Erigeron breviscapus*)：主治小儿疳积、小儿麻痹及脑膜炎的后遗症、牙痛、小儿头疮等有效。

207．白头婆(*Eupatorium japonicum*)：全草药用，性凉，消热消炎。

208．牛膝菊(*Galinsoga parviflora*)：全草药用，有止血、消炎之功效，对外伤出血、扁桃体炎、咽喉炎、急性黄胆型肝炎有一定的疗效。

209．毛大丁草(*Gerbera piloselloides*)：全草药用，有清火消炎等功效。治感冒、久热不退、产后虚烦及急性结膜炎等。

210．鼠麴草(*Gnaphalium affine*)：茎叶入药，为镇咳、祛痰、治气喘和支气管炎以及非传染性溃疡、创伤之寻常用药，内服还有降血压疗效。

211．秋鼠麴草(*Gnaphalium hypoleucum*)：全草味甘、苦、凉，有祛风止咳，清热利湿之功效。用于感冒，肺热咳嗽，痢疾，瘰疬，下肢溃疡。

212．抱茎小苦荬(*Ixeridium sonchifolium*)：全草入药，清热解毒，有凉血、活血之功效。

213．马兰(*Kalimeris indica*)：全草药用，有清热解毒，消食积，利小便，散瘀止血之效，在福建广东通称田边菊、路边菊，湖北、四川、贵州、广西通称鱼鳅串、泥鳅串、泥鳅菜，云南称蓑衣莲。幼叶通常作蔬菜食用，俗称“马兰头”。

214．圆舌粘冠草(*Myriactis nepalensis*)：根解表透疹。

215．一枝黄花(*Solidago decurrens*)：全草入药，性味辛、苦，微温。疏风解毒、退热行血、消肿止痛。主治毒蛇咬伤、痈、疖等。

216．蒲公英(*Taraxacum mongolicum*)：全草供药用，有清热解毒、消肿散结的功效。

217．毒根斑鸠菊(*Vernonia cumingiana*)：根或茎藤可治风湿痛，腰肌劳损、四肢麻痹等症；亦治感冒发热、疟疾、牙痛、结膜炎。

218．斑鸠菊(*Vernonia esculenta*)：叶可治烫火伤。

219．苍耳(*Xanthium strumarium*)：根用于疔疮、痈疽、缠喉风、丹毒、高血压症、痢疾；茎、叶用于头风、头晕、湿痹拘挛、目赤目翳、疔疮毒肿、崩漏、麻风；花用于白癞顽癣、白痢；果实有毒；散风湿、通鼻窍、止痛杀虫，用于风寒头痛、鼻塞流涕、齿痛、风寒湿痹、四肢挛痛、疥癣、瘙痒。

239　龙胆科(Gentianaceae)

220. 卵萼花锚(*Halenia elliptica*)：全草入药，清热利湿、可治急性黄疸型肝炎等症。

240 **报春花科**(Primulaceae)

221. 点地梅(*Androsace umbellata*)：民间用全草治扁桃腺炎、咽喉炎、口腔炎和跌打损伤。

222. 过路黄(*Lysimachia christiniae*)：本种为民间常用草药，功能为清热解毒，利尿排石。治胆囊炎、黄疸性肝炎、泌尿系统结石、肝、胆结石、跌打损伤、毒蛇咬伤、毒蕈及药物中毒；外用治化脓性炎症、烧烫伤。

223. 珍珠菜(*Lysimachia clethroides*)：全草入药，煎水治小儿惊风或用于洗伤口。

224. 临时救(*Lysimachia congestiflora*)：全草入药，治风寒头痛、咽喉肿痛、肾炎水肿、肾结石、小儿疳积、疔疮、毒蛇咬伤等。

242 **车前草科**(Plantaginaceae)

225. 车前(*Plantago asiatica*)：全草味甘，性寒，具有祛痰、镇咳、平喘等作用。车前草是利水渗湿中药，主治：主小便不利、淋浊带下、水肿胀满、暑湿泻痢、目赤障翳、痰热咳喘。

226. 大车前(*Plantago major*)：全草味甘，性寒，归肝、肾、肺、小肠经，具有清热利尿，祛痰，凉血，解毒功能，用于水肿，尿少，热淋涩痛，暑湿泻痢，痰热咳嗽，吐血，痈肿疮毒。车前子味甘，性微寒，归肝、肾、肺、小肠经，具有清热利尿，渗湿通淋，明目，祛痰功能，用于水肿胀痛，热淋涩痛，暑湿泄泻，目赤肿痛，痰热咳嗽等症。

243 **桔梗科**(Campanulaceae)

227. 西南风铃草(*Campanula pallida*)：根药用，治风湿等症。

228. 蓝花参(*Wahlenbergia marginata*)：根药用，治小儿疳积，痰积和高血压等症。

244 **半边莲科**(Lobeliaceae)

229. 铜锤玉带草(*Lobelia angulata*)：全草供药用，治风湿、跌打损伤等。

230. 西南山梗菜(*Lobelia seguinii*)：根或全草入药，可用于消炎、止痛、解毒和杀虫，治风湿性关节炎、跌打损伤和疮疡肿毒。

249 **紫草科**(Boraginaceae)

231. 附地菜(*Trigonotis peduncularis*)：全草入药，能温中健胃，消肿止痛，止血。嫩叶可供食用。

250 **茄科**(Solanaceae)

232. 喀西茄(*Solanum aculeatissimum*)：果实含有索拉索丁(*Solasodine*)，是合成激素的原料，烧成烟可以熏牙止痛。

233. 少花龙葵(*Solanum americanum*)：叶可供蔬食，有清凉散热之功，并可兼治喉痛。

234. 假烟叶树(*Solanum verbascifolium*)：根皮入药，性温、味苦、有毒。有消炎解毒、祛风散表之功。可以敷疮毒，洗癣疥。

251　旋花科(Convolvulaceae)

235．打碗花(*Calystegia hederacea*)：根药用，治妇女月经不调，红、白带下。

236．飞蛾藤(*Porana racemosa*)：全草可作药用，有暖胃，补血，去瘀之效。治无名肿毒，劳伤疼痛，高烧。

252　玄参科(Scrophulariaceae)

237．长蒴母草(*Lindernia anagallis*)：全草药用，有清肺利尿，凉血消毒，消炎退肿之功效。主治风热目痛，痈疽肿毒，白带，淋病，痢疾，小儿腹泻。

238．四方麻(*Veronicastrum caulopterum*)：治红白痢疾、喉痛、目赤、黄肿、淋病等。

256　苦苣苔科(Gesneriaceae)

239．革叶粗筒苣苔(*Briggsia mihieri*)：全草入药，治跌打损伤。

240．吊石苣苔(*Lysionotus pauciflorus*)：全草可供药用，治跌打损伤等症。

257　紫葳科(Bignoniaceae)

241．灰楸(*Catalpa fargesii*)：果入药，利尿；根皮治皮肤病；皮、叶浸液作农药，可治稻螟、飞虱。

梓树(*Catalpa ovata*)：果实（梓实）入药（含枸橼酸及对羟基苯甲酸1～4%；种子含脂肪油10%；叶含对羟基苯甲酸2%），有显著利尿作用，可作利尿剂，治肾脏病，肾气膀胱炎、肝硬化，腹水。根皮（梓白皮）亦可入药，消肿毒，外用煎洗治疥疮。

259　爵床科(Acanthaceae)

242．白接骨(*Asystasia neesiana*)：叶和根状茎入药，止血。

243．爵床(*Justicia procumbens*)：全草入药，治腰背痛、创伤等。本品在东汉前已载入《神农本草经》，但宋代以后很少入官药而沦为草药。

244．球花马蓝(*Strobilanthes dimorphotricha*)：地上部分或根入药，有清热解毒，凉血消斑之功效。主治用于温病烦渴，发斑，吐衄，肺热咳喘，咽喉肿痛，口疮，丹毒，痄腮，痈肿，疮毒，湿热泻痢，夏季热，热痹，肝炎，钩端螺旋体病，蛇咬伤。

263　马鞭草科(Verbenaceae)

245．老鸦糊(*Callicarpa giraldii*)：全株入药，能清热、和血、解毒；治小m丹（裤带疮）、血崩。

246．红紫珠(*Callicarpa rubella*)：民间用根墩肉服，可通经和治妇女红、白带症；嫩芽可揉碎擦癣。叶可作止血、接骨药。

247．海通(*Clerodendrum mandarinorum*)：四川、广西民间用其枝叶治半边疯。

264　唇形科(Labiatae)

248．金疮小草(*Ajuga decumbens*)：全草入药，治痈疽疔疮、火眼、乳痈、鼻衄、咽喉炎、肠胃炎、急性结膜炎、烫伤、狗咬伤、毒蛇咬伤以及外伤出血等症。

249．细风轮菜(*Clinopodium gracile*)：全草入药，治感冒头痛、中暑腹痛、痢疾、乳腺炎、痈疽肿毒、荨麻疹、过敏性皮炎、跌打损伤等症。

250．寸金草(*Clinopodium megalanthum*)：云南用全草入药，治牙痛、小儿疳积、风湿跌打、消肿活血，煎水服可退烧，其籽可壮阳。

251．灯笼草(*Clinopodium polycephalum*)：全草入药，治功能性子宫出血、胆囊炎、黄胆型肝炎、感冒头痛、腹痛、小儿疳积、火眼、跌打损伤、疔疮、皮肤疮疡、蛇及狂犬咬伤、烂脚丫、烂头疔及痔疮等症。

252．野草香(*Elsholtzia cypriani*)：全草或叶入药，治伤风感冒、疔疮、鼻渊及蛾子等症，有清热解毒作用。花穗可止血。

253．野苏子(*Elsholtzia flava*)：全草入药。

254．野拔子(*Elsholtzia rugulosa*)：枝叶可入药，为西南各省常用中草药，治伤风感冒、消化不良、腹痛腹胀、上吐下泻、胃肠炎、绞肠痧、伤寒发热、痢疾、鼻衄、咳血、产后腹痛、外伤出血、烂疮、蛇咬伤等症。

255．野芝麻(*Lamium barbatum*)：民间入药，花用于治子宫及泌尿系统疾患、白带及行经困难，全草用于跌打损伤、小儿疳积。

256．松林华西龙头草(*Meehania fargesii* var. *pinetorum*)：全草入药，作寒药。

257．罗勒(*Ocimum basilicum*)：全草入药，治胃痛，胃痉挛、胃肠胀气、消化不良、肠炎腹泻、外感风寒、头痛、胸痛、跌打损伤、瘀肿、风湿性关节炎、小儿发热、肾脏炎、蛇咬伤，煎水洗湿疹及皮炎；茎叶为产科要药，可使分娩前血行良好；种子名光明子，主治目翳，并试用于避孕。

258．夏枯草(*Prunella vulgaris*)：全株入药，据《滇南本草》记载："味苦，微辛，性微温，入肝经，祛肝风，行经络。治口眼歪斜，止筋骨疼，舒肝气，开肝郁。治目珠夜（胀）痛，消散瘰疬（周身结核），手足周身节骨酸疼。"

259．香茶菜(*Rabdosia amethystoides*)：全草入药，治闭经、乳痈、跌打损伤。根入药，治劳伤、筋骨酸痛、疮毒、蕲蛇咬伤等症，为治蛇伤要药。

260．毛萼香茶菜(*Rabdosia eriocalyx*)：叶治脚气，根止泻止痢。

261．荔枝草(*Salvia plebeia*)：全草入药，民间广泛用于跌打损伤，无名肿毒，流感，咽喉肿痛，小儿惊风，吐血，鼻衄，乳痈，淋巴腺炎，哮喘，腹水肿胀，肾炎水肿，疔疮疖肿，痔疮肿痛，子宫脱出，尿道炎，高血压，一切疼痛及胃癌等症。

262．云南鼠尾草(*Salvia yunnanensis*)：根入药，为强壮性通经剂，有祛瘀、生新、活血、调经等效用，为妇科要药，主治子宫出血，月经不调，血瘀，腹痛，经痛，经闭，庙痛。

263．甘露子(*Stachys sieboldii*)：贵州用全草入药，治肺炎、风热感冒。

267 泽泻科(Alismataceae)

264. 泽泻(*Alisma plantago-aquatica*)：主治肾炎水肿、肾盂肾炎、肠炎泄泻、小便不利等症。

280 鸭跖草科(Commelinaceae)

265. 饭包草(*Commelina benghalensis*)：药用，有清热解毒，消肿利尿之效。

266. 蛛丝毛蓝耳草(*Cyanotis arachnoidea*)：根入药，通经活络、除湿止痛，主治风湿关节疼痛。植株含脱皮激素。

267. 水竹叶(*Murdannia triquetra*)：全草有清热解毒、利尿消肿之效，亦可治蛇虫咬伤。

287 芭蕉科(Musaceae)

268. 地涌金莲(*Musella lasiocarpa*)：花可入药，有收敛止血作用，治白带、红崩及大肠下血；茎汁用于解酒醉及草乌中毒。

293 百合科(Liliaceae)

269. 粉条儿菜(*Aletris spicata*)：根药用，有润肺止咳、杀蛔虫、消疳等效。

270. 薤白(*Allium macrostemon*)：鳞茎作药用，也可作蔬菜食用，在少数地区已有栽培。

271. 天门冬(*Asparagus cochinchinensis*)：天门冬的块根是常用的中药，有滋阴润燥、清火止咳之效。

272. 大百合(*Cardiocrinum giganteum*)：性味淡、平，有清热止咳，宽胸利气之功效。用于肺痨咯血，咳嗽痰喘，小儿高烧，胃痛及反胃，呕吐。

273. 万寿竹(*Disporum cantoniense*)：根状茎供药用，有益气补肾、润肺止咳之效。

274. 野百合(*Lilium brownii*)：供药用，有清热解毒、消肿止痛、破血除瘀等效用，治风湿麻痹，跌打损伤、疮毒，癣疥等症。

275. 多花黄精(*Polygonatum cyrtonema*)：根状茎（黄精），甘，平。补气养阴，健脾，润肺，益肾；用于脾虚胃弱，体倦乏力，口干食少，肺虚燥咳，精血不足，内热消渴。

276. 滇黄精(*Polygonatum kingianum*)：根状茎（黄精）：甘，平。补气养阴，健脾，润肺，益肾。用于脾胃虚弱，体倦乏力，口干食少，肺虚燥咳，精血不足，内热消渴。

277. 湖北黄精(*Polygonatum zanlanscianense*)：根状茎作药用，有养阴润燥、生津止渴、滋润心肺、生津养胃、补精髓之功效。

278. 吉祥草(*Reineckea carnea*)：全株有润肺止咳、清热利湿之效。

297 菝葜科(Smilacaceae)

279. 菝葜(*Smilax china*)：根状茎有祛风活血作用。

280. 牛尾菜(*Smilax riparia*)：根状茎有止咳祛痰作用；嫩苗可供蔬食。

281. 短梗菝葜(*Smilax scobinicaulis*)：根状茎和根是一种中药，在河北、陕西称威灵仙，祛风湿，治关节痛。

302 天南星科(Araceae)

282．磨芋(*Amorphophallus rivieri*)：块茎入药能解毒消肿，炙后健胃，消饱胀；治流火、疔疮、无名肿毒、瘰疬、眼睛蛇咬伤、烫火伤、间日疟、乳痈、腹中痞块、疔癀高烧、疝气等。

283．一把伞南星(*Arisaema erubescens*)：块茎入药，能解毒消肿、祛风定惊、化痰散结；主治面神经麻痹、半身不遂、小儿惊风、破伤风、癫痫；外用治疗疮肿毒、毒蛇咬伤、灭蝇蛆。

284．象头花(*Arisaema franchetianum*)：块茎入药，有毒，功效同夫南星（《植物名实图考》），民间用以外敷乳腺炎，颈淋巴结核，无名肿毒，毒蛇咬伤（云南昆明）；内服可治跌打损伤（云南保山）；兽医用于治疮黄肿毒、锁喉黄（云南富民）。

285．天南星(*Arisaema heterophyllum*)：块茎入药称天南星，为历史悠久的中药之一，能解毒消肿、祛风定惊、化痰散结；主治面神经麻痹、半身不遂、小儿惊风、破伤风、癫痫；外用治疗疮肿毒、毒蛇咬伤、灭蝇蛆；用胆汁处理过的称胆南星，主治小儿痰热、惊风抽搐。

286．野芋(*Colocasia esculentum* var. *antiquorum*)：块茎（有毒）供药用，外用治无名肿毒、疥疮、吊脚癀（大腿深部脓肿）、痈肿疮毒、虫蛇咬伤、急性颈淋巴腺炎（贵州、江西）。

287．半夏(*Pinellia ternata*)：块茎入药，有毒，能燥湿化痰，降逆止呕，生用消疖肿；主治咳嗽痰多、恶心呕吐；外用治急性乳腺炎、急慢性化浓性中耳炎。兽医用以治锁喉癀。

307　**鸢尾科**(Iridaceae)

288．扁竹兰(*Iris confusa*)：根状茎供药用，治急性扁桃腺炎及急性支气管炎。

311　**薯蓣科**(Dioscoreaceae)

289．黄独(*Dioscorea bulbifera*)：块茎入药，主治甲状腺肿大、淋巴结核、咽喉肿痛、吐血、咯血、百日咳；外用治疮疖。

290．薯莨(*Dioscorea cirrhosa*)：块茎入药能活血、补血、收敛固涩，治跌打损伤、血瘀气滞、月经不调、妇女血崩、咳嗽咳血、半身麻木及风湿等症。

314　**棕榈科**(Palmaceae)

291．棕竹(*Rhapis excelsa*)：叶入药，主治咯血、吐血、产后出血过多；根入药有祛风除湿、收敛止血之功效，主治跌打劳伤、咯血。

292．棕榈(*Trachycarpus fortunei*)：棕皮及叶柄（棕板）煅炭入药有止血作用。

332B　**禾本科** Poaceae)

293．知风草(*Eragrostis ferruginea*)：全草入药可舒筋散瘀。

294．五节芒(*Miscanthus floridulus*)：根状茎有利尿之效。

295．棕叶狗尾草(*Setaria palmifolia*)：根可药用治脱肛、子宫脱垂。

296．狗尾草(*Setaria viridis*)：秆、叶可入药，治痈瘀、面癣。

夏　纯

第九节　遗传资源

按照《生物多样性公约》(1992)的规定，遗传资源是指来自植物、动物、微生物或其他来源的任何含有遗传功能单位的、有实际或潜在利用价值的遗传材料。遗传资源所包含的丰富生命遗传信息，是生物多样性保护的核心内容，也是自然保护区的保护内容之一。保护遗传资源，在于保护环境和维护生物多样性，保护遗传资源的巨大的经济效益，对生物制药、动植物育种、生命科学研究等有重要意义。

一、调查方法

在查阅普安县志、参考县农业局、畜牧局、林业局、统计局等各部门历史资料的基础上，对保护区内各乡镇进行了实地调查，了解该乡镇村庄的农业、畜牧业、经果林生产现状。联系当地熟悉生产的年龄较大的村民，了解该村的基本情况、生物资源等，编制详尽的调查表。

根据实地调查、资料检索与专家咨询结果，对保护区内的畜禽特色乡土品种资源、果树、农作物的品种组成、品系特征、资源存量进行评价描述。

二、调查结果

（一）农作物

①**水稻**：保护区内农作物种植面积最广的为水稻。尤其是龙吟镇一带，是普安水稻的主产区。目前保护区中水稻的主要品种为金优990、Y两优143、Y两优6号、Q优6号、筑优985。

②**小麦**：小麦在保护区的种植面积不及水稻，品种也较为单一。目前，保护区内小麦的品种以丰优系列为主，其他品种不常见。

③**玉m**：玉米在保护区内种植较多，但基本以外来杂交品种为主。本地玉米传统品种有金壳早、黄糯包谷、白糯包谷等。

④**薯类**：普安薯类作物以马铃薯和红薯为主。马铃薯是当地人非常重要的粗粮。而红薯即可作为人们的粗粮，也能作为牲畜的精粮，红薯叶也是非常受欢迎的蔬菜。红薯传统品种有红薯、角薯；马铃薯的品种主要为青薯9、宣薯2。

⑤**豆类**：本地种植的豆类只要有黄豆和绿豆。在保护区内，传统豆类品种种植较少。

（二）经济作物

茶叶：普安是“中国古茶树之乡”，其最具代表性的为普安红茶。目前，普安红茶已经成为中国地理标志保护产品。

此外，保护区内的经济作物主要有油茶、油菜、花生、甘蔗、烤烟、红皮大蒜、薄壳核桃、板栗、百合、薏苡。还有名贵中药材天麻、银杏、云南黄精。

（三）蔬菜作物

保护区内的蔬菜作物中，根茎类有红萝卜、胡萝卜、白萝卜、芋头、马铃薯、红薯、旱芋头等。叶菜类有芹菜、菠菜、苋菜、白菜、青菜、茼蒿菜、木耳菜、莲花白、蒿苣菜。瓜类有冬瓜、南瓜、抓瓜、丝瓜、苦瓜、青黄瓜、白黄瓜、葫芦、佛手瓜。茎菜类有竹笋、莴笋、芋荷、蕨菜等，豆类有早四季豆、豇豆、扁豆、蚕豆、黄豆、红豆。茄菜类有辣椒、线茄、西红柿等。佐料类有分葱、大蒜、薄荷、百合蒜、红蒜、姜、芫荽、花椒、山鸡椒、楝叶吴萸等。

（四）果树

果树有金秋梨、柑橘、樱桃、板栗、核桃、柿子、李子、桃子、杨梅、柚子。其中，金秋梨、柑橘已经形成产业，给当地居民带来了经济效益。樱桃、核桃的种植的也非常广泛。

（五）畜禽特色乡土品种

①**家畜**：家畜主要有猪、牛、马、羊等。猪、牛、羊的养殖较为普遍，牛肉、羊肉是当地最受欢迎的食物。马在当地也有养殖。

②**家禽**：家禽均为传统品种：鸡、鸭、鹅等。鸡鸭的养殖较为普遍，鹅的养殖较少，只有零星养殖。

三、结论与讨论

长期以来，人们一直忽略了遗传资源独特的资源特性和生态意义，对地方品种遗传资源重要性的认识不够，而由于有的传统品种存在一定的缺陷，如传统农作物品种一般亩产较低；传统家畜、家禽生长速度较慢，生产周期长，生产性能不能适应当前市场的需求。因此，产量较高的外来品种逐渐取代了当地传统品种，使当地遗传资源日趋贫乏，类群趋于单一化，遗传变异性越来越窄。目前，保护区内农作物品种中的水稻、小麦、玉米，畜禽品种中猪、鸡、羊等品种越来越单一。一些育种素材、现实生产用途不良的品种的类群正面临锐减或灭绝；一些经多年培育的优良品种因选育重视度不够，性能发生退化，加之杂交改良而遭到破坏，纯种已很少，优良品种数量更少。同时，还存在对地方遗传资源的普查不及时，加之地域辽阔，地方品种分布分散，造成对某些品种濒危的严重程度了解不清楚；市场经济使遗传资源的研究和开发水平有待提高；收集、保护力度不够，资源流失严重等问题。加之对一些地方资源的特性认识不足，采用引入品种简单代替或盲目杂交改良，普遍存在重引进、轻培育、重杂交、轻保护的现象。

遗传资源是重要的生物资源，它是生物多样性的重要组成部分，也是生态系统的有机组成。遗传资源保护是关系到农业生产可持续发展和生物多样性的重要问题。遗传资源具有不可再生性，一旦丧失，就无可挽回。遗传资源的枯竭，将使农业生产面对自然条件的变化丧失自我调节和抗衡的能力。遗传资源保护是关系农业生产持续发展和生物多样性的重大问题。农业生产的持续发展不仅仅意味着产量的持续提高，也包括了未来市场对质量和品种的需求，更重要的是储备更多的遗传潜力以适应未来环境的变化。

为保护贵州普安龙吟阔叶林州级自然保护区内的遗传资源，我们提出以下建议：一是进行区域内遗传资源的调查工作，全面掌握遗传资源的本底资料；二是建立遗传资源保种场与基因库，采用常规的活体保种和现代科技的生物技术进行遗传资源保护，有力维护遗传资源的稳定性；三是加强遗传资源特性研究，充分利用某些品种资源的优良特性，开发利用，使之商品化并走向市场，为当地农民增收，社会经济发展做出贡献。

夏　纯

第六章　动物多样性

第一节 软体动物

软体动物门(Mollusca)属于无脊椎动物，物种多样性仅次于节肢动物门，为动物界的第二大门，其已确认的物种数量估算从8.5万种到10万多种不等。软体动物能适应许多不同环境，分布广泛，从寒带、温带到热带，从海洋到河川、湖泊，从平原到高山，陆地、淡水和咸水多种栖息地中都有大量成员，例如蜗牛、河蚌等。

本次考察记录了普安保护区软体动物3目12科30属55种。世界区系分布上，绝大多数为东洋区种类，仅4种东洋—古北跨区分布。至于国内区系分布，有35种于华中区有分布，20种于华南区有分布，仅有零星种类于华北、蒙新、青藏及东北区分布。

普安软体动物名录

腹足纲 Gastropoda

前鳃亚纲 Prosobranchia

一、原始腹足目 Archaeogastropoda

（一）近水螺科 Hydrocenidae 1属1种

巴氏土欧螺 *Georisa bachmanni* Gredler

二、中腹足目 Mesogastropoda 5属9种

（二）环口螺科 Cyclophoridae

矮小双边凹螺 *Chamalycaeus nanus* (Moellendorff)

缝合倍唇螺 *Diplommatina consularis* Gredler

梨小倍唇螺 *Diplommatina pyra* (Heude)

附管皮氏螺 *Pearsonia gredleri* Yen

双叶褶口螺 *Ptychopoma bifrons* (Heude)

环褶口螺 *Ptychopoma cycloteum* (Gredler)

大扁褶口螺 *Ptychopoma expoliatum* (Heude)

扭转褶口螺 *Ptychopoma tortile* (Heude)

黄蛹螺 *Pupina flava* (Moellendorff)

肺螺亚纲 Pulmonata

三、柄眼目 Stylommatophore

（三）琥珀螺科 Succineidae 1属1种

中国琥珀螺 *Succinea chinensis* Pfeiffer

（四）虹蛹螺科 Pupinidae 2属5种

角似喇叭螺 *Anauchen angulinus* (Gredler)

湖南喇叭螺 *Boysidia hunana conspicua* (Moellendorff)

湖南喇叭螺指名亚种 *Boysidia hunana hunana* (Gre-dler)

湖北喇叭螺 *Boysidia hupeana* (Gredler)

天星桥喇叭螺 *Boysidia* (Bansonella) *tianxingqiaoensis* Luo et Chen

（五）艾纳螺科 Enidae 2属5种

海氏奇异螺 *Mirus hartmanni* (Ancey)

湖南奇异螺 Mirus minutus hunanensis (Moellendor-f)

囊形杂斑螺 Subzebrinus baudoni saccatus (Moellen-dorff)

品红杂斑螺 Subzebrinus fuchsianus (Heude)

瘦瓶杂斑螺 Subzebrinus macroceramijformis (Deshayes)

（六）钻头螺科 Subulinidae 2属6种

索形钻螺 Opeas funiculare (Heude)

细钻螺 Opeas gracile (Hutton)

四川钻螺 Opeas setchuanense (Heude)

小囊钻螺 Opeas utriculus (Heude)

竖卷轴螺 Tortaxis erectus (Benson)

柑卷轴螺 Tortaxis mandarinus (Pfeiffer)

（七）烟管螺科 Clausilidae 5属9种

唇尖真管螺 Euphaedusa aculus labio (Gredler)

凹真管螺 Euphaedusa simiola (Gredler)

微小拟管螺 Hemiphaedusa minuta Yen

雨拟管螺 Hemiphaedusa plrciatilis (Benson)

双扁圈螺 Plectopylis diptychia (Moellendorff)

毛缘圈螺 Plectopylis fimbriosa (Martens)

尖真管螺 Euphaedusaaculus aculus (Benson)

扁旋丽管螺 Formosana lepidospira (Heude)

长旋丽管螺 Formosana longispira (Heude)

（八）瞳孔蜗牛科 Corillidae 1属3种

双扁圈螺 Plectopylis diptychia (Moellendorff)

裂开圈螺 Plectopylis schistoptychia (Moellendorff)

窄唇圈螺 Plectopylis stenochila Moellendorff

（九）坚齿螺科 Camaenidae 2属4种

皱疤坚螺 Camaena cicatricosa (Miller)

美胄小丽螺 Ganesella lepidostola (Heude)

微鳞小丽螺 Ganesella subsquamulata (Heude)

扁平毛蜗牛 Trichochloritis submissa (Deshayes)

（十）巴蜗牛科 Bradybaenidae 5属10种

大脐蜗牛 *Aegista initialis* (Heude)

分布：贵州（开阳、道真及茂兰），湖北。

针巴蜗牛 *Bradybaena acustina* (Moellendorff)

分布：贵州、甘肃及我国长江流域各省。

短旋巴蜗牛 *Bradybaena brevispira* (H. Adams)

分布：贵州（兴义）及我国长江流域各省。

圆盘巴蜗牛 *Bradybaena disculina* (Haas)

分布：贵州（贵阳、兴义），四川。

李氏华蜗牛 *Cathaica licenti* Yenm

分布：贵州（兴义），甘肃，陕西，山西，河北，北京。

小婴石螺 *Chalepotaxis infantilis* (Gredler)

分布：贵州（贵阳、道真、兴义及茂兰），广西，湖北。

湖北环肋螺 *Plectotropis hupensis* (Gredler)

分布：贵州（兴义），湖北，四川。

假穴环肋螺 *Plectotropis pseudopatula* Moellendorff

分布：贵州（贵阳、道真及茂兰），安徽，江苏，江西，湖南。

多毛环肋螺 *Plectotropis trichotiopis laciniata* (Heude)

分布：贵州（兴义），上海，浙江，江苏，江西，安徽。

灰尖巴蜗牛指名亚种 *Bradybaena ravida ravida* (Ben-son)

分布：贵州（贵阳、兴义及茂兰），黑龙江，吉林，辽林，北京，河北，河南，山西，山东，安徽，江苏，浙江，福建，湖北，湖南，江西，四川，云南，新疆。

（十一）扭轴蜗牛科 Streptaxidae 1属1种

贵阳弯螺 *Sinoennea guiyangensis* Luo et Chen

分布：贵州（兴义、贵阳）。

（十二）嗜黏液蛞蝓科Philomycidae 2属2种

双线嗜黏液蛞蝓 *Philomycus bilineatus* (Benson)

分布：贵州（贵阳、兴义），浙江，湖南，湖北，四川，云南，广东，广西，海南；越南，柬埔寨，马来西亚，印度尼西亚。

绣花嗜黏液蛞蝓 *Philomycus pictus* Stoliczka

分布：贵州（兴义），广东，广西，海南；越南，柬埔寨，马来西亚，印度尼西亚。

第二节　甲壳动物

甲壳动物亚门(Crustacea)是由非常大的一组的节肢动物门，约有67000个已描述物种，包括常见的物种，例如螃蟹、虾、龙虾、淡水龙虾、磷虾和藤壶等。这些物种通过对非常不同的环境和方式的适应而极其相异。海洋和淡水生态系统中甲壳亚门动物，尤其是小的作为浮游动物的甲壳亚门动物，于生态系统起着非常关键的作用。它们食用水中的浮游植物，由此控制这些植物的生长。在浮游动物中它们所占的数量比例最大。同时它们也是其他大的水中动物及人类的直接的或间接的食物。

本次考察共记录10种普安县分布的甲壳动物，其中两个全国广布种（含一个世界广布种），1个南方广布种。

普安甲壳动物名录

甲壳动物亚门 Crustacea

软甲纲 Malacostraca

桡足类

翼状荡镖水蚤 *Neutrodiaptomus alatus* Hu, 1943

分布：贵州，四川，湖北。

同形拟猛水蚤 *Harpacticella paradoxa* (Brehm, 1924)

分布：贵州（普安等）。

舌状叶镖水蚤 *Phyllodiaptomus tunguidus* Shen et Tai, 1964

分布：贵州（普安等）。

枝角类

短尾秀体溞 *Diaphanosoma brachyurum* (Lieven, 1848)

分布：贵州（全省），全国广布；全世界广布。

透明溞 *Daphnia hyalina* Leydig, 1860

分布：贵州（普安等）。

一、十足目 Decapoda

（一）匙指虾科 Atyidae

短刺米虾 *Caridina brevispina* Liang et Yan, 1986

分布：贵州（铜仁）。

粗肢米虾 *Caridina crassipes* Liang, 1993

分布：贵州（松桃）。

（二）长臂虾科 Palaemonidae

日本沼虾 *Macrobrachium nipponense* (de Haan, 1849)

分布：贵州（纳雍）及全国广布；日本，越南及朝鲜半岛。

溪蟹总科Potamoidea

（三）溪蟹科 Potamidae

僧帽内陆溪蟹 *Neilupotamon physalisum* (Dai et Li,1984)

分布：贵州（从江、榕江、雷山），四川，云南，湖南，湖北，陕西。

武陵黔溪蟹 *Qiangpotamon wulingense* Dai, 1995

分布：贵州（石阡）。

第三节　环节动物

环节动物门(Annelida)为两侧对称、分节的裂生体腔动物，有的具疣足和刚毛，多闭管式循环系统、链式神经系统。目前已知的环节动物约有13000种。常见环节动物有蚯蚓、蚂蟥（又称水蛭）、沙蚕等。

本文记录了普安县环节动物6科9属14种。该类群的分布范围较广，东洋－古北跨区分布占一半，其中一种：宽身舌蛭甚至为东洋－全北区系分布。

普安环节动物名录

寡毛类

（一）链胃蚓科 Moniligastridae

天锡杜拉蚓 *Drawida gisti gisti* Michaelsen

分布：贵州（雷公山），吉林，辽林，北京，河北，天津，山东，河北，安徽，江苏，浙江。

（二）巨蚓科 Megascolecidae

窄环远盲蚓 *Amynthas corticis* Kinberg, 1867

分布：贵州（全省）及全国广布。

平滑远盲蚓 *Amynthas glabrus* (Gates)

分布：贵州（普安、从江），海南。

环串远盲蚓 *Amynthas moniliatus* (Chen)

分布：贵州（全省），四川，重庆，湖北。

毛利远盲蚓 *Amynthas morrisi* (Beddard) :

分布：贵州（全省），四川，重庆，江苏，浙江，福建，台湾，海南，香港。

云龙远盲蚓 *Amynthas yunlongensis* (Chen, etal.)

分布：贵州（全省），云南，湖北。

白颈腔蚓 *Metaphire californica* (Kinberg)

分布：贵州（全省），四川，湖北。

舒脉腔蚓 *Metaphire schmardae* (Horst)

分布：贵州（全国），四川，重庆，浙江，江西，湖北，澳门，台湾。

蛭类

（三）舌蛭科 Glossipho

淡色舌蛭 *Glossiphonia weberi* Blanchard, 1897

分布：贵州，黑龙江，吉林，内蒙古，河南，江苏，浙江，湖北，湖南，贵州，四川，云南，广西；印度，缅甸，印度尼西亚，俄罗斯。

宽身舌蛭 *Glossiphonia lata* Oka, 1910

分布：贵州（全省）及全国各地；日本，美国。

（四）医蛭科 Hirudiniidae

日本医蛭 *Hirudo nipponia* Whitmania, 1886

分布：贵州（全省）及中国大陆的北起东北各省，内蒙古，西至四川，甘肃，南达广东；日本，俄罗斯，蒙古。

（五）**黄蛭科** Haemopidae

光润金线蛭 *Whitmania laevis* (Baird, 1869)

分布：贵州（普安等），黑龙江，吉林，辽宁，内蒙古，河北，山东，河南，江苏，浙江，湖北，陕西，湖南，江西，福建，香港，广西，云南，四川，台湾；印度；菲律宾；东印度群岛；俄罗斯阿穆州地区等。

宽体金线蛭 *Whitmania pigra* (Whitman, 1884)

分布：贵州（普安等），吉林，辽宁，河北，内蒙古，宁夏，甘肃，陕西，山西，山东，江苏，安徽，浙江，江西，湖北；日本。

（六）**石蛭科** Herpobdellidae

条纹红蛭 *Dina lineata* (O. F. Muller, 1774)

分布：贵州（普安等），黑龙江，吉林，辽宁，河北，湖南；欧洲，亚洲。

第四节　倍足动物

倍足纲(Diplopoda)动物因其除第一节及最后一节，绝大部分种类每一体节有两对足而得名，多生活在潮湿处，大多以枯枝落叶为食。有时会啃食植物幼苗，因此可能会被认为是害虫。现时本纲已描述的物种有约12000余种，但估计只占地球上所有倍足纲物种的1/10。

经现场调查，结合资料和文献，确认保护区现有倍足动物4种。本节记录的倍足纲动物4种，均为东洋区系分布及中国华南区分布品种。

普安倍足动物名录

倍足纲　Diplopoda Leach, 1814

蠕形马陆亚纲　Helminothomorpha Pocock

无毛总目 Anocheta Cook, 1895

一、山蛩目 Spirobolida Bollman, 1893

（一）山蛩科 *Spirobolidae* Brolemann, 1913

燕海蛩 *Spirobolus bungii* Brandt

分布：贵州（普安等），河南，浙江。

双毛总目 Diplocheta Cook, 1895

二、异蛩目 Spirostreptida Brandt, 1833

（二）钩马陆科 *Harpagophoridae* Attems, 1909

双叶尾草马陆 *Uriunceustreptus bilamellatus* Zhang, 1997

分布：贵州（普安等），思南，重庆酉阳。

三、姬马陆目 Julida Leach, 1814

（三）姬马陆科 *Julidae* Verhoeff, 1911

黏基尼姬马陆 *Nepalmatoiulus coxahaerens* Enghoff, 1989

分布：贵州（普安等），思南，湖北巴东。

节毛总目 Mercoheta Cook, 1895

四、带马陆目 Polydesmida Leach, 1815

（四）奇马陆科 *Paradoxosomatidae* Daday, 1889 (syn. *Strongylosomatidae* Cook, 1895)

小叶武陵马陆 *Wulingina miniloba* Zhang, 1997

分布：贵州（普安等），思南，湖北鹤峰。

第五节　扁形动物

扁形动物门(Platyhelminthes)是一类简单的无环节两侧对称无脊椎动物，有三胚层，无体腔，无呼吸系统、无循环系统，有口无肛门的动物。所以必须保持身体扁平，以使氧气及养料能够透过渗透来吸收。消化腔只有一个开口，同时用于进食及排泄，所以食物在其体内无法有效处理。已记录的扁形动物约有15000种；生活于淡水、海水等潮湿处，体前端有两个可感光的色素点；体表部分或全部分布有纤毛。

本节记录普安县扁形动物门共3纲9目19科36属50种，多为全国广布种，仅少数华南－西南分布种，如浙江杯殖吸虫。

普安扁形动物名录

吸虫纲 Trematoda

一、枭形目 Strigeidae

（一）分体科 Schistosomatidae 1属2种

彭氏东毕吸虫 *Orientobilharia bomfordi* (Montgomery)

分布：贵州（全省）及全国分布。

士耳其斯坦东毕吸虫 *Orientobilharia turkestanica* (Skrjabin)

分布：贵州（全省）及全国分布。

（二）盲腔科 Typhlocoelidae 2属2种

舟形嗜气管吸虫 *Typhlocoelidae cymbius* (Diesing)

分布：贵州（全省）及全国分布。

鸡后口吸虫 *Postharmostomum gallinum* Witenberg

分布：贵州（全省）及全国分布。

二、棘口目 Echinostomata

（三）棘口科 Echinostomatidae 1属4种

豆雁棘口吸虫 *Echinostoma anseris* Yamaguti

分布：贵州（全省），新疆，四川，江苏，浙江，湖南，云南。

宫川棘口吸虫 *Echinostoma miyagawai* Ishi

分布：贵州（全省）及全国分布。

接睾棘口吸虫 *Echinostoma paraulum* Dietz

分布：贵州（全省）及全国分布。

卷棘口吸虫 *Echinostoma revolutum* (Frohlich)

分布：贵州（全省）及全国分布。

（四）片形科 *Fasciolidae* 2属3种

大片形吸虫 *Fasciola gigantica* Cobbold

分布：贵州（全省）及全国分布。

肝片形吸虫 *Fasciola hepatica* Linnaeus

分布：贵州（全省）及全国分布。

布氏姜片吸虫 *Fasciolopsis buski* (Lanketer)

分布：贵州（全省）及全国分布。

（五）同盘科 *Paramphistomatidae* 3属7种

杯殖杯殖吸虫 *Calicophoron calicophorum* (Fischoeder)

分布：贵州（全省）及全国分布。

浙江杯殖吸虫 *Calicophoron zhejiangensis* Wang

分布：贵州（全省），四川，重庆，浙江，广西。

陈氏锡叶吸虫 *Ceylonotyle cheni* Wang

分布：贵州（全省），青海，四川，重庆，安徽，浙江，江西，福建，广东，广西，云南。

副链肠锡叶吸虫 *Ceylonotyle parastreptocoelium* Wang

分布：贵州（全省），陕西，四川，重庆，河南，浙江，江西，福建，广东，广西，云南。

侧肠锡叶吸虫 *Ceylonotyle scolicoelium* (Fischoeder)

分布：贵州（全省），陕西，四川，重庆，河南，安徽，福建，广东，广西，云南。

弯肠锡叶吸虫 *Ceylonotyle sinuocoelium* Wang

分布：贵州（全省），四川，重庆，安徽，浙江，福建，广东，广西，云南。

殖盘殖盘吸虫 *Cotylophoron cotylophorum* Fischoeder

分布：贵州（全省）及全国分布。

（六）腹袋科 Gastrothylacidae 2属3种

水牛长妙吸虫 *Carmyerius bubalis* Innes

分布：贵州（全省），河南，安徽，浙江，福建，广东，广西，云南。

纤细长妙吸虫 *Carmyerius synethes* Fischoeder

分布：贵州（全省），四川，浙江，江西，湖南，福建，广东，云南。

荷包腹袋吸虫 *Gastrothylax crumenifer* (Creplin)

分布：贵州（全省）及全国分布。

（七）背孔科 Notocotylidae 2属2种

纤细背孔吸虫 *Notocotylus attenuatus* (Rudolphi)

分布：贵州（全省）及全国分布。

印度列叶吸虫 *Ogmocotyle indica* Ruiz

分布：贵州（全省），陕西，甘肃，西藏，四川，重庆，浙江，湖南，广东，广西，云南。

三、斜睾目 Plagiorchiata

（八）双腔科 Dicrocoelidae 1属2种

矛形双腔吸虫 *Dicrocoelium lanceatum* Stiles et Has-sall

分布：贵州（普安等）及全国广布。

扁体双腔吸虫 *Dicrocoelium platynosomum* Tang, et al.

分布：贵州（普安等），陕西，宁夏，青海，新疆，西藏，四川。

（九）前殖科 Prosthogonimidae 1属3种

鸭前殖吸虫 *Prosthogonimus anatinus* Markow

分布：贵州（普安等）及全国广布。

卵圆前殖吸虫 *Prosthogonimus ovatus* Luhe

分布：贵州（普安等），宁夏，新疆，四川，重庆，湖北，江苏，安徽，江西，福建，台湾，广东。

透明前殖吸虫 *Prosthogonimus pellucidus* Braun

（十）并殖科 Paragonimidae 1属1种

斯氏狸殖吸虫 *Pagumogonimus skrjabini* (Chen)

分布：贵州（普安等），陕西，四川，重庆，湖北，河南，浙江，湖南，福建，广东，广西，云南。

四、后睾目 Opisthorchiata

（十一）后睾科 Opisthorchiidae 1属1种

中华枝睾吸虫 *Clonorchis sinensis* (Cobbolb)

分布：贵州（普安等）及全国广布。

绦虫纲 Cestoda

五、假叶目 Pseudophyllidea

（十二）双槽头科 Dibothriocephalidae 2属2种

孟氏旋宫绦虫 *Spirometra mansoni Joyeux* et Houde-mer

分布：贵州（普安等）及全国广布。

孟氏裂头蚴 *Sprgannum mansoni* Joyeux

分布：贵州（普安等），黑龙江，辽宁，湖北，河南，江苏，安徽，广东，广西，云南。

六、圆叶目 Cyclophyllidea

（十三）裸头科 Anoplocephalidae 2属4种

大棵头绦虫 *Anoplocephala magna* (Abildgaard)

分布：贵州（普安等）及全国广布。

叶状裸头绦虫 *Anoplocephala perfoliata* (Goeze)

分布：贵州（普安等）及全国广布。

贝氏莫尼茨绦虫 *Moniezia benedeni* (Moniez)

分布：贵州（普安等）及全国广布。

扩展莫尼茨绦虫 *Moniexia expansa* (Rudolphi)

分布：贵州（普安等）及全国广布。

（十四）膜壳科 Hymenolepididae 4属5种

福建单睾绦虫 *Aploparaksis fukiensis* Ling

分布：贵州（普安等）及全国广布。

大头腔带绦虫 *Colacotaenia megalops* Creplin

分布：贵州（普安等），北京，宁夏，江苏，浙江，湖南，台湾，广东，海南。

冠状双盔绦虫 *Dicranotaenia coronula* (Dujardin)

分布：贵州（普安等）及全国广布。

矛形剑带绦虫 *Drepanidotaenia lanceolata* Bloch

分布：贵州（普安等）及全国广布。

片形皱缘绦虫 *Fimbriaria fasciolaris* Pallas

分布：贵州（普安等）及全国广布。

线虫纲 Nematoda

七、杆形目 Rhabdiasidea

（十五）类圆科 Strongyloididae 1属2种

乳突类圆线虫 *Strongyloides papillosus* (Wedl)

分布：贵州（普安等）及全国广布。

兰氏类圆线虫 *Strongyloides ransomi* Schwartz et Ali- cata

分布：贵州（普安等）及全国广布。

八、蛔目 Ascarididea

（十六）蛔科 Ascarididae 4属4种

猪蛔虫 *Ascarissuum* Goeze

分布：贵州（普安等）及全国广布。

犊新蛔虫 *Neoascaris vitulorum* Goeze

分布：贵州（普安等）及全国广布。

马副蛔虫 *Parascaris equorum* Goeze

分布：贵州（普安等）及全国广布。

狮弓蛔虫 *Toxascaris leonine* (Linstow)

分布：贵州（普安等）及全国广布。

（十七）禽蛔科 Ascaridiidae 1属1种

鸡蛔虫 *Ascaridia galli* (Schrank)

分布：贵州（普安等）及全国广布。

九、圆形目 Strongylidea

（十八）圆形科 Strongylidae 2属2种

马圆形线虫 *Strongylus equinus* Miller

分布：贵州（普安等）及全国广布。

短尾三齿线虫 *Triodontophorus brevicauda* Boulenger

分布：贵州（普安等）及全国广布。

（十九）夏柏特科 Chabertidae 3属3种

弗氏旷口线虫 *Agriostomum veryburgi* Railliet

分布：贵州（普安等）及全国广布。

双管鲍吉线虫 *Bourgelatia diducta* Railliet, Henry etBauche

分布：贵州（普安等），四川，湖北，河南，江苏，安徽，浙江，湖南，福建，广东，广西，云南。

叶氏夏柏特线虫 *Chabertia erschowi* Hsiung et Kung

分布：贵州（普安等）及全国广布。

第六节　蜘蛛

蜘蛛目(Araneae)是动物界的七大目之一，其种类均为小型捕食性动物，为农林害虫的主要天敌类群之一，种类数量多、食量大、居留稳定，能捕食大量的农林害虫，不仅在自然界的食物链中具有重要的地位，而且对维持生态平衡具有重要的作用。蜘蛛分布广泛，可于各种环境中生活。目前全世界已命名的蜘蛛种类有117科 4090属47566种(World Spider Catalogue, 2018)，中国已记载的种类有4300余种（张志升，王露雨，2017）。经现场调查，结合资料和文献，确认保护区现有蜘蛛70种，隶属于19科57属。

一、自然地理环境

普安县位于位于贵州省西南部乌蒙山区，黔西南布依族苗族自治州西北部，东经104°51′10"～105°09′24"，北纬25°18′31"～26°10′35"，南北盘江分水岭地带。乌蒙山脉横穿县境，中部地势高起，将全县分为南、北两部分，南部地势向西南倾斜，北部地势向东北倾斜。东与晴隆县接壤，南与兴仁县、兴义市相连，西靠盘县特区，北与水城特区、六枝特区相邻。

普安县地处云贵高原向黔中过渡的梯级状斜坡地带，县境呈不同规则南北向长条形。地势特点是中部较高，四面较低，乌蒙山脉横穿中部将全县分为南北两部分：南部地势由东北向西南倾斜，北部地势由西南向东北倾斜。主要山脉有中部呈西南向东北走向的乌蒙山，南部呈西南向东北走向的卡子坡山，北部呈西南向东北走向的普纳山。这些山脉走向都顺应新老地质构造走向的分布，构成普安地貌骨架。境内最高峰长冲梁子位于中部莲花山附近，海拔2084.6m，最低点石古河谷位于北部，海拔633m。

气候属亚热带季风湿润气候，其特点是四季分明，雨热同季，春秋温和，冬无严寒，夏无酷暑。多年平均气温13.7℃，1月平均气温4.6℃，极端最低气温－6.9℃（1977年2月9日）；7月平均气温20.7℃，极端最高气温35.1℃（1994年5月1日）。最低月均气温－2.2℃（2008年2月），最高月均气温26.8℃（2011年8月）。平均气温年较差16.1℃，最大日较差23.3℃（2006年3月17日）。生长期年平均280天，无霜期年平均290天，最长达348天，最短为234天。年平均日照时数1528.3h，年总辐射103.25kcal/cm^2。0℃以上持续期298天（一般为3月1日～12月1日）。年平均降水量1395.3mm，年平均降雨日数为227天，最多达271天（1984年）。极端年最大雨量1841.3mm（1983年），极端年最少雨量668.3mm（2011年）。降雨集中在每年6～8月，6月最多。

二、结果分析

（一）种类组成特征

本次考察记述了普安县各自然保护区及周边地区蜘蛛19科57属70种。优势种为前齿肖蛸、大腹园蛛、横纹金蛛。地表结网、结网和游猎类3个生态类群中，以空间拉网为主，计有33种，占47%；其次是游猎类，计有21种，占30%；地表结网类有16种，占23%。

蜘蛛群落类型可分农田蜘蛛群落、森林蜘蛛群落、灌丛蜘蛛群落、草丛蜘蛛群落、房屋蝴蛛群落等5个类型。

（1）农田蜘蛛群落：主要由园蛛科、狼蛛科、猫蛛科、肖蛸科、跳蛛科5个科构成。优势种以横纹金蛛和拟环纹豹蛛等为主。

（2）森林蜘蛛群落：常见的科是园蛛科、肖蛸科、跳蛛科、漏斗蛛科，其次是狼蛛科和球蛛科。

（3）灌丛蜘蛛群落：科的结构与森林蜘蛛群落差别不大。

（4）草丛蜘蛛群落：主要由狼蛛科、猫蛛科、肖蛸科种类构成。优势种为沟渠豹蛛。

（5）房屋蜘蛛群落：分布于屋檐下、墙缝中、墙角、碎砖瓦里，主要由园蛛科、球蛛科、妩蛛科、跳蛛科的种类组成。常见种有大腹园蛛等。

（二）区系特征

根据我国动物地理区划，普安县自然保护区蜘蛛以东洋区成分为主，含70个种类中的37个种类，占52.9%，跨区分布种类以东洋-古北成分为主，共33种，占47.1%，仅有零星其他跨区成份。因此，普安县自然保护区蜘蛛区系应属东洋区系和古北区系。

普安蜘蛛名录

（一）园蛛科 Araneidae 3属13种

横纹金蛛 *Argiope bruennichi* (Scopoli, 1772)

分布：贵州（全省）及全国广布；古北界各国。

白腹园蛛 *Araneus albabdominalis* Zhu,et al.

分布：贵州（大沙河）。

双钩园蛛 *Araneus bihamulus* Zhu,et al.

分布：贵州（大沙河）。

道真园蛛 *Araneus daozhenensis* Zhu,et al.

分布：贵州（大沙河）。

黄斑园蛛 *Araneus ejusmodi* Boesenberg et Strand

分布：贵州（全省），山东，上海，江苏，安徽，浙江，湖北，江西，湖南，福建，四川；韩国，日本。

椭圆园蛛 *Araneus ellipticus* (Tikader & Bal)

分布：贵州（台江，湄潭），江苏，湖北，江西，湖南，福建，广东，海南，广西，云南；孟加拉国；印度。

黑斑园蛛 *Araneus mitificus* (Simon)

分布：贵州（湄潭），辽宁，浙江，江西，湖南，台湾，广东，香港，四川，云南；印度，菲律宾及新几内亚岛。

八齿园蛛 *Araneus octodentalis* Song et Zhu

分布：贵州（茂兰、大沙河），湖北。

五纹园蛛 *Araneus pentagrammicus* (Karsch)

分布：贵州（台江及茂兰、宽阔水、梵净山），江西，湖南，台湾，广西，四川；韩国，日本。

大腹园蛛 *Araneus ventricosus* (Koch)

分布：贵州（全省）及全国广布；俄罗斯，韩国，日本。

嗜水新园蛛 *Neoscona nautica* (L.Koch, 1875)

分布：贵州（全省），黑龙江，山西，陕西，山东，河南，江苏，安徽，浙江，湖北，江西，湖南，福建，台湾，海南，广西，四川，云南，西藏；世界泛热带地区。

拟嗜水新园蛛 *Neoscona pseudonautica* Yin et al., 1990

分布：贵州（安顺及雷公山、大沙河），浙江，湖南，福建，海南；韩国。

青新园蛛 *Neoscona scylla* (Karsch, 1879)

分布：贵州（威宁、赤水、台江、湄潭及茂兰、雷公山、宽阔水、大沙河、梵净山、麻阳河），湖北，湖南，台湾，福建，江西，四川，云南；俄罗斯，韩国，日本。

（二）狼蛛科 Lycosidae 3属4种

黑腹狼蛛 *Lycosa coelestis* L. Koch, 1878

分布：贵州（威宁、遵义及大沙河、宽阔水、麻阳河），福建，云南，江西，浙江，湖南，湖北，四川；韩国，日本。

拟环纹豹蛛 *Pardosa pseudoannulata* (Bösenberg et Strand，1906)

分布：贵州（威宁、习水、湄潭及茂兰、宽阔水），海南，广东，广西，福建，云南，江西，浙江，江苏，安徽，湖南，湖北，四川；日本，巴基斯坦，菲律宾，印度尼西亚。

沟渠豹蛛 *Pardosa laura* Karsch, 1879

分布：贵州（全省），福建，云南，江西，浙江，江苏，安徽，湖南，湖北，四川，陕西，宁夏，辽宁，吉林，台湾；俄罗斯，韩国，日本。

拟水狼蛛 *Pirata subpiraticus* (Bösenberg et Strand., 1906)

分布：贵州（湄潭及茂兰、宽阔水、梵净山），海南，台湾，广东，广西，福建，云南，江西，浙江，江苏，安徽，湖南，湖北，四川，北京，山东，吉林；韩国，日本。

（三）猫蛛科 Oxyopidae **1属1种**

霍氏猫蛛 *Oxyopes hotingchiehi* Schenkel, 1963

分布：贵州（雷山、梵净山）湖南，福建，云南，浙江，湖北，新疆。

（四）管巢蛛科 Clubionidae **1属2种**

斑管巢蛛 *Clubiona deletrix* O.P.-Cambridge, 1885

分布：贵州（大沙河、茂兰、宽阔水、梵净山），陕西，新疆，山东，安徽，浙江，福建，湖北，湖南，广东，广西，海南，四川，云南；俄罗斯，韩国，日本。

羽斑管巢蛛室拟肥腹蛛 *Clubiona jucunda* (Karsch, 1878)

分布：贵州（习水及梵净山），河北，吉林，辽宁，黑龙江，陕西，甘肃，辽宁，山东，江苏，河南，湖北，湖南，四川，台湾；俄罗斯，韩国，日本。

（五）皿蛛科 Linyphiidae **2属3种**

卡氏盖蛛 *Neriene cavaleriei* (Schenkel, 1963)

分布：贵州（威宁，赤水，习水及雷公山，茂山，大沙河，麻阳河），广西，福建，浙江，湖南，湖北，四川，甘肃；越南。

醒目盖蛛 *Neriene emphana* (Walckenaer, 1842)

分布：贵州（宽阔水，梵净山），福建，安徽，湖南，湖北，四川，山西，河北，西藏；古北界各国。

中华面蛛 *Prosoponoides sinensis* (Chen, 1991)

分布：贵州（雷公山、大沙河、梵净山），福建，浙江；越南。

（六）长纺蛛科 Hersiliidae **1属1种**

白斑长纺蛛 *Hersilia albomaculata* (Wang et Yin, 1985)

分布：贵州（梵净山），安徽，浙江。

（七）球蛛科 Theridiidae **7属7种**

白银斑蛛 *Argyrodes bonadea* (Karsch, 1881)

分布：贵州（威宁、台江及雷公山、宽阔水、梵净山、麻阳河），浙江，安徽，湖南，湖北，四川，广西，云南，台湾；韩国，日本，菲律宾。

高汤高球蛛 *Theridion takayense* Saito, 1939

分布：贵州（雷公山、大沙河），甘肃，陕西，浙江；韩国，日本。

咸丰球蛛 *Theridion xianfengensis* Zhu & Song, 1992

分布；贵州（凯里及梵净山），湖北，四川，海南，台湾。

日本希蛛 *Achaearanea japonica* (Boesenberg et Strand)

分布：贵州（全省），浙江，湖南，四川，海南，台湾；韩国，日本。

蚓腹蛛 *Ariamnes cylindrogaster* (Simon)

分布：贵州（全省），甘肃、河南，浙江，湖南，四川，福建，海南，云南，台湾；韩国、日本。

星斑丽蛛 *Chrysso scitillans* (Thorell)

分布：贵州（全省），浙江，湖南，湖北，四川，台湾，福建，海南，云南；缅甸，韩国，日本，菲律宾。

中华圆腹蛛 *Dipoena sinica* Zhu

分布：贵州（全省），甘肃，陕西，安徽，湖南，湖北，四川，海南。

（八）肖蛸科 Tetragnathidae 5属7种

华丽肖蛸 *Tetragnatha nitens* (Audouin, 1826)

分布：贵州（威宁、册亨及雷公山、梵净山、茂兰、麻阳河、普安），河北，浙江，江西，湖北，湖南，广东，广西，四川，云南，陕西，新疆，台湾；世界泛热地带区。

条纹隆背蛛 *Tylorida striata* (Thorell, 1877)

分布：贵州（普安、赤水及雷公山、宽阔水、梵净山、麻阳河），浙江，湖北，湖南，广西，海南，四川，云南，西藏，台湾；澳大利亚。

肩斑银鳞蛛 *Leucauge blanda* (Koch)

分布：贵州，浙江，安徽，山东，湖北，湖南，广东，四川，云南，陕西，台湾；俄罗斯，韩国，日本。

西里银鳞蛛 *Leucauge celebesiana* (Walckenaer)

分布：贵州（全省），浙江，江西，湖北，湖南，广西，海南，四川，云南，西藏；日本，印度，印度尼西亚，巴布亚新几内亚。

大银鳞蛛 *Leucauge magnijfica* Yaginuma

分布：贵州（全省），吉林，浙江，安徽，福建，山东，湖北，湖南，广西，海南，四川，云南，陕西，台湾；韩国，日本。

锥腹肖蛸 *Tetragnatha maxillosa* Thorell

分布：贵州（全省），河北，山西，辽宁，江苏，浙江，安徽，福建，江西，山东，湖北，湖南，广东，广西，海南，四川，云南，西藏，陕西，新疆，台湾；南非，孟加拉国，菲律宾。

前齿肖蛸 *Tetragnatha praedonia* Koch

分布：贵州（全省），河北，山西，江苏，安徽，福建，江西，湖北，湖南，广东，广西，四川，云南，西藏，台湾；俄罗斯，韩国，日本。

（九）蟹蛛科 homisidae 5属8种

陷狩蛛 *Diaea subdola* O. P.-Cambridge, 1885

分布：贵州（普安、麻江、台江及大沙河、梵净山），山东，山西，陕西，浙江，台湾，四川；俄罗斯，印度，巴基斯坦，日本。

三突艾奇蛛 *Ebrechtella tricuspidata* (Fabricius, 1775)

分布：贵州（全省），黑龙江，吉林，辽宁，内蒙古，河北，甘肃，宁夏，青海，新疆，山东，山西，陕西，河南，湖北，湖南，安徽，浙江，江苏，江西，福建，广东，四川，云南，台湾；古北界各国。

千岛花蟹蛛 *Xysticus kurilensis* Strand, 1907

分布：贵州（普安、茂兰、雷公山、大沙河、梵净山、麻阳河），甘肃，浙江，四川；俄罗斯，韩国，日本。

波纹花蟹蛛 *Xysticus croceus* Fox,1937

分布：贵州（全省），山东，山西，陕西，四川，湖北，湖南，江西，安徽，浙江，广东，云南，台湾；印度，尼泊尔，不丹，韩国，日本。

白条锯足蛛 *Runcinia albostriata* Boesenberg et Strand

分布：贵州，山东，陕西，湖北，湖南，安徽，江西，浙江，四川，福建，广东，台湾；日本，韩国，泰国。

角红蟹蛛 *Thomisus labefactus* Karsch

分布：贵州（全省），河北，新疆，甘肃，山东，山西，河北，湖南，湖北，四川，云南，安徽，浙江，福建，广东，台湾；韩国，日本。

鞍形花蟹蛛 *Xysticus ephippiatus* Simon

分布：贵州（全省）及全国各地广布；俄罗斯，蒙古，韩国，日本及亚洲中部地区。

贵州花蟹蛛 *Xysticus guizhou* Song et Zhu

分布：贵州（全省）。

（十）拟态蛛科 Mimetidae 1属1种

中华拟态蛛 *Mimetus sinicus* Song et Zhu, 1993

分布：贵州（麻江及大沙河、梵净山、普安）、湖北。

（十一）跳蛛科 Salticidae 9属9种

长触螯跳蛛 *Cheliceroides longipalpis* Zabka, 1985

分布：贵州（普安、习水、茂兰、雷公山、梵净山、大沙河、麻阳河），台湾，广东，广西，福建，四川，浙江，湖南，河北，陕西，山东，辽宁，吉林；越南。

双叉艾普蛛 *Epeus bicuspidatus* (Song, Gu et Chen, 1988)

分布：贵州（赤水、普安、雷公山），海南，湖南，云南。

白斑猎蛛 *Evarcha albaria* (L. Koch, 1878)

分布：贵州（全省）及全国广布；俄罗斯，韩国，日本。

长腹蚁蛛 *Myrmarachne elongate* Szombathy, 1915

分布：贵州（普安、赤水及梵净山），广西；越南及非洲地区。

吉氏蚁蛛 *Myrmarachne gisti* Fox, 1937

分布：贵州（普安、赤水、习水及茂兰、大沙河、宽阔河、梵净山），广东，福建，浙江，江苏，安徽，湖南，云南，四川，河南，陕西，山西，河北，山东，吉林；越南。

花腹金蝉蛛 *Phintella bifurcilinea* (Boesenberg et Strand, 1906)

分布：贵州（赤水、普安、威宁，习水及茂兰、大沙河、梵净山），广东，福建，浙江，湖南，四川，云南；韩国，越南。

卡氏金蝉蛛 *Phintella cavaleriei* (Schenkel, 1963)

分布：贵州（赤水、习水、台江、茂兰、雷公山、大沙河、麻阳河、梵净山），福建，浙江，西江，湖南，四川，甘肃；韩国。

昆孔蛛 *Portia quei* Zabka, 1985

分布：贵州（雷公山、大沙河、茂兰、普安），广西，浙江，湖南，云南，四川，越南 。

毛垛兜跳蛛 *Ptocasius strupifer* Simon, 1901

分布：贵州（威宁、赤水、习水、台江、茂兰、雷公山、大沙河、宽阔河、麻阳河、普安），香港、台湾，广西，浙江，湖南，云南，越南。

（十二）妩蛛科 Uloboridae 3属4种

船形喜妩蛛 *Philoponella cymbiformis* Xian, et al.

分布：贵州，湖南。

鼻状喜妩蛛 *Philoponella nasuta* (Thorell)

分布：贵州（全省），云南，湖南，湖北，四川，浙江，缅甸。

草间妩蛛 *Uloborus walckenaerius* Latreille

分布：贵州（赤水、普安），江西，湖南，四川，浙江，安徽，河南，河北，青海，吉林，甘肃，黑龙江；古北界各国。

结实腰妩蛛 *Zosis geniculata* (Olivier)

分布：贵州（普安、威宁及茂兰），台湾，福建，云南；世界泛热带。

（十三） 褛网蛛科 Psechridae 1 **属1种**

汀坪褛网蛛 *Psechrus tingpingensis* Yin, Wang & Zhang

分布：贵州，湖南，广西。

（十四）盗蛛科 Pisauridae 2**属**2**种**

赤条狡蛛 *Dolomedes saganus* Bosenberg et Strand, 1906

分布：贵州（梵净山、普安），浙江，江苏，湖北，湖南，广东，四川，台湾；日本。

纹草蛛 *Perenethis fascigera* (Bosenberg et Strand, 1906)

分布：贵州（梵净山、普安），浙江，湖南，广西，海南，云南；日本，韩国。

（十五）漏斗蛛科 Agelenidae 1**属**2**种**

缘漏斗蛛 *Agelena limbata* Thorell, 1897

分布：贵州（茂兰、大沙河、宽阔河，梵净山、普安），云南，浙江，四川，陕西；韩国，缅甸，日本。

机敏异漏斗蛛 *Allagelena difficilis* (Fox)

分布：贵州（全省），河北，河南，北京，湖北，山西，陕西，江苏，四川，重庆；韩国。

（十六）巨蟹蛛科 Sparassidae 2**属**2**种**

白额巨蟹蛛 *Heteropoda venatoria* (Linnaeus)

分布：贵州（全省），广东，台湾，浙江，安徽，江西，湖南，湖北，云南，四川；世界泛热带地区。

大沙河中遁蛛 *Sinopoda dashahe* Zhu et al

分布：贵州（普安、大沙河）。

（十七）刺客蛛科 Sicariidae 1**属**1**种**

乳状隐珠 *Loxosceles lata* Wang

分布：贵州（茂兰、普安），湖南。

（十八）泰莱蛛科 Telemidae 1**属**1**种**

棒状泰莱蛛 *Telema claviformis* Tong et LI

分布：贵州（兴义、普安）。

（十九）圆颚蛛科 Corinnidae 1属1种

严肃圆颚蛛 *Corinnomma severum* (Thorell)

分布：贵州（兴义、普安、赤水、习水及大沙河），福建，湖南，广西，海南，云南；印度，菲律宾，印度尼西亚。

参考文献

[1] Song, D X, Zhu, M S & Chen, J(1999) The Spiders of China. Hebei University of Science and Techology Publishing House, Shijiazhuang, 640 pp.

[2] Natural History Museum Bern. 2018. World Spider Catalog [EB/OL]. http://wsc.nmbe.ch, version 19.0

[3] Yaginuma, T. (1986) Spiders of Japan in color (new ed.). Hoikusha Publishing Co., Osaka.

[4] 胡金林. 中国农林蜘蛛[M]. 天津: 天津科学出版社, 1983.

[5] 黄威廉, 屠玉麟, 杨龙. 贵州植被[M]. 贵阳：贵州人民出版社, 1988.

[6] 李枢强, 林玉成. 中国生物物种名录・第二卷动物・无脊椎动物（Ⅰ）/蜘蛛纲/蜘蛛目. 北京：科学出版社，2016.

[7] 彭贤锦, 谢莉萍, 肖小芹. 中国跳蛛（蛛形纲：蜘蛛目）. 武汉：湖北师范大学出版社, 1993.

[8] 普安县政府. 地域特色[EB/OL]. [2016-12-01]. [2018-5-21]. http://www.puan.gov.cn/zjpa/dyts/201612/t20161201_1488375.html.

[9] 宋大祥, 朱明生. 中国动物志：蛛形纲, 蜘蛛目, 蟹蛛科, 逍遥蛛科[M]. 北京：科学出版社, 1997.

[10] 宋大祥. 中国农区蜘蛛[M]. 北京：农业出版社，1987.

[11] 朱明生. 中国动物志：蛛形纲：蜘蛛目、球蛛科[M]. 北京：科学出版社, 1998.

[12] 张志升, 王露雨. 中国蜘蛛生态大图鉴[M]. 重庆：重庆大学出版社, 2017.

第七节　昆虫

本节记录了贵州省黔西南布依族苗族州普安县16个自然保护区的18个目174科575属829种昆虫，并对其进行了区系分析。结果表明普安县的昆虫区系的世界动物地理区划以东洋及古北区为主，中国动物地理区划区系以西南区为主，与华中、华南、华北联系较密切。

普安县位于黔西南州西北部，南北盘江分水岭地带，地理位置东经104°50′～105°10′，北纬

25°18′～26°11′。东邻晴隆县，南与兴义县、兴仁县相连，西接盘县，北与水城、六枝接壤。全县总面积1429km^2，南北长约96km，呈长条形。总人口20多万人，由汉、布依、苗、回、彝、黎、仡佬等民族组成。

乌蒙山脉横穿该县中部，全县海拔大多在1000～1700m。属亚热带季风气候，因地势高差悬殊，气候有垂直差异，但大部气候温凉，雨量充沛。年均气温13.7℃，1月均温4.4℃，7月均温20.8℃，极端温度最高33.4℃，最低－6.9℃。

普安县历史上属少林县，20世纪90年代中期森林覆盖率仅9.9%。森林资源少与水土流失面积大是全县的重要生态问题，普安县委、政府对此给予了高度重视。为了扭转生态环境恶劣的局面，1997年，县人民政府要求县林业主管部门尽快作出保护区规划，并指定每个乡（镇）至少要划定一片自然保护区，加强保护工作。按照县政府要求，县林业局在全县共规划了16个自然保护区，并报请县人大常委会进行专门研究，形成县人大决议，建立16个县级自然保护区（小区），总面积5615hm^2。同时，落实了各保护区的具体管护措施和护林员。全县森林森林覆盖率于2015年达到44.59%（黔西南州林业局，2016）。

普安县16个县级自然保护区分别如下：

（1）龙吟镇石石一把伞猕猴资源保护区，面积350hm^2。

（2）龙吟镇布岭箐珍稀树种（鹅掌楸）资源保护区，面积33hm^2。

（3）龙吟镇沙子塘天然阔叶林保护区，面积38hm^2。

（4）白沙乡旧屋脊天然林保护区，面积35hm^2。

（5）盘水镇、窝沿乡汪家河水土流失治理保护区，面积310hm^2。

（6）高棉乡五个坡水土流失治理保护区，面积450hm^2。

（7）江西坡镇、盘水镇关索岭自然生态保护区，面积1050hm^2。

（8） 三板桥镇油沙地灌木林保护区，面积175hm^2。

（9）镇莲花山十里杜鹃保护区，面积338hm^2。

（10）地瓜镇、罗汉乡下厂河水土流失治理保护区，面积1100hm^2。

（11）地瓜镇鲁沟古大珍稀树种（银杏）资源保护区，面积412hm^2。

（12）新店乡牛角山天然常绿阔叶林保护区，面积125hm^2。

（13）青山镇幸福水库水土流失治理保护区，面积563hm^2。

（14）雪浦乡仙人洞天然阔叶林保护区，面积137hm^2。

（15）楼下镇水箐水土流失治理保护区，面积325hm^2。

（16）罐子窑镇风火砖水库水源涵养林自然保护区，面积176hm^2。

一、昆虫多样性及生物地理区系分析

昆虫是地球上多样性最丰富的生物类群，据种类资料估计已知昆虫种类90万种以上，为已知生物种类的2/3以上(Grimaldi and Engel, 2005)。昆虫与人类生活息息相关，为人类提供多种生态系统服务，例如植物农作物授粉服务、腐殖质分解加速土壤营养循环、提供食物等。但因对昆虫多

样性研究及保护意识不足，据估计，自1600年以来，全球约有11200种昆虫灭绝，而未来300年内将约有100000～500000种或更多昆虫灭绝(Samways, 2005)。

昆虫地理区系研究对阐明昆虫区系的现状，重建昆虫区系的形成发展和深化机制，及与其他生物类群区系的起源、扩散和分化研究及保护和利用昆虫资源具有重要意义。本节以普安县已知的827种昆虫采用如下分析方法进行区系分析（李子忠、金道超 2002，2006；金道超、李子忠 2005，2006）：

“用列表方法编制所有种级单元在各个世界动物地理区和中国动物地理区的分布状态，获得所有种类的基本区属面貌，分布状态相同者统计为相同分布形式或分布型的种数（成分）。用准确的表达式来称谓物种在特定动物地理区的分布形式或分布型，如分布于X地理区和Y地理区的，称为‘X-Y’式区系型，若还分布于Z地理区，则称‘X-Y-Z’式区系型，含相同地理单元数的称为同式，如‘X-Y’‘X-Z’‘Y-Z’为同式；将分布于2个和2个以上地理区的各类区系型统称为‘跨区区系型’，如‘X-Y’‘X-Y-Z’等；用各区系型单式的种数与总种数的百分比（常称为比重来客观反映其在区系中的份额；用含特定地理区的各式区系型数、复计种数和复计比重进行分析比较，确定各特定地理区之间种数（区系成分）差异特点、区系关系或联系强度。复计种数即含特定地理区的各个单式跨区区系型的种数的合计，复计比重则相应为复计种数与总种数的百分比。设总种数为S种，则含某特定的 X地理区的复计种数Sx等于所有含此地理区的各式区系型之和，复计比重(Rx)为Sx与S 的百分比。例如，含X地理区的‘X-Y’式区系型有M种，‘X-Y-Z’式区系型有N种，‘X-Z’式区系期有P种，即$Sx=Sx-y+Sx-y-z+Sx-z=M+N+P$，$Rx=Sx/S\times 100\%$，含 Z 区的跨区区系型复计种数$Sz=Sx-y-z+S-z=N+P$，复计比重$Rz=Sz/S\times 100\%$。由上述统计数据，即可对区系构成面貌、特征、不同区系型间关系所反映的区系联系进行分析，演绎区系发展演化的历史和机理。”

二、普安县昆虫区系的世界动物地理区划区系特点

普安县考察及调查累计记录昆虫18个目174科575属829种（名录见附表）。在世界的区属有如表6-1所列的7种区属类型（区系型）。普安县昆虫以东洋区区系成分为主体，计391种，占47.17%，其次为跨区分布的“东洋区—古北区”式成分，计357种，占43.06%。而其他成分的分布区系比例远远低于上述两种区系成分（所占比重均为5%以下）。上述结果说明普安县昆虫的分布区系为以东洋区系分布为主，并与古北区联系紧密的特点。而与澳洲区系、旧热带区系及新北界区系联系微弱。

将表6-1的所列的区系按含特定地理区的跨区区系型统计种数及复计比重，以进一步分析普安县昆虫所在的中国七大地理区之间的关系（见表6-2）。结果与表6-1类似，表明普安县昆虫的世界区系特点为以东洋区系分布为主且与古北区系联系紧密，而与其他区系的联系较弱。

为了解普安县昆虫在中国的地理区划的的区系分布特点，将其按含特定地理区的跨区区系型型分别进行复计种数及复计比例（见表6-3）。结果表明，普安县昆虫具有突出的西南区系特点：含西南区复计种数多达632种，复计比重达到76.24%。其他几个区系的跨区区系分布中，可分3个层次：①含华中区的跨区区系型和含华南区的跨区区系型复计种数分别为537和494，复计比重分

表6-1　普安县昆虫在世界动物地理各区划中各区式系型种数和比重

序号	区系型	种数	比重（%）
1	东洋区	391	47.17
2	东洋区—古北区	357	43.06
3	东洋区—澳洲区	4	0.48
4	东洋区—古北区—新北区	11	1.33
5	东洋区—古北区—旧热带区	10	1.21
6	东洋区—古北区—澳洲区	10	1.21
7	东洋区—古北区—新北区—旧热带区—新热带区—澳洲区	25	3.02

表6-2　普安县昆虫在世界动物地理各区划中含特定区系分布型

含特定区的跨区区系型	含跨区区系数	复计种数	复计比重（%）
东洋区区系型		391	47.17
含古北区的跨区区系型	5	425	51.28
含新北区的跨区区系型	1	48	5.79
含旧热带区的跨区区系型	2	54	6.51
含新热带区的跨区区系型	1	32	3.86
含澳洲区的跨区区系型	3	48	5.79

表6-3　普安县昆虫在中国动物地理各区划含特定区系分布表

含特定区的跨区区系型	复计种数	复计比重（%）
含西南区的跨区区系型	632	76.24
含华中区的跨区区系型	537	64.78
含华南区的跨区区系型	494	59.59
含华北区的跨区区系型	307	37.03
含蒙新区的跨区区系型	175	21.11
含东北区的跨区区系型	157	18.94
含青藏区的跨区区系型	147	17.73

别为64.78%和59.59%；②含华北区的跨区区系型，复计种数为307，复计比重为37.03%；③含蒙新区的跨区区系型、含东北区的跨区区系型和含青藏区的跨区区系型，相应的复计种数为175、157和147，复计比重为21.11%、18.94%和17.73%。可以认为，普安县昆虫区系与华中区系及华南区区系的联系强于与华北区区系间的联系，而与这3个区系间的联系又都强于蒙新区、东北区和青藏区区系间的联系。

由上述结果及讨论，普安县昆虫区系面貌在中国地理区划的特点为西南区系为主，与其他区系的关联强度依次为华中区、华南区、华北区、蒙新区、东北区和青藏区。

参考文献

[1] Grimaldi D, Engel M S. Evolution of the Insects [M]. Cambridge University Press, 2005.

[2] Samways M J. Insect diversity conservation [M]. Cambridge University Press, 2005.

[3] 陈通旋，朱俊，唐光. 普安县自然保护昆虫考察报告[C]. 贵阳：贵州科技出版社，2006.

[4] 金道超，李子忠编. 习水景观昆虫[M]. 贵阳：贵州科技出版社，2006.

[5] 金道超，李子忠编. 赤水桫椤景观昆虫[M]. 贵阳：贵州科技出版社，2006.

[6] 李子忠，金道超. 梵净山景观昆虫[M]. 贵阳：贵州科技出版社，2006.

[7] 李子忠，金道超. 茂兰景观昆虫[M]. 贵阳：贵州科技出版社，2002.

[8] 李子忠, 杨茂发, 金道超. 雷公山景观昆虫[M]. 贵阳：贵州科技出版社, 2007.

[9] 黔西南州林业局. 2016. 黔西南州2015年森林覆盖率达52.66% [EB/OL]. [2016-07-07].[2018-5-27]. http://www.qxn.gov.cn/View/QxnGov.NYJ.Info/161019.html.

普安县昆虫名录

一、衣鱼目 Zygentoma

（1）衣鱼科 Lepismatidae

毛衣鱼 *Ctenolepisma vinosa* (Fabricius)

分布：贵州（普安等）。

二、蜉蝣目 Ephemeropterodea

（2）四节浮科 Baetidae

双刺花翅浮 *Baetiella bispinosa* (Gose)

分布：贵州（普安等）及我国南部其他各省（区、市）。

紫浮 *Ephemera purpurata* Umer

分布：贵州（普安）。

绢浮 *Ephemera serica* Eaton

分布：贵州（普安等），广东，福建，江西，安徽，江苏，上海，浙江，香港；越南，日本。

（3）**扁浮科** Heptageniidae

湖南四动浮 *Cinygmina humanensis* Zhang et Cai

分布：贵州（普安等），湖南。

红斑似动浮 *Cinygmina rubromacujata* You, et al.

分布：贵州（普安等）及我国大部分省（区、市）；俄罗斯。

透明假浮 *Iron pellucidus* (Brodsky)

分布：贵州（普安等），四川，甘肃，河南及我国华北、东北各省（区、市）；俄罗斯。

桶形赞浮 *Nixe ngi* (Hsu)

分布：贵州（普安等），西藏及我国南部其他各省（区、省）。

大庸高翔浮 *Epeorus dayongensis* Gui et Zhang

分布：贵州（普安等），浙江，陕西，新疆，甘肃，湖南，福建，江西，安徽。

（4）**等浮科** Isonychiidae

海南等浮 *Isonychia hainanensis* She et You

分布：贵州（普安等）及我国秦岭以南大部分省（区、市）。

三、蜻蜓目 Odonata

（5）**蜻科** Aeshnidae

红蜻 *Crocothemis servilia* Drur

分布：贵州(普安等)，北京，江苏，福建，江西，广东等。

白尾灰蜻 *Orthetrum albistylum* (Selys)

分布：贵州（普安等），黑龙江，河北，河南，湖北，新疆，安徽，江苏，海南，山西，浙江，湖南，福建，广东，广西，四川，云南；日本。

褐肩灰蜻 *Orthetrum internum* McLachlan

分布：贵州（普安等），北京，河北，湖北，湖南，，浙江，福建，云南。

黄蜻 *Pantala flavescens* (Fabricius)

分布：贵州（普安等），辽宁，吉林，陕西，河北，河南，湖北，湖南，山西，江西，江苏，浙江，福建，广东，海南，四川，广西，云南，西藏；日本，印度尼西亚，马来西亚，缅甸，印度，斯里兰卡。

晓褐蜻 *Trithemis aurora* (Burmeister)

分布：贵州（普安等），福建，湖北，湖南，广东，广西，广东，四川，重庆，云南，海南，台湾；东南亚。

（6）**蜓科** Aeshnidae

黑纹伟蜓 *Anax nigrofasciatus* Oguma

分布：贵州（普安等），辽宁，黑背，河南，山西，甘肃，湖北，江苏，福建，台湾，广西，四川，云南，西藏；日本，韩国。

碧伟蜓 *Anax parthenope julius* Brauer

分布：贵州（普安等）及全国广布；日本，韩国及亚洲东南部地区。

缺切长尾蜓 *Gynacantha incisura* Fraser

分布：贵州（普安等），湖南，浙江。

（7）**春蜓科** Gomphidae

马奇异春蜓 *Anisogomphus maacki* Selys

分布：贵州（普安），云南、四川，湖北，陕西，内蒙古，山西，河南；朝鲜，日本。

并纹小叶春蜓 *Gomphidia kruegeri* Martin

分布：贵州（普安等），浙江，福建，海南；越南。

小团扇春蜓 *Ictinogomphus rapax* Rambur

分布：贵州（普安等）及我国东部、南部其他各省（区、市）；日本及亚洲东南部地区。

双峰弯尾春蜓 *Melligomphus ardens* Needham

分布：贵州（普安等），福建，浙江，广西。

瀑布弯尾春蜓 *Melligomphus cataractus* Liu et Chao

分布：贵州（普安等）。

艾氏施春蜓 *Sieboldius albardae* Selys

分布：贵州（普安等），河北及我国东北；朝鲜，日本。

（8）**裂唇蜓科** Chlorogomhoidae

唇绿裂唇蜓 *Aurorachlorus papilio* Ris

分布：贵州（普安等），福建，广东，广西，四川，云南。

（9）**大蜓科** Cordulegasteridae

巨圆臀大蜓 *Anotogaster sieboldii* Selys

分布：贵州（普安等），安徽，台湾，福建，浙江，江西，广西。

（10）**大蜻科** Macromidae

闪蓝丽大蜻 *Epophthalmia elegans* Brauer

分布：贵州（普安等），河北，湖北，福建，浙江，广东，四川。

（11）**色蟌科** Calopterygidae

透顶单脉色蟌 *Matrona basilaris basilaris* (Selys)

分布：贵州（普安等），河北，山西，江西，湖南，西藏，浙江，福建，广西，重庆，云南。

黄翅绿色蟌 *Mnais auripennis* (Needham)

分布：贵州（普安等），四川，云南，湖北。

（12）**蟌科** Coenagrionoidae

长尾黄蟌 *Ceriagrion fallax* Ris

分布：贵州（普安等），湖南，云南，湖北。

（13）**扁蟌科** Platystictidae

白胸扁蟌 *Drepanosticta magna* Wilson

分布：贵州（普安等），广西。

（14）**山蟌科** Megapodagrionidae

黄条黑山蟌 *Philosina buchi* Ris

分布：贵州（普安等），广西，福建。

（15）**溪蟌科** Epallagidae

方带溪蟌 *Anisophaea decorata* Selys

分布：贵州（普安等），安徽，浙江，福建，广东，广西。

蓝斑溪蟌 *Anisopleura furcata* Selys

分布：贵州（普安等），广东，广西，四川，福建；印度。

庆元异翅溪蟌 *Anisopleura qingyuanensis* Zhou

分布：贵州（普安等），浙江。

（16）**扇蟌科** Platycnemididae

黄纹长腹蟌 *Calicnemis cyanomelas* Ris

分布：贵州（普安等），浙江，福建，台湾，广东，海南，四川。

赭腹丽扇蟌 *Calicnemis erythromelas* Selys

分布：贵州（普安等），云南；缅甸。

黄脊长腹蟌 *Coeliccia chromothorax* Selys

分布：贵州（普安等），云南；印度，缅甸。

四斑长腹扇蟌 *Coeliccia didyma* Selys

分布：贵州（普安等），湖北，湖南，四川，福建，广西。

环纹环尾扇蟌 *Copera ciliate* Selys

分布：贵州（普安等），台湾；马来西亚，印度。

四、襀翅目 Plecoptera

（17）**叉襀科** Nemouridae

心形倍叉愦 *Amphinemura cordiformis* Li et Yang

分布：贵州（普安等）。

（18）**扁襀科** Peltoperlidae

尖刺刺扁祯 *Cryptoperla stilifera* Sivec

分布：贵州（普安等），河南，陕西，江西，湖南，福建。

（19）**刺襀科** Styloperlidae

胡氏刺襀 *Styloperla wui* Chao

分布：贵州（普安等），浙江，福建，广西。

（20）**襀科** Perlidae

无锥锤襀 *Claassenia tincta* (Navas)

分布：贵州（雷公山）。

二刺钩襀 *Kamimuria bispina* Du

分布：贵州（普安等）

刘氏钩襀 *Kamimuria liui* (Wu)

分布：贵州（普安等），陕西，湖北，四川，广西，云南，西藏。

波缘瘤褛 *Ochthopetina cavaleriei* Navas

分布：贵州（普安等）

黄色扣襀 *Kiotina biocellata* (Chu)

分布：贵州（普安等），陕西，浙江，江西，湖北，四川，福建，广西，云南。

五、蜚蠊目 Blattodea

（21）**地鳖科** Polyphagidae

中华真地鳖 *Eupolyphaga sinensis* Walker

分布：贵州（普安等），四川，浙江，江苏，北京，辽宁。

金边土鳖 *Opisthoplatia orientalis* Burmeister

分布：贵州（普安等），海南，云南，广西，广东，福建，台湾，北京；日本，巴西。

（22）**蜚蠊科** Blattidae

美洲大蠊 *Periplaneta americana* L.

分布：贵州（普安等）及全国广布；世界广布。

黑胸大蠊 *Periplaneta fuliginosa* Serville

分布：贵州（普安等），河北，云南，四川，海南，福建，台湾，江苏，上海，安徽，北京，辽宁；日本，美国。

（23）**姬蠊科** Blattellidae

双纹小蠊 *Blattella bisignata* Brunner

分布：贵州（普安等），四川，云南，广西，陕西，湖南，江西，海南，湖北，福建；菲律宾，越南，泰国。

黄缘拟戴尾蠊 *Hemithyrsocera lateralis* Walker

分布：贵州（茂兰），云南，福建，海南；印度，马来西亚，缅甸，泰国。

棒突刺板蠊 *Scalida schenklingi* Karny

分布：贵州（茂兰），云南，四川，广东，海南，福建。

六、等翅目 Isoptera

（24）**草白蚁科** Hodotermitidae

二型原白蚁 *Hodotermopsis dimorphus* Zhu et Huang

分布：贵州（普安等）。

山林原白蚁 *Hodotermopsis sjostedti* Holmgren

分布：贵州（普安等），广东，海南，广西，四川，云南，浙江，江西，湖南，福建，台湾；越南。

（25）**木白蚁科** Kalotermitidae

狭背砂白蚁 *Cryptotermes angustinotus* Gao et Peng

分布：贵州（普安等），四川。

（26）**鼻白蚁科** Rhinotermitidae

锡兰家白蚁 *Coptotermes ceylonicus* Holmgren

分布：贵州（普安等）。

家白蚁 *Coptotermes formosanus* Shiraki

分布：贵州（普安等），台湾，江苏，安徽，浙江，江西，湖南，福建，海南，四川；日本，菲律宾，美国，南非。

贵州乳白蚁 *Coptotermes guizhouensis* He et Qiu

分布：贵州（普安等）。

尖唇异白蚁 *Heterotermes aculabialis* (Tsai et Huang)

分布：贵州（普安等），湖南，四川，甘肃，陕西，河南，江苏，安徽，浙江，湖北，江西，福建，广东，广西，云南。

狭胸散白蚁 *Reticulitermes angustalus* He et Qiu

分布：贵州（普安等），四川。

双瘤散白蚁 *Reticulitermes bicristatus* He et Qiu

分布：贵州（普安等），四川。

双峰散白蚁 *Reticulitermes bitumulus* Ping et Xu

分布：贵州（普安等）。

黄肢散白蚁 *Reticulitermes flaviceps* (Oshima)

分布：贵州（普安等），山东，江苏，浙江，福建，四川，云南，广东，广西，湖南，湖北，江西，台湾。

贵阳散白蚁 *Reticulitermes guiyangensis* He et Qiu

分布：贵州（普安等），湖南，四川。

兴义散白蚁 *Reticulitermes xingyiensis* Ping et Xu

分布：贵州（普安等）

分湖南散白蚁 *Rhinotermes hunanensis* Tsai et Peng

分布：贵州（普安等），湖南，福建，广西，四川。

隆头散白蚁 *Rhinotermes levatoriceps* He et Qiu

分布：贵州（普安等）。

拟尖唇散白蚁 *Rhinotermes pseudoaculabialis* Gao，et al.

分布：贵州，（普安等）四川。

贵州亮白蚁 *Euhamitermes guizhouensis* Gao et Gong

分布：贵州（普安等）。

黄翅大白蚁 *Macrotermes barneyi* Light

分布：贵州（兴义等）及我国南部其他各省市。

直颚大白蚁 *Macrotermes orthognathus* Ping et Xi

分布：贵州（普安等）。

三型大白蚁 *Macrotermes trimorphus* Li et Ping

分布：贵州（普安等），广西。

长鼻象白蚁 *Nasutitermes dolichorhinus* Ping et Xu

分布：贵州（普安等），广西。

双工土白蚁 *Odontotermes dimorphus* Li et Xiao

分布：贵州（普安等），广西。

五齿土白蚁 *Odontotermes quinquedentatus* Ping et Xu

分布：贵州（普安等）。

中华钩扭白蚁 *Pseudocapritermes sinensis* Ping et Xu

分布：贵州（普安等），云南，广西，湖南，福建，广东。

大华扭白蚁 *Sinocapritermes magnus* Ping et Xu

分布：贵州（普安等），广西，四川。

七、螳螂目

（27）螳科 Mantidea

中华刀螳 *Tenodera aridlfolia* (Sinensls)

分布：贵州（普安等），我国东部广布。

勇斧螳 *Hierodula membrancea* (Burmeister)

分布：贵州（普安等），浙江，安徽，广西，湖南，四川，西藏；印度，斯里兰卡。

枯叶大刀螳 *Tenodera aridifolia* (Stoll)

分布：贵州（普安等）及全国广布；日本，美国，朝鲜及亚洲东南部地区。

中华大刀螳 *Tenodera sinensis* Saussure

分布：贵州（普安等）及全国广布； 日本，马来西亚，菲律宾，印度，缅甸，泰国，朝鲜，美国。

八、革翅目 Dermaptera

（28）垫跗螋科 Chelisochidae

首垫跗螋 *Proreus Simulans* (Stal, 1986)

分布：贵州（普安等），广西（龙州），海南（营根），云南（景东）。

（29）肥螋科 Anisolabididae

袋小肥螋 *Euborellia pallipes* (Shiraki)

分布：贵州（普安等）。

海肥螋 *Anisolabis annilata* (Fabricius)

分布：贵州（普安等），江苏，湖南，湖北，福建，海南，广西；印度，马来西亚。

袋肥螋 *Anisolabis stali* (Dohrn)

分布：贵州（普安等），湖南，江苏，福建，海南，广西。

（30）球螋科 Forficulidae

环张球螋 *Anechura torquata* Burr

分布：贵州（普安等），福建，广东，广西，海南，四川，云南，西藏。

贵州球螋 *Forficula guizhouensis* Yang et Zhang

分布：贵州（普安等）。

双色球螋 *Forficula biplaga* Bey-Bienko

分布：贵州（普安等），四川。

垂缘球螋 *Eudohrnia metallia* (Dohrn)

分布：贵州（普安等），云南，西藏。

桃源球螋 *Forficula taoyuanensis* Ma et Zhou

分布：贵州（普安等），湖南。

革异螋 *Allodahlia coriacea* (Bormans, 1894)

分布：贵州（普安），海南，云南，西藏。

（31）**蠼螋科** Labiduridae

蠼螋 *Labidure riparia* (Pallas)

分布：贵州（普安等），湖南，内蒙古，甘肃；世界广布。

九、直翅目 Orthoptera

（32）**蟋蟀科** Gryllidae

黄脸油葫芦 *Teleogryllus emma* (Ohmachi et Matsuura)

分布：贵州（普安），安徽，江苏，浙江，江西，福建，河北，山东，山西、广东，广西，云南，西藏，海南。

丽维蟋 *Valiatrella pulchra* (Gorochov)

分布：贵州（普安），湖南；越南。

刻点哑蟋 *Goniogryllus punctatus* Chopard

分布：贵州（普安等），湖南，浙江，湖北，福建，广西，四川，云南。

短翅灶蟋 *Gryllodes supplicans* (Walker)

分布：贵州（普安等）及全国广布。

窃棺头蟋 *Loxoblemmus doenitizi* Stein

分布：贵州（普安等），北京，陕西，江苏，安徽，浙江，江西，福建，台湾，广西，四川。

德齐棺头蟋 *Loxoblemmus detectus* (Serille)

分布：贵州（普安等），湖南，陕西，辽宁，河北，北京，山西，山东，河南，江苏，安徽，上海，浙江，江西，广西，四川。

黑脸油葫芦 *Teleogryllus occipitalis* (Serville)

分布：贵州（普安等）及全国广布。

北京油葫芦 *eleogryllus mitratus* (Burmeister)

分布：贵州（普安），北京，浙江，湖北，江西，湖南，广东，海南，广西，四川，云南，西藏，福建。

片维蟋 *Valiatrella laminaria* Liu et Shi

分布：贵州（普安等）。

暗珀蟋 *Plebeiogryllus guttventris* obscurus (Chopard)

分布：贵州（普安），福建。

曲脉姬蟋 *Modicogryllus confirmatus* (Walker)

分布：贵州（普安），江西，广东，广西，福建，云南。

（33）**貌蟋科** Gryllomorphidae

库仑优兰蟋 *Eulandrevus coulonianus* (Saussure)

分布：贵州（普安等），福建，广西，台湾。

（34）**树蟋科** Oecanthidae

印度树蟋 *Oecanthus indicus* Saussure

分布：贵州（普安等），四川，湖南。

（35）**蛉蟋科** Trigonidiidae

黄脚灰针蟋 *Dianemobius flavantennalis* (shiraki)

分布：贵州（普安等），山东，江苏，上海，浙江，江西，台湾。

黑足墨蛉蟋 *Homoeoxipha nigripes* Hsia et Liu

分布：贵州（普安等），广西，四川，云南，海南。

异色异针蟋 *Pteronemobius concolor*

分布：贵州（普安等），吉林，内蒙古，新疆，湖南，陕西，四川，海南，云南，西藏。

（36）**蛞蟀科** Eneopteridae

弯突舟蛞蛉 *Truljalia sigmaparamera* Hsia et Liu

分布：贵州，浙江，安徽，湖南。

长颚斗蟋 *Velarjfictorus asperses* (Walker)

分布：贵州，北京，陕西，江苏，安徽，上海，浙江，江西，福建，广东，海南，广西，四川，云南。

（37）**蝼蛄科** Gryllotalpidae

东方蝼蛄 *Gryllotalpa orientalis* Burmeister

分布：贵州（普安），河南，北京，河北，天津，内蒙古，黑龙江，吉林，辽宁，山东，江苏，湖北，上海，浙江，福建，江西，湖南，广东，广西，海南，云南，西藏，青海。

（38）**斑腿蝗科** Catantopidae

异脚胸斑蝗 *Apalacris varicornis* Walker

分布：贵州（普安等），湖南，陕西，福建，广东，广西，海南，云南，四川。

短星翅蝗 *Calliptamus obbreviatus* Ikon

分布：贵州（普安等）及全国广布。

湖北卵翅蝗 *Caryanda hubeiensis* Wang

分布：贵州（普安等），湖北。

棉蝗 *Chondracris rosea rosea* (de Gear)

分布：贵州（普安等），河北，陕西，河南，湖北，浙江，湖南，云南，台湾、江西，山东，四川，福建。

长夹蝗 *Choroedocus capensis* Thunberg

分布：贵州（普安等）。

奇冠蝗 *Ecphanthacris mirabilis* Tinkham

分布：贵州（普安等），云南。

斑腿峨嵋蝗 *Emeiacris maculate* Zheng

分布：贵州（普安等），四川。

十字蝗 Epistaurus aberrans (Brunner-Wattenwyl)

分布：贵州（普安等）。

斑角蔗蝗 *Hieroglyphus annulicornis* (Shiraki)

分布：贵州（普安等）。

白条长腹蝗 *Hieroglyphus tonkinensis* Bolivar

分布：贵州（普安等）。

无齿稻蝗 *Oxya adentata* Willemse

分布：贵州（普安），陕西，宁夏。

山稻蝗 *Oxya agavisa* (Tsål)

分布：贵州（普安等），甘肃，陕西，江苏，浙江，安徽，江西，湖北，湖南，福建，广东，广西，海南，四川，云南。

中华稻蝗 *Oxya chinensis* Thunberg

分布：贵州（普安等）及我国除青海，新疆外的各省（区、市）。

小稻蝗 *Oxya hyla intricate* (Stal)

分布：贵州（普安等）及全国广布。

大斑外斑腿蝗 *Xenocatantops humilis* (Serville)

分布：贵州（普安），我国南方地区广布。

（39）**斑翅蝗科** Oedipodidae

云斑车蝗 *Gastrimargus marmoratus* (Thunberg)

分布：贵州（普安）及我国北至河北，南到海南，西至甘肃、西藏的各省（区、市）。

（40）**网翅蝗科** Arcypteridae

青脊竹蝗 *Ceracris nigricornis* (Walker)

分布：福建，浙江，广东，广西，湖南，四川，贵州（普安）。

黄脊阮煌 *Rammearis kiangsu* (Tsai)

分布：贵州（普安等），江苏，浙江，江西，福建，广东，湖南，湖北，四川，云南，陕西。

无斑暗蝗 *Dnopherula svenhedini* (Sjöstedt)

分布：贵州（普安等），云南，四川，陕西，河南，江西。

印度黄脊蝗 *Patanga japonica* (Bolivar)

分布：贵州（普安等）云南。

（41）**剑角蝗科** Acrididae

中华蚱蜢 *Acrida cinerea* Thunberg

分布：贵州（普安等），四川，重庆、陕西，甘肃，宁夏，山西，河北，北京，山东，江苏，安徽，浙江，湖南，湖北，福建，江西，广东，云南。

黄脊竹蝗 *Ceracris kiangsn* Tsai

分布：贵州（普安等）湖南，江苏，浙江，安徽，江西，福建，广东，广西，云南，四川。

贵州埃蝗 *Eoscyllina kweichowensis* Zheng

分布：贵州（普安等）。

东亚飞蝗 *Locusta migratoria* manilensis (Mey.)

分布：贵州（普安等）及全国广布。

方异距蝗 *Heteropternis respondens* (Walker)

分布：贵州（普安等），陕西，甘肃，河北，北京，江苏，浙江，湖北，江西，湖南，福建，台湾，广东，海南，广西，四川，云南；日本，泰国，缅甸，印度，尼泊尔，孟加拉国，斯里兰卡，菲律宾，马来西亚，印度尼西亚。

短翅佛蝗 *Phlaeoba angustidorsis* Bolivar

分布：贵州（普安等），四川，重庆，江苏，浙江，江西，广西，福建，湖南。

疣蝗 *Trilophidia annulata* (Thunberg)

分布：贵州（普安等），湖南，宁夏，甘肃，陕西，河北，江苏，江西，安徽，广西，云南，四川，西藏；印度尼西亚，马来西亚，泰国，斯里兰卡，尼泊尔，印度，菲律宾。

（42）**锥头蝗科** Pyrgomorphidae

短额负蝗 *Atractomorpha sinensis* (Bolvar)

分布：贵州（普安等）及我国除西藏，新疆，内蒙古外的其他各省（区、市）；日本，越南。

短翅负蝗 *Atractomopha creaulata* (Fabricius)

分布：贵州（普安等）及我国除西藏，新疆，内蒙古外的其他各省（区、市）。

奇异负蝗 *Atractomopha peregrine* Bi et Hsia

分布：贵州（普安等）。

（43）**瘤锥蝗科** Chrotogonidae

黄星蝗 *Aularches miliaris* (Linnaeus)

分布：贵州（普安等）及全国。

云南蝗 *Yunnanites coriacea* Uvarov

分布：贵州（普安等），云南，四川。

（44） **短翼蚱科** Metrodoridae

曲隆波蚱 *Bolivaritettix curvicarina* Zheng et Shi

分布：贵州（普安等）

黄条波蚱 *Bolivaritettix luteolineatus* Zheng et Shi

分布：贵州（普安等）。

贵州蟾蚱 *Hyboella guizhouensis* Zheng et Shi

分布：贵州（普安等）

（45）**草螽科** Conocephalidae

优草螽 *Euconcephalus* sp.

分布：广东，贵州（普安）。

钓额螽 *Ruspolia nitidula* (Scopoli, 1786)

分布：重庆，贵州（普安）。

长翅草螽 *Conocephalus longipennis* (de Haan)

分布：贵州（普安等）及全国广布。

斑翅草螽 *Conocephalus maculatus* (Le-Guillou)

分布：贵州（普安等），四川，重庆，广西，云南，广东，香港，福建，台湾，江西，湖南，湖北，江苏，上海，河北，北京。

鼻优草螽 *Euconocephalus melas* (de Haan)

分布：贵州（普安等），四川，重庆，广东，广西，福建，台湾，湖北。

锥拟喙螽 *Pseudorhynchus pyrgocoryphus* (Karny)

分布：贵州（普安等），四川，云南，湖南，江西，浙江，福建。

疑钩顶螽 *Ruspolia dubia* (Redtenbacher)

分布：贵州（普安等），福建，浙江，安徽，湖北，江西，湖南，广西，四川，重庆，云南，陕西，甘肃，黑龙江，台湾；日本。

（46）**蚱科** Tetrigidae

突眼蚱 *Ergatettix dorsiferus* (Walker)

分布：贵州（普安等），福建，广东，广西，云南，四川，陕西，甘肃，

台湾；印度，斯里兰卡及亚洲中部地区。

瘦悠背蚱 *Euparatettix variabilis* (Bolivar)

分布：贵州（普安等），福建，西藏，云南，广西，台湾；印度，缅甸。

日本蚱 *Tetrix japonica* (Bolivar)

分布：贵州（普安等）及全国广布；日本，朝鲜，俄罗斯。

（47） **螽斯科**Tettigoniidae

暗褐蝈螽 *Gampsocleis sedakovii* obscura (Walker, 1869)

分布：贵州（普安等），全国各地。

中华螽斯 *Tettigonia chinensis* Willemse

分布：贵州（普安等），四川，重庆，陕西，湖南，湖北，广西，福建，甘肃，河南，浙江，江西。

（48）**蛩螽科** Meconematidae

巨叉库螽 *Kuzicus megafurcula* (Tinkham)

分布：贵州（普安等），四川，广西，广东，福建，湖北，湖南，江西，浙江，安徽。

短尾吟螽 *Phlugiolopsis brevis* Hsia et Liu

分布：贵州（普安等），湖南。

瘤突吟螽 *Phlugiolopsis tuberculata* Hsia et Liu

分布：贵州（普安等），湖南。

斑腿剑螽 *Xiphidiopsis fascipes* Bey-Bienko

分布：贵州（普安等），四川，广西，湖南。

（49）**露螽科** Phaneropteridae

小掩耳螽 *Elimaea parva* Liu

分布：贵州（普安 等），福建，湖南。

镰尾露螽 *Phaneroptera falcate* (Poda, 1761)

分布：贵州（普安等），吉林，江苏，陕西，福建，湖南，浙江，上海，黑龙江，安徽，新疆，甘肃，台湾，四川，湖北，北京，河北。

日本条螽 *Ducetia jiaponica* (Thunberg)

分布：贵州（普安等）及全国广布。

歧异条螽 *Alloducetia bifurcatea* Hsia et Liu

分布：贵州（普安等）。

（50）**纺织娘科** Mecopodidae

裂涤螽 *Decma fissa* (Hsia et Liu)

分布：贵州（普安等），四川，广西，广东，福建，湖南，湖北。

日本纺织娘 *Mecopoda niponensis* de Haan

分布：贵州（普安等），四川，重庆，广西，江西，湖南，福建，安徽，江苏，浙江，上海，陕西；日本。

十、竹节虫目 Phasmida

（51）**叶䗛科** Phyllidae

泛叶䗛 *Phyllium* (Phyllium) celebicum de Haan

分布：贵州（茂兰），海南，广西。

（52）**䗛科** Phasmatidae

荔波短肛䗛 *Baculum liboense* Chen et Ran

分布：贵州（普安等）。

平利短肛䗛 *Baculum pingliense* Chen et He

分布：贵州（普安等），陕西，甘肃，湖北，广西，四川。

匙瓣短肛䗛 *Baculum spatulatum* Bi

分布：贵州（普安等），湖南。

刺角短肛䗛 *Baculum spinicornum* Chen et He

分布：贵州（普安等），广西。

（53）**异䗛科** Heteronemiidae

粗粒华枝䗛 *Sinophasma rugicollis* Chen et He

分布：贵州（普安）。

双刺蔷䗛 *Asceles bispinus* Redtenbacher

分布：贵州（普安等），福建，云南，广西，海南。

长臀蔷䗛 *Asceles longicauda* Bi

分布：贵州（普安等），湖南，广西。

粒胸竹异䗛 *Carausius thoracius* Chen et He

分布：贵州（普安）。

索康瘦枝䗛 *Macellina souchongia* Westwood

分布：贵州（普安等），湖南，四川，福建，广东。

短翅小异䗛 *Micadina brachyptera* Liu et Cai

分布：贵州（普安等）。

雷山股枝䗛 *Paramyronides leishanensis* Bi

分布：贵州（普安等）。

十一、虱目 Anophura

（54）**多板虱科** Polyplacidae

多毛新血虱 *Neohaematopinus setosus* Chin

分布：贵州（普安等）。

异缘怪虱 *Paradoxophthirus emarginatus* Ferris

分布：贵州（普安等）。

棘多板虱 *Polyplax spinulosus* Burmeister

分布：贵州（普安等）。

（55）**恩兰虱科** Enderleinellidae

长吻松鼠恩兰虱 *Enderleinellus dremomydis* Ferris

分布：贵州（普安等）。

（56）**甲胁虱科** Hoplopleuridae

社鼠甲胁虱 *Hoplopleura confuciaca* Blagoveshtchensky

分布：贵州（普安等）。

（57）**虱科** Pediculidae

人虱 *Pediculus humanus* Linnaeus

分布：贵州（普安等）及全省各地。

十二、半翅目 Hemiptera

（58）**沫蝉科** Cercopidae

黑斑丽沫蝉 *Cosmoscarta dorsimacula* (Walker)

分布：贵州（普安等）、江苏，江西，四川，广东；印度，马来西亚。

狮丽沫蝉 *Cosmoscarta leonine* Distant

分布：贵州（普安等）。

黄斑安沫蝉 *Abidama sexmaculata* Lallemand

分布：贵州（普安等）；印度。

赤斑稻沫蝉 *Callitettix versicolor* (Fabricius)

分布：贵州（普安等）及全国广布；越南，老挝，柬埔寨，缅甸，泰国，马来西亚，日本。

橘红丽沫蝉 *Cosmoscarta mandarina* Distant

分布：贵州（普安等），湖北，江西，浙江，四川，福建，广东，海南，广西，云南，西藏；越南。

金色曙沫蝉 *Eoscarta aurora* Kirkaldy

分布：贵州（普安等），湖北，湖南，江西，福建，广东，广西，云南。

黑色曙沫蝉 *Eoscarta fusca* (Melichar)

分布：贵州（普安等），湖南；俄罗斯。

（59）**蝉科** Cicadidae

蚱蝉 *Cryptotympana atrata* (Fabricius, 1775)

分布：贵州（普安等）。

细脉蝉 *Polyneura ducalis* Westwood

分布：贵州（普安等）湖南，四川，江西，广东，广西，云南；印度，尼泊尔，缅甸。

绿草蝉 *Mogannia hebes* (Walker)

分布：贵州（普安等）全国除北方的大部分省区，日本，朝鲜。

黑胡蝉 *Graptopsalria nigrofuscata* (Motschulsky)

分布：贵州（普安等）；日本。

松寒蝉 *Meimuna opalifera* (Walker)

分布：贵州（普安等），四川，陕西，河北，江西，浙江，江苏，湖南，湖北，山东，福建，广东，广西，台湾；日本，朝鲜。

贵州拟红眼蝉 *Paratalainga guizhouensis* Chou et Lei

分布：贵州（普安等），云南。

螂蝉 *Pomponia linearis* (Walker)

分布：贵州（普安等），四川，浙江，安徽，江西，湖南，福建，广西，广东，西藏，台湾；日本，缅甸，菲律宾，马来西亚。

（60）**尖胸沫蝉科** Aphrophoridae

宽带尖胸沫蝉 *Aphrophora horizontalis* Kato

分布：贵州（普安等），安徽，浙江，湖北，江西，湖南，广东，广西，四川，云南，福建，台湾；日本。

白带尖胸沫蝉 *Aphrophora intermedia* Uhler

分布：贵州（普安等）。

松尖铲头沫蝉 *Clovia conifer* (Walker)

分布：贵州（普安等），甘肃，青海，福建，台湾，广东，广西，云南；日本及东洋界各国。

一点铲头沫蝉 *Clovia puncta* (Walker)

分布：贵州（普安等），江苏，浙江，江西，湖南，福建，广东，广西，云南；日本，印度。

方斑铲头沫蝉 *Clovia quadrangularis* Metcalf et Horton

分布：贵州（普安等），安徽，浙江，湖北，江西，湖南，福建，台湾，广东，海南，广西，四川，云南；泰国。

淡白三脊沫蝉 *Jembra pallida* Metcalf et Horton

分布：贵州（普安等），四川，陕西，江苏，安徽，浙江，江西，湖南，福建，广东，广西。

（61）**角蝉科** Membracidae

白条屈角蝉 *Anchon lineatus* Funkhouser

分布：贵州（普安等）。

贵州结角蝉 *Antialcidas guizhouensis* Yuan et Zhang

分布：贵州（普安等）。

阿里山突角蝉 *Centrotoscelus arisanus* (Matsumura)

分布：贵州（普安等），四川，广东，广西，云南，海南，台湾，福建；日本。

细长突角蝉 *Centrotoscelus longus* Yuan et Li

分布：贵州（普安等），云南，陕西，北京。

（62）**蜡蝉科** Fulgoridae

斑衣蜡蝉 *Lycorma delicatula* (White)

分布：贵州（普安等），福建，河北，陕西，山西，山东，河南，江苏，安徽，湖北，浙江，台湾，广东，云南；日本，越南，印度。

（63）**广翅蜡蝉科** Ricanidae

带纹广翅蜡蝉 *Euricania fascialis* (Walker)

分布：贵州（普安等），福建，河北，江苏，湖北，浙江，江西，湖南，广东，广西，四川；日本，缅甸，越南，印度。

粉黛广翅蜡蝉 *Ricania pulverosa* Sthl

分布：贵州（普安等），福建，陕西，浙江，江西，河南，台湾，广东，广西，云南；日本，印度，缅甸。

八点广翅蜡蝉 *Ricania speculum* (Walker)

分布：贵州（普安等），福建，陕西，河南，江苏，湖北，浙江，湖南，台湾，广东，广西，云南；尼泊尔，印度，菲律宾，斯里兰卡，印度尼西亚。

（64）**蛾蜡蝉科** Flatidae

彩蛾蜡蝉 *Cerynia maria* (White)

分布：贵州（普安等），江西，湖南，福建，云南，广东；越南，印度，印度尼西亚，马来西亚。

碧蛾蜡蝉 *Geisha distinctissima* (Walker)

分布：贵州（普安等），山东，浙江，江苏，台湾，江西，湖南，四川，广东，云南及我国东北各省（区、市）；日本。

（65）**象蜡蝉科** Dictyopharidae

中华象蜡蝉 *Dictyophara sinica* Walker

分布：贵州（普安等），福建，陕西，浙江，四川，台湾，广东；日本，朝鲜，泰国，印度，印度尼西亚。

丽象蜡蝉 *Orthophagus splendens* (Germar)

分布：贵州（普安等），福建，江苏，浙江，江西，台湾，广东及我国东北各省（区、市）；朝鲜，日本，印度，缅甸，菲律宾，斯里兰卡，印度尼西亚，马来西亚。

瘤鼻象蜡蝉 *Saigona gibbosa* Matsumura

分布：贵州（普安等），福建，台湾，湖南，四川；日本。

（66）**脉蜡蝉科** Meenoplidae

雪白粒脉蜡蝉 *Nisia strovenosa* (Lethierry)

分布：贵州（普安等），陕西，江苏，浙江，湖南，江西，台湾，福建，广东，四川；朝鲜，日本，巴基斯坦，印度，新加坡，印度尼西亚，斯里兰卡，菲律宾，澳大利亚，埃及，索马里，摩洛哥，埃塞俄比亚，巴布亚新几内亚，斐济，马达加斯加及欧洲地区。

（67）**叶蝉科** Cicadellidae

三角辜小叶蝉 *Aguriahana triangularis* (Matsumura)

分布：贵州（普安等），陕西，湖南；日本。

红纹平大叶蝉 *Anagonalia melichari* (Distant)

分布：贵州普安等），海南，云南，广西，广东，四川；泰国，缅甸，马来西亚，老挝，印度，斯里兰卡。

齿茎斑大叶蝉 *Anatkina attenuata* (Walker)

分布：贵州（普安等），广东，海南，香港，云南，广西，福建。

点翅斑大叶蝉 *Anatkina illustris* (Distant)

分布：贵州普安等），浙江，四川，广东，广西，福建；印度，越南，泰国，马来西亚，斯里兰卡，缅甸。

金翅斑大叶蝉 *Anatkina vespertinula* (Breddin)

分布：贵州（普安等），四川，广东，福建，云南，海南，广西，重庆；印度，越南，马来西亚，印度尼西亚。

隐斑条大叶蝉 *Atkinsoniella dormana* Li

分布：贵州（普安等），四川，湖北，福建。

格氏条大叶蝉 *Atkinsoniella grahami* Young

分布：贵州（普安等），四川，陕西，湖北，云南，广东。

黑缘条大叶蝉 *Atkinsoniella heiyuana* Li

分布：贵州（普安等），四川，云南，重庆，湖北。

色条大叶蝉 *Atkinsoniella opponens* (Walker)

分布：贵州（普安等），广东，海南，广西，江西，云南，福建，四川；印度，尼泊尔，缅甸，老挝，泰国，越南，印度尼西亚，马来西亚，菲律宾。

磺条大叶蝉 *Atkinsoniella sulphurata* (Distant)

分布：贵州（普安等），浙江，福建，云南，湖北，湖南，四川；缅甸，印度，印度尼西亚。

隐纹条大叶蝉 *Atkinsoniella thalia* (Distant)

分布：贵州（普安等）及全国广布；印度，缅甸，泰国及孟加拉湾地区。

白脉二室叶蝉 *Balclutha lucida* (Butler)

分布：贵州（普安等），河北，台湾，福建，广西，甘肃；斯里兰卡，马来西亚，美国，日本，菲律宾，澳大利亚，新西兰及非洲东部地区。

宽突窄头叶蝉 *Batracomorphus expansus* (Li et Wang)

分布：贵州（普安等）。

叉茎窄头叶蝉 *Batracomorphus geminatus* (Li et Wang)

分布：贵州（普安等）。

褐点窄头叶蝉 *Batracomorphus fuscomaculatus* (Kuoh)

分布：贵州（普安等），云南。

端点窄头叶蝉 *Batracomorphus notatus* (Kuoh)

分布：贵州（普安等），云南。

截突窄头叶蝉 *Batracomorphus trunctus* (Li et Wang)

分布：贵州（普安等），湖南。

尖凹大叶蝉 *Bothrogonia acuminata* Yang et Li

分布：贵州（普安等），福建，广西，云南，河北，海南。

短凹大叶蝉 *Bothrogonia exigua* Yang et Li

分布：贵州（普安等），广西，海南，云南。

黑尾大叶蝉 *Bothrogonia ferruginea* (Fabricius)

分布：贵州（普安等）及全国广布；印度，越南，缅甸，老挝，泰国，日本，韩国，柬埔寨，菲律宾，印度尼西亚及非洲地区。

桂凹大叶蝉 *Bothrogonia guiana* Yang et Li

分布：贵州（普安等），广西，云南。

莫凹大叶蝉 *Bothrogonia mouhoti* (Distant)

分布：贵州（普安等），广东；印度，越南，缅甸，老挝，泰国，柬埔寨，马来西亚。

双斑斜脊叶蝉 *Bundera venata* Distant

分布：贵州（普安等），四川，西藏；缅甸。

中华消室叶蝉 *Chudania sinica* Zhang et Yang

分布：贵州（普安等），广东，广西，浙江，陕西，湖南，四川。

大青叶蝉 *Cicadella viridis* Linnaeus

分布：贵州（普安等）及全国广布；世界广布。

白大叶蝉 *Cofana spectra* (Distant)

分布：贵州（普安等）及全国广布；日本，缅甸，印度，斯里兰卡，孟加拉国，泰国，越南，老挝，马来西亚，印度尼西亚，埃塞俄比亚，刚果，澳大利亚。

淡色缘脊叶蝉 *Dryadomorpha pallida* Kirkaldy

分布：贵州（普安等），福建，台湾，香港，四川；印度，泰国，菲律宾，老挝，斯里兰卡，印度尼西亚，澳大利亚，日本。

棉叶蝉 *Empoasca biguttula* (Ishida)

分布：贵州（普安等），广东，广西，台湾，江西，湖南，湖北，浙江，安徽，河南，河北，山东，陕西，云南，四川及我国东北各省（区、市）；日本。

小绿叶蝉 *Empoasca Jlavescens* (Fabricius)

分布；贵州（普安等）及全国广布；朝鲜，土耳其，日本，印度，斯里兰卡及非洲地区，欧洲地区，北美洲地区。

黄面横脊叶蝉 *Evacanthus interruptus* (Linnaeus)

分布：贵州（普安等），四川及我国东北各省（区、市）；俄罗斯，日本及欧洲地区。

假眼小绿叶蝉 *Empoasca vitia* (Gothe)

分布：贵州（普安等），云南，四川，湖北，湖南，安徽，江苏，浙江，福建，江西；日本。

褐带横脊叶蝉 *Evacanthus acuminatus* (Fabricius)

分布：贵州（普安等），四川，陕西，台湾；朝鲜，日本及欧洲地区，北美洲地区。

二点横脊叶蝉 *Evacanthus biguttatus* Kuoh

分布：贵州（普安等），陕西，四川，西藏。

淡脉横脊叶蝉 *Evacanthus danmainus* Kuoh

分布：贵州（普安等），陕西，西藏，四川，甘肃，浙江。

印度顶带叶蝉 *Exitianus indicus* (Distant)

分布：贵州（普安等）及全国广布；印度，斯里兰卡，孟加拉国，尼泊尔，菲律宾，日本。

红带铲头叶蝉 *Hecalus arcuata* (Motschulsky)

分布：贵州（普安等），海南，广西，云南，台湾；斯里兰卡，越南，菲律宾，老挝，泰国。

纵带铲头叶蝉 *Hecalus lineatus* (Horvath)

分布：贵州（普安等）；日本。

橙带铲头叶蝉 *Hecalus porrectus* (Walker)

分布：贵州（普安等），广东，福建，云南，台湾；缅甸，印度，斯里兰卡，印度尼西亚，菲律宾，泰国。

褐脊铲头叶蝉 *Hecalus prasinus* (Matsumura)

分布：贵州（普安等），广东，云南，陕西，北京；日本，泰国，菲律宾，老挝。

红纹铲头叶蝉 *Hecalus rufofaseianus* Li

分布：贵州（普安等）。

凹缘菱纹叶蝉 *Hishimonus sellatus* (Uhler)

分布：贵州（普安等），江苏，浙江，安徽，湖北，江西，山东；日本，俄罗斯。

黑疣（瘤）叶蝉 *Hylicaparadoxa* Sthl

分布：贵州（普安等）。

（68）**瘿绵蚜科** Pemphigidae

枣铁倍蚜 *Kaburagia ensigallis* Tsai et Tang

分布：贵州（普安等），四川，云南，湖南，湖北等。

蛋铁倍蚜 *Kaburagia ovogallis* Tsai et Tang

分布：贵州（普安等），四川，湖南，湖北，云南等。

圆角倍蚜 *Nurudea ibofushi* Matsumura

分布：贵州（普安等）。

铁倍花蚜 *Nurudea meitanensis* (Tsai et Tang)

分布：贵州（普安等）。

（69）**蚜科** Aphididae

萝卜蚜 *Lipaphis erysimi* (Kaltenbach)

分布：贵州（普安等）及全国广布；朝鲜，日本，印度，印度尼西亚，伊拉克，以色列，埃及，美国及非洲东部地区。

莴苣指管蚜 *Uroleucon formosanum* Takahashi

分布：贵州（普安等），河北，天津，北京，吉林，江苏，福建，江西，山东，广东，广西，四川，台湾；朝鲜，日本。

（70）**粉蚧科** Pseudococcidae

菠萝洁粉蚧 *Dysmicoccus brevipes* (Cockerell)

分布：贵州（普安等）。

柿绒粉蚧 *Eriococcus kaki* Kuwana

分布：贵州（普安等）。

竹鞘翅绒粉蚧 *Eriococcus transversus* Green

分布：贵州（普安等）。

糖粉蚧 *Saccharicoccus sacchari* (Cockerell)

分布：贵州（普安等）。

（71）**胶蚧科** Lacciferidae

紫胶蚧 *Laccifer lacca* Kerr

分布：贵州（普安等），云南，西藏，台湾，广东，广西，四川，福建。

（72）**硕蚧科** Margarodidae

桑芽蚧 *Drosicha contrahens* Walker

分布：贵州（普安等）。

草履蚧 *Drosicha corpulenta* (Kuwana)

分布：贵州（普安等）。

（73）**盾蚧科** Diaspididae

椰圆蚧 *Aspidiotus destructor* Signoret

分布：贵州（普安等）。

常春藤蚧 *Aspidiotus hederae* Vollot

分布：贵州（普安等）。

（74）**缘蝽科** Coreidae

异足竹缘蝽 *Notobitus sexguttatus* (Westwood)

分布：贵州（普安），广东，广西，云南。

山竹缘蝽 *Notobitus montanus* (Hsiao)

分布：贵州（普安等）。

月肩奇缘蝽 *Derepteryx lunata* (Distant, 1900)

分布：贵州（普安等），河南，浙江，湖北，江西，湖南，福建，云南等。

宽肩达缘蝽 *Dalader planiventris* (Westwood)

分布：贵州（普安），广东，云南。

（75 ）**盾蝽科** Scutelleridae

桑宽盾蝽 *Poecilocoris druraei* (Linnaeus, 1771)

分布：贵州（普安等），四川，台湾，广东，广西，云南；缅甸，印度等

（76）**蝎蝽科** Nepidae

长壮蝎蝽 *Laccotrephes robustus* Stal

分布：贵州（普安等），广西，四川；缅甸，印度，马来西亚，菲律宾。

中华螳蝎蝽 *Ranatra chinensis* Many

分布：贵州（普安），北京，河北，吉林，黑龙江，上海，辽宁，江苏，浙江等。

（77）**划蝽科** Corixidae

显斑原划蝽 *Cymatia apparens* (Distant)

分布：贵州（普安等），北京，天津，河北，宁夏，陕西，山西，湖北，江西，云南；日本，朝鲜，印度。

厚跗夕划蝽Hesperocorixa crassipalai (Hungerford)

分布：贵州（普安等），湖北；日本，朝鲜。’

狄氏夕划蝽 *Hesperocorixa distanti* (Kirkaldy)

分布：贵州（普安等），江苏，广西；日本，俄罗斯。

菈棘小划蝽 *Micronecta* (Basileonecta) *sahlbergi* (Jakovlev)

分布：贵州（普安等），辽宁，天津，河南，江西，湖北，台湾；俄罗斯，朝鲜，日本。

曲纹烁划蝽 *Sigara* (Pseudovermicorixa) *septemlineata* (Paiva)

分布：贵州（普安等），江西，四川，云南；缅甸，日本，朝鲜，俄罗斯。

钟丽划蝽 *Sigara* (T.) *bellula* (Horvath)

分布：贵州（普安等）天津，陕西，山西，湖北，台湾；朝鲜，日本，俄罗斯。

（78）猎蝽科

淡带荆猎蝽 *Acanthaspis cincticrus* Stal

分布：贵州（普安等），辽宁，内蒙古，北京，河北，山西，陕西，甘肃，山东，河南，江苏，安徽，浙江，湖南，广西，云南；朝鲜，日本，印度，缅甸。

多田猎蝽 *Agriosphodrus dohrni* (Signoret)

分布：贵州（普安等），陕西，河南，江苏，安徽，浙江，四川，福建，广东，广西，云南，海南；印度，日本。

小壮猎蝽 *Biastcus flavinotus* (Matsumura)

分布：贵州（普安等），江西，四川，福建，台湾，广东，广西，云南，海南。

黄壮猎蝽 *Biastcus flavus* (Distant)

分布：贵州（普安等），广东，广西，云南，海南；印度，缅甸，印度尼西亚，马来西亚。

李短猎蝽 *Brachytonus lii* Cai et Yang

分布：贵州（普安等），广西。

小菱斑猎蝽 *Canthesancus geniculatus* Distant

分布：贵州（普安等），浙江，江西，福建，广西，湖南，湖北，海南。

狭斑猎蝽 *Canthesancus geniculatus* Distant

分布：贵州（普安等），安徽，云南。

垢猎蝽 *Caunus noctulus* Hsiao

分布：贵州（普安等），四川，浙江，福建，云南，山东。

斑缘土猎蝽 *Coranus fuscipennis* Reuter

分布：贵州（普安），浙江，广东，广西，四川，云南；缅甸，印度。

足猎蝽 *Cosmolestes annulipeis* Reuter

分布：贵州（普安等）

艳红猎蝽 *Cydnocris russatus* Stal

分布：贵州（普安等），陕西，甘肃，江苏，安徽，河南，浙江，江西，湖南，四川，福建，台湾，广东，广西，海南；朝鲜，日本，越南。

黑哎猎蝽 *Ectomocris atrox* (Stal)

分布：贵州（普安等）及全国广布；印度尼西亚，菲律宾，越南，斯里兰卡，缅甸，马来西亚，印度。

黑红捕猎蝽 *Harpactor fuscipes* (Fabricius)

分布：贵州（普安等）。

黑缘真猎蝽 *Harpactor sibiricus* Jakovlev

分布：贵州（普安等）。

褐菱猎蝽 *Isyndus obcurus* (Dallas)

分布：贵州（普安等）及全国广布；朝鲜、日本、印度、不丹、越南。

亮扁胸猎蝽 *Homalosphodrus depressus* (Stal)

分布：贵州（普安等），云南；印度。

轮刺猎蝽 *Scipinia horrida* (Stal)

分布：贵州（普安等），陕西，甘肃，西藏，河南，浙江，江西，湖南，福建，广东，广西，云南，海南；斯里兰卡，印度，缅甸，菲律宾。

黄足直头猎蝽 *Sirthenea flavipes* (Stal)

分布：贵州（普安等），陕西，甘肃，河南，江苏，上海，安徽，湖北，浙江，江西，湖南，四川，福建，广东，广西，云南，海南；朝鲜，日本，越南，老挝，印度，印度尼西亚，斯里兰卡，菲律宾。

环斑猛猎蝽 *Sphedanolestes impressicollis* (Stal)

分布：贵州（普安等）及全国广布；朝鲜，日本，印度。

环塔猎蝽 *Tapirocoris annulatus* Hsiao et Ren

分布：贵州（普安等），四川，云南，甘肃，福建。

黑脂猎蝽 *Velinus nodipes* Uhler

分布：贵州（普安等），河南，江苏，浙江，江西，四川，福建，广东，广西，云南；日本，印度。

（79）**盲蝽科** Miridae

苜蓿盲蝽 *Adelphocoris lineolatus* (Goeze)

分布：贵州（普安等）及全国广布。

污苜蓿盲蝽 *Adelphocoris luridus* Reuter

分布：贵州（普安等），四川，云南，陕西。

黑唇苜蓿盲蝽 *Adelphocoris nigritylus* Hsiao

分布：贵州（普安等），四川，黑龙江，吉林，辽宁，宁夏，甘肃，河北，陕西，山西，河南，江苏，浙江，安徽，江西，海南。

美丽后丽盲蝽 *Apolygus pulchellus* Reuter

分布：贵州（普安等），陕西，甘肃，青海，四川；朝鲜，日本。

斯氏后丽盲蝽 *Apolygus spinolae* (Meyer-Dir)

分布：贵州（普安等），四川，云南，陕西，甘肃，黑龙江，北京，天津，河南，广东；俄罗斯，朝鲜，日本，埃及，阿尔及利亚及欧洲地区。

乌毛盲蝽 *Cheilocapsus thibetanus* (Reuter)

分布：贵州（普安等），四川，云南，甘肃，福建，湖北，湖南，广西，西藏。

花肢淡盲蝽 *Creontiades coloripes* Hsiao

分布：贵州（普安等），陕西，山东，河南，湖北，江西，台湾，四川，云南；朝鲜，日本。

黑肩绿盲蝽 *Cyrtorhinus lividipennis* Reuter

分布：贵州（普安等），河北，上海，江苏，浙江，安徽，福建，山东，河南，湖北，湖南，广东，海南，四川，陕西，台湾；日本，朝鲜。

淡缘厚盲蝽 *Eurystylus costalis* Stal

分布：贵州（普安等），四川，云南，河北，安徽，山东，江苏，湖北；菲律宾，印度尼西亚，美国。

灰黄厚盲蝽 *Eurystylus luteus* Hsiao

分布：贵州（普安等），安徽，浙江，湖北，江西，福建，海南，四川，云南；朝鲜。

绿丽盲蝽 *Lygocoris* (Apolygus) *lucorum* (Meyer)

分布：贵州（普安等），黑龙江，宁夏，甘肃，河北，山西，陕西，山东，河南，江苏，安徽，湖北，福建，四川，云南；俄罗斯，日本，阿尔及利亚，埃及及欧洲地区。

淡色泰盲蝽 *Tailorilygus pallidulus* (Blanchard)

分布：贵州（普安等），四川，云南，浙江，湖北，福建，广西；太平洋岛屿及欧洲地区，非洲地区，北美洲地区，南美洲地区。

松猬盲蝽 *Tinginotum pini* Kulik

分布：贵州（普安等），四川，云南，陕西，甘肃，浙江；俄罗斯，朝鲜，日本。

条赤须育蝽 *Trigonotylus coelestialium* (Kirkaldy)

分布：贵州（普安等）及全国广布；俄罗斯，朝鲜及欧洲地区，北美洲地区。

小赤须盲蝽 *Trigonotylus tenuis* Reuter

分布：贵州（普安等），浙江，湖北，江西，福建，台湾，广东，广西，四川，云南；马达加斯加，塞舌尔。

（80）**花蝽科** Anthocoridae

毛肩花蝽 *Orius niger* Wolff

分布：贵州（普安等），新疆，四川，云南，西藏；蒙古及亚洲中和西部地区，欧洲地区，非洲北部地区。

黄色花蝽 *Xylocoris flavipes* (Reuter)

分布：贵州（普安等），上海，四川，云南。

（81）**跷蝽科** Berytidae

刺胁跷蝽 *Yemmalysus parallelus* Stusak

分布：贵州（普安等），广东，广西，四川，云南。

（82）**长蝽科** Lygaeidae

丝肿鳃长蝽 *Arocatus sericans* (Sthl)

分布：贵州（普安等），福建，台湾；斯里兰卡，印度，日本。

大眼长蝽 *Geocoris pallidipennis* (Costa)

分布：贵州（普安等），北京，天津，河北，山西，河南，湖北，浙江，江西，上海，山东，陕西，四川，云南。

大巨股长蝽 *Macropes major* Matsumura

分布：贵州（普安等），浙江，台湾，广东。

黑斑尖长蝽 *Oxycarenus lugubris* (Motschulsky)

分布：贵州（普安等），湖北，台湾，四川，云南；印度，斯里兰卡，菲律宾，印度尼西亚。

（83）**红蝽科** Pyrrhocoridae

直红蝽 *Pyrrhopeplus carduelis* (Stal)

分布：贵州（普安等），河南，湖南，安徽，江苏，浙江，江西，福建，广东。

（84）**姬缘蝽科** Rhopalidae

栗缘蝽 *Lirhyssus hyalinus* (Fabricius)

分布：贵州（普安等）及全国广布。

黄伊缘蝽 *Rhopalus maculatus* (Fieber)

分布：贵州（普安等）及全国广布。

欧环缘蝽 *Stictopleurus punctatonervosus* (Goeze)

分布：贵州（普安等），内蒙古，新疆，山西，安徽，湖北，江西，福建，四川，云南，西藏；蒙古，俄罗斯，日本，朝鲜及亚洲中部地区，欧洲地区。

（85）**土蝽科** Cydnidae

拟印度伊土蝽 *A ethus pseudindicus* Liu

分布：贵州（普安等），四川，云南。

（86）**龟蝽科** Plataspidae

斑足平龟蝽 *Brachyplatys punctipes* Montandon

分布：贵州（普安等）。

双列圆龟蝽 *Coptosoma bifaria* Montandon

分布：贵州（普安等），北京，山西，江苏，浙江，安徽，福建，江西，河南，湖北，湖南，广西，四川，陕西，甘肃，宁夏。

刺盾圆龟蝽 *Coptosoma lascivum* Bergroth

分布：贵州（普安等），广西，河南，江西，福建，海南，云南；越南，缅甸，马来西亚，印度尼西亚。

多变圆龟蝽 *Coptosoma variegata* (Herrich-Schiffer)

分布：贵州（普安等），山西，江苏，浙江，安徽，江西，山东，河南，湖南，广西，海南，四川。

云南，西藏，陕西，台湾；印度，越南，缅甸，菲律宾，印度尼西亚，巴布亚新几内亚。

双峰豆龟蝽 *Megacopta bituminata* (Montandon)

分布：贵州（普安等），陕西，天津，河南，浙江，福建，江西，湖北，广西，海南，四川，云南。

筛豆龟蝽 *Megacopta cribraria* (Fabricius)

分布：贵州（普安等）及全国广布；越南，朝鲜，泰国，孟加拉国，斯里兰卡，日本，印度尼西亚，印度，澳大利亚。

（87）**兜蝽科** Dinidoridae

阿萨姆兜蝽 *Coridius assamensis* (Distant)

分布：贵州；印度。

九香虫 *Coridius chinensis* (Dallas)

分布：贵州（普安等），江苏，安徽，浙江，江西，湖南，湖北，江苏，上海，浙江，江西，安徽，湖北，四川，云南，广东。

斑背安缘蝽 *Anoplocnemis binotata* Distant

分布：贵州（普安等），河南，山东，安徽，四川，云南，西藏。

黑皱蝽 *Cyclopelta siccifolia* (Westwood)

分布：贵州（普安等），广东，海南，云南；印度，缅甸，马来西亚，斯里兰卡。

（88）**益蝽科** Asopidae

丹蝽 *Amyoteam alabanica* (Fabricius)

分布：贵州（普安等），江苏，江西，福建，台湾，广东，海南，云南，西藏；日本，印度，缅甸，菲律宾，孟加拉国，斯里兰卡，印度尼西亚，新西兰。

侧刺蝽 *Andrallrs spinidens* (Fabricius)

分布：贵州（普安等），湖北，江西，湖南，台湾，广东，海南，广西，四川，云南，西藏；日本，印度，菲律宾，马来西亚，印度尼西亚，土耳其，伊朗，叙利亚，俄罗斯，阿塞拜疆，澳大利亚，新西兰，斐济，波利尼西亚，赤道几内亚，苏丹，埃塞俄比亚，扎伊尔，马拉维，莫桑比克，马达加斯加，南非及北美洲地区。

蠋蝽 *Arma custos* (Fabricius)

分布：贵州（普安等），黑龙江，内蒙古，北京，河北，山东，陕西，新疆，江苏，浙江，江西，湖北。

锈色躅蝽 *Arma ferruginea* (Hisao et Cheng)

分布：贵州（普安等），黑龙江，吉林，宁夏，甘肃，湖北，四川，云南，西藏。

蓝蝽 *Zicrona caerula* (Linnaeus)

分布：贵州（普安等），浙江，四川；朝鲜，日本。

（89）**短喙蝽科** Phyllocephalidae

谷蝽 *Gonopsis affinis* (Uhler)

分布：贵州（普安等），山东，陕西，上海，江苏，浙江，江西，湖南，湖北，广东，广西；日本。

（90）**荔蝽科** Tessaratomidae

斑缘巨蝽 *Eusthenes femoralis* (Zia)

分布：贵州（普安等），浙江，福建，广东，海南。

（91）**负子蝽科** Belostomatidae

大田鳖蝽 *Lethocerus deyyrollli* (Vuillefroy)

分布：贵州（普安等），天津，山西，陕西，上海，江西，浙江，湖北，台湾；日本，朝鲜，俄罗斯。

褐负子蝽 *Diplonychus rusticus* (Fabricius)

分布：贵州（普安等），江苏，浙江，上海，湖北，福建，广东，广西，香港，四川，云南；越南，老挝，柬埔寨，孟加拉国，菲律宾，印度，斯里卡兰，缅甸，澳大利亚。

十三、脉翅目 Neuroptera

（92）**粉蛉科** Coniopterygidae

广重粉蛉 *Semidalis aleyrodiformis* (Stephens)

分布：贵州（普安等）及全国广布。

（93）**螳蛉科** Mantispidae

点线脉褐蛉 *Micromus multipunctatus* Matsumura

分布：贵州（普安等），陕西，四川，浙江，江西，福建，台湾，广西，湖南。

（94）**草蛉科** Chrysopidae

亚非草蛉 *Chrysopa boninensis* Okamoto

分布：贵州（普安等）。

日本通草蛉 *Chrysoperla nippoensis* (Okamoto)

分布：贵州（普安等），陕西，甘肃，黑龙江，吉林，辽宁，内蒙古，北京，河北，山西，山东，江苏，浙江，福建，广东，海南，广西，四川，云南；蒙古，俄罗斯，朝鲜，日本，菲律宾。

白线草蛉 *Cunctochrysa albolineata* (Killington)

分布：贵州（普安等），湖北，福建，广东，广西，四川，云南，西藏；俄罗斯及欧洲地区。

（95）**蝶蛉科** Psychopsidae

川贵蝶蛉 *Balmes terissinus* Navas

分布：贵州（普安等），四川。

十四、鞘翅目 Coleoptera

（96）**锹甲科** Lucanidae

库光胫锹甲 *Odontolabis cuvera* (Hope, 1842)

分布：贵州（普安等）， 云南，浙江，福建，广东，广西，海南，江西，湖北，西藏，湖南，安徽等。

扁齿光胫锹甲 *Odontolabis curvera* Hope et Westwood

分布：贵州（普安等），湖南；越南，缅甸。

华新锹甲 *Neolucanus sinicus* (Saunders)

分布：贵州（普安等），海南，广东，广西，湖南；越南。

鹿角锹甲华南亚种 *Rhaetulus crenatus rubrifemoratus* Nagai

分布：贵州（普安等）广东，广西，云南，浙江；越南等热带地区。

丽锹甲 *Lucanus laetus* Planet

分布：贵州（普安等），湖南，台湾。

美丽莫锹甲 *Macrodorcas formosanus* Motsch

分布：贵州（普安等）；印度。

戴狭锹甲 *Prismognathus davidis* Deyr

分布：贵州（普安等），福建。

泽带新锹甲 *Neolucanus zebra* Lacroix

分布：贵州（普安），台湾。

赤褐新锹甲 *Neolucanus castanonterus* Hope

分布：贵州（普安），海南，广东，广西，台湾；越南，尼泊尔，缅甸，印度。

（97）**天牛科** Cerambycidae

咖啡锦天牛 *Acalolepta cervina* (Hope)

分布：贵州（普安等），四川，云南，福建，台湾，广东，海南，西藏；尼泊尔，老挝，日本，朝鲜，越南，缅甸，印度。

隆突天牛 *Agniomorpha ochraceomaculata* Breuning

分布：贵州（普安）。

红足缨天牛 *Allotraeus grahami* Gressitt

分布：贵州（普安），四川，陕西；斯里兰卡。

粒肩天牛（桑天牛）*Apriona germari* (Hope)

分布：贵州（普安等）及全国广布；越南，日本，朝鲜，老挝，尼泊尔，缅甸，印度。

瘤胸簇天牛 *Aristobia hispida* (Saunders)

分布：贵州（普安），浙江，江苏，河北，河南，湖北，福建，四川，广东，广西，安徽，海南，西藏，湖南，陕西，江西，台湾；越南。

中华锦天牛 *Acalolepta chinensis* Breuning

分布：贵州（普安）。

槐绿虎天牛 *Chlorophorus diadema* Motschulsky

分布：贵州（普安等）及全国广布；日本，蒙古，俄罗斯，朝鲜。

斜尾虎天牛 *Clytus raddensis* Pic

分布：贵州（普安等）及我国东北；朝鲜，日本。

黑须天牛 *Cyrtonops asahinai* Mitono

分布：贵州（普安等），陕西，台湾，四川。

樟彤天牛 *Eupromus ruber* (Dalman)

分布：贵州（普安），四川，广西，广东，台湾，福建，浙江，江苏，江西；日本。

金丝花天牛 *Leptura aurosericans* Fairmaire

分布：贵州（普安等），浙江，江西，湖北，湖南，福建，广东，四川，广西，云南；越南。

瘤筒天牛 *Linda femorata* (Chevrolat)

分布：贵州（普安等），江苏，河南，内蒙古，陕西，上海，浙江，江西，福建，台湾，广东，广西，四川，湖北，湖南，云南。

桃褐天牛 *Nadezhdiella aurea* Gressitt

分布：贵州（普安等），福建，浙江，江西，广西，四川。

台湾筒天牛 *Oberea formosana* Pic

分布：贵州（普安等），四川，江西，台湾，广东，福建，陕西，湖北，广西，海南；朝鲜。

灰翅粉天牛 *Olenecamptus griseipennis* (Pic)

分布：贵州（普安等），云南，四川。

贵州散天牛 *Sybra chaffanjoni* Breuning

分布：贵州（普安等）。

塞幽天牛 *Cephalallus unicolor* (Gahan)

分布：贵州（普安等）。

竹紫天牛 *Purpuricenus temminckii* (Guérin-Méneville)

分布：贵州（普安等），福建，江苏，浙江，河北，辽宁，陕西，河南，湖南，广东，广西，湖北，江西，台湾，四川；朝鲜，日本。

贵州丽天牛 *Rosalia formosa pallens* Gressitt

分布：贵州（普安等）。

桃红颈天牛 *Aromia bungii* (Falderman)

分布：贵州（普安等），河北，山东，内蒙古，浙江，福建，陕西，湖北，江苏，甘肃，山西，四川，广东，广西，湖南，香港；朝鲜。

刺胸毡天牛 *Thylactus simulans* (Gahan)

分布：贵州（普安等），云南；印度；老挝等。

双斑锦天牛 *Acalolepta sublusca* (Thomson)

分布：贵州（普安等），北京，山东，江苏，安徽，浙江，上海，四川，江西，湖北，陕西，河南，广西；越南，老挝，缅甸，马来西亚等。

星天牛 *Anoplophora chinensis* (Forster)

分布：贵州（普安等）；日本；韩国等。

（98）**芫菁科** Meloidae

毛胫豆芫菁 *EPicauta tibialis* (Waterhouse)

分布：贵州（普安等），河南，福建，重庆，广西，台湾等。

眼斑芫菁 *Mylabris cichorii* (Linnaeus)

分布：贵州（普安等)，河北，安徽，江苏，浙江，湖北，福建，广东，广西等。

灰边齿爪芫菁 *Denierella serrala* Kaszab

分布：贵州（普安等），江西，湖北，福建，海南，四川。

红头芫菁 *Epicauta erythrocephala* Pallas

分布：贵州（普安等），福建；俄罗斯，土耳其。

钩刺豆芫菁 *Epicauta curvispina* Kaszab

分布：贵州（普安等），福建，四川。

（99）**叶甲科** Chrysomelidae

蒿金叶甲 *Chrysolina aurichalcea* (Mannerhein)

分布：贵州（普安等），东北，甘肃，新疆，河北，陕西，山东，河南，河北，湖北，湖南，福建，广西，四川，云南。

杨叶甲 *Chrysomela populi* (Linnaeus)

分布： 贵州（普安），东北，华北，西北；日本，朝鲜，印度等。

暗颈凸顶跳甲 *Euphitrea piceicollis* (Chen)

分布：贵州（普安），湖南，广东，四川，云南。

何首乌叶甲 *Gallerucida ornatipennis* (Duvivier)

分布：贵州（普安等）。

佛角胫叶甲 *Gonioctena fortunei* (Baly)

分布：贵州（普安等），江苏，浙江，江西，四川。

花纹山叶甲 *Oreina exanthematica* (Wiedemann)

分布：贵州（普安等）。

梨叶甲 *Paropsides duodecimpustulata* (Gelber)

分布：贵州（普安等）。

茄跳甲 *Psylliodes balyi* Jacoby

分布：贵州（普安等）。

大溜爪跳甲 *Hyphasis grandis* Wang

分布：贵州（普安），湖北，广西。

粗背金叶甲 *Chrysomela aurata* (Suffrian)

分布：贵州（普安），海南，云南，西藏；印度，越南。

斑胸叶甲 *Chrysomela maculicollis* (Jacoby)

分布：贵州（普安等），湖北，湖南，浙江，四川，云南。

白杨叶甲 *Chrysomela tremulae* Fairmaire

分布：贵州（普安），北京，内蒙，青海，河北，安徽，云南，西藏，四川，辽宁，吉林，黑龙江；俄罗斯及欧洲地区，北美洲地区。

恶性跳甲 *Clitea metallica* Chen

分布：贵州（普安等）。

黄色凹缘跳甲 *Podontia lutea* (Olivier)

分布：贵州（普安等），甘肃，陕西，浙江，湖北，江西，湖南，福建，广东，广西，台湾，四川，云南；亚洲东南部地区。

宽缘瓢萤叶甲 *Oides maculates* (Olivier)

分布：贵州（普安等），陕西，安徽，江苏，湖北，江西，湖南，福建，台湾，广东，广西，重庆，四川，云南。

蓝翅瓢萤叶甲 *Oides bowringii* (Baly)

分布：贵州（普安等）、浙江，江西，湖北，重庆，广东，广西，云南等。

茶殊角萤叶甲 *Agetocera mirabilis* (Hope)

分布：贵州（普安等），安徽，浙江，台湾，广东，广西，海南，云南。

黄小胸萤叶甲 *Arthrtidea ruficollis* Chen

分布：贵州（普安），浙江，湖北，湖南，云南，四川。

中华阿萤叶甲 *Arthrotus chinensis* (Baly)

分布：贵州（普安等），陕西，浙江，湖南，湖北，福建，四川。

黑条波萤叶甲 *Brachyphora nigrovittata* Jacoby

分布：贵州（普安），山西，陕西，河南，江西，浙江，湖北，江西，湖南，福建，广东，广西，四川。

端黄盔萤叶甲 *Cassena terminalis* (Gressitt et Kimoto)

分布：贵州（普安），湖北，湖南，广东，福建。

黄腹丽萤叶甲 *Clitenella fulminans* (Faldermann)

分布：贵州（普安等），内蒙古，河北，浙江，湖北，江西，河南，福建，台湾，四川；蒙古，越南。

麻克萤叶甲 *Cneorane cariosipennis* Fairmaire

分布：贵州（普安等），湖北，广西，四川，云南；泰国，印度。

褐背小萤叶甲 *Gallerucida grisescens* (Joannis)

分布：贵州（普安等）及全国广布；日本，朝鲜，俄罗斯，越南。

双斑长跗萤叶甲 *Monolepta hieroglyphica* (Motschulsky)

分布：贵州（普安）及全国广布；蒙古，俄罗斯，朝鲜，老挝，越南，印度等。

黄缘米萤叶甲 *Mimastra limbata* Baly

分布：贵州（普安等），陕西，浙江，湖北，湖南，广西，四川，云南；印度。

十星瓢萤叶甲 *Oides decempunctata* (Billberg)

分布：贵州（普安等）及全国广布；朝鲜，越南，老挝等。

日本榕萤叶甲 *Morphosphaera japonica* (Horustedt)

分布：贵州（普安等），浙江，湖北，湖南，福建，云南，台湾，广西，四川；日本，越南，印度。

（100）**瓢虫科** Coccinellidae

白纹菌瓢虫 *Halyria hauseri* (Mader)

分布：贵州（普安），甘肃，陕西，湖北，福建，台湾，广西，重庆，四川，海南，西藏等。

异色瓢虫 *Harmonia axyridis* (Pallas)

分布：贵州（普安），黑龙江，吉林，辽宁，河北，山东，山西，河南，陕西，甘肃，湖南，江西，浙江，江苏；朝鲜；蒙古；日本。

梵文菌瓢虫 *Halyzia sanscrita* (Mulsant)

分布：贵州（普安等），陕西，甘肃，四川等。

七星瓢虫 *Coccinella septempunctata* Linnaeus

分布：贵州（普安等），北京，云南，黑龙江，吉林，辽宁，河北，山东，陕西，山西，新疆，江西，湖北，湖南，四川，福建，广东，西藏；印度及古北界各国。

闪蓝唇瓢虫 *Chilocorus hauseri* Weise

分布：贵州（普安等）。

华裸瓢虫 *Calvia chinensis* (Mulsant)

分布：（普安），陕西，江苏，浙江，湖南，福建，广东，海南，广西，四川，云南。

日本丽瓢虫 *Callicaria superba* (Mulsant)

分布：贵州（普安等）。

闪蓝红点唇瓢虫 *Chilocorus chalybeatus* Gorham

分布：贵州（普安等）。

奇斑瓢虫 *Harmonia eucharis* (Mulsant)

分布：贵州（普安等），云南，西藏；印度。

繁角毛瓢虫 *Horniolus fortunatus* (Lewsi)

分布：贵州（普安等），陕西。

素鞘瓢虫 *Illeis cincta* (Fabricius）

分布：贵州（普安），湖南，湖北，江苏，福建，广东，云南；日本，印度尼西亚。

四斑月瓢虫 *Menochilus quadriplagiata* (Swartz)

分布：贵州（普安等）。

十斑大瓢虫 *Megalocaria dilatata* (Fabricius)

分布：贵州（普安等），福建，台湾，广东，广西，四川，云南；印度，印度尼西亚，越南。

方斑瓢虫 *Propylaea quatuoldecimpunctata* (Linnaeus)

分布：贵州（普安）。

黑方突瓢虫 *Pseudoscymnus kurohime* (Miyatake)

分布：贵州（普安）。

大红瓢虫 *Rodolia rufopilosa* Mulsant

分布：贵州（普安等），甘肃，陕西，江苏，湖北，上海，浙江，湖南，福建，广东，广西，四川，西藏；越南，缅甸，印度，菲律宾，印度尼西亚。

小红瓢虫 *Rodolia pumila* Weise

分布：贵州（普安）。

（101）叩头甲科 Elateridae

沟胸平顶叩甲 *Agonischius sulcicollis* Candeze

分布：贵州（普安），四川，湖北；越南，老挝，泰国。

（102）吉丁虫科 Buprestidae

铜胸纹吉丁 *Coraebus cloueti* Thery

分布：贵州（普安），湖南，湖北，上海，江西，四川，云南，广西，福建，海南，西藏。

紫翅纹吉丁 *Coraebus ignotus* Saunders

分布：贵州（普安等），广东，台湾，日本。

华丽角吉丁 *Habroloma elegantula* Saunders

分布：贵州（普安），云南，日本，朝鲜。

（103）**步甲科** Carabidae

大蝼步甲 *Scarites sulcatus* (Olivier)

分布：贵州（普安等），河南，河北，江西，江苏，浙江，广西，云南，台湾，西藏，福建；朝鲜，越南，老挝等。

中华婪步甲 *Harpalus sinicus* (Hope, 1862)

分布：贵州（普安），全国各地。

双斑青步甲 *Chlaenius bioculatus* (Chaudoir, 1856)

分布：贵州（普安等），山东，湖北，四川，福建等。

脊翅气步甲 *Brachinus costulipennis* Liebke

分布：贵州（普安等），云南。

小丽步甲 *Calleida onoha* Bates

分布：贵州（普安等），浙江，湖北，台湾，福建；朝鲜，日本。

虾铜青步甲 *Chlaenius abstersus* Bates

分布：贵州（普安等），四川，湖北，台湾；日本。

淡角青步甲 *Chlaenius prostenus* Bates

分布：贵州（普安），河南，湖北，江西，福建，广东，四川；日本。

明狭婪步甲 *Oxycentrus argutoroides* (Bates)

分布：贵州（普安等），湖北，福建，日本。

大盆步甲 *Lebia coelestis* Bates

分布：贵州（普安），湖北，四川，江西，福建，广东，广西。

梨须步甲 *Synuchus melantho* (Bates)

分布：贵州（普安等）及我国北部各省（区、市）；日本。

（104）**拟步甲科** Tenebrionidae

短颈朽木甲 *Allecula brachyolera* Fairmaire

分布：贵州（普安等）及我国华南、西南其他各省（区、市）。

梭形真树甲 *Eucrossoscelis hastatus* Yuan et Ren

分布：贵州（普安等）。

（105）**铁甲科** Hispidae

甘薯褐龟甲 *Laccoptera guadrimaculata* (Thunberg)

分布：贵州（普安等），浙江，湖北，江苏，福建，台湾，广东，海南，广西，四川等。

甘薯梳龟甲 *Aspidomrpha indica furcata* (Thunberg)

分布：贵州（普安等），广西，江苏，浙江，福建，台湾，广东，海南，四川，云南；日本，印度，斯里兰卡及中南半岛、马来半岛。

甘薯青绿龟甲 *Cassida circumdata* Helost

分布：贵州（普安等）。

素带台龟甲 *Taiwania postarcuata* Chen et Zia

分布：贵州（普安等），福建，四川。

大锯龟甲 *Basiprionota chinensis* Fabricius

分布：贵州（普安），陕西，江苏，浙江，江西，福建，广西，广东，四川。

北锯龟甲 *Basiprionota bisignata* (Boheman)

分布：贵州（普安等），甘肃，河北，陕西，山东，河南，江苏，浙江，湖北，湖南，广西，四川，云南。

（106）**粪金龟科** Geotrupidae Latreille

戴锤角粪金龟 *Bolbotrypes davidi* (Fairmaire)

分布：贵州（普安等），广西，云南，广东，湖北等。

变武粪金龟 *Enoplotrupes varicolor* Fairmaire

分布：贵州（普安等），湖北，四川，云南；越南。

（107）**犀金龟科** Dynastidae

蒙瘤犀金龟 *Trichogomphus mongol* (Arrow, 1908)

分布：贵州（普安等），浙江，新疆，湖南，广东，广西等。

橡胶犀金龟 *Dynastes gideon* (Linnaeus)

分布：贵州（普安等）。

突背蔗犀金龟 *Alissonotum impressicolle* Arrow

分布：贵州（普安）。

（108）**花金龟科** Cetoniidae

雅唇花金龟 *Trigonophorus gracilipes* (Westw)

分布：贵州（普安等）。

赭翅臀花金龟 *Campsiura mirabilis* (Faldemann, 1835)

分布：贵州（普安等），北京，辽宁，河北，广西，四川，云南，陕西。

皱莫花金龟 *Moseriana rugulosa* Ma

分布：贵州（普安），陕西，湖北，广西，四川，云南。

白星花金龟 *Potosia brevitarsis* Lewis

分布：贵州（普安）及全国广布；蒙古，俄罗斯，朝鲜，日本。

小青花金龟 *Oxycetonia jucunda* Faldermann

分布：贵州（普安）及全国广布；俄罗斯，朝鲜，日本，尼泊尔，印度，孟加拉国及北美洲地区。

（109）**丽金龟科** Rutelidae

墨绿彩丽金龟 *Mimela splendens* (Glylenhal, 1817)

分布：贵州（普安等），东北，河北，陕西，陕西，山东，安徽，浙江，湖北，江西，湖南，福建，台湾，广东，广西，四川，云南。

无斑弧丽金龟 *Popillia mutans* (Newman)

分布：贵州（普安等），全国各地。

铜绿丽金龟 *Anomala corpulenta* (Motschulsky, 1854)

分布：贵州（普安等），黑龙江，吉林，辽宁，河北，内蒙古，宁夏，陕西，山西，山东，河南，江苏，安徽，浙江，湖北，江西，湖南，四川等。

三开蜣螂 *Copris tripartitus* (Waterhouse, 1875)

分布：贵州（普安等），湖北，广西，四川，云南西藏等。

桐黑异丽金龟 *Anomala antiqua* Gyllenhyl

分布：贵州（普安等）。

大绿异丽金龟 *Anomala chorlchelys* Arrow

分布：贵州（普安等）。

苹绿丽金龟 *Anomala sieversi* Heyden

分布：贵州（普安等）。

红背异丽金龟 *Anomala rufithorax* Ohaus

分布：贵州（普安等），山东，江苏，四川，云南。

背沟彩丽金龟 *Mimela splendens* (Gyllenhyl)

分布：贵州（普安等），陕西，福建，广东，广西，四川；越南。

棉花弧丽金龟 *Popillia mutans* Newman

分布：贵州（普安等）及全国广布；朝鲜，越南，菲律宾。

（110）**红萤科** Lycidae

瘤突阔红萤 *Plateros tuberculatus* Pic

分布：贵州（普安等），上海。

（111）**负泥虫科** Crioceridae

蓝负泥虫 *Lema* (lema) *concinnipennis* Baly

分布：贵州（普安等），吉林，辽宁，甘肃，河北，山东，河南，陕西，安徽，江苏，浙江，江西，湖北，湖南等。

巨负泥虫 *Lilioceris major* Pic

分布：贵州（普安等），湖北，广西，广东，海南，香港，云南；越南。

驼负泥虫 *Lilioceris gibba* (Baly)

分布：贵州（普安及贵阳）。

虹色负泥虫 *Lilioceris iridescens* (Pic)

分布：贵州（普安等），四川，云南；泰国。

水稻负泥虫 *Oulema oryzae* (Kuwayama)

分布：贵州（普安等）。

（112）**卷象科** Attelabidae

长胸唇卷象 *Isolabus longicollis* Fairmaire

分布：贵州（普安等），陕西，浙江，湖北，江西，湖南，福建，广西，西藏；老挝。

梨虎 *Rhynchites foveipennis* Fairmaire

分布：贵州（普安等）。

（113）**长角象科** Anthribidae

蜡蚧长角象 *Anthribus lajievorus* Chao

分布：贵州，湖南，四川，云南。

（114）**象虫科** Curculionidae

山茶象 *Curculio chinensis* Chevrolat

分布：贵州（普安等），湖北，陕西，上海，江苏，安徽，浙江，江西，湖南，福建，广东，广西，四川，云南。

毛束象 *Desmidophrus hebes* Fabricius

分布：贵州（普安等），上海，江苏，浙江，江西，湖北，湖南，广东，广西，四川，云南；亚洲南部和东南部地区。

稻象 *Echinocnemus squameus* Billberg

分布：贵州（普安等）。

中国癞象 *Episomus chinensis* Faust

分布：贵州（普安等），陕西，安徽，湖北，湖南，浙江，江西，福建，广东，广西，云南。

大豆高隆象 *Ergania doriae yunnanus* Heller

分布：贵州（普安等）。

黄条翠象 *Lepropus flavovittatus* Pascoe

分布：贵州（普安等）。

大肚象 *Xanthochelus faunus* (Olivier)

分布：贵州（普安等）。

玉米象 *Sitophilus zeamaiz* Motschulsky

分布：贵州（普安等）及全国广布；世界广布。

米象 *Sitophilus oryzae* (L.)

分布：贵州（普安等），内蒙古，四川，福建，江西，湖南，云南，广东，广西；世界广布。

鞍象 *Neomyllocerus hedini* (Marshall)

分布：贵州（普安等），湖北，陕西，江西，湖南，广东，广西，四川，云南；越南。

(115) **扁泥甲科** Psephenidae

丝跗华肖扁泥甲 *Sinopsephenoides filltarsus* Yang

分布：贵州（普安等），福建。

赤颈郭公虫 *Necrobia ruficollis* (Fabricius)

分布：贵州（普安等）及全国广布；世界广布。

玉带郭公虫 *Tarsostenus univittatus* (Rossi)

分布：贵州（普安等），河北，陕西，四川，广东，广西，云南；世界广布。

(116) **蛛甲科** Ptinidae

拟裸蛛甲 *Gibbium aequinoctiale* Boieldieu

分布：贵州（普安等）及全国广布；世界广布。

褐蛛甲 *Pseudeurostus hilleri* (Reitter)

分布：贵州（普安等）及全国广布；日本，加拿大，英国，德国。

日本蛛甲 *Ptinus japonicus* (Reitter)

分布：贵州（普安等）及全国广布；日本，俄罗斯，印度，斯里兰卡。

沟胸蛛甲 *Ptinus sulcithorax* Pic

分布：贵州（普安等），浙江，四川，陕西，云南。

(117) **露尾甲科** Nitidulidae

细胫露尾甲 *Carpophilus delkeskampi* Hisamatsu

分布：贵州（普安等），黑龙江，吉林，辽宁，内蒙古，新疆，青海，甘肃，宁夏，山西，山东，河北，浙江，广东，广西，云南，福建；日本，菲律宾。

小露尾甲 *Carpophilus pilosellus* Motschulsky

分布：贵州（普安等），黑龙江，吉林，辽宁，内蒙古，甘肃，陕西，山西，山东，河北，河南，广东，广西，云南，福建，台湾；日本，越南，印度。

隆肩露尾甲 *Urophorus humeralis* (Fabricius)

分布：贵州（普安等），浙江，四川，广东，广西，云南，福建；东洋界各国及美洲地区，非洲地区。

(118) **拟坚甲科** Cerylonidae

小圆甲 *Murmidius ovalis* (Beck)

分布：贵州（普安等），黑龙江，辽宁，内蒙古，广西，广东，湖北，陕西，云南，福建，江西，湖南，河南，江苏，山东，浙江，安徽，新疆。

（119）**木蕈甲科** Cidae

中华木蕈甲 *Cis chinensis* Lawrence

分布：贵州（普安等）及全国广布。

（120）**阎虫科** Histeridae

麦氏甲阎虫 *Carcinops mayeti* Marseul

分布：贵州（普安等）及我国长江以南其他各省（区、市）；沙特阿拉伯，埃及。

黑矮甲阎虫 *Carcinops pumilio* (Erichson)

分布：贵州（普安等）及全国广布；世界广布。

仓储木阎虫 *Dendrophilus xavieri* Marseul

分布：贵州（普安等）及全国广布；俄罗斯，日本，英国，加拿大，美国。

（121）**豆象科** Bruchidae

皂荚豆象 *Bruchidius dorsalis* (Fahraeus)

分布：贵州（普安等），辽宁，河北，北京，河南，江苏，福建，台湾，广西，四川，云南，青海，新疆，甘肃，陕西，湖南，安徽；日本，印度，缅甸，孟加拉国。

豌豆象 *Bruchus pisorum* (Linnaeus)

分布：贵州（普安等），内蒙古，辽宁，河北，山西，河南，陕西，宁夏，甘肃，湖北，四川，江苏，浙江，安徽，广东，江西，湖南，福建，广西，云南；俄罗斯，印度，日本及欧洲地区，亚洲中部地区，非洲北部地区，北美洲地区，中美洲地区。

蚕豆象 *Bruchus rufimanus* Boheman

分布：贵州（普安等），内蒙古，河北，河南，陕西，湖南，湖北，云南，广东，广西，江苏，浙江，福建，安徽，江西，四川；日本，乌克兰，古巴，美国及高加索地区，地中海地区。

（122）**扁薪甲科** Merophysiidae

扁薪甲 *Holoparamecus depressus* Curtis

分布：贵州（普安等），云南，广东，广西，福建，四川，浙江，湖南，湖北，安徽，江西，江苏，山东，河南，河北，山西，陕西，甘肃，青海，内蒙古，辽宁；世界广布。

椭圆薪甲 *Holoparamecus ellipticus* Wollaston

分布：贵州（普安等），云南，广东，广西，福建，四川，浙江，湖南，湖北，安徽，江西，江苏，山东，河南，河北，山西，陕西，甘肃，青海，内蒙古，辽宁，吉林；日本。

（123）**皮蠹科** Dermestidae

小圆皮蠹 *Anthrenus verbasci* Linnaeus

分布：贵州（普安等）及全国广布；世界广布。

钩纹皮蠹 *Dermestes ater de* Geer

分布：贵州（普安等）及全国广布；世界广布。

白腹皮蠹 *Dermestes maculatus de* Geer

分布：贵州（普安等）及全国广布；世界广布。

粗角斑皮蠹 *Trogoderma laticorne* Chao et Lee

分布：贵州（普安等），浙江，福建，湖南，山东；亚洲东南部地区。

（124）**粉蠹科** Lyctidae

褐粉蠹 *Lyctus brunneus* (Stephens)

分布：贵州（普安等），山西，河北，湖南，安徽，四川，广东，广西，台湾，云南；世界温带及热带地区。

中华粉蠹 *Lyctus sinensis* Lesne

分布：贵州（普安等），辽宁，内蒙古，青海，宁夏，山西，河北，江苏，浙江，安徽，四川，福建，云南； 日本，朝鲜。

（125）**窃蠹科** Anobidae

烟草甲 *Lasioderma serricorne* (Fabricius)

分布：贵州（普安等）及全国广布；世界广布。

浓毛窃蠹 *Nicobium castaneum* (Olivier)

分布：贵州（普安等），福建，江苏，台湾；日本，法国，奥地利及高加索地区，中东地区与亚洲中部地区，北美洲地区。

（126）**锯谷盗科** Silvanidae

米扁虫 *Ahasverus advena* (Walt)

分布：贵州及全国广布；世界广布。

大眼锯谷盗 *Oryzaephilus mercator* (Fauvel)

分布：贵州（普安等），甘肃，陕西，山东，安徽，湖北，江苏，湖南，浙江，福建，广东，广西，云南；美洲地区，亚洲地区，欧洲地区，非洲地区。

锯谷盗 *Oryzaephilus surinamensis* (Linnaeus)

分布：贵州（普安等）及全国广布；世界广布。

（127）**扁谷盗科** Laemophloeidae

锈赤扁谷盗 *Cryptolestes ferrugineus* (Stephens)

分布：贵州（普安等）及全国广布；世界温带、热带等地区。

长角扁谷盗 *Cryptolestes puillus* (Schonherr)

分布：贵州（普安等）及全国广布；世界广布。

（128）**谷盗科** Trogossitidae

大谷盗 *Tenebroides mauritanicus* (Linnaeus)

分布：贵州（普安等）及全国广布；印度，印度尼西亚，澳大利亚，土耳其及欧洲地区，南美洲地区，北美洲地区，非洲地区。

大眼锯谷盗 *Oryzaephilus mercator* (Fauvel)

分布：贵州（普安等），甘肃，陕西，山东，安徽，湖北，江苏，湖南，浙江，福建，广东，广西，云南；美洲地区，亚洲地区，欧洲地区，非洲地区。

锯谷盗 *Oryzaephilus surinamensis* (Linnaeus)

分布：贵州（普安等）及全国广布；世界广布。

（129）**扁谷盗科** Laemophloeidae

锈赤扁谷盗 *Cryptolestes ferrugineus* (Stephens)

分布：贵州（普安等）及全国广布；世界温带、热带等地区。

长角扁谷盗 *Cryptolestes pusillus* (Schonherr)

分布：贵州（普安等）及全国广布；世界广布。

十五、双翅目 Diptera

（130）**蚜蝇科** Syrphidae

斑翅蚜蝇 *Dideopsis aegrotus* (Fabricius, 1805)

分布：贵州（普安），全国各地。

（131）**大蚊科** Tipulidae

贵州奄斑短柄大蚊 *Nephrotoma catenata guizhouensis* Yang et Yang

分布：贵州（普安等）。

尖突短柄大蚊 *Nephrotoma impigra* Alexander

分布：贵州（普安等），湖北，福建，江西，四川。

贵州尖大蚊 *Tipula* (Acutiplua) *guizhouensis* Yang， Cao et Young

分布：贵州（普安等）。

（132）**蚊科** Culicidae

刺扰伊蚊 *Aedes* (Aedimorphus) *vexans* (Meigen)

分布：贵州（普安等）及全国广布；危地马拉，南非及东洋界各国与太平洋岛屿。

侧白伊蚊 *Aedes* (Finlaya) *albolateralis* Theobald

分布：贵州（普安等），广东，广西，四川，云南，台湾；斯里兰卡，印度尼西亚，马来西亚，印度，尼泊尔，朝鲜，日本。

双棘伊蚊 *Aedes* (Finlaya) *hatorii* Yamada

分布：贵州（普安等），吉林，辽宁，浙江，福建，河南，湖北，四川，台湾；日本，朝鲜。

日本伊蚊 *Aedes* (Finlaya) *japonicus* Theobald

分布：贵州（普安等），浙江，福建，台湾，河南，湖北，广东，广西，四川，云南；日本，朝鲜，俄罗斯。

东瀛伊蚊 *Aedes* (Finlaya) *nipponicus* La Casse et Yamaguti

分布：贵州（普安等），吉林，辽宁，河南，浙江，福建，台湾，江西，湖北，广西，云南，北京；朝鲜，日本，俄罗斯。

圆斑伊蚊 *Aedes* (Stegomyia) *annandalei* (Theobald)

分布：贵州（普安等），广西，云南；缅甸，印度尼西亚，泰国，越南。

伪白纹伊蚊 *Aedes* (Stegomyia) *pseudalbopictus* (Borel)

分布：贵州（普安等），浙江，江西，福建，湖南，广东，广西，四川，云南，安徽；印度，缅甸，越南，马来西亚，泰国，印度尼西亚。

八代按蚊 *Anopheles* (Anopheles) *yatsushiroensis* Miyaza- ki

分布：贵州（普安等）。

乌头按蚊 *Anopheles* (Cellia) *aconitus* Dontiz

分布：贵州（普安等）。

环纹按蚊 *Anopheles* (Cellia) *annularis van* derWulp

分布：贵州（普安等）。

麻翅库蚊 *Culex* (Culex) *itaeniorhynchus* Giles

分布：贵州（普安等）及我国除陕西、青海外的其他各省（区、市）；世界广布。

棕盾库蚊 *Culex* (Culex) *jacksoni* Edwards

分布：贵州（普安等），吉林、辽宁，河北，山西，山东，河南，甘肃，江苏，浙江，安徽，湖南，湖北，四川，台湾，福建，广东，广西，云南；印度，斯里兰卡。

斑翅库蚊 *Culex* (Culex) *mimeticus* Noe

分布：贵州普安等）及我国除新疆、内蒙古、青海外的其他各省（区、市）；东洋界各国，古北界各国。

小斑翅库蚊 *Culex* (Culex) *mimulus* Edwards

分布：贵州（普安等），辽宁，陕西，甘肃，河南，江苏，浙江，安徽，江西，湖北，湖南，四川，台湾，福建，广东，广西，云南，西藏；印度，斯里兰卡，马来西亚，新加坡，泰国，印度尼西亚，菲律宾及大洋洲。

类斑翅库蚊 *Culex* (Culex) *murelli* Lien

致倦库蚊 *Culex* (Culex) *pipiens quinquefasciatus* Say

分布：贵州（普安等），上海，江苏，安徽，河南，陕西，西藏及我国上述地区以南的其他各省（区、市）；热带和亚热带地区。

伪杂鳞库蚊 *Culex* (Culex) *pseudovishnui* Colless

分布：贵州（普安等）及我国除黑龙江、吉林、辽宁、内蒙古、陕西、新疆外的其他各省（区、市）；印度，巴基斯坦，斯里兰卡，柬埔寨，越南，马来西亚，新加坡，印度尼西亚，菲律宾，日本。

（133）**眼蕈蚊科** Sciaridae

白顶迟眼簟蚊 *Bradysia apicalba* Yang, Zhang et Yang

分布：贵州（普安等）。

窄基迟眼蕈蚊 *Bradysia basiangustata* Yang, Zhang et Yang

分布：贵州（普安等）。

宽基迟眼覃蚊 *Bradysia basilatissima* Yang, Zhang et Yang

分布：贵州（普安）等。

球尾迟眼蕈蚊 *Bradysia bulbiformis* Yang, Zhang et Yang

分布：贵州（普安等）。

臣瑾迟眼覃蚊 *Bradysia chenjinae* Yang, Zhang et Yang

分布：贵州（普安等），河南。

春贵迟眼蕈蚊 *Bradysia chunguii* Yang, Zhang et Yang

分布：贵州（普安等），河南。

春美迟眼蕈蚊 *Bradysia chunmeiae* Yang, Zhang etYang

分布：贵州（普安等）。

密毛迟眼草蚊 *Bradysia compacta* Yang, Zhang et Yang

分布：贵州（普安等）。

栉尾迟眼覃蚊 *Bradysia ctenoura* Yang, Zhang et Yang

分布：贵州（普安等）。

长角齿林茂迟眼蕈蚊 *Bradysia silvosa* Yang, Zhanget Yang et Yan

分布：贵州（普安等）。

天则迟眼蕈蚊 *Bradysia tianzei* Yang, Zhanget Yang

分布：贵州（普安等）。

短毛迟眼蕈蚊 *Bradysia tomentosa* Yang, Yanget Zhang

分布：贵州（普安等）。

（134）**突眼蝇科** Diopsidae

东方曲突眼蝇 *cytodiopsis orientalis* (Ôuchi)

分布：贵州（普安等）。

拟突眼蝇 *Pseudodipsis cothurata* (Bigot)

分布：贵州（普安等），海南，台湾。

（135）**果蝇科** Drosophilidae

阿佛果蝇 *Drosophila afer* Tan, Hsu et Sheng

分布：贵州（普安），浙江。

贵州果蝇 *Drosophila kweichowensis* Tan, Hsu et Sheng

分布：贵州（普安）。

铃木果蝇 *Drosophila* (Sophophora) *suzukii* Mastsummura

分布：贵州（普安等）及全国广布。

（136）**蝇科**Muscidae

黑须芒蝇 *Atherigona atripalpis* Malloch

分布：贵州（普安等）。

东方芒蝇 *Atherigona orientalis* Wei et Yang

分布：贵州（普安等）。

（137）**丽蝇科** Calliphoridae

新月陪丽蝇 Bellardia menechma (Seguy)

分布：贵州（普安等），辽宁，河北，河南，甘肃，陕西，山东，江苏，上海，浙江，湖南，四川，云南；日本，朝鲜。

拟新月陪丽蝇 *Bellardia menechmoides* Chen

分布：贵州（普安等），辽宁，山东，河北，陕西，甘肃，江苏，上海，浙江，四川，云南；日本。

盗孟蝇 *Bengalia latro de* Meijere

分布：贵州（普安等），浙江，台湾，广东，海南，四川，云南；菲律宾，印度尼西亚，印度，新加坡，越南，老挝，斯里兰卡等。

广额金蝇 *Chrysomya phaonis* (Seguy)

分布：贵州（普安等），辽宁，内蒙古，宁夏，甘肃，青海，河北，山西，陕西，山东，河南，江西，四川，云南，西藏；印度，阿富汗。

大头金蝇 *Chrysomya* (Compsomyia) megacephala (Fab-ricius)

分布：贵州（普安等）及全国广布；朝鲜，日本，越南，埃及，伊朗，毛里求斯，塞内加尔，加纳及东洋界各国，澳洲界各国与南美洲地区。

肥躯金蝇 *Chrysomya* (Compsomyia) *pinguis* (Walker)

分布：贵州（普安等）及全国广布；朝鲜，日本，越南，泰国，马来西亚，印度尼西亚，印度，斯里兰卡。

（138）**杆蝇科** Chloropidae

贵州小距秆蝇 *Cadrema minor guizhouensis* Yang et Yang

分布：贵州（普安等）。

茶秆蝇 *Chlorops* (Oscinis) *theae* Lefroy

分布：贵州（普安等）。

贵州颜脊秆蝇 *Eurina guizhouensis* Yang et Yang

分布：贵州（普安等）。

中华粗腿秆蝇 *Pachylophus chinensis* Nartshuk

分布：贵州（普安等），云南。

离脉粗腿秆蝇 *Pachylophus rufescens* (de Meijere)

分布：贵州（普安等），云南，河北，广东，台湾；日本，缅甸，尼泊尔，斯里兰卡，巴基斯坦，印度，越南，泰国，柬埔寨，菲律宾，印度尼西亚，澳大利亚。

台湾曲眼秆蝇 *Scoliophthalmus formosanus* (Duda)

分布：贵州（普安等），台湾；日本。

贵州华颜脊秆蝇 *Sineurina guizhouensis* (Yang et Yang)

分布：贵州（普安等）。

角突剑芒秆蝇 *Steleocerellus cornifer* (Becker)

分布：贵州（普安等），浙江，台湾，云南；日本，俄罗斯，菲律宾，印度尼西亚，马来西亚，越南，泰国，斯里兰卡，印度，尼泊尔。

双色沟背秆蝇 *Tricimba cincta* (Meigen)

分布：贵州（普安等）；蒙古，日本，以色列及欧洲地区，北美洲地区。

（139）**沼蝇科** Sciomyzidae

伪铜色长角沼蝇 *Sepedon sphegea* (Fabricius)

分布：贵州（普安等），甘肃，新疆，北京，浙江，湖南，福建，海南，广西，四川，云南；蒙古，日本及非洲地区。

（140）**蜂虻科** Bombyliidae

弯斑姬蜂虻 *Systropus curvittatus* (Du & Yang)

分布：北京，四川，贵州（普安）。

贵阳姬蜂虻 *Systropus guizyangensis* Yang et Yang

分布：贵州（普安等）

佛顶姬蜂虻 *Systropus fudingensis* Yang et Yang

分布：贵州（普安等）。

（141）**舞虻科** Empididae

贵州溪舞虻 *Clinocera guizhouensis* Yang，zhu et An

分布：贵州（普安等）

梵净山驼舞虻 *Hybos fanjingshanensis* Yang et Yang

分布：贵州（普安等）。

高氏驼舞虻 *Hybos gaoae* Yang et Yang

分布：贵州（普安等）。

贵州喜舞虻 *Hilara guizhouensis* Yang et Zhang

分布：贵州（普安等）

（142）**虻科** Tabanidae

双斑黄虻 *Atylotus bivittateinus* Takahasi

分布：贵州（普安等），北京，黑龙江，吉林，辽宁，内蒙古，山西，陕西，上海，浙江，福建；日本，俄罗斯。

黄绿黄虻 *Atylotus horvathi* (Szilady)

分布：贵州（普安等），河北，黑龙江，吉林，辽宁，山东，江苏，安徽，浙江，河南，湖北，陕西；日本，俄罗斯。

骚扰黄虻 *Atylotus miser* (Szilady)

分布：贵州（普安等），河北，山西，黑龙江，吉林，辽宁，陕西，宁夏，甘肃，青海，新疆，山东，江苏，安徽，浙江，江西，福建，河南，湖北，湖南，广东，广西，四川；俄罗斯，蒙古，日本。

舟山斑虻 *Chrysops chusanensis* Ouchi

分布：贵州（普安等），陕西，甘肃，辽宁，山东，河南，安徽，浙江，湖北，福建，广东，广西，四川，云南。

蹄斑斑虻 *Chrysops dispar* (Fabricius)

分布：贵州（普安等），福建，台湾，广东，广西，云南；马来西亚，菲律宾，越南，缅甸，泰国，印度，尼泊尔，斯里兰卡，印度尼西亚。

四斑虻 *Chrysops szechuanensis* Krober

分布：贵州普安等），辽宁，山东，安徽，浙江，福建，河南，湖北，广东，四川。

范氏斑虻 *Chtysops vandenwulpi* Kriber

分布：贵州（普安等）及全国广布；俄罗斯，日本，朝鲜。

棕翼虻 *Tabanus brunnipennis* Ricardo

分布：贵州（普安等），广西，云南；印度，印度尼西亚。

松本虻 *Tabanus matsumotoensis* Murdoch et Takahasi

分布：贵州（普安等），江西，湖北；日本。

日本虻 *Tabanus nipponicus* Murdoch et Takahasi

分布：贵州（普安等），辽宁，浙江，河南，甘肃，四川；日本。

凸胛虻 *Tabanus crassus* Walker

分布：贵州（普安等），福建，台湾，广东，云南；印度，印度尼西亚。

江苏虻 *Tabanus kirangsuensis* Kriber

分布：贵州（普安等），北京，河北，吉林，辽宁，上海，江苏，浙江，江西，福建，台湾，河南，湖北，湖南，广东，广西，四川，云南。

五带虻 *Tabanus quinquecinctus* Ricardo

分布：贵州（普安等），台湾，福建，广东，海南，广西，四川。

红色虻 *Tabanus rubidus* Wiedemann

分布：贵州（普安等），福建，广东，海南，广西，云南；印度尼西亚，斯里兰卡，印度，尼泊尔，缅甸，新加坡，越南。

高斑虻 *Tabanus signatipennis* Portschinsky

分布：贵州（普安等），吉林，辽宁，黑龙江，山东，江苏，浙江，福建，台湾，河南，湖北，广东，广西，四川；日本，朝鲜，俄罗斯。

纹带虻 *Tabanus striatus* Fabricius

分布：贵州（普安等，广东，广西，云南，西藏；印度，印度尼西亚，马来西亚，新加坡，菲律宾，泰国。

十六、膜翅目 Hymenoptera

（143）蜜蜂科 Apidae

中华木蜂 *Xylocopa sinensis* (Smith)

分布：贵州（普安），辽宁，云南，四川，广西，广东，福建，湖北，江西，浙江，河北。

考氏无垫蜂 *Amegill* (Zonamegilla) *caldwelli* Cockerell

分布：贵州（普安等），浙江，山东，江苏，江西，湖南，四川，台湾，福建，广东，海南，广西，云南。

毛跗黑条蜂 *Anthophora aceivorum villosela* Smith

分布：贵州（普安等），青海，云南，四川，广西，河北，江苏，浙江，湖北，福建；日本及欧洲地区，非洲北部地区。

中华蜜蜂 *Apis cerana* Fabricius

分布：贵州（普安等），及全国广布；日本，印度。

意大利蜂 *Apis mellfra* Linnaeus

分布：贵州（普安等）及全国广布；世界广布。

西方蜜蜂意大利亚种 *Apis mellfera liqustica* Lepeletier

分布：贵州（普安等）及全国广布。

东方蜜蜂中华亚种 *Apis* (Sigmatapis) *cerana cerana* Fabricius

分布：贵州（普安等）及全国广布；日本，印度。

中华熊蜂 *Bombus chennicus* Gribodo

分布：贵州（普安等）。

红光熊蜂 *Bombus ingnitus* Linnaeus

分布：贵州（普安等），黑龙江，辽宁，河北，陕西，江苏，安徽，浙江，江西云南；朝鲜，日本。

黑尾熊蜂 *Bombus melanurus* Lep

分布：贵州（普安）。

红源熊蜂 *Bombus* (Apigenobombus) *nfocognitus* Cockerell

分布：贵州（普安等），湖北，湖南，云南。

（144）**胡蜂科** Vespidae

黑胸胡蜂 *Vespa velutina nigrithorax* (Buysson)

分布：贵州（普安），浙江，湖南，江西，福建，四川，云南，西藏，广西，广东。

细侧黄胡蜂 *Vespura flaviceps* (Smith, 1870)

分布：贵州（普安），四川，湖南，江苏，浙江；日本，俄罗斯，印度，法国。

金环胡蜂 *Vespa mandarinia mandarinia* Smith

分布：贵州（普安等），辽宁，江苏，浙江，湖南，四川，河北，山西，陕西，甘肃，江西，福建，云南，广西，湖北，台湾；日本，朝鲜，法国。

显胡蜂 *Vespa mandarinia nobilis* Sonan

分布：贵州（普安等），湖南，台湾。

黑尾胡蜂 *Vespa tropica ducalis* Smith

分布：贵州（普安等）及全国广布；尼泊尔，印度，日本，法国。

寿胡蜂 *Vespa vivax* Smith

分布：贵州（普安等），四川；印度。

细侧黄胡蜂 *Vespura flaviceps flaviceps* Smith

分布：贵州（普安等），湖南，江苏，浙江，四川；日本，俄罗斯，印度，法国。

朝鲜黄胡蜂 *Vespura koreensis koreensis* Radoszkowaski

分布：贵州（普安等），江西；朝鲜。

（145）**姬蜂科** Ichneumonidae

长尾曼姬蜂 *Mansa longicauda* (Uchida, 1940)

分布：贵州（普安），全南。

弄蝶武姬蜂 *Ulesta agltata* (Matsumura et Uchida)

分布：贵州（普安），陕西，江苏，浙江，安徽，湖北。

黑基肿跗姬蜂 *Anomalon nigribase* Cushman

分布：贵州（普安等），湖北，台湾；朝鲜，日本。

负泥虫沟姬蜂 *Bathythrix kuwanae* Viereck

分布：贵州（普安等），浙江，江西，湖北，四川，福建，广东，广西，云南。

汤氏短硬姬蜂 *Brachyscleroma townesi* Chiu

分布：贵州（普安等），台湾。

棉铃虫齿唇姬蜂 *Campoletis chlorideae* Uchida

分布：贵州（普安等），浙江，辽宁，河北，天津，山东，山西，河南，陕西，江苏，上海，安徽，湖北，湖南，四川，台湾，云南；日本，尼泊尔，印度。

稻苞虫凹眼姬蜂 *Casinaria colacae* Sonan

分布：贵州（普安等），浙江，湖南，四川，台湾，福建，广东，广西，云南。

黑侧沟姬蜂 *Casinaria nigripes* Gravenborst

分布：贵州（普安等），黑龙江，辽宁。

具柄凹眼姬蜂指名亚种 *Casinaria pedunculata pedun-culata* Szepligeti

分布：贵州（普安等），浙江，河南，安徽，江西，湖北，湖南，四川，福建，台湾，广东，广西，云南；印度，印度尼西亚。

夹色姬蜂 *Centeterus alternecoloratus* Cushman

分布：贵州（普安等），浙江，江西，湖北，湖南，四川，台湾，福建，广东；印度。

螟蛉悬茧姬蜂 *Charops bicolor* Szepligeti

分布：贵州（普安等）及全国广布；朝鲜，日本，斯里兰卡，印度，澳大利亚及亚洲东南部地区。

（146）**土蜂科** Scolidae

白毛长腹土蜂 *Campsomeris annulata* Fabricius

分布：贵州（普安等），浙江，河北，山东，江苏，安徽，江西，湖北，四川，台湾，福建，广东，云南；朝鲜，日本，印度，印度尼西亚，菲律宾。

台湾长腹土蜂 *Campsomeris formosonsis* Betrem

分布：贵州（普安等）。

金毛长腹土蜂 *Campsomeris prismatica* Smith

分布：贵州（普安等），湖北，湖南，四川，山东，江苏，安徽，浙江，江西，福建，台湾，广东，云南，西藏；朝鲜，日本，印度，印度尼西亚，俄罗斯。

黑长腹土蜂 *Campsomeris schulthessi* Betrem

分布：贵州（普安等）。

黑红腹土蜂 *Scolia erythrosoma sikkimensis* Micha

分布：贵州（普安等），湖南，安徽，海南，云南；印度，马来西亚。

黄阔带土蜂 *Scolia formosicola* Betrem

分布：贵州（普安等）。

黑体黄斑土蜂 *Scolia histrionica* Fabricius

分布：贵州（普安等）。

眼斑土蜂 *Scolia oculata* Mata

分布：贵州（普安等），湖北，北京，山东，江苏，浙江，台湾；日本，朝鲜，俄罗斯。

（147）**蛛蜂科** Pompilidae

环棒带蛛蜂 *Batozonellus annulatus* Fabricius

分布：贵州（普安等），浙江，河南，江苏，台湾，福建，广东，海南，广西，云南；日本，朝鲜，缅甸，印度。

背弯沟蛛蜂 *Cyphononyx dorsalis* Lepeletier

分布：贵州（普安等），浙江，四川，福建，台湾，广东，广西，海南；日本，菲律宾，印度。

奇异副弯蛛蜂 *Paracyphononyx alienus* Smith

分布：贵州（普安等），浙江，台湾；日本。

（148）**蜾蠃蜂科** Eumenidae

孔蜾蠃 *Eumenes* (Eumenes) punctatus Saussure

分布：贵州（普安等），浙江，辽宁，吉林，黑龙江，内蒙古，河北，江苏，湖北，四川，福建，云南。

方蜾蠃 *Eumenes* (Eumenes) quadratus Smith

分布：贵州（普安等），浙江，吉林，河北，天津，山东，江苏，江西，四川，福建，广东，广西；日本。

酋饰蜾蠃 *Pseumenes imperatrix* Smith

分布：贵州，浙江，湖南，四川，台湾，广西。

近直盾蜾蠃 *Stenodynerus chinensis simillimus* Yanmene et Gusenleitner

分布：贵州（普安等），浙江，黑龙江，吉林，河北，江西，四川，湖南。

（149）**分舌蜂科** Colletidae

大分舌蜂 *Colletes gigas* Cockerell

分布：贵州，浙江，福建。

（150）**泥蜂科** Sphecidae

红足沙泥蜂指名亚种 *Ammophila atripes atripes* Smith

分布：贵州（普安等），河北，北京，陕西，湖北，湖南，四川，云南及我国华东、华南各省（区、市）；日本，朝鲜及东洋界。

瘤额沙泥蜂 *Ammophila globifrontalis* Li and C. Yang

分布：贵州（普安等），广西，浙江，湖北。

多沙泥蜂徘徊亚种 *Ammophila sabulosa vagabunda* Smith

分布：贵州（普安等），浙江，江西，湖北，湖南，福建，云南。

日本蓝泥蜂 *Chalybion japonicum* Gribodo

分布：贵州（普安等），浙江，黑龙江，辽宁，内蒙古，河北，北京，山东，山西，江苏，江西，湖南，四川，台湾，福建，广东，海南，广西；日本，朝鲜，泰国，印度。

侧突缨角泥蜂 *Crossocerus* (Apocrabro) *pleuralituber-culi* Li et He

分布：贵州（普安等），浙江，河南，四川。

角戎泥蜂 *Hoplammophila aemulans* Kohl

分布：贵州（普安等），浙江，吉林，甘肃，安徽，江西，台湾；日本，朝鲜。

形异短柄泥蜂 *Pemphredon lethifer* Shuckard

分布：贵州（普安等），浙江，黑龙江，吉林，内蒙古，北京，山东，新疆，福建；古北界各国，新北界各国，东洋界各国。

长角棒柄泥蜂 *Rhopalum* (Rhopalum) *antennatum* Li et He

分布：贵州（普安等），浙江，广西。

斜齿棒柄泥蜂 *Rhopalum* (Rhopalum) *dentiobliquum* Li et He

分布：贵州（普安等），浙江。

银毛泥蜂 *Sphex argentatus* Fabricius

分布：贵州（普安等），河北，山东，陕西，浙江，四川，台湾，云南，广东，广西，海南；日本及东洋界各国，澳洲界各国。

红足黑泥蜂 *Sphex haemorrhoidalis* Fabricius

分布：贵州（普安等），浙江，安徽，湖南，四川，台湾，海南；亚洲地区，非洲地区。

十七、长翅目

（151）**蝎蛉科** Orthophlebiidae

净翅新蝎蛉 *Neopanorpa puripennis* Chou et Wang

分布：贵州（普安），湖南。

克氏新蝎蛉 *Neopanorpa cavaleriei* (Navas)

分布：贵州（普安等）。

耳壮新蝎蛉 *Neopanorpa auriculata* Zhou

分布：贵州（普安等）。

苍山新蝎蛉 *Neopanorpa acanthophylba* Zhou

分布：贵州（普安等）。

翼蝎蛉 *Panorpa alata* Zhou et Zhou

分布：贵州（普安等）。

刺叶蝎蛉 *Panorpa acanthophylla* Zhou

分布：贵州（普安等）。

叉形蝎蛉 *Panorpa furcate* Zhou et Zhou

分布：贵州（普安等）。

曲杆蝎蛉 *Panorpa curvata* Zhou

分布：贵州（普安等）。

廖氏蝎蛉 *Panorpa liaoae* Zhou et Zhou

分布；贵州（普安等）。

十八、鳞翅目 Lepidoptera

（152）斑蝶科 Danaidae

大绢斑蝶 *Chestnut Tiger* (Parantica sita)

分布：贵州（普安），阿富汗，巴基斯坦，印度，尼泊尔，不丹，孟加拉国，缅甸，马来半岛，印度尼西亚的苏门答腊岛，朝鲜和日本。

冷紫斑蝶 *Euploea algea* (Codart)

分布：贵州（普安等），云南，印度，缅甸，泰国，越南，老挝，马来西亚，印度尼西亚，巴布亚新几内亚。

细纹青斑蝶 *Tirumala hamata septentrionis* Butler

分布：贵州（普安等）。

（153）蛱蝶科 Nymphalidae

黑紫蛱蝶 *Sasakia funebris* Leech

分布：贵州（普安等），浙江，福建，四川。

美眼蛱蝶 *Junonia almana* (Linnaeus)

分布：贵州（普安等）及全国广布；日本，巴基斯坦，斯里兰卡，印度，不丹，孟加拉国，缅甸，泰国，老挝，越南，柬埔寨，印度尼西亚，马来西亚。

绿豹蛱蝶 *Argynnis paphia* (Linnaeus)

分布：黑龙江，辽宁，吉林，河北，河南，新疆，宁夏，陕西，甘肃，浙江，四川，西藏，湖北，江西，福建，广西，广东，云南，台湾；欧洲，日本，朝鲜，非洲等。

紫闪蛱蝶 *Apatura iris* (Linnaeus)

分布：贵州（普安等），吉林，甘肃，宁夏，陕西，河南，四川；日本，韩国及欧洲地区。

六点带蛱蝶 *Athyma punctata* Leech

分布：贵州（普安等），甘肃，四川，浙江，江西，广东，广西。

绿蛱蝶 *Diagon mena* Moore

分布：贵州（普安等）。

黄铜翠蛱蝶 *Euthalia nara* Moore

分布：贵州（普安等），浙江，四川，广西，云南；尼泊尔，不丹，印度，缅甸。

（154）**珍蝶科** Acraea issoria (Hubner)

苎麻珍蝶 *Acraea issoria* (Hübner)

寄主：荨麻、苎麻、醉鱼草属植物及茶树。

分布：贵州（普安），浙江，福建，江西，湖北，湖南，四川，云南，西藏，广东，广西，海南，台湾；印度，缅甸，泰国，越南，印度尼西亚，菲律宾。

（155）**弄蝶科** Hesperiidae

直纹稻弄蝶 *Parnara guttata* (Bremer et Gray)

分布：贵州（普安）及全国广布；日本，韩国，俄罗斯，印度，越南，老挝，缅甸，马来西亚。

小黄斑弄蝶 *Ampittia nana* (Leech)

分布：贵州（普安等），河南，江苏，浙江，福建，湖北，湖南，四川。

方斑珂弄蝶 *Caltoris cormosa* (Hewitson)

分布：贵州（普安等），陕西，河南，山西，安徽，浙江，湖北，江西，福建，台湾，广东，四川，云南，西藏；日本，韩国，印度及亚洲东南部地区。

红毛小星弄蝶 *Celaenorrhinus maculosa* Felder

分布：贵州（普安等）及我国华中、西南其他各省（区、市），越南，缅甸。

（156）**粉蝶科** Pieridae

梨花迁粉蝶 *Catopsilia pyranthe* (Linnaeus)

分布：贵州（普安），四川，西藏，江西，湖南，福建，海南，广东，广西，香港，台湾；巴基斯坦，阿富汗，尼泊尔，印度，不丹，孟加拉国，缅甸，泰国，菲律宾，澳大利亚。

完善绢粉蝶 *Aporia agathon* Gray

分布：贵州（普安等），四川，云南，西藏，台湾，印度，缅甸，尼泊尔。

三黄绢粉蝶 *Aporia larraldei* Oberthur

分布：贵州（普安等），四川，云南。

兰姬尖粉蝶 *Appias lalage* (Doubleday)

分布：贵州（普安等），海南，云南，广西，台湾，缅甸，泰国，斯里兰卡，印度。

东亚豆粉蝶 *Colias poliographus* Motschulsky

分布：贵州（普安等）及全国广布；日本，俄罗斯。

（157）**眼蝶科** Satyridae

田园荫眼蝶 *Neope agrestis* (Oberthür)

分布：贵州（普安），四川。

曲纹黛眼蝶 *Lethe chandica* (Moore, 1858)

分布：贵州（普安），浙江，湖北，福建，广东，广西，重庆，四川，山西（北部）、云南，台湾。

圣母黛眼蝶 *Lethe cybele* Leech

分布：贵州（普安等），四川，西藏。

宽带黛眼蝶 *Lethe helena* Leech

分布：贵州（普安等），四川，浙江。

连纹黛眼蝶 *Lethe syrcis* Hewitson

分布：贵州（普安等），黑龙江，河南，陕西，四川，江西，福建，广西。

（158）**环蝶科** Amathusiidae

箭环蝶 *Stichophthalma louisa* (Wood-Mason, 1877)

分布：贵州（普安），云南省昭通地区盐津县，云南省文山州麻栗坡县，云南省文山州马关。

双星箭环蝶 *Stichophthalma neumogeni* Leech

分布：贵州（普安等），陕西，浙江，福建，四川，云南，海南。

尖翅纹环蝶 *Aemona lena* Atkinson

分布：贵州（梵净山），福建，广东，四川，云南，缅甸，泰国。

（159）**凤蝶科** Papilionide

宽尾凤蝶 *Agehana elwesi* (Leech)

分布：贵州（普安等），四川，陕西，湖北，江西，浙江，福建，广东，广西。

臀珠斑凤蝶 *Chilasa slateri* (Hewitson)

分布：贵州（普安等），福建，海南，印度，不丹，缅甸，泰国，越南，

马来西亚。

宽斑青凤蝶白条亚种 *Graphium bathycles* chiron (Wallace)

分布：贵州（普安等），湖南，云南，缅甸，泰国，印度尼西亚。

金凤蝶 *Papilio machaon* Linnaeus

分布：贵州（普安等）及全国广布；亚洲地区，欧洲地区，北美洲地区。

红基美凤蝶 *Papilio* (Menelaides) *alcmenor* Felder

分布：贵州（普安等），陕西，河南，四川，云南；不丹，尼泊尔，缅甸，印度。

（160）**蚬蝶科** Riodinidae

曲带褐蚬蝶 *Abisara abnormis* Moore

分布：贵州（普安等），云南；泰国，缅甸，印度。

黄带褐蚬蝶 *Abisara fylla* Westwood

分布：贵州（普安等），福建，云南；泰国，缅甸，印度。

白蚬蝶 *Stiboges nympidia* Butler

分布：贵州（普安等），福建，云南，广西；泰国，缅甸，越南，马来西亚，印度尼西亚。

无尾蚬蝶 *Dodona durga* (Kollar)

分布：贵州（普安等），福建，广东，四川，云南；印度，尼泊尔。

（161）**灰蝶科** Lycaenidae

安灰蝶 *Ancema cresia* (Hewitson)

分布：贵州（普安等），浙江，台湾，喜马拉雅山脉西北部地区至马来半岛。

齿翅娆灰蝶 *Arhopala rama* (Kollar)

分布：贵州（普安等），浙江，江西，福建，广东，广西，四川，云南；印度，尼泊尔，缅甸。

绿灰蝶 *Artipe eryx* (Leech)

分布：贵州（普安等），西藏，越南，四川，浙江，江西，福建，广东，广西，海南，香港；日本，印度，缅甸，老挝，泰国，马来西亚，印度尼西亚。

咖灰蝶 *Catochrysops strabo* (Fabricius)

分布：贵州（普安等），广西，广东，云南，台湾；印度，缅甸，泰国，马来西亚，印度尼西亚，澳大利亚。

大紫琉璃灰蝶 *Celastrina oreas* (Leech)

分布：贵州（普安等），浙江，四川，云南，台湾。

黑缘紫灰蝶 *Glaucopsyche lycormas* Butler

分布：贵州（普安等）及我国东北、华北；朝鲜，日本。

斜斑彩灰蝶 *Heliophorus epicles* Godart

分布：贵州（普安等）；湖南，广西，广东，海南；缅甸，印度尼西亚，印度。

（162）**羽蛾科** Pterophoridae

叶状双斑羽蛾 *Bipunctiphorus etiennei* Gibeaux

分布：贵州（普安等）；肯尼亚，坦桑尼亚，马达加斯加。

差叶少脉羽蛾 *Crombrugghia distans* (Zeller)

分布：贵州（普安等），四川，新疆，世界广布。

瓦少脉羽蛾 *Crombrugghia wahlbergi* (Zeller)

分布：贵州（普安等），台湾；斯里兰卡，印度，南非，毛里求斯，塞舌尔，澳大利亚。

小滑羽蛾 *Hellinsia minutella* Li

分布：贵州（普安等）。

（163）**织蛾科** Oecophoridae

野卡织蛾 *Casmara agronoma* Meyrick

分布：贵州（普安等），河南，浙江；韩国，日本，印度。

油茶织蛾 *Casmara patrona* Meyrick

分布：贵州（普安等），安徽，浙江，湖北，江西，湖南，福建，台湾，广东，广西；日本，印度。

尖隐织蛾 *Cryptolechia acutiuscula* Wang

分布：贵州（普安等）。

断带隐织蛾 *Crptolechia fascirupta* Wang

分布：贵州（普安等），四川。

钩隐织蛾 *Cryptolechia hamatilis* Wang

分布：贵州（普安等）。

大黄隐织蛾 *Cryptolechia malacobyrsa* Meyrick

分布：贵州（普安等），江西，四川，陕西，福建，河南，台湾；日本，朝鲜。

苔隐织蛾 *Cryptolechia muscosa* Wang

分布：贵州。

拟弯带隐织蛾 *Cryptolechia proximideflecta* Wang

分布：贵州（普安等），陕西。

独带隐织蛾 *Cryptolechia solifasciaria* Wang

分布：贵州（普安等）。

点带隐织蛾 *Cryptolechia stictifascia* Wang

分布：贵州（普安等），陕西。

（164）**螟蛾科** Pyralidae

白带峰斑螟 *Acrobasis birgitella* (Roesler)

分布：贵州（普安等），河北，辽宁，黑龙江，河南，上海，江苏，江西，湖北，陕西，甘肃，青海，宁夏；日本，朝鲜。

拟峰斑螟 *Acrobasis eva* Roesler et Kuppers

分布：贵州（普安等），河南；印度，印度尼西亚。

黄带峰斑螟 *Acrobasis flavifasciella* Yamanaka

分布：贵州（普安等），河北，河南；朝鲜，日本。

米缟螟 *Aglossa dimidiata* Haworth

分布：贵州（普安等）。

白桦角须野螟 *Agrotera nemoralis* (Scopoli)

分布：贵州（普安等），北京，黑龙江，江苏，浙江，福建，山东，广西，台湾；日本，朝鲜，英国，西班牙，意大利，俄罗斯。

缘眉斑水螟 *Ambia marginalis* Moore

分布：贵州（普安等），湖北，云南，陕西；马来西亚，印度。

褐翅棘趾野螟 *Anania egentalis* (Christoph)

分布：贵州（普安等），河北，河南，湖北，四川；日本，俄罗斯。

黑缘白丛螟 *Anartula melanophia* (Stsdinger)

分布：贵州（普安等），浙江，福建，台湾，广东，海南，四川；俄罗斯，日本，印度，不丹，斯里兰卡，印度尼西亚。

日本巢草螟 *Ancylolomia japonica* Zeller

分布：贵州（普安等）及全国广布；朝鲜，日本，缅甸，印度，斯里兰卡，南非。

银纹狭翅草螟 *Angustalius malicellus* (Duponchel)

分布：贵州（普安等），江苏，浙江，湖南，福建，广东，广西，台湾；日本，越南，印度，斯里兰卡，澳大利亚，新西兰及非洲地区。

（165）灯蛾科Arctiidae

大丽灯蛾 *Aglaomorpha histrio* (Walker）

分布：贵州（普安），江苏，浙江，湖北，江西，湖南，福建，台湾，四川，云南等。

斜斑灯蛾 *Alphaea oblipuefascia* Hampson

分布：贵州（普安等）。

褐点粉灯蛾 *Alphaea phasma* (Leech)

分布：贵州（普安等），湖北，湖南，四川，云南。

白雪灯蛾 *Chionarctia nivea* (Menetries)

分布：贵州（ 普安等），辽宁，吉林，黑龙江，云南，内蒙古，河北，陕西，山东，河南，浙江，江西，福建，广西，四川，湖北；日本，朝鲜。

黑条灰灯蛾 *Creatonotus gangie* (Linnaeus)

分布：贵州（普安等），辽宁，江苏，浙江，福建，湖北，湖南，广东，广西，四川，云南，台湾；印度，尼泊尔，斯里兰卡，缅甸，马来西亚，新加坡，印度尼西亚，巴基斯坦，澳大利亚。

八点灰灯蛾 *Creatonotus transiens* (Walker)

分布：贵州（普安等），山西，陕西，四川，云南，西藏及我国华东、华中、华南各省（区、市）；印度，缅甸，菲律宾，印度尼西亚。

粉蝶灯蛾 *Nyctemera plagifera* Walker

分布：贵州（普安等），浙江，江西，湖南，广西，河南，四川，云南，西藏，台湾；日本，印度。

乳白斑灯蛾 *Pericallia galacticna* (Hoeven)

分布：贵州（普安等），湖南，广东，广西，四川，云南；印度，印度尼西亚。

（166）**夜蛾科** Noctuidae

肖毛翅夜蛾 *Lagoptera juno* (Dalman)

分布：贵州（普安），湖南（湘东、湘中、湘西），黑龙江，辽宁，河北，浙江，江西，湖北，四川；日本，印度。

隐金夜蛾 *Abrostola triplesea* (Linnaeus)

分布：贵州（普安等），河北，黑龙江，四川及我国华东各省；日本，叙利亚，土耳其及欧洲地区。

飞扬阿夜蛾 *Achaea janata* (Linnaeus)

分布：贵州（普安等），台湾，广东，广西，湖北，湖南，云南；印度，缅甸，日本及大洋洲地区与南太平洋岛屿。

桃剑纹夜蛾 *Acronycta increta* Butler

分布：贵州（普安等）。

桑剑纹夜蛾 *Acronycta major* Bremer

分布：贵州（普安等）。

梨剑纹夜蛾 *Acronycta rumicis* (Linnaeus)

分布：贵州（普安等），新疆，湖北，四川；日本及亚洲西部地区，欧洲地区。

枯叶夜蛾 *Adris tyrannus* Guenee

分布：贵州（普安等），辽宁，河北，山东，江苏，浙江，台湾，湖北，广西，四川；日本，印度。

黄地老虎 *Agrotis segetum* (Schiffermiller)

分布：贵州（普安等）及全国广布；亚洲地区，欧洲地区，非洲地区。

大地老虎 *Agrotis tokionis* Butler

分布：贵州（普安等）及全国广布；俄罗斯，日本。

小地老虎 *Agrotis ypsilon* Rottemberg

分布：贵州（普安等）及全国广布；世界广布。

斜额夜蛾 *Antha grata* (Butler)

分布：贵州（普安等），湖南，四川，黑龙江，福建，云南；朝鲜，日本，印度，俄罗斯。

青安纽夜蛾 *Anua tirhaca* Cramer

分布：贵州（普安等），湖南，陕西，江苏，浙江，江西，广西，广东，湖北，四川，云南；叙利亚，土耳其，印度，斯里兰卡，菲律宾及欧洲地区，非洲地区。

中金弧夜蛾 *Diachrysis ysia intermixta* Warren

分布：贵州（普安等），河北，陕西，福建，四川；印度，越南，印度尼西亚

鼎点钻夜蛾 *Earias cupreoviredis* Walker

分布：贵州（普安等），江苏，浙江，台湾，广东，湖北；日本，朝鲜，印度，印度尼西亚及非洲地区。

橘肖毛翅夜蛾 *Lagoptera dotata* Fabricius

分布：贵州（普安等），湖北，湖南，陕西，江西，台湾，广东，四川；印度，缅甸，新加坡。

肖毛翅夜蛾 *Lagoptera juno* Dalman

分布：贵州（普安等）；河北，黑龙江，辽宁，湖北，浙江，江西，四川；日本，印度。

间纹德夜蛾 *Lepidodelta intermedia* Bremer

分布：贵州（普安等），黑龙江，浙江，四川，湖北；日本，印度，斯里兰卡，朝鲜及非洲地区。

毛胫夜蛾 *Mocis undata* Fabricius

分布：贵州（普安等），河北，河南，江苏，浙江，江西，福建，台湾，广东，云南；日本，朝鲜，印度，斯里兰卡，缅甸，新加坡，菲律宾，印度尼西亚及非洲地区。

斜纹夜蛾 *Prodenia litura* (Fabricius)

分布：贵州（普安等）及我国南部其他各省（区、市）（我国北部偶尔发生）；非洲地区，亚洲地区。

掌夜蛾 *Tiracola plagiata* Walker

分布：贵州（普安等），浙江，台湾，四川；印度，斯里兰卡，印度尼西亚及大洋洲地区，美洲地区。

蕾鹿蛾 *Amata germana* (Felder)

分布：贵州（普安等），云南及我国华南、华东各省（区、市）；日本，印度尼西亚。

茶奕刺蛾 *Phlossa fasciata* (Moore)

分布：贵州（普安等），浙江，福建，江西，河南，湖北，湖南，广东，广西，海南，四川，云南，陕西，台湾；印度，尼泊尔。

绒刺蛾 *Phocoderma velutinum* (Kollar)

分布：贵州（普安等），吉林，陕西，湖北，江西，湖南，广东，四川，云南，西藏；缅甸，印度，尼泊尔，印度尼西亚，马来西亚及克什米尔地区。

（167）**尺蛾科** Geometridae

焦边尺蛾 *Bizia aexaria* (Walker)

分布：贵州（普安等），陕西及我国东北、华北、华中、华东、华南各省

（区、市）；日本，朝鲜，越南。

云南松回纹尺蛾 *Chartographa fabiolaria* (Oberthir)

分布：贵州（普安等），河南，陕西，湖南，北京，甘肃，浙江，江西，湖北，广西，四川，云南。

大尺蛾 *Ectropis excellens* Butler

分布：贵州（普安等）。

紫片尺蛾 *Fascellinia chromataria* Walker

分布：贵州（普安的），浙江，湖北，湖南，福建，海南，广西，四川，云南，西藏；缅甸，印度。

茶云纹枝尺蛾 *Junkowskia athlete* Oberthir

分布：贵州（普安等）。

女贞尺蛾 *Naxa seriaria* Motschulsky

分布：贵州（普安等），北京，黑龙江，吉林，辽宁，宁夏，河北，山西，陕西，湖北，湖南，广西；朝鲜，日本，俄罗斯。

柿星尺蛾 *Percnia giraffata* (Guenee)

分布：贵州（普安等），湖北，湖南，安徽，四川及我国华南、华北各省（区、市）；朝鲜，日本，缅甸，印度，印度尼西亚。

黑条大白姬尺蛾 *Problepsis viminota* Prout

分布：贵州（普安等）。

（168）**毒蛾科** Lymantridae

肾毒蛾 *Cifuna locuples* Walker

分布：贵州（普安等），河北及我国东北、华东、华南、西南其他各省（区、市）；朝鲜，日本，越南，印度。

茶茸毒蛾 *Dasychira baibarana* Matsumura

分布：贵州（普安等），湖南，安徽，浙江，江西，福建，台湾，广西，云南；日本。

茶黄毒蛾 *Euproctis pseudoconspersa* Strand

分布：贵州（普安等），陕西，江苏，安徽，浙江，湖北，江西，湖南，福建，广东，广西，四川，云南；日本及欧洲地区。

乌桕黄毒蛾 *Euproctis bipunctapex* (Hampson)

分布：贵州（普安等），河北，黑龙江，内蒙古，陕西；朝鲜，日本，俄罗斯。

盗毒蛾 *Porthesia similes* (Fueszly)

分布：贵州（普安等）及全国广布；朝鲜，日本及欧洲地区。

（169）**天蛾科** Sphingidae

鬼脸天蛾 *Acherontia lachesis* (Fabricius)

分布：贵州（普安等），湖北，福建，台湾，广东，广西，海南，云南；朝鲜，日本。

芝麻鬼脸天蛾 *Acherontia styx* Westwood

分布：贵州（普安等），河北，山东，河南，江苏，浙江，湖北，江西，福建，台湾，广东，广西，海南，云南；朝鲜，日本，缅甸，印度，斯里兰卡。

缺角天蛾 *Acomceryx castanea* Rothschild et Jordan

分布：贵州（普安等）。

赭红缺角天蛾 *Acomceryx sericeus* (Walker)

分布：贵州（普安等）。

葡萄天蛾 Ampelophaga rubiginosa Bremer et Gray

分布：贵州（普安等），四川及我国东北、华中、华南各省（区、市），四川；朝鲜，日本。

白薯天蛾 *Herse convolvuli* (Linnaeus)

分布：贵州（普安等）及全国广布；朝鲜，日本，俄罗斯，印度，美国。

桃六点天蛾 *Marumba gaschkewitschi* (Bremer et Gray)

分布：贵州（普安等），河北，山西，陕西，山东，河南，江苏，湖北，宁夏，内蒙古，辽宁，四川，浙江，广东；日本。

鹰翅天蛾 *Oxyambulyx ochracea* (Butler)

分布：贵州（普安等），辽宁，湖北，台湾，四川及我国华北和东南沿海各省（区、市）；日本，缅甸，印度。

蓝目天蛾 *Smerithus plans* (Cramer)

分布：贵州（普安等），河北，河南，山西，山东，宁夏，甘肃及我国东北和长江流域各省（区、市）；朝鲜，日本，俄罗斯。

青背斜纹天蛾 *Theretra nessus* Drury

分布：贵州（普安等），广东，福建，台湾；日本，印度尼西亚，印度，斯里兰卡，菲律宾，澳大利亚，巴布亚新几内亚。

雀纹天蛾 *Theretra japonica* (Orza)

分布：贵州（普安等）及全国广布；朝鲜，日本，俄罗斯。

（170）**蓑蛾科** Psychidae

白囊蓑蛾 *Chalioides kondonis* Matsumura

分布：贵州（普安等）。

小窠蓑蛾 *Eumeta mimuscula* Butler

分布：贵州（普安等），湖北，湖南，四川，山东，河南，江苏，安徽，浙江，福建，台湾，西，广东，广西，云南；日本。

褐蓑蛾 *Mahasena colona* Sonan

分布：贵州（普安等）。

（171）**燕蛾科** Uraniidae

大燕蛾 *Nyctalemon menoetius* Hopffer

分布：贵州（普安等），湖南，广西，云南；印度，菲律宾。

（172）**刺蛾科** Limacodidae

斜纹刺蛾 *Oxyplaxochracea* (Moore)

分布：贵州（普安），华东，湘鄂，台湾，广东，广西，云南；印度；斯里兰卡；印度尼西亚等国家。

黄刺蛾 *Cnidocampa flavescens* (Walker)

分布：贵州（普安等）及我国除甘肃，宁夏，青海，新疆，西藏外的其他各省（区、市）。

梅叶刺蛾 *Cochlidion dentatus* Oberthir

分布：贵州（普安等）。

茶刺蛾 *Darna trima* Moore

分布：贵州（普安等）。

长须刺蛾 *Hyphorma minax* Walker

分布：贵州（普安等），浙江，江西，湖南，四川，云南及我国华北各省（区、市）；越南，印度，印度尼西亚。

枣焰刺蛾 *Iragoides conjuncta* (Walker)

分布：贵州（普安等），河南，辽宁；河北，山东，安徽，湖北，江苏，浙江，江西，福建，台湾，广东，广西，四川，云南；朝鲜，日本，越南，印度，泰国。

茶焰刺蛾 *Iragoides fasciata* (Moore)

分布：贵州（普安等）。

焰刺蛾 *Iragoides melli* Hering

分布：贵州普安等），浙江，安徽，福建，江西，河南，湖北，湖南，广东，广西，海南，四川，云南，台湾。

白眉刺蛾 *Narosa edoensis* Kawada

分布；贵州（普安等）。

（173）**菜蛾科** Plutellidae

菜蛾 *Plutella maculipennis* Curtis

分布：贵州（普安等）。

小菜蛾 *Plutella xylostella* (Linnaeus)

分布：贵州（普安等）；世界广布。

（174）**木蠹蛾科** Cossidae

相思拟木蠹蛾 *Arbela bailarana* Matsumura

分布：贵州（普安等）。

咖啡木蠹蛾 *Zeuzera coffeae* Nietner

分布：贵州（普安等），湖南，河南，江苏，浙江，江西，四川，台湾，福建，广东；印度，斯里兰卡，印度尼西亚。

多斑豹蠹蛾 *Zeuzera multistrigata* Moore

分布：贵州（普安等），河南，云南，四川，陕西，广西，湖北，江西。

张卫民　杨卫诚　王　姹　杨书林

第八节　鱼类

根据对保护区采集的220余份鱼类标本的鉴定分析，该区域有鱼类23种，隶属5目9科21属，占贵州鱼类总种数的11.39%。该区鱼类组成中鲤形目共有3科15属15种，占该区鱼类总种数的65.22%，从地理区系来看，具有东亚类群和南亚类群的种类。

贵州普安龙吟阔叶林州级自然保护区位于贵州省西南部乌蒙山区，隶属黔西南布依族苗族自治州。区内山脊明显，山脉大体呈南北走向长条形。东与晴隆县接壤，南与兴仁县、兴义市接壤，西与盘县接壤，北与水城县和六枝特区接壤。地理坐标为介于东经104°50′～105°10和北纬25°18′～26°10′之间，境内河流属珠江水系，以中部乌蒙山脉为分水岭，分别汇入南、北盘江，境内主要河流流域面积20km^2，河长超过10km的共有23条，县境河流的流量随着雨量大小而变化，雨季大、旱季小，甚至有断流的现象。由于河谷深切，岸畔山高坡陡，水源和耕地在空间上分布大多互不相宜，地表水与地下水转换频繁，境内河流以支流为主，干流主要是界河，水能资源比较丰富。

保护区境内属中亚热带湿润季风气候。乌蒙山脉横贯中部，将全县分为南北两部分。县城大部分地区的海拔在1200～1600m，最高点为乌蒙山脉的长冲梁子，海拔为2084.6m，最低处为北部龙吟镇石古北盘江河谷，海拔633m，相对高差达1451.6m。受地质和气候条件的控制，形成了岩溶地貌和流水侵蚀地貌交错分布的地貌格局。平均海拔1820m。自然保护区内气温偏低，年平均气温13.9℃，最冷月平均气温4.8℃，最热月平均气温20.8℃，年平均降雨量1353.8mm，其中6～8月降雨量1176mm，占全年降雨量的84.3%。年平均蒸发量1400.9mm，年雷暴日数76.3天。年平均相对湿度82%。年平均无霜期290天，年平均日照1451.3h。森林覆盖率达27%。虽四季分明，但夏无酷暑，冬无严寒。

一、调查方法

鱼类标本的采集主要采用垂钓法、电捕法和网捕法（流刺网、定置刺网、虾笼、跳网、撒网），同时也从各调查点的集市上收集。采集的鱼类标本现场鉴定种类，进行体长、体重等生物学测量，并记录数量、采集地等相关数据。现场未能鉴定的种类，用福尔马林溶液（10%）固定，带回室内鉴定，标本鉴定及分类依据伍律的《贵州鱼类志》、陈宜瑜的《中国动物志硬骨鱼纲鲤形目》、乐佩琦的《中国动物志硬骨鱼纲的鲤形目》、伍汉霖的《中国动物志硬骨鱼纲的鲈形目》等资料。除进行水域生境调查和鱼类标本采集外，还应对当地渔民进行访谈，以便更进一步了解保护区的鱼类资源。

二、调查结果

在2017年8月至2017年9月，2018年4月至2018年5月先后两次对保护区进行实地考察，确认贵州普安龙吟阔叶林州级自然保护区鱼类资源23种，隶属5目9科21属23种（见表6-4）。

表6-4　贵州普安龙吟阔叶林州级自然保护区鱼类资源名录

目	科	属	种
鳗鲡目 Anguilliformes	鳗鲡科 Anguillidae	鳗鲡属 *Anguilla*	鳗鲡 *Anguilla japonica*
鲤形目 Cypriniformes	鳅科 Cobitidae	泥鳅属 *Misgurnus lacepede*	泥鳅 *Misgurnus anguillicaudatus*
		沙鳅属 *Botia*	中华沙鳅 *Botia superciliaris*
		南鳅属 *Schistura*	横纹南鳅 *Schistura fasciolata*
	鲤科 Cyprinidae	草鱼属 *Ctenopharyngodon Steindachner*	草鱼 *Ctenopharyngodon idellus*
		青鱼属 *Mylopharynogodon Peters*	青鱼 *Mylopharyngodon piceus*
		鲫属 *Carassius Jarocki*	鲫 *Carassius auratus*
		马口鱼属 *Opsariichthys Bleeker*	马口鱼 *Opsariichthys bidens*
		白甲鱼属 *Onychostoma*	粗须白甲鱼 *Onychostoma barbata*
		鲢属 *Hypophthalmichthys Bleeker*	鲢 *Hypophthalmichthys molitri*
		光唇鱼属 *Acrossocheilus*	宽口光唇鱼 *Acrossocheilus monticolus*

（续表）

目	科	属	种
		白甲鱼属 *Onychostoma*	白甲鱼 *Onychostoma simum*
		䱻属 *Hemibarbus Bleeker*	花䱻 *Hemibarbus. maculatus*
		鲤属 *Cyprinus Linnaeus*	鲤 *Cyprinus (C.) carpio*
		麦穗鱼属 *Pseudorasbora Bleeker*	麦穗鱼 *Pseudorasbora parva*
	平鳍鳅科 Homalopteridae	原缨口鳅属 *Vanmanenia*	平舟原缨口鳅 *Vanmanenia pingchowensis*
鲇形目 Siluriformes	鲇科 Siluridae	鲇属 *Parasilurus Bleeker*	鲇 *Silurus asotus*
	胡子鲇科 Clariidae	胡鲇属 *Clarias Scopoli*	胡子鲇 *Clarias fuscus*
	鲿科 Bagridae	黄颡鱼属 *Pelteobagru Bleeker*	黄颡鱼 *Pelteobagrus fulvidrac*
合鳃目 Synbranchiformes	合鳃科 Synbranchidae	黄鳝属 *Monopterus Lacepede*	黄鳝 *Monopterus albus*
鲈形目 Perciformes	鮨科 Serranidae	鳜鱼属 *Siniperca*	大眼鳜 *Siniperca kneri*
			鳜 *Siniperca. chuatsi*
			斑鳜 *Siniperca. scherzeri*

（一）物种组成

通过调查，确认贵州普安龙吟阔叶林州级自然保护区现有鱼类23种，隶属5目9科21属（见表6-5），占贵州省鱼类种类总数202种的11.37%。鲤形目共有3科15种，占总种数的65.22%，其中鲤科11种，占总种数的47.83%，占鲤形目的73.33%，鳅科3种，占总种数的13.04%，占鲤形目的20%，平鳍鳅科1种，占总种数的4.34%，占鲤形目的6.67%；鳗鲡目和合鳃目只有1科1属1种，分别占总种数的4.35%；鲇形目共有3科3种，每科有且只有1种，分别占总种数的4.35%，分别占鲇形目的33.33%；鲈形目共有1科1属3种，占总种数的13.04%（见表6-5）。

（二）资源评价

贵州普安龙吟阔叶林州级自然保护区的鱼类虽然有23种，但是资源量不大，相对数量较多的种类有泥鳅(*Misgurnus anguillicaudatus*)、草鱼(*Ctenopharyngodon idellus*)、青鱼(*Mylopharyngodon*

表6-5　贵州普安龙吟阔叶林州级自然保护区鱼类统计

目	科	属	种	占总种数的（%）	占目的（%）
鳗鲡目 Anguilliformes	鳗鲡科	1	1	4.35	100
鲤形目 Cypriniformes	鳅科	3	3	13.04	20
	鲤科	11	11	47.83	73.33
	平鳍鳅科	1	1	4.34	6.67
鲇形目 Siluriformes	鲇科	1	1	4.35	33.33
	胡子鲇科	1	1	4.35	33.33
鲇形目 Siluriformes	鲿科	1	1	4.35	33.33
合鳃目 Synbranchiformes	合鳃科	1	1	4.35	100
鲈形目 Perciformes	鮨科	1	3	13.04	33.33
合计：5目	9科	21属	23种		

piceus)、鲫(*Carassius auratus*)、马口鱼(*Opsariichthys bidens*)、鲢(*Hypophthalmichthys molitri*)、鲤(*Cyprinus* (*C.*) *carpio*)、鲇(*Silurus asotus*)、胡子鲇(*Clarias fuscus*)、黄颡鱼(*Pelteobagrus fulvidrac*)、黄鳝(*Monopterus albus*)、斑鳜(*Siniperca. scherzer*)、大眼鳜(*Siniperca kneri*)、鳜(*Siniperca. Chuatsi*)。其中，鳗鲡科、鲇科、胡子鲇科、合鳃科的种类为单科单属单型种，其共同的特征是总数量都非常少，分布范围受限，生活环境不稳定，极易受到环境的影响，一旦环境发生变化就很难适应，并处于受险状态。

保护区鱼类中属于广泛分布于我省各水系中的种类，有泥鳅、青鱼、草鱼、马口鱼、鲢鱼、麦穗鱼、鲤鱼、鲫鱼、黄颡鱼、鲇、胡子鲇、鳜、斑鳜、大眼鳜、黄鳝共15种，占保护区鱼类总种数的65.23%。

（三）区系组成

贵州普安龙吟阔叶林州级自然保护区鱼类全部属于硬骨鱼纲鱼类，其各目各科种类详见表6-5。区系组成为东亚类群的包括雅罗鱼亚科（草鱼）、鲃亚科（马口鱼）、鲢亚科（鲢）、鮈亚科（花䱻）、鲤亚科（鲤）。其他的均为南亚类群。

同贵州省的鱼类区系组成一样，贵州普安龙吟阔叶林州级自然保护区的鱼类仍然以鲤科鱼类为主，该区鲤科鱼类11种，占保护区鱼类总种数的47.83%，在保护区鱼类区系组成上占绝对优势。

（四）水系分析

保护区内溪流属于珠江水系，分布汇入南、北盘江。由于地处峡谷地带，险滩颇多，河床纵坡较大，水流湍急，因而主要为适应水流湍急滩多环境生活的鱼类，如鲤科、平鳍鳅科、鲶科的鱼类。该区的鱼类多数种类为小型鱼类和山区型中小型鱼类，喜居流水，急流险滩、低温环境，如鮈亚科的花鲭等。有的类群具有适应急流环境的特殊结构和功能，如平鳍鳅科、鳅科的种类。

普安属于珠江水系，分别汇入南、北盘江，因此形成了宽阔的水域，为江河平原区生活的鱼类创造了条件。贵州普安龙吟阔叶林州级自然保护区与这些宽阔的水域相连，故此地也有一些大型的且喜居宽阔水域的缓流、暖水性鱼类，如雅罗鱼亚科生物青鱼、草鱼等，因此形成了该区鱼类类群丰富的区系组成特征。

三、鱼类资源变动原因分析

（一）人为因素

保护区虽然无较大型的水域环境，生活在该地区的鱼类也无经济价值特别高的种类，基本上都是山区小型鱼类，但该地的地质条件很好，水质优良，山溪鱼类的食源也比较广泛，并且繁殖录极高，食肉性种类数量少，鱼类的生长、生产量也比较大，据当地居民说，有时候可以钓到10斤左右的鱼。但是，由于人为活动的影响，经常使用石灰、农药等来毒鱼，用电机电鱼，现在很多溪流和池塘当中，鱼类的活动已明显减少。如果我们能够很好地进行管理，合理捕捞，禁止灭绝性的捕捞方式，发展人工放养经济鱼种，该地的鱼类种类还是很有经济意义的。

（二）社会发展

近年来，同其他地区一样，随经济、社会的快速发展，废水排放量不断增大，导致保护区内的河流遭受不同程度污染，使水域富营养化步伐加快，水体中氮、磷浓度超标，水华现象时有发生。受污染的影响，就会导致生生物减少甚至消失，从而使水域功能明显退化。

（三）有害的渔具和渔法

主要见于疏于管理的河段，如习惯沿用的鱼床、溜简、毒鱼、电鱼等行为，过往的鱼类不分大小，无一幸免。尤为严重的炸鱼、毒鱼和电鱼，虽然已三令五申，但效果并不是很明显。在当地的北盘江村有着大大小小的鱼箱和鱼床，对当地的鱼类资源带来了不可想象的破坏。如果当地渔业等相关部门进行有效控制，将会导致该地区许多鱼类资源迅速下降，甚至会导致某些鱼类面临灭绝的危险。

（四）水利工程的修建

随着水电建设和农田灌溉的需要，江河上修建拦河闸坝增多，不可避免地阻碍了一些鱼类的生殖、繁育、季节性洄游，影响了它们的生长、发育和繁殖。同时，拦河闸坝改变了河道的水文条件，引起局部河段鱼类组成的变化。

（五）水电站的修建

北盘江中下游是鱼类产卵场和鱼类繁殖相对集中的江段，水库建成以后，库区内的鱼类产卵场被淹没从而消失，而库区下游的鱼类产卵场，由于水库的水量调度需要服从发电和防洪等需求，使年内径流调节趋于均一化，从而使河水失去原有正常的涨落周期，进而导致鱼类繁殖所需要的涨水环境条件得不到满足，给鱼类的繁殖造成障碍，以及鱼类种群资源的补充、发展造成巨大损失。

四、建议

限制捕捞规格，幼鱼是扩大渔业生产的物质基础，保护幼鱼，使其生长、成熟、繁衍后代，然后合理加以利用，是保证鱼类资源增殖的重要环节。以本区鱼类首次性成熟个体大小为标准，确定最小捕捞网眼大小。

建立鱼类增殖站，合理人工增殖放流，对濒临灭绝的鱼类，采取人工驯养、繁育、放流，通过增殖放流来养护资源、培育渔场，缓解捕捞强度过大对资源的破坏，缓和资源衰退程度。

确定水域的合理捕捞量根据收获理论，求出鱼类的最大持续产量，确定一定时期内捕捞某种鱼类的量或捕鱼总量。对于濒临灭绝的鱼类，应在一定时期内禁止捕捞，使其种群得以恢复。

通过各种途径向广大渔民宣传有关的政策法规和渔业知识， 使当地渔民树立可持续利用野生鱼类资源的观念,放弃掠夺式的捕捞作业方式,严厉打击各种破坏本地区土著鱼类资源的不法行为。

有关部门采取有效措施，每年限定禁渔期，并限量捕捞，以达到合理永续利用。

参考文献

[1] 冉景丞. 斗篷山自然保护区鱼类资源初步调查[J]. 贵州师范大学学报：自然科学版, 2001, 19(4):4_6.

[2] 伍律. 贵州鱼类志[M]. 贵州：贵州人民出版社, 1989.

[3] 周政贤, 等. 雷公山自然保护区科学考察集[M]. 贵阳：贵州人民出版社, 1989, 425-427.

[4] 周政贤，姚茂森. 雷公山自然保护区科学考察集[M]. 贵阳：贵州人民出版社, 1989.

[5] 陈宜瑜. 中国动物志硬骨鱼纲鲤形目：中卷[M]. 北京：科学出版社, 1998.

[6] 乐佩琦, 等. 中国动物志·硬骨鱼纲·鲤形目：下卷[M]. 北京：科学出版社, 2000.

[7] 褚新洛，郑葆珊，戴定远. 中国动物志硬骨鱼纲鲇形目[M]. 北京：科学出版社, 1999.

[8] 伍汉霖, 等. 中国动物志·硬骨鱼纲·鲈形目（五）·虾虎鱼亚目·上册 [M]. 北京：科学出版社, 2008.

[9] 伍汉霖, 等. 中国动物志·硬骨鱼纲·鲈形目（五）·虾虎鱼亚目·下册 [M]. 北京：科学出版社, 2008.

[10] 伍献文. 中国鲤科鱼类志：上卷[M]. 上海：上海科学技术出版社, 1964.

[11] 伍献文. 中国鲤科鱼类志：下卷[M]. 上海：上海科学技术出版社, 1964.

[12] 中国科学院中国动物志编辑委员会. 中国动物志（硬骨鱼纲，中卷Ⅱ）. 北京：科学出版社, 1998.

周　毅　杨卫诚　冉景丞　王　云

第九节　两栖动物

为了掌握贵州普安龙吟阔叶林州级自然保护区的两栖动物资源现状，促进保护区有效管理，2017年8月至2017年9月，2018年4月至2018年5月采用样线法和访谈法先后两次对贵州普安龙吟阔叶林州级自然保护区两栖动物资源进行了实地调查，共观察到两栖动物24种，隶属2目8科。区系特点：在调查的两栖动物种类中，分布在东洋界的种类有18种，古北界东洋界广布种有6种，东洋界占绝对优势。生态类群：两栖类各生态类型的物种组成以陆栖－静水型（11种）最多，占调查到的两栖动物种数的45.83%。根据保护区的现状，提出了两栖动物的保护建议。

贵州普安龙吟阔叶林州级自然保护区位于贵州省西南部乌蒙山区，隶属黔西南布依族苗族自治州。东与晴隆县接壤，南与兴仁县、兴义市接壤，西与盘县接壤，北与水城县和六枝特区接壤。地理坐标为介于东经104°50′～105°10和北纬25°18′～26°10′之间。属中亚热带湿润季风气候，县城大部分地区的海拔在1200～1600m，最高点为乌蒙山脉的长冲梁子，海拔为2084.6m，最低处为北部龙吟镇石古北盘江河谷，海拔633m，相对高差达1451.6m。自然保护区内气温偏低，年平均气温13.9℃，最冷月平均气温4.8℃，最热月平均气温20.8℃，年平均降水量1353.8mm。年平均相对湿度82%。年平均无霜期290天，年平均日照1451.3h。森林覆盖率达27%。虽四季分明，但夏无酷暑，冬无严寒。区内河流以溪河为主，支流交错分布，加之亚热带季风气候的影响，使区内气候温和、雨量充沛。优越的自然条件为两栖动物的生存和繁殖提供了良好的自然环境。

一、研究方法

（一）调查方法

根据保护区内海拔、植被、生境、两栖动物生态习性等特点对两栖动物分白天和夜晚时间段分别调查。白天对森林及石山灌丛、草丛进行调查；夜间主要沿山涧溪流自下而上调查。根据《中国两栖动物及其彩色图鉴》[1]、《中国动物志.两栖纲（上、中、下卷）》[2-4]、《贵州两栖类志》[5]、对物种种类进行鉴定。参照《中国动物地理》[6]划分两栖爬行动物区系。

（二）种群数量等级划分

根据整个调查期间野外观察到的两栖动物各物种的个体数量，同时参考访问调查的数据，分别将两栖动物种群数量在近几年未见、5只以下、5～30只、30只以上，确定为资源量非常稀少（—）、稀少（＋）、一般（＋＋）、丰富（＋＋＋）[7]。

（三）两栖动物生态类型划分

根据两栖动物成体的主要栖息地，综合考虑产卵、蝌蚪及其幼体生活的水域状态，将两栖动物的生态类型归为5类：静水型Q、陆栖－静水型TQ、流水型R、陆栖－流水型TR、树栖型A[8]。

二、结果

查阅相关资料并结合野外实地调查与走访，确认贵州普安龙吟阔叶林州级自然保护区有两栖动物24种，隶属2目8科（见表6-6）。

（一）物种组成

通过调查，确认贵州普安龙吟阔叶林州级自然保护区现有两栖动物24种，隶属2目8科（见表6-6）。有尾目共有2科3种，占保护区总种数的12.5%，其中隐鳃鲵科1种，占保护区总种数的4.17%，占有尾目的33.33%；蝾螈科2种，占保护区总种数的8.33%，占有尾目的66.67%。无尾目共有6课21种，闸保护区总种数的87.5%，其中蟾蜍科3种，占保护区总种数的12.5%，占无尾目总种数的14.29%；雨蛙科1种，占保护区总种数的4.17%，占无尾目总种数的4.76%；姬蛙科3种，占保护区总种数的12.5%，占无尾目总种数的14.29%；树蛙科3种，占保护区总种数的12.5%，占无尾目总种数的14.29%；蛙科7种，占保护区总种数的29.17%，占无尾目总种数的33.33%；叉舌蛙科4种。占保护区总种数的16.67%，占无尾目总种数的19.05%。

（二）区系组成

从区系组成来看，贵州普安龙吟阔叶林州级自然保护区两栖动物的区系以东洋界为主，共计18种，占贵州普安龙吟阔叶林州级自然保护区两栖动物总种数的75%。古北界东洋界广布种有大鲵、中华蟾蜍指名亚种、黑斑侧褶蛙、泽陆蛙、棘腹蛙、大树蛙等6种，占贵州普安龙吟阔叶林州级自然保护区两栖动物总种数的25%。东洋界中，华中华南西南区有9种，华中华南区有4种，华中西南区有4种，华中区有1种。

（三）生态类型

依据两栖类成体的主要栖息地，综合考虑产卵、蝌蚪及其幼体生活的水域状态，将两栖类归为静水型、陆栖－静水型、流水型、陆栖-流水型、树栖型等5个生态类型，从表6-6可知，贵州普安龙吟阔叶林州级自然保护区两栖类各生态类型的物种组成以陆栖-静水型为主，有11种，流水型最少，只有1种，陆栖－流水型和树栖型分别为8种和4种。

（四）种群数量变化

保护区自1997年成立以来，还没有一次系统的本底调查，唯一一次调查就是19世纪80年代为编写《贵州两栖志》而进行全省调查。在全省普查中，在普安地区发现的大鲵、贵州疣螈、细痣疣螈、双团棘胸蛙、棘胸蛙共5种物种在本次的本底调查中都未发现。其原因可能是：①在20世纪80年代至今，普安在全县范围内大力开展煤矿资源，这就导致了当地的森林资源被破坏，开采出来的煤矿使部门地方的水资源当中的某些矿物质元素增加，从而使水的标准下降，而大鲵等物种对环境（尤其是水生环境）的要求极高，所以导致其无法继续生存。②普安整个区域有着大大小小的水库若干，这些水库在建设过程中并为对环境进行评估，而是盲目的进行修建，这样，就会导致一些原来有水的溪流、水塘等没有水；两栖动物是需要水才能生存的，没有了水，就会导致种群数量的急剧变化。③普安至今，新修了大量的高速公路、乡村公路、高铁路线等，是本地的森林被分成了若干块，这些就会导致动物不能正常的移动；有的公路在修建期间，并未按照国家的标准对环境进行相应的保护。④普安现在有着大大小小的水电站、风力发电站若干，风力发

表6-6　贵州普安龙吟阔叶林州级自然保护区两栖物种名录

目	科	物种名	分布型	区系	资源量	受威等级	生态类型	收录来源
有尾目 Urodela	隐鳃鲵科 Cryptobranchidae	大鲵 *Andrias davidianus*	E	N-SW-C-S	-	CR	R	D
	蝾螈科 Salamandridae	贵州疣螈 *Tylototriton kweichowensis*	Y	SW-C-S	+	VU	TR	D
		细痣疣螈 *Tylototriton asperrimus*	Wc	SW-C-S	+	VU	TQ	D
无尾目 Anura	蟾蜍科 Bufonidae	中华蟾蜍指名亚种 *Bufo gargarizans gargarizans*	Eg	MX-NE-N-SW-C	++	LC	TQ	S
		中华蟾蜍华西亚种 *Bufo gargarizans andrewsi*	Sa	SW-C	++	LC	TQ	S
		黑眶蟾蜍 *Duttaphrynus melanostictus*	Wc	SW-C-S	+	LC	TQ	S
	雨蛙科 Hylidea	华西雨蛙武陵亚种 *Hyla gongshanensis wulingensis*	Wd	SW-C-S	+++	LC	A	S
	姬蛙科Microhylidae	粗皮姬蛙 *Microhyla butleri*	Wc	SW-C-S	++	LC	TQ	S
		饰纹姬蛙 *Microhyla ornata*	Wc	SW-C-S	++	LC	TQ	S
		小弧斑姬蛙 *Microhyla heymonsi*	Wc	SW-C-S	++	LC	TQ	S
	树蛙科Rhacophoridae	斑腿泛树蛙 *Polypedates megacephalus*	Wd	SW-C-S	++	LC	A	S
		大树蛙 *Rhacophorus dennysi*	Sc	N-C-S	+	LC	A	S
		白线树蛙 *Rhacophorus leucofasciatus*	Hc	SW-C	+	VU	A	S
	蛙科 Ranidae	华南湍蛙 *Amolops ricketti*	Sc	C-S	+++	LC	TR	S

（续表）

目	科	物种名	分布型	区系	资源量	受威等级	生态类型	收录来源
		泽陆蛙 *Fejervarya multistriata*	We	N-SW-C-S	+++	LC	TQ	S
		沼水蛙 *Sylvirana guentheri*	Sc	SW-C-S	++	LC	TQ	S
		绿臭蛙 *Odorrana margaretae*	Sh	SW-C	+	LC	TR	S
		花臭蛙 *Odorrana schmackeri*	Si	C-S	+++	LC	TR	S
		黑斑侧褶蛙 *Pelophylax nigromaculatus*	Ea	MX-NE-N-SW-C-S	++	NT	TQ	S
		镇海林蛙 *Rana zhenhaiensis*	Sd	C-S	++	LC	TQ	S
	叉舌蛙科 Dicroglossidae	双团棘胸蛙 *GynandroPaa yunnanensis*	Si	SW-C	+	EN	TR	D
		棘腹蛙 *QuasiPaa boulengeri*	Ha	N-SW-C-S	++	VU	TR	S
		棘侧蛙 *QuasiPaa shini*	Y	C	+	VU	TR	S
		棘胸蛙 *QuasiPaa spinosa*	Sc	C-S	+	VU	TR	D

注：①生态类型：Q为静水型，TQ为陆栖一静水型，R为流水型，TR为陆栖一流水型，A为树栖型；②资源量：一为非诚稀少，+为稀有种，++为常见种，+++为优势种；③收录来源：D为资料，S为调查；④受威等级：LC为无危，NT为近危，VU为易危，EN为濒危，CR为极危，DD为数据缺乏；⑤分布型：E为季风区型，Sa为南中国型（热带），Sb为南中国型（热带一南亚热带），Sc为南中国型（热带一中亚热带），Sd为南中国型（热带一北亚热带），Sh为南中国型（中亚热带一北亚热带），Si为南中国型（中亚热带），Y为云贵高原，Ha为喜马拉雅山南坡，Hc为喜马拉雅横断山，Pd为青藏高原东南部，Ph为高地型南部，Wc为热带一中亚热带型，Wd为热带一北亚热带型，We为热带一温带；⑥动物区系：NE为古北界华北区，N为古北界华北区，MX为古北界蒙新区，SW为东洋界西南区物种，C为东洋界华中区物种，S为东洋界华南区物种，C-S为东洋界华中与华南区共有种，SW-C为东洋界华中西南区物种，SW-C-S为东洋界华中华南与西南区共有种。

电站需要建设风力发电机，这些风力发电机会产生巨大的噪音，从而使物种不能继续生存；水电站会不定期的进行蓄水、放水等，这样不定期的行为对有着特定行为的两栖动物进行严重伤害，甚至使其在该区域消失。⑤地方由于经济的快速发展及配套设施的建设，会对一些地方进行开发，而当地政府在开发过程并未对生态进行重视，对树木进行大量的砍伐，导致普安的森林覆盖率未到达10%，从而使得一些物种不能继续生存。

（五）珍稀濒危两栖动物

1．**大鲵** *Andrias davidianus* (Blanchard, 1871.)

（1）鉴别特征：叫声很像婴儿的哭声，体两侧有明显的肤褶，四肢短扁，指、趾前四后五，具微蹼。

（2）形态描述：叫声很像婴儿的哭声，因此人们又叫它“娃娃鱼”，是两栖动物中体形最大的一种，全长可达1m及以上，体重最重的可超百斤，而外形有点类似蜥蜴，只是相比之下更肥壮扁平。它小时候用的是鳃呼吸，长大后用肺呼吸。大鲵头部扁平、钝圆，口大，眼不发达，无眼睑。身体前部扁平，至尾部逐渐转为侧扁。体两侧有明显的肤褶，四肢短扁，指、趾前四后五，具微蹼。尾圆形，尾上下有鳍状物。娃娃鱼的体色可随不同的环境而变化，但一般多呈灰褐色。体表光滑无鳞，但有各种斑纹，布满粘液。身体腹面颜色浅淡。

（3）生态习性：在两栖动物中，大鲵的生活环境较为独特，一般在水流湍急，水质清凉，水草茂盛，石缝和岩洞多的山间溪流、河流和湖泊之中，有时也在岸上树根系间或倒伏的树干上活动，并选择有回流的滩口处的洞穴内栖息，每个洞穴一般仅有一条。洞的深浅不一，洞口比其身体稍大，洞内宽敞，有容其回旋的足够空间，洞底较为平坦或有细沙。白天常藏匿于洞穴内，头多向外，便于随时行动，捕食和避敌，遇惊扰则迅速离洞向深水中游去。

大鲵生性凶猛，肉食性，以水生昆虫、鱼、蟹、虾、蛙、蛇、鳖、鼠、鸟等为食。捕食方式为“守株待兔”。大鲵一般都匿居在山溪的石隙间，洞穴位于水面以下。夜间静守在滩口石堆中，一旦发现猎物经过时，便进行突然袭击，因它口中的牙齿又尖又密，猎物进入口内后很难逃掉。它的牙齿不能咀嚼，只是张口将食物囫囵吞下，然后在胃中慢慢消化。娃娃鱼有很强的耐饥本领，饲养在清凉的水中二三年不进食也不会饿死。它同时也能暴食，饱餐一顿可增加体重的五分之一。食物缺乏时，还会出现同类相残的现象，甚至以卵充饥。

2．**贵州疣螈** *Tylototriton kweichowensis* (Fang, P. W., M. L. Y. Chang .,1932)

（1）鉴别特征：贵州疣螈体长16～21cm，尾长6～9cm。体形和体表色斑与细痣疣螈相似，但背嵴棱及体侧疣粒是红色的，体侧还具有连续的红色纵线。背脊、头后侧及指、趾端为桔红色。

（2）形态描述：体形粗壮；头部扁平、顶部有凹陷，宽略大于长；吻短，吻端钝圆，突出于下唇，头两侧有显著的骨质棱脊，吻端的联结处略有凹陷；鼻孔较小，位于吻前端，颊部略向外倾斜，眼中等大，位于头侧，口角位于眼后角后下方，犁骨齿“八”形；舌略呈长椭圆形，约占口腔底部的一半，前后端与口腔底粘连，两侧略游离。四肢粗短，前后肢几等长，前肢贴体向前时，指端可超过鼻孔，达到吻端，前后肢贴体相对时，指、趾末端相遇；指、趾端钝圆，前肢4指，指长顺序为3、2、4、1，其中1、4指几等长。后肢5趾，趾长顺序为3、4、2、5、1，基部均无蹼。尾长短于头体长，尾基椭圆形向后渐侧扁，尾中段比前后段较高；肛孔纵裂。

皮肤粗糙，头背、体躯及尾部有各种大小不一的疣粒。体侧延至尾前段各有一系列略呈方形密集的瘰疣，连续隆起成纵行。腹面较光滑，细皱纹间有小疣粒。头背部及体腹部深黑褐色，吻及上下唇缘色较浅；颈后土黄色，背脊部及体两侧沿瘰疣部位有3条土黄色宽纵纹，在尾基部会合，整个尾部土黄色；体侧腋至胯部或多或少有土黄色斑纹；指趾端的背腹面生活时为桔红色。

雄性第二性征表现在肛部呈丘状隆起，隆起处大而短，肛孔纵裂较长，肛裂内壁有乳头状突起。雌性肛部隆起小而高，肛裂短或略呈圆形，其内壁无乳突。卵为圆形，卵径2mm，动物极为棕黑色，植物极为灰白色。卵胶膜白色透明，具有弹性。幼体头扁平，眼大，上唇褶发达，其两侧盖于下唇褶，背鳍褶宽，起于近头部。往体后逐渐加宽，至尾中段最宽；尾长9mm，肋沟16条；有3对显著的外鳃，色较深，最长鳃丝达第五肋沟。头和体背面黄褐色，腹面黄白色，体背及背鳍褶上有黑褐色斑点。体长67mm，尾长31mm时的次成体已像成体，体背面有小疣粒，外鳃萎缩，仅留鳃迹；颈褶显著，躯干部的背鳍褶已消失，只在尾基部有之；肛部已呈隆起状；体背有3条浅黄色纵线，体躯背腹面褐色，指、趾端及尾部浅黄色。

（3）生态习性：贵州疣螈多生活在海拔1800～2300m山区的小水圹、缓流小溪流、小水塘及其附近，周围有杂草或矮灌木，溪底有淤泥或碎石细沙，水域岸边有阴湿草坡、多石缝、土洞。水中多藻类与水生植物，水深1m以下。

贵州疣螈以陆栖为主，白天隐蔽在阴暗潮湿的上洞、石穴、杂草和苔藓、树根下。当雷雨天气，地面积水较多，此时白天出外活动者较多，夜晚多在草丛中觅食昆虫，蛞蝓，以及小螺、蚌和蝌蚪等小型动物。平时多在水域附近阴湿地方活动觅食，繁殖季节才进入水中。

3．**双团棘胸蛙** *Paa yunnanensis* (Anderson., 1878)

（1）形态描述：与眼斑棘蛙R.feae相似，但双团棘胸蛙鼓膜不明显，近胯部无眼点状斑。

（2）形态描述：成体体肥壮，雄蛙体长60～90mm，雌蛙体长65～91mm，头扁而宽，吻端钝圆，突出于下颌，吻棱不显，鼻孔在吻、眼之间，略近眼前角，鼓膜隐约可见。犁骨齿短而弱，位于内鼻孔之间，呈“ソ”形，舌卵圆形，后端有较深缺刻。

皮肤粗糙，背部有长疣，成纵行排列，其杂有带黑刺的小疣粒，颞褶明显，两眼后角之间有横肤沟，雄蛙胸部有左右两团黑棘，左右棘团不相接，相距约5～8mm，在咽部、腹部有时亦有少量分散的小黑刺粒，雌蛙腹面皮肤光滑。

前肢短粗，前臂及手长不到体长之半，指端圆，指长顺序为3、1、4、2，原拇指发达，第二、三指内侧有缘膜，关节下瘤明显，内掌突卵圆形，位于原拇指基部，外掌突小而长，位于第四指基部。后肢长而粗壮，超过体长的1.5倍，胫比股长，约为体长之半，胫跗关节前达眼，左右跟部重叠，趾端为球状，趾间全蹼，外侧蹠间蹼发达；关节下瘤明显，内蹠突细长，无外蹠突，跗褶长，超过跗长之半。

生活时体色为橄榄色或深褐色，上下颌缘有深浅相同的纵纹，两眼间有深色的横肤沟；四肢背面有深色横斑。腹面为淡棕色，咽部及四肢腹面有浅灰色云斑。液浸标本为深棕色。

雄蛙内侧三指及原拇指上有黑色锥状婚刺，胸部有两团黑棘，无声囊，背部有紫红色雄性线，腹部无雄性线。

蝌蚪的体为棕褐色，尾部稍浅，上有深色细麻点，腹部色浅为淡棕黄色；吻圆而尾尖圆，口小，眼位于头部背面，出水孔在左侧，无游离管；下唇乳突中间为一排，两侧各位两排，口角副突多，唇齿式为Ⅱ：4-4/Ⅰ：1-1，少数为Ⅰ：3-3/Ⅱ：1-1，角质颌强。

（3）生态习性：一般生活在海拔1500～2400m的山沟小溪附近，栖息于阴暗潮湿环境，雨后常在岸上活动，卵产于山溪水中，蝌蚪能越冬。

4．**棘腹蛙** *Paa boulengeri* (Gitnther, 1889)

（1）鉴别特征：体肥壮；雄蛙胸、腹部满布大小黑刺疣。

（2）形态描述：成体雄蛙体长90mm，雌蛙体长80mm左右。头宽大于头长；吻端圆，略突出于下唇，吻棱略显；鼻孔位于吻眼之间，眼间距与鼻间距几乎等宽；鼓膜略显；犁骨齿短，呈“＼／”，自内鼻孔内侧向中线倾斜，齿列后端间距窄；舌椭圆形，后端缺刻深。

前肢短，前臂及手长不到体长之半；雄蛙前臂极粗壮；指略扁，指端圆球状；第一指长于第二指，与第四指几乎等长；第二指两侧及第三指内侧具缘膜；原拇指发达，关节下瘤甚明显；内掌突大卵圆形，外掌突窄长。后肢肥壮，前伸贴体时胫跗关节达眼部，左、右跟部仅相遇；胫长超过体长之半；趾端圆球状；第一、五趾游离侧缘膜发达达蹠基部；趾间几乎全蹼，第四、五蹠间蹼超过蹠长之半；关节下瘤明显；内蹠突窄长，无外蹠突；跗褶清晰，超过跗长之半。

皮肤粗糙。体背部长形疣排列成纵行，其间有许多小圆疣或细小痣粒，其上均有小黑刺，头部、体侧及四肢背面有分散的大小黑刺疣，后者有肤棱；枕部有横肤沟；颞褶甚粗厚。雄蛙胸、腹部满布大小肉质疣，每个疣上中央有1枚黑刺，有的个体股、胫腹面也有分散的小刺疣；雌蛙腹面皮肤光滑。

生活时体色随环境和年龄有深浅的变异。背面多为土棕色或棕黑色；上、下唇缘有深棕色或黑色纵纹；两眼间多有一黑色横纹；有的个体背部有不规则的黑斑；四肢背面黑色横纹较清晰。腹面紫肉色，咽喉部及股部有深色云斑。

第二性征：雄蛙胸、腹部满布大小刺疣，有的个体股、胫腹面亦有小刺疣；前臂极粗壮，内侧3指有黑色锥状刺；有单咽下内声囊，声囊孔大，长裂状；背面有两条紫色雄性线，腹面缺如。

变异：据中国科学院成都生物研究所收集的各地标本，其体型大小有一定差异，如印江雄蛙体长113～121.3mm，雷山雄蛙体长67.0～107.2mm；四川天全雄蛙体长为85.8～111.1mm。据《贵州两栖类志》记载，贵州松桃雄蛙体长62.0～124.0mm。

卵：卵径4mm左右，动物极灰棕色，植物极乳黄色，卵胶膜3层，卵间以外层胶膜彼此贴连，以数十粒连成串状似葡萄，也有个别卵为单粒状。

蝌蚪：生活时背面黄棕色或棕褐色，有的个体有深色小斑点，尾部更清晰；体尾交界处有一个黑横斑，尾肌前上方有2～3个深色横斑；腹面色浅。跗足长4.6mm（第38天）时，头体长19mm，体高为头体长的34.4%；尾长几乎为头体长的179%，尾肌发达，尾鳍后部较高，尾末端钝尖。吻端圆，鼻孔位于吻眼之间，眼位于头背侧；出水孔位于体左侧；肛管宽，无游离管，肛孔大，斜开于下尾鳍基部右侧。口较小，下唇乳突两排，外排自口角至下唇缘，乳突小而密，参差排列，内排乳突大而疏，副突多；唇齿式一般为Ⅰ（4+4／1+1），Ⅱ，有为Ⅰ：3+3／1+1：Ⅱ；角质颌略强。身体全长约56mm（第42天）时，跗足长11mm左右，四肢已发育完好；尾长约33mm时，唇齿及角质颌消失，两眼间黑横纹及枕后横肤沟出现，背部纵肤棱极清晰，四肢背面深色横纹明显，指、趾关节下瘤和趾蹼与成蛙同。

（3）生态习性：该蛙生活在海拔400～1900m森林茂密的山溪瀑布下或山溪水塘边的石上，鸣声“梆(bang)、梆、梆、……”，俗称它为“梆梆鱼”“石蛙”“石吭(keng)”。所在环境溪内大小石块甚多，溪边乔木或灌木丛生。蝌蚪一般分散在小山溪水凼内，白昼多在水底或钻在石缝中；越冬蝌蚪潜伏在腐烂的水草叶下。卵产于小山溪瀑布下的石块下面或黏附在倒卧于水中的树枝上，偶尔在大山溪旁的石下或泉水凼内也可见到；卵大，最外层胶膜相连成串，一端附在石下或树枝上，另一端悬挂在水中。卵胶膜黏性强，大雨后的急流也不会将卵串冲走，但水位降落时，有的卵群可暴露于水外，在环境潮湿情况下，胚胎仍可正常发育；如果过分干燥，胚胎可能因缺水而死亡。5月30日曾在四川峨眉山采得（大量细胞分裂初期）卵串，该蛙的产卵期较长，一般在4～8月。

据袁凤霞和温小波(1990)报道，在湖北咸丰4～5月的93只棘腹蛙成蛙的食性分析，该蛙以捕食昆虫为主，共8目47科，此外还捕食鼠类、蛙类、蟹、螺、蜈蚣、马陆、蜘蛛以及植物种子、叶片、花瓣等，食物种类多达69种，93只成蛙共捕食动物总个体数为751只，其中有害动物数为583只，有益动物数为70只。可见棘腹蛙对森林和农田害虫有明显的防除作用。但是，不少地区开发利用棘腹蛙作为食用或用于治疗疳积病症，大量捕杀该蛙，使该蛙资源锐减，某些地区已经濒危或绝灭，破坏了当地生态环境的平衡。为了维护生态平衡，应提倡对该蛙进行保护，在保持自然环境中的资源量的前提下，开展人工养殖，进行合理利用。

三、保护与建议

两栖动物是水生生态系统中重要的生物群落，又是联系水生和陆生环境的代表，对于维护生态系统的完整性和健康性具有重要作用，在两栖动物多样性保护中具有极高不可替代性。同时，两栖动物是自然界重要的一类动物，对于保持生态平衡,维护生物链的完整，保护生物多样性具有重要意义。但由于经济利益的驱使，非法猎捕野生蛙类的活动时有发生，且在保护区内部分生境被道路分割，两栖动物被车辆“路杀”(Road kill)的现象屡见不鲜，特别是在繁殖季节。切实保护贵州普安龙吟阔叶林州级自然保护区的两栖动物是我们的重要任务。因此，对两栖类的保护建议如下：

（1）加强宣传教育,提高公众保护意识，改变民众喜食野生动物的习惯，严禁捕捉一切两栖动物，确保护区内两栖动物的正常繁衍。

（2）采取有效措施，杜绝农田和林地施洒对两栖动物有害的农药。强化保护区的森林生态系统的自我调节，让人类与两栖动物和谐相处。

（3）在条件允许的情况下，逐步对体大肉多、肉质鲜嫩、具有很高营养价值和药用价值的珍贵物种如棘腹蛙进行人工养殖，合理开发利用一些有重要经济价值的两栖动物。

参考文献

[1] 费梁, 叶昌媛, 江建平. 中国两栖动物及其分布彩色图鉴 [M]. 成都：四川科学技术出版社, 2012. 1–619.

[2] 费 梁, 胡淑琴, 叶昌媛, 等. 中国动物志.两栖纲：上卷[M]. 北京：科学出版社,2009.

[3] 费 梁, 胡淑琴, 叶昌媛, 等. 中国动物志.两栖纲：中卷[M]. 北京：科学出版社,2009.

[4] 费 梁, 胡淑琴, 叶昌媛, 等. 中国动物志.两栖纲：下卷[M]. 北京：科学出版社,2009.

[5] 伍律, 董谦, 须润华. 贵州两栖志[M]. 贵阳：贵州人民出版社, 1986.

[6] 张荣祖. 动物地理区划. 中国动物地理[M]. 北京：科学出版社，2011.

[8] 魏刚, 陈服刚, 李德俊. 贵州两栖动物区系及地理区划的初步研究[J]. 动物学研究. 1989, 10(3):241-249.

杨卫诚　冉景丞　周　毅　杨靓雯　钱朝霞

第十节　爬行动物

为了掌握贵州普安龙吟阔叶林州级自然保护区爬行动物资源现状，促进自然保护区的有效管理和建设，于2017年8月～2017年9月、2018年4月～2018年5月对贵州普安龙吟阔叶林州级自然保护区爬行动物资源进行了考察。

一、调查方法

爬行动物主要通过野外标本采集和观察法，根据保护区内海拔、植被、生境、爬行动物生态习性等特点对爬行动物分白天和夜晚时间段分别调查。白天对森林及石山灌丛、草丛进行调查，夜间主要沿山涧溪流自下而上调查和农户村舍进行调查。采用徒手捕捉法和蛇夹法进行标本的采集，采集到的标本用福尔马林溶液（10%）进行固定，带回室内鉴定，根据《贵州爬行类志》[1]、《中国蛇类》[2]对物种种类进行鉴定。

二、调查结果

通过野外实地调查与走访当地民众，确认贵州普安龙吟阔叶林州级自然保护区现有爬行动物3目9科29属36种（见表6-7）。

（一）物种组成

通过调查，确认贵州普安龙吟阔叶林州级自然保护区现有爬行动物36种，隶属3目9科29属

表6-7 贵州普安龙吟阔叶林州级自然保护区爬行动物资源名录

目	科	属	种
龟鳖目 Testudines	龟科 Emydidae	乌龟属 *Chinemys*	乌龟 *Chinemys reevesii*
	鳖科 Trionychidae	鳖属 *Trionyx Geoffory*	鳖 *Trionyx sinensis*
蜥蜴目 Lacertifomes	蜥蜴科 Lacerti	草蜥属 *Takydromus*	南草蜥 *Takydromus sexlineatus meridionalis*
	石龙子科 Scincidae	石龙子属 *Eumeces*	中国石龙子 *Eumeces chinensis chinensis*
		蝘蜓属 *Lygosoma*	蝘蜓 *Lygosoma indics*
	壁虎科 Gekkonidae	壁虎属 *Gekko*	多疣壁虎 *Gekko japonicus*
			蹼趾壁虎 *Gekko subpalmatus*
	蛇蜥科 Anguidae	脆蛇属 *Ophisaurus*	脆蛇蜥 *Ophisaurus harti*
有鳞目 Squamata	游蛇科 Colubrid	脊蛇属 *Achalinus*	青脊蛇 *Achalinus ater*
		腹链蛇属 *Amphiesma*	丽纹腹链蛇 *Amphiesma optatum*
			锈链腹链蛇 *Amphiesma craspedogaster*
		林蛇属 *Boiga*	繁花林蛇 *Boiga multomaculata*
		翠青蛇属 *Cyclophiops*	翠青蛇 *Cyclophiops major*
		链蛇属 *Dinodon*	赤链蛇 *Dinodon rufozonatum*
		锦蛇属 *Elaphe*	王锦蛇 *Elaphe carinata*
			灰腹绿锦蛇 *Elaphe frenata*
			玉斑锦蛇 *Elaphe mandarina*
			黑眉锦蛇 *Elaphe taeniura*

（续表）

目	科	属	种
		小头蛇属 *Oligodon*	小头蛇 *Oligodon chinensis*
		后棱蛇属 *Opisthotropis*	山溪后棱蛇 *Opisthotropis latouchii*
		钝头蛇属 *Pareas*	钝头蛇 *Pareas chinensis*
		斜鳞蛇属 *Pseudoxenodon*	横纹斜鳞蛇 *Pseudoxenodon bambusicola*
		鼠蛇属 *Ptyas*	灰鼠蛇 *Ptyas korros*
		颈槽蛇属 *Rhabdophis*	虎斑颈槽蛇 *Rhabdophis tigrinus*
			颈槽蛇 *Rhabdophis nuchalis*
		华游蛇属 *Sinonatrix*	环纹华游蛇 *Sinonatrix aequifasciata*
			华游蛇 *Sinonatrix percarinata*
		渔游蛇属 *Xenochrophis*	渔游蛇 *Xenochrophis piscator*
		乌梢蛇属 *Zaocys*	乌梢蛇 *Zaocys dhumnades*
	眼镜蛇科 Elapidae	环蛇属 *Bungarus*	银环蛇 *Bungarus multicinctus*
		眼镜蛇属 *Naja*	眼镜蛇 *Naja naja*
		眼镜王蛇属 *Ophiophagus*	眼镜王蛇 *Ophiophagus hannah*
	蝰科 Viperidae	白头蝰属 *Azemiops*	白头蝰 *Azemiops feae*
		原矛头蝮属 *Protobothrops*	原矛头蝮 *Protobothrops mucrosquamatus*
		烙铁头属 *Trimeresurus*	山烙铁头 *Trimeresurus monticola*
		东亚竹叶青蛇属 *Viridovipera*	竹叶青 *Viridovipera stejnegeri*

（见表6-8）。鬼鳖目共有2科2属2种，占总种数的5.57%；其中鳖科1种，占总种数的2.78%，占鬼鳖目的50%；龟科1种，占总种数的2.78%，占鬼鳖目的50%。蜥蜴目共有4科5属6种，占总种数的16.67%；其中蜥蜴科1种，占总种数的2.78%，占蜥蜴目16.67%；石龙子科2种，占总种数的5.57%，占蜥蜴目33.33%；壁虎科2种，占总种数的5.57%，占蜥蜴目33.33%；蛇蜥科1种，占总种数的2.78%，占蜥蜴目的16.67%。有鳞目共有3科19属28种，占总种数的77.78%；其中游蛇科21种，占总种数的58.33%，占有鳞目的75%；眼睛蛇科3种，占总种数的8.33%，占有鳞目的10.71%；蝰科有4种，占总种数的11.11%，占有鳞目的14.29%。

表6-8　贵州普安龙吟阔叶林州级自然保护区爬行动物成分统计

目	科	种	占总种数的（%）	占目的（%）
龟鳖目 Testudines	龟科 Emydidae	1	2.78	50
	鳖科 Trionychidae	1	2.78	50
蜥蜴目 Lacertifomes	蜥蜴科 Lacerti	1	2.78	16.67
	石龙子科 Scincidae	2	5.57	33.33
	壁虎科 Gekkonidae	2	5.57	33.33
	蛇蜥科 Anguidae	1	2.78	16.67
有鳞目 Squamata	游蛇科 Colubrid	21	58.33	75
	眼镜蛇科 Elapidae	3	8.33	10.71
	蝰科 Viperidae	4	11.11	14.29

（二）资源现状

根据统计结果，该保护区内爬行动物中，以蛇目为优势类群，科级分类阶元中，游蛇科所占总数最多，各类群物种组成与贵州爬行动物物种组成一致。保护区的优势种为多疣壁虎、翠青蛇、赤链蛇、王锦蛇、锈链腹链蛇、玉斑锦蛇、黑眉锦蛇、灰鼠蛇、虎斑颈槽蛇、颈槽蛇、环纹华游蛇、华游蛇、乌梢蛇、原矛头蝮、竹叶青。

多疣壁虎潜伏在壁缝、瓦檐下、橱拒背后等隐蔽的地方，夜间则出来活动、觅食各种昆虫；颈槽蛇在丘陵山地较多；在稻田中常见环纹华游蛇和华游蛇；虎斑颈槽蛇活动于山林溪涧及其附近，山区石堆杂草丛中多见原矛头蝮。其中常见种有翠青蛇、赤链蛇、王锦蛇、黑眉锦蛇、灰鼠蛇、虎斑颈槽蛇、乌梢蛇、原矛头蝮、竹叶青。

（三）区系组成

普安保护区36种爬行动物中，古北界东洋界广布种有4种，即乌龟、鳖、黑眉锦蛇、虎斑颈槽蛇。华中华南西南区有2种，即眼镜蛇和白头蝰。华中华南区23种，即南草蜥、中国石龙子、蝘蜓、多疣壁虎、蹼趾壁虎、锈链腹链蛇、繁花林蛇、翠青蛇、赤链蛇、王锦蛇、小头蛇、山溪后棱蛇、钝头蛇、灰鼠蛇、颈槽蛇、环纹华游蛇、华游蛇、渔游蛇、乌梢蛇、银环蛇、原矛头蝮、山烙铁头和竹叶青。西南区有1种，即青脊蛇。华中区有3种，即脆蛇蜥、丽纹腹链蛇和玉斑锦蛇。华南区有3种，即灰腹绿锦蛇、横纹斜鳞蛇和眼镜王蛇。

（四）有毒蛇类

保护区内的有毒蛇主要分为眼镜蛇科、蝮蛇和蝰蛇类型，眼镜蛇科主要是眼镜蛇、眼镜王蛇。蝮蛇主要是原矛头蝮和竹叶青，蝰蛇主要是白头蝰。蝰蛇和蝮蛇的主要区别在于蝮蛇鼻眼间有颊窝，是热能的灵敏感受器，可用来测知周围温血动物的准确位置。

1．**眼镜蛇**（*Naja naja*）

（1）鉴别特征：上颌骨较短，前端有沟牙，沟牙之后往往有1至数枚细牙，系前沟牙类毒蛇，毒液含神经毒为主。本科蛇类不爱活动，头部呈椭圆形。

（2）形态描述：头背具有对称大鳞，无颊鳞。瞳孔圆形，尾圆柱状，整条脊柱均有椎体下突。毒蛇的尖牙不能折叠，因而相对较小。眼镜蛇最明显的特征是其颈部皮褶。该部位可以向外膨起用以威吓对手。眼镜蛇被激怒时，会将身体前段竖起，颈部皮褶两侧膨胀，此时背部的眼镜圈纹愈加明显，同时发出“呼呼”声，借以恐吓敌人。事实上很多蛇都可以或多或少的膨起颈部，而眼镜蛇只是更为典型而已。

（3）生态习性：眼镜蛇常喜欢生活在平原、丘陵、山区的灌木丛或竹林里，山坡坟堆、山脚水旁、溪水鱼塘边、田间、住宅附近也常出现。该蛇食性很广，既吃蛇类、鱼类、蛙类，也食鸟类、蛋类、蜥蜴等。属昼行性蛇类，主要在白天外出活动觅食。眼镜蛇能耐高温，在35～38℃的炎热环境中照样不回避阳光，仍四处活动，但对低温的承受能力较差，冬季都喜集群冬眠，在气温低于9℃时易遭冻死。

2．**眼镜王蛇**（*Ophiophagus hannah*）

（1）鉴别特征：生活时，体背面黑褐色：颈背具一“∧”形的黄白色斑纹，无眼镜状斑；躯干和尾部背面有窄的白色镶黑边的横纹（34～45）+（8～17）条。下颌土黄色；体腹面灰褐色，具有黑色线状斑纹。幼蛇斑纹与成体有差异，主要是吻背和眼前有黄白色横纹，身体黑色，有35条以上的浅黄色或白色横纹。背鳞平滑无棱，具金属光泽，斜行排列，19～15～15行；腹鳞235～250枚（雄）、239～265枚（雌），肛鳞完整；尾下鳞单行或双行，83～96枚（对）（雄）、77～98片（对）（雌）。

（2）形态描述：大型蛇类，眼镜王蛇喜欢独居，白天出来捕食，夜间隐匿在岩缝或树洞内歇息。眼镜王蛇像其他眼镜蛇一样，在受到危险时会抬起身体的前三分之一，然后它会张开嘴，露出毒牙，一面盯着对手，一面留意着四周的环境。一旦眼镜王蛇认为自己处境危险，它就会毫不犹豫地发动攻击。眼镜王蛇主要捕食蛇类和蜥蜴，也吃鸟类、鸟卵和鼠类。眼镜王蛇的食物通常是其他蛇。眼镜王蛇行动敏捷，头部可灵活转动，不但可向前后左右方向攻击，还可以垂直窜起来攻击头顶上方的物体。咬住东西后常不会轻易撒口，毒液中干毒约100mg，而平均致死量为12mg，被咬者会在数分钟内引发肿胀、反胃、腹痛、呼吸麻痹，出现言语障碍，昏迷等症状，人在被咬后的半h内如没有及时的药物治疗必定死亡。

眼镜王蛇的毒液里主要含有神经毒素，也包含了心脏毒素。在攻击时，蛇毒注入受害者体内后，毒素会迅速袭击被咬者的中枢神经系统，导致剧痛，视力障碍、晕眩、嗜睡及麻痹等症状；伤者会因心脏血管系统崩溃而进入休克状态；最后会因呼吸衰竭、心跳减弱而死亡。临床个案显示，被咬者也可能出现肾衰竭的情况。

（3）生态习性：眼镜王蛇是一种智商很高的蛇类，它们捕猎其他的蛇，而且能分辨对方是否有毒。在捕食无毒蛇时，眼镜王蛇并不轻易使用毒液，它会随便咬上一口不放，任凭猎物挣扎反抗，直到死后再慢慢吞食。在捕食毒蛇时，它则不会轻举妄动，而是不断挑衅，当对方终被激怒向它发起进攻时，眼镜王蛇会机警地躲闪，最后猎物身心疲惫、无心恋战时，它看准机会，一口咬住猎物头颈并释放毒液将其杀死。眼镜王蛇，多栖息于沿海低地到海拔1800m的山区，多见于森林边缘近水处，林区村落附近也时有发现。主要栖息于热带雨林中，以别的蛇类为食。

3．**银环蛇** (*Bungarus multicinctus*)

（1）鉴别特征：银环蛇全身体背有白环和黑环相间排列，白环较窄，尾细长，体长1000～1800mm，具前沟牙的毒蛇。盘径3～6cm，蛇体直径0.2～0.4cm。头盘在中间，尾细，常纳口内，口腔上颌骨前端有毒沟牙一对，鼻间鳞二片，无颊鳞，上下唇鳞通常各为七片。背部黑色或灰黑色，有白色环纹45～58个，黑白相间，白环纹在背部宽1～2行鳞片，向腹面渐增宽，黑环纹宽3～5行鳞片，背正中明显突起一条脊棱，脊鳞扩大呈六角形，背鳞细密，通身15行，尾下鳞单行。气微腥，味微咸。

（2）形态描述：背面黑色或蓝黑色，具有30～50个白色或乳黄色窄横纹；腹面污白色。头背黑褐，幼体枕背具浅色倒“V”形斑。背脊较高，横截面呈三角形，尾末端较尖。头椭圆形，与颈区分较不明显，关背具典型的9枚大鳞片，无颊鳞，背正中一行脊鳞扩大呈六角形；尾下鳞单行。

银环蛇毒腺很小，但毒性极为猛烈，是环蛇属中毒性最强的。事实上，它是继细鳞太攀蛇、东部拟眼镜蛇和太攀蛇之后，陆地上毒性最猛烈的第四大毒蛇，在世界上最毒的毒蛇综合排位（含海蛇）中也在前八之列，是除大洋洲，世界陆地上最毒的毒蛇。但由于该蛇生性胆小、性情温和，不主动攻击人，因此为其所伤的案例并不多。

银环蛇具有α-、β-bungarotoxin两种神经毒素，患者被咬时不会感到疼痛，反而想睡。轻微中毒时身体局部产生麻痹现象，若是毒素作用于神经肌肉交接位置，则会阻绝神经传导路线，致使横纹肌无法正常收缩，导致呼吸麻痹，作用时间约40min～2h，或长达24h。在抗蛇毒血清应用以前，银环蛇咬伤死亡率极高，可以用神经性抗毒蛇血清治疗，但仍十分危险。

（3）生态习性：银环蛇昼伏夜出，尤其闷热天气的夜晚出现更多，但也见有初夏气温15～

20℃天气晴朗时，白天出来晒太阳。银环蛇性情较温和，一般很少主动咬人，但在产卵孵化，或有惊动时也会突然袭击咬人。银环蛇会捕食泥鳅、鳝鱼和蛙类，也吃各种鱼类、鼠类、蜥蜴和其他蛇类。栖息于平原、丘陵或山麓近水处；傍晚或夜间活动，常发现于田边、路旁、坟地及菜园等处。

4．白头蝰(*Azemiops feae*)

（1）鉴别特征：头部白色，有浅褐斑纹。躯、尾背面紫褐色，有13+3对左右镶细黑边的朱红色窄横纹，左右侧横纹在背中央相连或交错排列；腹面藕褐色，前段有少许棕褐斑点。

（2）形态描述：生活时躯干及尾背面紫棕色，有成对镶黑边的朱红色窄横纹，彼此交错排列，仅个别横纹在背中央合并为一。腹面藕褐色，前端有棕色斑。头背淡棕灰色，吻及头侧浅粉色，额鳞正中有一前窄后宽的浅粉红色纵斑。头部腹面浅棕黑色，杂以白色或灰白色纹。头大呈椭圆形，与颈部明显区别，吻短而宽，吻鳞宽度超过高度，从背面可见到它的上缘。鼻间鳞宽度超过它的长度。眶前鳞3或2；眶后鳞2，前额鳞2；上枚较大；后颞鳞3；上唇鳞6，2－1－3式，第1枚最小，第3枚位于眼正下方，下唇鳞8，少数为7，有的一侧为9，第1枚较宽大，彼此相切甚多，前3（4）枚切颔片；颔片1对，较宽短，背鳞平滑，17－17－15行，有的通身15行，有的15－15－15行；腹鳞雄蛇170～192枚，平均181，雌蛇178～197枚，平均183.9；肛鳞完整；尾下鳞双行或少数成单，雄蛇44～52对，平均49.2，雌蛇39～42对，平均40.8。

（3）生态习性：白头蝰单独生活，夜行性，黄昏时分比较活跃，每年12月至翌年2月为冬眠期。白头蝰以小型啮齿动物或食虫目动物为食，其中占较大比例的种类是食虫目的麝鼩。这种蛇非常耐饿，半年不吃不喝仍能保持强健的体魄。生活于海拔1300m的林区，栖息于岩石洞穴。

5．原矛头蝮(*Protobothrops mucrosquamatus*)

（1）鉴别特征：头长呈三角形，头长约为其宽的1.5倍。颈部细小，形似烙铁，故名烙铁头，体形细长，尾纤纤细，有缠绕性，善于攀爬上树。

（2）形态描述：头背具细鳞，棕褐色，有近倒“V”形的深褐色斑纹，上颌骨着生中空的管牙，头两侧有颊窝，眼后到颈侧有一暗褐色斑纹，上下唇色浅，头部腹面灰白色，体背棕褐色或灰褐色，在背中线两侧有并列的暗褐色斑纹，左右边相连而成波状纵纹，在波纹的两侧有不规则的小斑块。腹面浅褐色，每一腹鳞有1～3块近方形或近圆形的小斑。上唇鳞9或10，个别为8、12或13。下唇鳞以14或15为多，极少数有少至12或多至16的，背鳞较窄长，末端尖出，颈部25～29行，中段一般为25（21）行，极少数有23～29行的，肛前19～21行，少数为17行；中段除最外行平滑外，其余均起强棱。腹鳞雄性194～222，雌性199～233；肛鳞完整；尾下鳞雄性80～100对，雌性70～88对。

为管牙类毒蛇，局血循毒。最大放毒量108mg，对人致死量48mg（干重）。1/万mL（稀释）蛇毒注射于10g体重的小白鼠，2h内即死亡；若用1/5000浓度的蛇毒0.5ml皮下注射，或取0.5mL由腹腔注射，小白鼠均在24h内死亡，直接死因为呼吸麻痹。是台湾六大毒蛇之一。

（3）生态习性：原矛头蝮每日17时至次日凌晨5时外出活动，雨天出现率较高，活动高峰在21时至次日1时；季节活动高峰为6～8月，最适活动气温为23～32℃；非冬眠期每日出现率为

30%～70%，平均为52%。该蛇常利用树洞、竹洞、岩石洞作越冬场所，一般不主动攻击人，但遇黑影及灯光时可出现攻击动作并伤人。原矛头蝮生活于丘陵及山区，栖于竹林、灌丛、溪边、茶山、耕地，常到住宅周围如草丛、垃圾堆、柴草石缝间活动，有时会进入室内。吃鱼、蛙、蜥蜴、鸟、鼠等，也曾在住宅旁捕吃小鸡，甚至捕吃其他蛇类。

6．**山烙铁头** (*Trimeresurus monticola*)

（1）鉴别特征：头三角形，有长管牙，吻端较钝，吻鳞宽远超过高，鼻间鳞大，互相接触，头顶具有细鳞，是一种有明显宽浓郁颊窝的毒蛇。

（2）形态描述：头三角形，有长管牙。背面淡褐色，背部及两侧有带紫褐色而不规则的云彩状斑。腹面紫红色，腹鳞两侧有带紫褐色的半月形斑。眼后到口角后方有浓黑褐色条纹。颈部有“V”形黄色或带白色的斑纹。山烙铁头蛇头部具有一个短吻，稍微超过两倍的眼球的直径的长度。冠是由小的尺度，而不是大的盾牌覆盖，而天秤通常是光滑的，有气无力地覆瓦状排列。吻端较钝，吻鳞宽远超过高，鼻间鳞大，互相接触。头顶具有细鳞，上唇鳞9或10枚，第二上唇鳞构成颊窝的前缘，颊窝与鼻鳞间无细鳞。眼与鼻鳞间有两枚鳞片，左右眼上鳞间有细鳞7或8枚，有时只有6枚。头背都是小鳞片；体色棕褐，与原矛头蝮相似，区别在于本种头背左右眶上鳞间一横排有小鳞5～10枚，左右鼻间鳞相切或隔1～3枚鳞片。

（3）生态习性：山烙铁头蛇常栖息于海拔315～2600m的山区中。适应于各种环境，包括森林，灌丛和草地。山烙铁头蛇更喜欢山地石漠化地区，便于隐藏避难。山烙铁头蛇也出现在农业用地，甚至在人类住区中。山烙铁头蛇是陆地和夜间的物种，喜夜间活动，行动迟缓，主要以小型哺乳动物和青蛙，鼠类等为食。

7．**竹叶青** (*Viridovipera stejnegeri*)

（1）鉴别特征：管牙类毒蛇。头较大、三角形，颈细，头颈区分明显。头顶具细鳞；左右鼻间鳞不相切，由细鳞分开；背鳞除最外一行外均起鳞。雄蛇体侧有一红白相间的纵线纹路，雌性体侧纵线纹路为白色或淡黄色。

（2）形态描述：头大，三角形；颈细；尾较短，有缠绕性；上颌骨具中空管牙，有颊窝，带有毒腺。生活时，背面通身绿色，上唇色稍浅，尾背及尾尖焦红色；头及躯尾腹面黄白色。眼橘红色，体侧有一条白色、淡黄色或红白各半的纵线纹。雄蛇体侧纵线纹路红白各半，前达口角或眼后下角，后达尾中段或基部；雌性体侧纵线纹路白色或淡黄色，仅占最外行背鳞的中央，故较细，前端多不达颈部，绝不达眼后下角，后端达尾基部或前端。幼蛇色斑与成体基本相似，但体背多有两行白色细点。

竹叶青蛇毒一般的化学成分含有出血毒，多种酶类及少量神经毒。从临床效果观察，竹叶青蛇属于血循毒类，被咬伤后，伤口局部会出现剧烈的灼痛，肿胀发展迅速，其典型特征为血性水泡较多见，且出现较早，一般较少出现全身症状。竹叶青蛇因其体色翠绿，又喜栖息于植物上，而不易被人发现，人经过其栖息地，误触或逼近蛇体，往往会被咬伤，由于该种经常缠绕于树上，咬伤人头及颈部的事件时常发生，是福建、台湾及广东等地区的主要致伤蛇种之一。被该种咬伤后危及生命的病例虽极罕见，但因其分布广泛，造成的病例多，对人危害甚大，加以此蛇主食蛙类及蜥蜴，亦不利于农业。

（3）生态习性：竹叶青蛇生活于山区树林中或阴湿的山溪旁杂草丛、竹林中，常栖息于溪涧边灌木杂草、岩石上或山区稻田田埂杂草，或宅旁柴堆、瓜棚。该种树栖性很强，常吊挂或缠在树枝上，尤其喜栖于山洞旁树丛中，多于阴雨天活动，晴天的傍晚亦可见到，以傍晚及夜间最为活跃。在夜间有扑火的习性，但是对电光则不表示反应。

三、讨论

（1）自然保护区地理位置得天独厚，自然环境复杂多样，爬行动物多样性较高，珍稀濒危物种较为丰富，但还存在着一些威胁爬行动物生存的生物因素：外来物种的入侵对生态安全的影响等。

（2）非生物因素对资源环境影响也较大。由于保护区内社区人口众多，人口增长对资源环境和生物多样性保护的压力加大，道路造成爬行动物栖息地破碎，对其物种间的基因交流造成了一定的阻碍，区内居民保护意识淡薄，毁林开荒直接破坏了爬行动物的栖息地环境，加之保护区工作人员培训较少，缺乏系统的现代自然保护管理理论的指导，迫切需要制定一些有效的保护对策，来加强对爬行动物资源的保护力度。在目前市场经济条件下，处理好资源保护与合理开发利用的矛盾，对保证持续发展无疑有重要意义。

四、建议

（1）加强生态系统与资源保护力度。爬行动物对环境依赖性较大，必须保护它们赖以生存的栖息环境才能达到有效保护的目的。应积极解决社区居民生产生活使用的木材，减少对保护区森林的砍伐。应加大执法力度，加强野外巡护执法，提高野外保护管理能力，依法打击违法行为。应加强林地管理，控制外来物种。防止野生动物栖息的破碎化。应科学合理开发利用资源，保护物种多样性。

（2）加强对保护区区域爬行动物的生物学、生态学研究，开展资源与环境监测，进行爬行动物生态本底调查，制定监测评估计划，开展资源与环境监测，及时掌握自然资源和环境的动态变化情况，为保护两栖爬行动物提供科学依据。

（3）提高社区群众保护意识，实施社区共管，保持社区经济持续发展。通过宣传，使社区群众树立野生动物保护意识。

参考文献

[1] 伍律, 李德俊, 刘积琛. 贵州爬行类志[M]. 贵阳：贵州人民出版社, 1985.

[2] 赵尔宓. 中国蛇类[M]. 合肥：安徽科学技术出版社, 2006.

[3] 张荣祖. 中国动物地理. 北京：科学出版社, 2011.

[4] 杨道德, 刘松, 费东波, 等. 江西齐云山自然保护区两栖爬行动物资源调查与区系分析[J]. 动物学杂志,

2008, 43(6):68-76.
[5] 李筑眉, 李永通. 梵净山自然保护区两栖爬行动物调查报告[A]. 梵净山黑叶猴自然保护区科学考察集[M]. 贵阳：贵州民族出版社, 1994,67–70.
[6] 郑建州, 周江.佛顶山自然保护区爬行动物调查报告[A].佛顶山自然保护区科学考察集[M]. 北京：中国林业出版社, 2000,248–251.
[7] 王培潮. 环境决定爬行动物性别研究的进展[J]. 生态学报, 1989, 9(1):84-90.
[8] 王勇军, 黄汉泉, 魏巧珍, 周海旋. 深圳笔架山两栖爬行动物调查[J]. 中山大学学报：自然科学版, 2005, (A1).
[9] 刘承钊, 胡淑琴. 中国无尾两栖类[M]. 北京：科学出版社, 1961.
[10] 田婉淑, 江耀明. 中国两栖爬行动物鉴定手册[M] . 北京：科学出版社, 1986.
[11] 李仕泽, 吕敬才, 李灿, 魏刚, 徐宁. 麻阳河国家级自然保护区两栖爬行动物资源调查[J]. 动物学杂志, 2015, (1).
[12] 李川, 姚俊杰, 李敏, 杨兴, 袁家谟. 贵州省两栖爬行动物资源现状及保护利用对策[J]. 现代农业科学, 2008, (12).
[13] 刘松, 杨道德, 谷颖乐. 广东大峡谷自然保护区两栖爬行动物资源调查[J]. 四川动物, 2007, (2).
[14] 杨越文. 古田省级自然保护区两栖爬行动物资源调查及分析[J]. 农技服务, 2016, (6).
[15] 侯峰, 龚大洁, 张琼, 赵长青, 叶建新. 甘肃黑河湿地两栖爬行动物资源调查及分析[J]. 四川动物, 2007, (2).
[16] 张琼, 龚大洁, 张可荣, 许颖. 甘肃白水江国家级自然保护区两栖爬行动物资源调查及保护对策[J]. 四川动物, 2007, (2).
[17] 李成, 孙治宇. 九寨沟自然保护区的两栖爬行动物调查[J].动物学杂志, 2004, (2): 74-77.
[18] 邓其祥, 江明道. 青川县两栖爬行动物调查报告[A]. 见：江耀明编. 两栖爬行动物学论文集[C].成都：四川科学技术出版社, 1992: 145-149.
[19] 张永宏, 龚大洁, 闫礼, 田果. 贵州省从江县太阳山两栖爬行动物研究[J]. 安徽农业科学, 2012, (1).
[20] 杨道德, 熊建利. 江西南矶山自然保护区两栖爬行动物资源调查与评价[J]. 四川动物, 2006, 25(2): 285-289.
[21] 张旋, 陈继军, 谢镇国, 等. 2007. 雷公山国家级自然保护区爬行动物调查研究 // 贵州省黔东南苗族侗族自治州人民政府.雷山国家级自然保护区生物多样性研究[M]. 贵阳：贵州科技出版社, 314-321.

杨卫诚　冉景丞　周　毅　杨靓雯　余　醇

第十一节　鸟类

一、调查地自然概况

保护区境内属中亚热带湿润季风气候，气候温和、雨量充沛、雨热同季植被为常绿落叶林，森林覆盖率为27%。最高点为乌蒙山脉的长冲梁子，海拔为2084.6m，最低处为北部龙吟镇石古北盘江河谷，海拔633m，相对高差达1451.6m。受地质和气候条件的控制，形成了岩溶地貌和流水侵蚀地貌交错分布的地貌格局。平均海拔1820m。自然保护区内气温偏低，年平均气温13.9℃，最冷月平均气温4.8℃，最热月平均气温20.8℃，年平均降雨量1353.8mm，其中6～8月降雨量1176mm，占全年降雨量的84.3%。年平均蒸发量1400.9mm，年雷暴日数76.3天。年平均相对湿度82%。年平均无霜期290天，年平均日照1451.3h。虽四季分明，但夏无酷暑，冬无严寒。

二、调查方法

本次主要采用样线法进行调查，同时辅以鸣声辨别、摄影取证等调查方法。野外观察仪器为奥林帕斯10×42mm和施华洛斯奇10×42mm双筒望远镜。样线布设覆盖了普安县8个镇2个乡，分别为龙吟镇、江西坡镇、地瓜镇、青山镇、楼下镇、兴中镇、新店镇、罗汉镇、白沙乡、高棉乡。样线设置涵盖了不同生境不同海拔。每日调查的时间为上午7:00～11:00和下午15:00～18:30。步行调查时，平均速度控制在1～2km/h。

在野外调查时，对于难以通过望远镜识别的鸟类，我们借助超远摄镜头辅助拍摄识别。鸟类种类鉴定依据《中国鸟类野外手册》（约翰·马敬能等，2000）；鸟类分类系统依据《中国鸟类分类与分布名录》（第三版）（郑光美，2017）。

数据用Microsoft Office Excel 2007处理。物种科属多样性采用G-F指数（蒋志刚，1999）进行统计，计算公式为$D_{G-F}=1-\frac{D_G}{D_F}$，其中，$D_F=\sum_{k=1}^{m}D_{F_k}$，$m$为科数，$D_{F_k}=-\sum_{i=1}^{n}p_i lnp_i$，$pi=s_{ki}/s_k$，$s_k$为名录中$k$科中的物种数，$s_{ki}$为名录中$k$科$i$属中的物种数，$n$为$k$科中的属数；$DG=-\sum_{j=1}^{p}q_j lnq_j$，$q_j=s_j/s$，$S$为物种数，$s_j$为$j$属中的物种数，$p$为的属数。

三、调查结果与分析

此次普安保护区科学考察鸟类共记录到157种，隶属于17目49科（见表6-9）。

表6-9　贵州省贵州普安龙吟阔叶林州级自然保护区鸟类资源名录

目、科、种	保护级别	CITES	IUCN2017	中国特有种
（一）鸡形目 GALLIFORMES				
1．雉科 Phasianidae				
（1）中华鹧鸪 *Francolinus pintadeanus*			LC	

（续表）

目、科、种	保护级别	CITES	IUCN2017	中国特有种
（2）灰胸竹鸡 *Bambusicola thoracicus*			LC	√
（3）环颈雉 *Phasianus colchicus elegans*			LC	
（4）白腹锦鸡 *Chrysolophus amherstiae*	II		LC	
（二）雁形目 ANSERIVFORMES				
2．鸭科 Anatidae				
（5）斑嘴鸭 *Anas zonorhyncha*			LC	
（6）绿翅鸭 *Anas crecca*			LC	
（三）䴙䴘目 PODICIPEDIFORMES				
3．䴙䴘科 Podicipedidae				
（7）小䴙䴘 *Tachybaptus ruficollis*			LC	
（四）鸽形目 COLUMBIFORMES				
4．鸠鸽科 Columbidae				
（8）山斑鸠 *Streptopelia orientalis*			LC	
（9）火斑鸠 *Streptopelia tranquebarica*			LC	
（10）珠颈斑鸠 *Streptopelia chinensis*			LC	
（11）红翅绿鸠 *Treron sieboldii*			LC	
（五）夜鹰目 CAPRIMULGIFORMES				
5．雨燕科 Apodidae				
（12）白腰雨燕 *Apus pacificus*			LC	
（六）鹃形目 CUCULIFORMES				
6．杜鹃科 Cuculidae				
（13）褐翅鸦鹃 *Centropus sinensis*	II		LC	
（14）小鸦鹃 *Centropus bengalensis*	II		LC	
（15）噪鹃 *Eudynamys scolopacea*			LC	
（16）翠金鹃 *Chrysococcyx maculatus*			LC	
（17）乌鹃 *Surniculus lugubris*			LC	
（18）大鹰鹃 *Hierococcyx sparverioides*			LC	
（19）小杜鹃 *Cuculus poliocephalus*			LC	
（20）中杜鹃 *Cuculus saturatus*			LC	
（21）大杜鹃 *Cuculus canorus*			LC	

（续表）

目、科、种	保护级别	CITES	IUCN2017	中国特有种
（七）鹤形目 GRUIFORMES				
7．秧鸡科 *Rallidae*				
（22）红胸田鸡 *Zapornia fusca*			LC	
（23）黑水鸡 *Gallinula chloropus*			LC	
（24）白骨顶 *Fulica atra*			LC	
（八）鸻形目 CHARADRIIFORMES				
8．鸻科 *Charadriidae*				
（25）凤头麦鸡 *Vanellus vanellus*			NT	
（26）灰头麦鸡 *Vanellus cinereus*			LC	
（27）金眶鸻 *Charadrius dubius*			LC	
（28）环颈鸻 *Charadrius alexandrinus*			LC	
9．鹬科 *Scoiopacidae*				
（29）白腰草鹬 *Tringa ochropus*			LC	
（30）林鹬 *Tringa glareola*			LC	
（31）矶鹬 *Actitis hypoleucos*			LC	
（九）鹳形目 CICONIIFORMES				
10．鹳科 Ciconiidae				
（32）钳嘴鹳 *Anastomus oscitans*			LC	
（十）鹈形目 PELECANIFORMES				
11．鹭科 Ardeidae				
（33）栗苇[开鸟] *Ixobrychus cinnamomeus*			LC	
（34）池鹭 *Ardeola bacchus*			LC	
（35）牛背鹭 *Bubulcus ibis*			NR	
（36）苍鹭 *Ardea cinerea*			LC	
（37）白鹭 *Egretta garzetta*			LC	
（十一）鹰形目 ACCIPITRIFORMES				
12．鹰科 Accipitridae				
（38）凤头蜂鹰 *Pernis ptilorhyncus*	II	附录II	LC	
（39）黑冠鹃隼 *Aviceda leuphotes*	II	附录II	LC	
（40）蛇雕 *Spilornis cheela*	II	附录II	LC	

（续表）

目、科、种	保护级别	CITES	IUCN2017	中国特有种
（41）凤头鹰 *Accipiter trivirgatus*	II	附录II	LC	
（42）雀鹰 *Accipiter nisus*	II	附录II	LC	
（43）黑鸢 *Milvus migrans*	II	附录II	LC	
（44）普通鵟 *Buteo japonicus*	II	附录II	LC	
（十二）鸮形目 STRIGIFORMES				
13．鸱鸮科 Strigidae				
（45）灰林鸮 *Strix aluco*	II	附录II	LC	
（46）斑头鸺鹠 *Glaucidium cuculoides*	II	附录II	LC	
（十三）犀鸟目 BUCEROTIFORMES				
14．戴胜科 Upupidae				
（47）戴胜 *Upupa epops*			LC	
（十四）佛法僧目 CORACIIFORMES				
15．翠鸟科 Alcedinidae				
（48）白胸翡翠 *Halcyon smyrnensis*			LC	
（49）普通翠鸟 *Alcedo atthis*			LC	
（十五）啄木鸟目 PICIFORMES				
16．拟啄木鸟科 Capitonidae				
（50）大拟啄木鸟 *Psilopogon virens*			LC	
17．啄木鸟科 Picidae				
（51）蚁䴕 *Jynx torquilla*			LC	
（52）斑姬啄木鸟 *Picumnus innominatus*			LC	
（53）星头啄木鸟 *Dendrocopos canicapillus*			LC	
（54）大斑啄木鸟 *Dendrocopos major*			LC	
（55）灰头绿啄木鸟 *Picus canus*			LC	
（十六）隼形目 FALCONIFORMES				
18．隼科 Falconidae				
（56）红隼 *Falco tinnunculus*	II	附录II	LC	
（57）燕隼 *Falco subbuteo*	II	附录II	LC	
（58）游隼 *Falco peregrinus*	II	附录I	LC	
（十七）雀形目 PASSERIFORMES				

（续表）

目、科、种	保护级别	CITES	IUCN2017	中国特有种
19．黄鹂科 Oriolidae				
（59）黑枕黄鹂 *Oriolus chinensis*			LC	
20．山椒鸟科 Campephagidae				
（60）暗灰鹃鵙 *Lalage melaschistos*				
（61）小灰山椒鸟 *Pericrocotus cantonensis*			LC	
（62）长尾山椒鸟 *Pericrocotus ethologus*			LC	
（63）短嘴山椒鸟 *Pericrocotus brevirostris*			LC	
（64）赤红山椒鸟 *Pericrocotus flammeus*			LC	
21．卷尾科 Dicruridae				
（65）黑卷尾 *Dicrurus macrocercus*			LC	
（66）灰卷尾 *Dicrurus leucophaeus*			LC	
（67）发冠卷尾 *Dicrurus hottentottus*			LC	
22．王鹟科 Monarchinae				
（68）寿带 *Terpsiphone incei*			LC	
23．伯劳科 Laniidae				
（69）虎纹伯劳 *Lanius tigrinus*			LC	
（70）红尾伯劳 *Lanius cristatus*			LC	
（71）棕背伯劳 *Lanius schach*			LC	
24．鸦科 Corvidae				
（72）松鸦 *Garrulus glandarius*			LC	
（73）红嘴蓝鹊 *Urocissa erythrorhyncha*			LC	
（74）灰树鹊 *Dendrocitta formosae*			LC	
（75）喜鹊 *Pica pica*			LC	
（76）大嘴乌鸦 *Corvus macrorhynchos*			LC	
25．玉鹟科 Stenostiridae				
（77）方尾鹟 *Culicicapa ceylonensis*			LC	
26．山雀科 Paridae				
（78）黄腹山雀 *Periparus venustulus*			LC	√
（79）大山雀 *Parus chinereus*			LC	
（80）绿背山雀 *Parus monticolus*			LC	

（续表）

目、科、种	保护级别	CITES	IUCN2017	中国特有种
27．百灵科 Alaudidae				
（81）小云雀 *Alauda gulgula*			LC	
28．扇尾莺科 Cisticolidae				
（82）棕扇尾莺 *Cisticola juncidis*			LC	
（83）山鹪莺 *Prinia crinigera*			LC	
（84）黑喉山鹪莺 *Prinia atrogularis*			LC	
（85）纯色山鹪莺 *Prinia inornata*			LC	
（86）长尾缝叶莺 *Orthotomus sutorius*			LC	
29．燕科 Hirundinidae				
（87）家燕 *Hirundo rustica*			LC	
（88）烟腹毛脚燕 *Delichon dasypus*			LC	
（89）金腰燕 *Cecropis daurica*			LC	
30．鹎科 Pycnonotidae				
（90）领雀嘴鹎 *Spizixos semitorques*			LC	
（91）红耳鹎 *Pycnonotus jocosus*			LC	
（92）黄臀鹎 *Pycnonotus xanthorrhous*			LC	
（93）白头鹎 *Pycnonotus sinensis*			LC	
（94）白喉红臀鹎 *Pycnonotus aurigaster*			LC	
（95）绿翅短脚鹎 *Hypsipetes mcclellandii*			LC	
（96）栗背短脚鹎 *Hemixos castanonotus*			LC	
（97）黑短脚鹎 *Hypsipetes leucocephalus*			LC	
31．柳莺科 Phylloscopidae				
（98）冠纹柳莺 *Phylloscopus claudiae*			LC	
（99）黑眉柳莺 *Phylloscopus ricketti*			LC	
32．树莺科 *Cettiidae*				
（100）棕脸鹟莺 *Abroscopus albogularis*			LC	
（101）强脚树莺 *Horornis fortipes*			LC	
33．长尾山雀科 Aegithalidae				
（102）红头长尾山雀 *Aegithalos concinnus*			LC	
34．莺鹛科 Sylviidae				

（续表）

目、科、种	保护级别	CITES	IUCN2017	中国特有种
（103）棕头雀鹛 *Fulvetta ruficapilla*			LC	
（104）棕头鸦雀 *Sinosuthora webbianus*			LC	
35．绣眼鸟科 *Zosteropidae*				
（105）栗耳凤鹛 *Yuhina castaniceps*			LC	
（106）白领凤鹛 *Yuhina diademata*			LC	
（107）黑颏凤鹛 *Yuhina nigrimenta*			LC	
（108）暗绿绣眼鸟 *Zosterops japonicus*				
36．林鹛科 Timaliidae				
（109）斑胸钩嘴鹛 *Erythrogenys erythrocnemis*			LC	
（110）棕颈钩嘴鹛 *Pomatorhinus ruficollis*			LC	
（111）红头穗鹛 *Cyanoderma ruficeps*			LC	
37．幽鹛科 Pellorneidae				
（112）褐胁雀鹛 *Schoeniparus dubia*			LC	
（113）灰眶雀鹛 *Alcippe morrisonia*			NR	
38．噪鹛科 Leichrichidae				
（114）矛纹草鹛 *Babax lanceolatus*			LC	
（115）黑脸噪鹛 *Garrulax perspicillatus*			LC	
（116）白颊噪鹛 *Garrulax sannio*			LC	
（117）橙翅噪鹛 *Trochalopteron elliotii*			LC	√
（118）蓝翅希鹛 *Siva cyanouroptera*			LC	
（119）红嘴相思鸟 *Leiothrix lutea*		附录Ⅱ	LC	
（120）黑头奇鹛 *Heterophasia desgodinsi*			LC	
39．河乌科 Cinclidae				
（121）褐河乌 *Cinclus pallasii*			LC	
40．椋鸟科 Sturnidae				
（122）八哥 *Acridotheres cristatellus*				
（123）丝光椋鸟 *Spodiopsar sericeus*			LC	
41．鸫科 Turdidae				
（124）黑胸鸫 *Turdus dissimilis*			LC	
（125）乌鸫 *Turdus mandarinus*			LC	

（续表）

目、科、种	保护级别	CITES	IUCN2017	中国特有种
42．鹟科 Muscicapidae				
（126）鹊鸲 *Copsychus saularis*			LC	
（127）北红尾鸲 *Phoenicurus auroreus*			LC	
（128）红尾水鸲 *Rhyacornis fuliginosa*			LC	
（129）白顶溪鸲 *Chaimarrornis leucocephalus*			LC	
（130）紫啸鸫 *Myophonus caeruleus*			LC	
（131）灰背燕尾 *Enicurus schistaceus*			LC	
（132）黑喉石（即鸟） *Saxicola torquata*			LC	
（133）灰林（即鸟）*Saxicola ferreus*			LC	
（134）蓝矶鸫 *Monticola solitarius*			LC	
（135）栗腹矶鸫 *Monticola rufiventris*			LC	
（136）乌鹟 *Muscicapa sibirica*			LC	
（137）北灰鹟 *Muscicapa dauurica*			LC	
（138）红喉姬鹟 *Ficedula albicilla*			LC	
（139）铜蓝鹟 *Eumyias thalassinus*			LC	
43．啄花鸟科 Dicaeidae				
（140）红胸啄花鸟 *Dicaeum ignipectus*			LC	
44．花蜜鸟科 Nectariniidae				
（141）蓝喉太阳鸟 *Aethopyga gouldiae*			LC	
45．梅花雀科 Estrildidae				
（142）白腰文鸟 *Lonchura striata*			LC	
46．雀科 Passeridae				
（143）山麻雀 *Passer cinnamomeus*			LC	
（144）麻雀 *Passer montanus*			LC	
47．鹡鸰科 Motacillidae				
（145）灰鹡鸰 *Motacilla cinerea*			LC	
（146）白鹡鸰 *Motacilla alba*			LC	
（147）树鹨 *Anthus hodgsoni*			LC	
（148）粉红胸鹨 *Anthus roseatus*			LC	
48．燕雀科 Fringillidae				

（续表）

目、科、种	保护级别	CITES	IUCN2017	中国特有种
（149）燕雀 *Fringilla montifringilla*			LC	
（150）普通朱雀 *Carpodacus erythrinus*			LC	
（151）酒红朱雀 *Carpodacus vinaceus*			LC	
（152）金翅雀 *Chloris sinica sinica*			LC	
49．鹀科 Emberizidae				
（153）凤头鹀 *Melophus lathami*			LC	
（154）灰眉岩鹀 *Emberiza godlewskii*			LC	
（155）三道眉草鹀 *Emberiza cioides*			LC	
（156）黄喉鹀 *Emberiza elegans*			LC	
（157）灰头鹀 *Emberiza spodocephala*			LC	

注：①保护级别：Ⅰ-国家Ⅰ级重点保护野生动物、Ⅱ-国家Ⅱ级重点保护野生动物；IUCN：LC-国际自然保护联盟无危种、NT-国际自然保护联盟受危种、EN-国际自然保护联盟濒危种；CITES：Ⅱ-野生动植物国际贸易公约“附录Ⅱ”；Ⅰ-野生动植物国际贸易公约“附录Ⅰ”。

②分类系统采用郑光美（2017）《中国鸟类分类与分布名录》（第三版）。

（一）物种组成

贵州普安龙吟阔叶林州级自然保护区共记录到鸟类19目49科157种（见表6-9），占贵州省鸟类432种的36.34%，占全国鸟类1371种（郑光美，2011）的11.45%，其中非雀形目鸟类58种，占保护区总种数的36.94%，雀形目鸟类99种，占保护区总种数的63.06%。国家II级重点保护鸟类15种：白腹锦鸡 (*Chrysolophus amherstiae*)、褐翅鸦鹃 (*Centropus sinensis*)、小鸦鹃 (*Centropus bengalensis*)、凤头蜂鹰 (*Pernis ptilorhyncus)*、黑冠鹃隼 (*Aviceda leuphotes*)、蛇雕 (*Spilornis cheela*)、凤头鹰 (*Accipiter trivirgatus*)、雀鹰 (*Accipiter nisus*)、黑鸢 (*Milvus migrans*)、普通鵟 (*Buteo japonicus*)、灰林鸮 (*Strix aluco*)、斑头鸺鹠 (*Glaucidium cuculoides*)、红隼 (*Falco tinnunculus*)、燕隼 (*Falco subbuteo*)、游隼 (*Falco peregrinus*)。其中列入世界自然保护联盟 (IUCN) 红色名录的近危种 (NT)1种：凤头麦鸡 (*Vanellus vanellus*)。 (NR)2种：牛背鹭 (*Bubulcus ibis*)、灰眶雀鹛 (*Alcippe morrisonia*)。列入濒危动植物国际贸易公约 (CITES)附录Ⅰ有1种：游隼 (*Falco peregrinus*)，列入附录Ⅱ有12种：凤头蜂鹰 (*Pernis ptilorhyncus*)、黑冠鹃隼 (*Aviceda leuphotes*)、蛇雕 (*Spilornis cheela*)、凤头鹰 (*Accipiter trivirgatus*)、雀鹰 (*Accipiter nisus*)、黑鸢 (*Milvus migrans*)、普通鵟 (*Buteo japonicus*)、灰林鸮 (*Strix aluco*)、斑头鸺鹠 (*Glaucidium cuculoides*)、红隼 (*Falco tinnunculus*)、燕隼 (*Falco subbuteo*)、红嘴相思鸟 (*Leiothrix lutea*)。

（二）资源现状

本次调查共记录鸟类17目49科157，与2012年在其邻县盘州八大山保护区的调查结对比种类

表6-9　贵州省贵州普安龙吟阔叶林州级自然保护区鸟类目、科和种的组成

目	科	种	占总种数（%）
鸡形目	1	4	2.55
雁形目	1	2	1.27
鸊鷉目	1	1	0.64
鸽形目	1	4	2.55
夜鹰目	1	1	0.64
鹃形目	1	9	5.73
鹤形目	1	3	1.91
鸻形目	2	7	4.46
鹳形目	1	1	0.64
鹈行目	1	5	3.18
鹰行目	1	7	4.46
鸮形目	1	2	1.27
犀鸟目	1	1	0.64
佛法僧目	1	2	1.27
啄木鸟目	2	6	3.82
隼形目	1	3	1.91
雀形目	31	99	63.06
总　计	49	157	100

上相近，但贵州普安龙吟阔叶林州级自然保护区调查到的科和目相对较多，这也表明保护区鸟类在科级分类阶元和目级分类阶元的多样性比较丰富。从科、属分类阶元上看，其G-F指数达到0.84，也体现出较丰富的多样性。

四、讨论与建议

贵州普安龙吟阔叶林州级自然保护区位于乌蒙山区，区内山脊明显，山脉大体呈南北走向长条形。区域内属中亚热带湿润季风气候，有着良好的自然环境。其复杂多变的地理环境和气候条件为鸟类提供了丰富的栖息地，保护区及其周边地区共收录鸟类17目49科157种，与其他保护区相比，鸟类种类数虽不是很高，但目和科的数量却相对较高，种上分类阶元多样，比较丰富。

尽管贵州普安龙吟阔叶林州级自然保护区及周边地区的森林大多属次生性的，甚至不少区域已被人工针叶林所替代，但大多相对保存较好，水资源也较为丰富，较能适合野生鸟类动物栖息繁衍。保护区不大且较为零散，确有157种鸟类，鸟类多样性丰富度高，且物种类群及国家级和IUCN珍稀保护鸟类繁多。但是，由于保护区分布零散且面积不大，加之为了发展地方经济，鸟

类赖以生存的森林环境正遭受不同程度的破坏，这使得保护区及周边的鸟类种群数量趋于减少势态，较多物种较为稀少，处于濒危状态。所以，应采取积极而有效的措施发展经济，保护森林，以达到保护鸟类栖息环境和物种多样性的目的。

参考文献

[1] 蒋志刚, 纪力强. 鸟兽物种多样性测度G-F方法[J]. 生物多样性, 1999, 7(3):220-225.

[2] 吴志康. 贵州鸟类志[M]. 贵阳：贵州人民出版社, 1986.

[3] 杨岚. 云南鸟类志[M]. 昆明：云南科技出版社, 1995.

[4] 约翰・马敬能，卡伦・菲利普斯，何芬奇. 中国鸟类野外手册[M]. 长沙：湖南教育出版社, 2000.

[5] 郑光美, 张正旺, 宋杰, 等. 鸟类学[M]. 北京：北京师范大学出版社, 1995.

[6] 郑光美. 中国鸟类分类与分布名录[M]. 北京：科学出版社, 2011.

匡中帆

第十二节　兽类

2017年8月至2018年5月，采用样带法、红外相机监测调查法、铗日法、网捕法和非诱导性访问调查法等对贵州普安龙吟阔叶林州级自然保护区兽类资源进行了初步调查，结合资料和文献，确认保护区现有兽类38种，隶属8目18科28属。其中IUCN易危（VU）物种8种；低危/需予关注（LR/lc）物种7种，低危/接近受威（LR/nt）物种3种；国家一级保护物种1种，国家二级保护物种6种；被列入CITES附录的物种有9种；“三有”物种19种；6种生态类型中，半地下生活型物种最多（14种）；Jaccard相似性分析显示，普安保护区与苏铁、坡纲自然保护区兽类群落中等不相似（C=0.41和C=0.43）。不同物种对生境的要求不一样，应加强生境保护、修复及物种保育、监测工作。

兽类（即哺乳类）是自然生态系统的重要组成部分，其生态状况不仅可以作为生态环境质量高低的评价指标，而且还可以作为生态环境管理与保护的科学依据，并且在保护生物多样性和维护生态平衡方面具有重要的作用[1-3]，是与人类亲缘关系最近的一个物种，同时也是物种进化的最高级类群[4]。近年来，由于人类经济大力的发展以及生活质量的提高，使得生态环境遭受到严重的破坏，天然植被面积缩小，导致兽类的生存环境日趋恶化[5]。再加上人类过度的捕猎，进一步加深了种群数量的减少，导致不少的物种已销声匿迹。兽类作为对环境变化非常敏感的类群，全面系统的了解其群落组成及资源分布可以有效评估保护区生态恢复成效，有助于针对性地制定合理的保护和管理措施[6-8]。贵州贵州普安龙吟阔叶林州级自然保护区始建于1997年，位于贵州省兴义市普安县境内。自建立以来，尚无对该保护区兽类资源进行过较全面的调查和分析。

一、调查地概况

贵州普安龙吟阔叶林州级自然保护区位于贵州省西南部，隶属黔西南布依族苗族自治州，地处云贵高原向黔中过渡的梯级状斜坡地带，由乌蒙山脉横穿其中。境内地势中部较高，四面较低，南部由东北向西南倾斜，北部由西南向东北倾斜[9]。保护区境内属中亚热带湿润季风气候，年平均气温13.9℃，年平均降雨量1353.8mm，最高点为乌蒙山脉的长冲梁子，海拔为2084.6m，最低处为北部龙吟镇石古北盘江河谷，海拔633m，相对高差达1451.6m。森林覆盖率达27%。虽四季分明，但夏无酷暑，冬无严寒。

二、研究分析方法

（一）研究方法

根据贵州普安龙吟阔叶林州级自然保护区的地形地貌、植被类型以及兽类生物学特性，按照要求进行分层抽样，布设调查线路，主要采用样带法、铗日法、网捕法、红外相机监测调查法和非诱导性访问调查法进行调查。

1．样带调查法

在保护区内及边缘总共布设10条调查样带，样带需要覆盖不同的生境类型及海拔。在样带调查中，观察并记录样带两侧25m内的兽类实体、皮毛、活动痕迹（粪便、足迹、食迹、巢穴等）、生境类型及GPS信息等。

2．铗日法和网捕法

在调查小型兽类（啮齿目、食虫目）时，主要采用铗日法。在驻地周边的林地、灌木丛和农用地三大类型地类布铗[6-7]，铗距5m，行距20m，以花生粒、生肉类等为诱饵。每条样带布设30个鼠铗，次日查看捕获情况，共计300铗日/夜。同时，选择保护区内的岩洞，采用网捕法进行翼手目物种调查。采集的标本（除保护物种外），进行常规数据的测量、记录相关特征，不能鉴定的物种保存于95%的酒精中，带回室内进行鉴定。

3．红外相机监测调查法

由于兽类的特殊性和生态习性多样化，大多昼伏夜出，嗅觉灵敏、生性机警，因此很难在野外发现实体，同时受猎捕限制，除小型兽类外，无法获取实体标本。因此，在适宜的生境中，进行红外相机的布设。

4．非诱导性访问调查法

由于兽类可见率较低和调查时间短，为了扩大资料来源，本次调查走访当地护林员、防疫站、有经验的猎人以及周边居民，根据被访者口诉内容，进行原色图鉴和物种照片对比；并记录发现时间、地方、数量、大小、频率等。同时，查看居民家保存的皮张、骨头、足爪、毛发等。以确定保护区过去和现在可能存在的兽类物种。

（二）分析方法

群落相似性分析采用Jaccard相似性系数（C），计算公式：$Cj=j/(a+b-j)$。式中Cj为群落A与群落B的相似性系数，a、b分别为群落A、B的物种数，j为群落A、B共有的物种数；当$0.75 \leqslant Cj \leqslant 1.0$时，群落组成成分极其相似；当$0.5 \leqslant Cj \leqslant 0.75$时，群落组成成分中等相似；当$0.25 \leqslant Cj \leqslant 0.5$时，群落组成成分中等不相似；当$0 \leqslant Cj \leqslant 0.25$时，群落组成成分极不相似。

三、调查结果与分析

根据本次调查及前人研究资料，该区共计兽类物种8目18科18属38种，保护区名录物种分类按照《中国兽类野外手册》[10]、《中国哺乳动物种和亚种分类名录与分布大全》[11]、《贵州兽类志》[12]；参照《中国动物地理》[13]进行区系和分布型划分；参照《中国物种红色名录》[14]进行物种保护划分；生态类型划分参照魏辅文等[15]、张明海等[16]。

（一）物种组成

通过实地样带调查、标本采集、访问调查和查阅相关文献资料，确认贵州普安龙吟阔叶林州级自然保护区现有兽类38种，隶属8目18科28属（见表6-9），占贵州省兽类记载总数的27.54%。食虫目1科2属2种，占保护区总种数的5.26%；翼手目2科2属3种，占保护区总种数的7.89%；灵长目1科2属2种，占保护区总种数的5.26%；鳞甲目1科1属1种，占保护区总种数的2.63%；兔形目1科1属1种，占保护区总种数的2.63%；食肉目4科7属8种，占保护区总种数的21.05%；偶蹄目3科4属5种，占保护区总种数的13.16%；啮齿目5科9属16种，占保护区总种数的42.11%。啮齿目和食肉目种数较多。

（二）区系特征

贵州普安龙吟阔叶林州级自然保护区在中国动物地理区划上属东洋界-中印亚界-华中区（VI）-西部山地高原亚区（VIB）[13]。保护区38种兽类中，东洋界物种14种，占保护区总种数的36.84%；古北界物种16种，占保护区总种数的42.11%；古北、东洋界广布种8种，占保护区总种数的21.05%（见表6-10）。

分布型就是物种在分布上趋同演化所形成的一组相似事件。贵州普安龙吟阔叶林州级自然保护区兽类共有6种分布型，其中东洋型20种（占保护区总种数的52.63%）；南中国型6种（占保护区总种数的15.79%）；季风型2种（占保护区总种数的5.26%）；全北型1种（占保护区总种数的2.63%）；广北型8种（占保护区总种数的21.05%）；不易归类型1种（占保护区总种数的2.63%）：草兔，草兔的分布区跨界复杂，分布广泛[10]。总体而言，东洋型物种最多，其中热带-中亚热带和热带-温带物种分别是7种和6种，分别占东洋型物种总数的35%和30%。

（三）保护物种

1．国家重点保护物种

保护区38种兽类物种中，有国家重点保护动物6种，占保护区总种数的15.79%。其中，国家一级保护物种1种：黑叶猴 (*Presbytis francoisi*)；国家二级保护物种5种：猕猴 (*Macaca mulatta*)、穿山甲 (*Manis pentadactyla*)、小灵猫 (*Viverricula indica*)、豹猫 (*Prionailurus ngalensis*)、斑羚 (*Naemorhedus goral*)。

表6-10 贵州普安龙吟阔叶林州级自然保护区兽类资源名录

目	科	属	种	区系	分布型	保护级别					来源
						国家重点保护	IUCN濒危等级	中国红皮书	CITES附录	三有	
食虫目 Insectivora	鼩鼱科 Soricidae	臭鼩属 *Suncus*	臭鼩 *Suncus murinus*	东	Wd						WX
		麝鼩属 *Crocidura*	灰麝鼩 *Crocidura attenuat*	东	Sd						WX
翼手目 Chiroptera	菊头蝠科 Rhinolophidae	菊头蝠属 *Rhinolophus*	中菊头蝠 *Rhinolophus affinis*	广	Wd		LR\lc				ST+FT+WX
			皮氏菊头蝠 *Rhinolophus pearsoni*	东	Wd		LR\nt				ST+WX
	蹄蝠科 Hipposideridae	蹄蝠属 *Hipposideros*	大蹄蝠 *Hipposideros armiger*	广	Wd						ST+WX
灵长目 Primates	猴科 Cercopithecidae	猕猴属 *Macaca*	猕猴 *Macaca mulatta*	广	We	II	LR\nt	VU	II		SJ+FT+FB+WX+HJ+HW
		叶猴属 *Presbytis*	黑叶猴 *Trachypithecus francoisi*	东	Wc	I	VU	EN	II		FT+WX
鳞甲目 Pholidota	鲮鲤科 Manidae	鲮鲤属 *Manis*	穿山甲 *Manis pentadactyla*	东	Wc	II	VU	EN	II		FT+WX
兔形目 Lagomorpha	兔科 Leporidae	兔属 *Lepus*	草兔 *Lepus capensis*	古	O					√	HW+FT+ST+WX
食肉目 Carnivora	犬科 Canidae	狐属 *Vulpes*	赤狐 *Vulpes vulpes*	古	Ch		VU	NT		√	FT+WX

（续表）

目	科	属	种	区系	分布型	保护级别					来源
						国家重点保护	IUCN濒危等级	中国红皮书	CITES附录	三有	
	鼬科 Mustelidae	鼬属 *Mustela*	黄腹鼬 *Mustela kathiah*	东	Sd		LR\lc	VU	Ⅲ	√	FT+WX
			黄鼬 *Mustela sibirica*	古	Uh		LR\lc	VU	Ⅲ	√	WX
		狗獾属 *Meles*	狗獾 *Meles meles*	古	Ub		LR\lc	VU		√	HJ+HW+FT+WX
		猪獾属 *Arctonyx*	猪獾 *Arctonyx collaris*	东	We		LR\lc	VU		√	ST+FB+HJ+HW+WX+FT
	灵猫科 Viverridae	小灵猫属 *Viverricula*	小灵猫 *Viverricula indica*	东	Wd	Ⅱ	VU	NT	Ⅰ		HW+WX+FT
		花面狸属 *Paguma*	花面狸 *Paguma larvata*	古	We		VU	NT	Ⅰ	√	HW+WX
	猫科 Felidae	猫属 *Prionailurus*	豹猫 *Prionailurus ngalensis*	古	We	Ⅱ	VU	NT	Ⅱ	√	HW+FB+FT+WX
偶蹄目 Artiodactyla	猪科 Suidae	野猪属 *Sus*	野猪 *Sus scrofa*	古	Ch					√	HW+HJ+FT
	鹿科 Cervidae	麂属 *Muntiacus*	小麂 *Muntiacus reevesi*	东	Sd		LR\lc	VU		√	HW+FB+FT+WX
			赤麂 *Muntiacus vaginalis*	东	Wc		LR\lc	VU		√	FT+WX
		毛冠鹿属 *Elaphodusc*	毛冠鹿 *Elaphodusc phalophus*	古	Sv		LR\nt	VU		√	FT

（续表）

目	科	属	种	区系	分布型	保护级别					来源
						国家重点保护	IUCN濒危等级	中国红皮书	CITES附录	三有	
	牛科 Bovidae	斑羚属 *Naemorhedus*	斑羚 *Naemorhedus goral*	古	Eb	II	VU	EN	I		WX
啮齿目 Rodentia	松鼠科 Sciuridae	丽松鼠属 *Callosciurus*	赤腹松鼠 *Callosciurus rythraeus*	东	Wc					√	ST+HJ
			隐纹花松鼠 *Tamiops swinhoei*	东	We					√	ST
		长吻松鼠属 *Dremomys*	珀氏长吻松鼠 *Dremomys pernyi*	广	Sd					√	WX
	仓鼠科 Cricetidae	田鼠属 *Microtus*	东方田鼠 *Microtus fortis*	广	Ee					√	HW+WX
	竹鼠科 Rhizomys	竹鼠属 *Rhizomys*	普通竹鼠 *Rhizomys sinensis*	东	Wb					√	HJ+CX
	鼠科 Muridae	巢鼠属 *Micromys*	巢鼠 *Micromys minutus*	古	Uh						CX
		姬鼠属 *Apodemus*	黑线姬鼠 *Apodemus agrarius*	古	Ub						ST+HW
		家鼠属 *Rattus*	褐家鼠 *Rattus norvegicus*	古	Ue						HJ+WX
			社鼠 *Rattus niviventer*	广	Uh					√	CX+ST+WX
			针毛鼠 *Rattus huang*	广	Wb						CX

（续表）

目	科	属	种	区系	分布型	保护级别					来源
						国家重点保护	IUCN濒危等级	中国红皮书	CITES附录	三有	
			白腹巨鼠 *Rattus coxingi*	东	Wd						WX
			黄胸鼠 *Rattus flavipectus*	古	We						ST+CX+WX
			大足鼠 *Rattus nitidus*	古	Wa						WX
			拟家属 *Rattus rattoides*	广	Sv						CX
		小家鼠属 *Mus*	小家鼠 *Mus musculus*	古	Uh						WX
	豪猪科 Hystricidae	豪猪属 *Hystrix*	豪猪 *Hystrix rachyura*	古	Wd		VU	VU		√	HW+HJ+FT+WX

注：①分布型：C-全北型，h-中温带为主，再伸至亚热带（欧亚温带-亚热带型）；U-古北型，b-寒温带至中温带（苔原-针叶林带），e-北方湿润-半湿润带，h-中温带为主，再伸至亚热带（欧亚温带-亚热带型）；E-季风区型，b-包括乌苏里或再延展至朝鲜及俄罗斯远东，g-包括乌苏里、朝鲜；S-南中国型，b-热带-南亚热带，d-热带-北亚热带，e-南亚热带-中亚热带，v-热带-中温带；W-东洋型，a-热带，b-热带-南亚热带，c-热带-中亚热带，d-热带-北亚热带，e-热带-温带，f-热带一西亚热带；O-不易归类的分布，3-地中海附近-中亚或包括东亚；②区系：东-东洋界，广-广布种；13.中国濒危动物红皮书等级：LC-无危，NT-近危，VU-易危，EN-濒危；④世界自然保护联盟濒危物种红色名录(IUCN)等级：LR/nt-低危/接近受危，LR/lc-低危/需予关注，VU-易危。LC-无危；⑤CITES：濒危野生动植物种国家贸易公约附录Ⅰ、Ⅱ、Ⅲ；⑥国家重点保护野生动物名录：Ⅰ-一级保护动物，Ⅱ-二级保护动物；⑦三有：国家保护的有益的或者有重要经济、科学研究价值的陆生野生动物名录；⑧来源：ST-实体，FB-粪便，HJ-痕迹，CX-巢穴，FT-访谈，WX-文献，HW-红外检测影像。

2. IUCN红色名录与CITES附录物种

列入世界自然保护联盟（IUCN）濒危物种红色名录的物种18种，其中低危/接近受威（LR/nt）物种3种（占保护区总种数的7.89%），分别是猕猴、毛冠鹿、皮氏菊头蝠；低危/需予关注（LR/lc）物种7种（占保护区总种数的18.42%），分别是黄腹鼬、黄鼬、狗獾、猪獾、小麂、赤麂、中菊头蝠；易危（VU）物种8种（占保护区总种数的21.05%），分别是黑叶猴、穿山甲、赤狐、小灵猫、花面狸、豹猫、斑羚、豪猪。

列入濒危野生动动植物国际贸易公约（CITES）的兽类物种9种。其中，列入附录Ⅰ的3种：小灵猫、花面狸、斑羚；列入附录Ⅱ的4种：猕猴、黑叶猴、穿山甲、豹猫；列入附录Ⅲ的2种：黄腹鼬和黄鼬。

3. 《中国濒危动物红皮书（兽类）》名录物种

列入《中国濒危动物红皮书（兽类）》名录的物种13种，易危（VU）物种5种（占保护区总种数的13.16%），分别是小灵猫、豹猫、小麂、毛冠鹿、斑羚；近危（NT）物种6种（占保护区总种数的15.79%），分别是赤狐、黄腹鼬、狗獾、猪獾、花面狸、赤麂；濒危（EN）物种1种（占保护区总种数的2.63%），分别是黑叶猴；极危（CR）物种1种（占保护区总种数的2.63%），分别是穿山甲。

4. “三有”物种

列入国家保护的有益的或者有重要经济、科学研究价值的陆生野生动物名录（简称“三有名录”）19种，占保护区总种数的50%。

（四）生态类型

根据兽类生境和生态习性，将贵州普安龙吟阔叶林州级自然保护区兽类生态类型分为6类。

①地下生活型（1种）：普通竹鼠，长时间潜伏洞巢内，沿洞道啃食竹根、地下茎和竹笋等。

②半地下生活型（14种）：食中目、穿山甲、豪猪及大部分鼠类，多善于掘土穴居。

③面生活型（13种）：偶蹄目、食肉目中大型兽类及草兔、巢鼠，巢鼠善于攀爬，多栖息于丘陵坡地，通常筑巢于芒秆、麦秆上，因此将其划定为地面生活型。

④树栖型（3种）：松鼠科，营树栖生活，较少在地面生活。

⑤半树栖型（4种）：猕猴、黑叶猴、黄腹鼬、黄鼬，多活动在树上，也常常在地面觅食或栖息。

⑥岩洞栖息型（3种）：翼手目物种，栖息于岩洞内，多夜间活动。

（五）资源现状

保护区现存大中型兽类多为偶蹄目、食肉目物种，如：野猪、猪獾、狗獾等，但种群数量并不理想。因为大多数兽类具有重要的经济价值、食用价值以及药用价值，致使其经常被非法捕抓，导致物种生存压力较大，如豹猫、小麂、小灵猫等。在访谈中得知该地区曾有毛冠鹿、斑羚、赤麂、赤狐等的分布。近年来不合理的开发、人类活动的干扰频繁以及经济的快速发展，致使生境破碎化进一步严重，污染加重，物种生存空间急剧缩减，致使一些物种该地区多年没有出现。

普安保护区兽类资源相对丰富，但与武陵山脉（梵净山、佛顶山）和大娄山脉（宽阔水、习水）相比，稍显贫乏，其原因可能保护区生境类型相对单一，破碎化较为严重，缺乏多样的食物资源及良好的趋避敌害的环境。普安保护区地处黔西南，是典型的喀斯特地貌，加上该地区的经济来源长期为树木，导致该地区的森林资源逐渐下降，现在大部分地区都是次生林或人工杉木林，对一些典型的针阔混交林典型物种来说，就不能生存。因此，保护生境的完整性和多样性对于维护生物多样性具有重要意义。

（六）兽类资源比较

从较大的地理区域尺度上看，贵州普安龙吟阔叶林州级自然保护区周边有望谟苏铁县级自然保护区和兴义坡岗县级自然保护区，其生境构成和植被类型也较为相似。因此，将贵州普安龙吟阔叶林州级自然保护区与其他两地进行比较，分析其相似性（见表6-11）。

表6-11　普安、苏铁和坡岗自然保护区兽类群落对比

目	普安			苏铁			坡岗		
	科数（个）	种数（个）	占该区总数(%)	科数（个）	种数（个）	占该区总数(%)	科数（个）	种数（个）	占该区总数(%)
食虫目	1	2	5.26	1	2	3.85	1	2	3.7
翼手目	2	3	7.89	4	9	17.31	3	13	24.07
灵长目	1	2	5.26	1	2	3.85	1	2	3.7
鳞甲目	1	1	2.63	1	1	1.92	1	1	1.85
兔形目	1	1	2.63	1	1	1.92	1	1	1.85
食肉目	4	8	21.05	6	14	26.92	4	14	25.93
偶蹄目	3	5	13.16	3	3	5.77	2	4	7.41
啮齿目	5	16	42.11	5	20	38.46	5	17	31.48
合计	18	38	100	22	52	100	18	54	100

注：望谟苏铁自然保护区兽类数据来源文献[17]；兴义坡岗自然保护区兽类资源来源文献[18]。

贵州普安龙吟阔叶林州级自然保护区与望谟苏铁自然保护区共有兽类26种，与兴义坡岗自然保护区共有兽类28种，通过Jaccard相似性系数分析得出：贵州普安龙吟阔叶林州级自然保护区与望谟苏铁自然保护区兽类群落相似性系数较低（C=0.41），中等不相似；贵州普安龙吟阔叶林州级自然保护区与兴义坡岗自然保护区兽类群落相似性系数较低（C=0.43），中等不相似。

四、小结与建议

调查结果表明，贵州普安龙吟阔叶林州级自然保护区现有兽类38种，隶属8目18科28属。从物种组成上看，食肉目和啮齿目种类较多，食肉目物种均为中小型兽类，这类兽类因生存范围较小而表现出对生境较强的依赖性[19]，而小型兽类在食物链中是不可代替的组成成分，对维持生态平衡具有重要意义，保护生境的完整性及避免过多人为干扰不仅有利于大型兽类的保护，也有利

于小型兽类的生存[20]。从区系分布上看，东洋界物种14种，占保护区总种数的36.84%；古北界物种16种，占保护区总种数的42.11%；古北、东洋界广布种8种，占保护区总种数的21.05%。东洋界物种占有绝对优势。

贵州普安龙吟阔叶林州级自然保护区由于地处偏僻，加之保护区管理体系不健全、缺少应有的保护区政策和执行力度、当地社区和居民的保护意思薄弱、对自然资源进行盲目性和掠夺性开发利用以及在保护区内的人工建设设施不仅成为了动物迁移、活动、扩散的障碍，也造成了野生动物生境的破坏和逐渐消失。生境破碎化严重、非法捕猎以及当地群众不了解野生动物的保护级别和保护价值等因素导致大型哺乳动物减少甚至本地灭绝。大肆的捕猎重点保护动物，使其数量加剧下降、濒临灭绝，丞需加强保护。另外，因缺少天敌，同时具有较强繁殖率的鼠类、野猪种群数量逐渐增多，与当地居民的生产活动的冲突日趋严重[21]。

基于保护区兽类资源特点、保护管理现状和社区居民保护意识的了解，结合相关政策，提出以下建议：①由于贵州普安龙吟阔叶林州级自然保护区范围广，居住在其内的群众多，且林地分散，不便于管理，需加快保护区升级建设，制定并完善贵州普安龙吟阔叶林州级自然保护区野生动物保护管理制度，健全保护区管理职能，提高保护区管理水平，有效发挥保护区综合效益。②完善保护区基础设施的建设，划定野生动物重点保护管理区域和生态红线，并进行定期检测和巡护。③加大执法力度，认真贯彻《野生动物保护法》《森林法》《自然保护区条例》等有关国家法律法规，严格禁止捕杀国家保护动物及保护区内任何其他野生动物。④有计划地恢复一部分常绿阔叶林，特别是要保护好现有残存的常绿阔叶林，使其成为野生动物的“避难所”和“种源地”。在保护区周边进行合理的经济林建设，扩大保护区的深林覆盖率，增大保护区的深林面积，提高保护区森林质量，有利于动物资源的恢复。⑤积极开展保护区科学研究，加强生境和物种保护，对珍稀濒危物种的种群动态进行长期检测。并积极开展自然保护宣传工作，加强保护意识，完善因野生动物活动对居民造成的补偿机制。

参考文献

[1] 韩宗先, 胡锦矗. 重庆市兽类资源及其区系分析[J]. 四川师范学院学报：自然科学版, 2002, 23, (2):141-148.

[2] 黄林, 邵崇斌, 任晓静. 陕西省陆生野生动物资源调查管理信息系统的研究[J]. 西北林学院学报, 2003, (4).

[3] 韩宗先, 胡锦矗. 重庆市珍稀兽类的生态地理分布与保护现状[J]. 重庆师范学院学报：自然科学版, 2002, 19(3):49-54.

[4] 赵忠, 何毅, 等. 肃南肃北草原野生动物资源调查研究[J]. 草业学报, 2010, 20(2):67-75.

[5] 廖文波, 王勇军, 康杰, 金建华, 崔大方. 深圳笔架山公园生态环境资源的综合评价[J]. 中山大学学报：自然科学版, 2005, 44(S1):61-64.

[6] 岳建兵, 蔺琛, 王建华. 甘肃插岗梁自然保护区兽类区系研究[J]. 林业资源管理, 2015(3):108-113.

[7] 覃雪波, 赵铁建, 朱金宝. 天津八仙山自然保护区兽类资源调查[J]. 天津农林科技, 2008(4):39-42.

[8] 曾治高, 巩会生, 宋延龄, 缪涛, 马顺荣. 陕西马家山自然保护区大中型兽类的资源及区系与生态分布[J]. 四川动物, 2006, 25(1):87-91.

[9] 吕大洋. 普安喀斯特生态地质环境质量评价[D]. 贵阳：贵州师范大学. 2008.

[10]（美）史密斯, 解焱. 中国兽类野外手册[M]. 长沙：湖南教育出版社, 2009.

[11] 王应祥. 中国哺乳动物种和亚种分类名录与分布大全[D]. 北京：中国林业出版社, 2003.

[12] 罗蓉等. 贵州兽类志[M]. 贵阳：贵州科技出版社, 1993.

[13] 张荣祖. 中国动物地理[M]. 北京：科学出版社, 1999.

[14] 汪松, 解焱. 中国物种红色名录（第2卷）红色名录 中英文本[M]. 北京：高等教育出版社, 2004.08.

[15] 魏辅文, 冯祚建, 王祖望. 野生动物对生境选择的研究概况[J]. 动物学杂志, 1998, (4).

[16] 张明海, 李言阔. 动物生境选择研究中的时空尺度[J]. 兽类学报, 2005, (4).

[17] 冉景丞, 鲁成巍, 郭莹露. 贵州望谟苏铁自然保护区综合科学考察集[M]. 贵阳：贵州科技出版社, 2010.

[18] 张华海, 龙启德, 廖德平. 兴义坡岗自然保护区综合科学考察集[M]. 贵阳：贵州出版社, 2006.

[19] 邓可, 张利周, 李权, 李学友, 蒋学龙. 云南天池自然保护区兽类资源调查[J]. 四川动物, 2013, 32(3):458-463.

[20] 王加连. 江苏盐城自然保护区陆生兽类资源调查研究[J]. 四川动物, 2009, 38(1):140-144.

[21] 费荣梅. 中国野生动物与自然保护区合理开发利用研究[D]. 哈尔滨：东北林业大学, 2003.

周　毅　冉景丞　杨卫诚　杨靓雯　孔德明

第七章　社区发展

第一节　保护区总论

一、社会经济概况

在1998年，普安县级保护区及治理区就经普安县人民政府批准建立了，普安县县级保护区以及治理区分布零散，覆盖面积较广。直到2018年，为促进普安县更好地发展，在贵州省人民政府批准下，普安县对此保护区和治理区重新整合与划分，并通过科学的考察、分析，进一步的整合升级。

经过实地调查及总结二手资料，保护区以及治理区内居住着汉、苗、布依、彝等民族，其中，涉及兴中镇红岩村，相关情况为229户，人数1081，男性632人，女性449人，全部为汉族。龙吟镇保护区以及治理区分布较为广泛，情况分别为北盘江村，全村辖河阳、大坪、城子、桥边、岩山、吴家、光明、爱国、红旗、兴田、新庄、对门坡12个村民组26个自然村寨，其中河阳组为布依族，其他11村民组为喇叭苗，是一个典型的少数民族聚居村。截至2016年6月，共有638户3364人，0～15周岁人口816人，16～59周岁2185人，60周岁以上363人。

吟塘村：总人口3673人，其中，罗元一、二、三组621人，石盘组185人，民族组90人，郭家一组240人，郭家二组184人，黄家组149人，凉水井组119人，沙子塘一、二、三组464人，坳头组334人，廖家组118人，吟堡组198人，大营里组361人，排楼组357人，六山组143人。少数民族人口占全村总人口的98.5%左右。

吟路村：布路、祭山坳、麻利田、罗家坪、竹麻山、购寨、王家湾地泗田、者恩、罗家屋基、代家岩、杨梅山、小河边、竹溜坪、邓家寨、麻地头。人工口总计414户，共计2159人，其中男性1085，女性1071。

文笔村：文笔村的人口主要由苗族喇叭苗支系村民人口、苗族大花背苗支系村民人口和布依族村民人口构成，苗族喇叭苗支系村民共计429户，人口2192人，其中，女性居民人口1067人，其中老龄人口248人， 90岁以上2人， 80岁以上23人，中青年1240人，在校学生570人，学龄（前）儿童154人，完成（含在读与毕业）大学教育107人；大花背苗支系村民15户，人口71人，女性居民人口36人，其中老龄人口10人， 80岁以上1人，中青年39人，在校学生10人，学龄（前）儿童12人，完成（含在读与毕业）初等义务教育10人；布依族村民58户，人口302人，女性居民人口155人，其中老龄人口39人， 90岁以上3人， 80岁以上7人，中青年171人在校学生68

人，学龄（前）儿童24人。

硝洞村：硝洞村共有人口556户3057人，由喇叭苗和歪梳苗组成，硝洞村共有5个歪梳苗（苗族的一个支系）村寨200余户800多人（土坎子、老厂、箐门口、石寨坪、石灰窑），其余为喇叭苗村寨（硝洞组、恒冲组、峰岩组、麻地组、大河沟组、店子上组、酸枣树组、水坝组），350余户、2250多人。

高阳村：高阳村地处龙吟镇北部地势高寒的村寨，国土面积28.3平方公里。辖15个村民组591户2876人，是少数民族聚居的村。全村共有党员59名，其中女党员4名。

石古村：石古村位于龙吟镇的北面，石古河的上游。全村辖13个村民组，全村有462户2147人，其中男1136人，女1011人；喇叭苗族有334户1517人，大花苗族41户207人，布衣族87户423人。

从有人居住以来，保护区都是一个以农业为主的地方，农作物品种多，以种植玉米、小麦、马铃薯为主，有少量的水稻种植。地里附加种植有黄豆、金豆、扁豆、架豆、辣椒、西红柿、茄子、红苕、凤米、高粱、小米、旱稻、苡仁、生姜、葱、蒜、玉头、芭蕉玉、黄瓜、东瓜、洋瓜、金瓜、南瓜等。经济作物有烤烟。全村各组都有种植历史。

在涉及的村镇中家畜主要有牛、马、猪、羊、梅花鹿、香猪、猫、狗、兔等。禽类主要有鸡、鸭。鱼类养殖较少，有池塘、山塘养鱼，但其量不大。

商业发展较早。从穿过境内的石阶路可以看出，这些地方曾经是一个马帮往来不断的地方，驿站的痕迹依稀可见。过去村所在地有场坝。村民在场天可在这里进行农副产品交换。

工业方面起步较晚。历史上有过手工作坊的茶叶加工、油漆加工、菜油加工等。解放后曾经按照国家政策用土法方式炼钢炼铁；后来办过水能泵房进行磨面碾米；办过磷肥厂、煤厂。随着水电路等基础条件的改善，各种个体加工和小企业开始涌现出来。有磨面粉的，有进行面条加工的，有打稻谷的，有搞交通运输的，有进行木材加工的。近年来，普安这些保护区的工业发展较快，出现了较多的砂石场以及建筑材料混凝土搅拌站，新型的石油液化汽站、免烧砖厂、修理厂相继的修建完成，同时，还建设了较多的风力发电场。

旅游产业正在兴起。保护区内旅游可开发的资源丰富，景色优美。境内有三心石林、三心木龙岩古驿道、三心“元帅点兵石”、黄果林渡口一线天、天马山、 龙潭梁子、高枧洞、莲花台、十里杜鹃、马掌岩、情侣石人、红寨河峡谷、白水瀑布、白沙古驿道等自然景观，将成为人们休闲、观光、拍摄、体验、感悟的好去处。

二、自然资源概况

亚热带季风湿润气候，其特点是四季分明，雨热同季，春秋温和，冬无严寒，夏无酷暑。多年平均气温13.7℃，1月平均气温4.6℃，极端最低气温－6.9℃（1977年2月9日）；7月平均气温20.7℃，极端最高气温35.1℃（1994年5月1日）。最低月均气温－2.2℃（2008年2月），最高月均气温26.8℃（2011年8月）。平均气温年较差16.1℃，最大日较差23.3℃（2006年3月17日）。生长期年平均280天，无霜期年平均290天，最长达348天，最短为234天。年平均日照时数1528.3h，年总辐射103.25kcal/cm^2。0℃以上持续期298天（一般为3月1日～12月1日）。年平均降水量1395.3mm，年平均降雨日数为227天，最多达271天（1984年）。极端年最大雨量1841.3mm

（1983年），极端年最少雨量668.3mm（2011年）。降雨集中在每年6～8月，6月最多。

境内风能资源丰富。年平均风速2.5m/s，最多风向为东风。主要气象灾害有干旱、倒春寒、冰雹、大风、暴雨、雷电、秋绵雨、凝冻等。

境内已查明地下矿藏有煤、黄金、铁、硅、铅、锌、磷矿、石膏、大理石等28种。其中煤炭理论储量172亿t，规划采用储量32.5亿t，主要分布在老鬼山背斜的楼下镇、青山镇，盘南山背斜的地瓜镇、江西坡镇、新店乡，土城新田测区的窝沿乡，楼下、地瓜、青山幸福等煤田规模最大，其他各乡（镇）亦有分布，现有兴安、贵全、安宁、宏兴、郭家地等26对生产矿井，总设计生产能力783万t/年。

普安县有大小河流51条，其中河长大于10km，流域面积大于20km^{2}的有23条。全县水能资源理论蕴藏量32.33万kW，可开发量17.3万kW，现已开发建成电站32座，水轮发电机组93台，总装机容量为8.4070万kW；在建水电站2座，总装机容量为1.43万kW；拟建水电站7座，总装机容量为8.8万kW。2014年完成发电量17712万kw·h，2015年1～7月完成发电量8540.95万kw·h。2020年前拟建装机总容量将达15万kW。

林木品种繁多。常见的有椿树、楸树、柏树、杉树、漆树、茶树、竹子等。花有杜鹃、茶花，特别是杜鹃花号称十里，其品种繁多，花有红的、白的、粉的、紫的，五彩缤纷。果树有花红、李子、桃子、梨子、核桃、板栗、茅栗等。

中草药资源丰富。常见的有车前草、九里光、白芨、蒲公英、马鞭草、防风、水芹菜、鬼针草、十前十美、薄菏、三角枫、野地黄、百步还原、何首乌、竹节草、五加皮、五皮风、蛇玉米、独脚莲、刺五加、岩豇豆、巴豆、苦蒜、野百合等。

鸟兽类繁多。记录有布谷鸟、斑鸠、画眉、黄豆鸟、喜雀、麻雀、乌鸦、山鸡、黄鹂鸟、猫头鹰、燕子、老鹰、云雀、鹦鹉、白腹锦鸡。听说野生兽类有穿山甲、黄鼠狼、野猫、野兔、獐子、白脸獐、野猪、野狗。

第二节　保护区及周边社区发展

一、保护区的社区调查

自然保护区是依据国家相关法律法规建立的以保护生物多样性环境、地质构造、水源以及已经遭受破坏但经保护能够恢复的同类自然生态系统等自然综合体为核心的自然区域。在这块区域内，人类活动受到不同程度的限制，根据《中华人民共和国自然保护区条例》的第二条规定，建设和管理自然保护区，应当妥善处理与当地经济建设和居民生产、生活的关系。然而，保护区与当地社区的矛盾冲突日益尖锐，那么，在这类特殊区域的周边社区该如何发展经济呢?

中国大多数自然保护区建立在经济文化落后的山区，但当地群众的切身利益需要照顾，群众的生产生活需要得到保证，群众传统的生活习惯需要得到尊重，保护区与当地社区密不可分，它们共同组成一个具有多种功能的自然—社会—经济的复合体，保护区内群众的生产生活等行为对保护区资源必然有直接或间接的影响，而社区的经济状况往往是影响保护区资源管护的主要因子之一。自然保护区社区经济发展和自然资源保护已成为自然保护区面临的主要问题，如何在自然资源得到有效保护的前提下社区经济得到有效发展，群众的生产生活得到有效改善，已成为保护区管理者急需解决的问题。随着近年来党和国家对自然保护区的建设情况的高度重视，自然保护区的规划与管理成为了工作的重中之重。合理高效的方法将直接切实影响自然保护区的规划、管理、建设，直接影响自然保护区相关相关工作的进展落实情况。

普安县保护区以及治理区零散分布于普安县各地，较为分散，并且保护不够完整，体制也不够健全，因此，保护区在重新规划时不可避免地再将周边一些村寨人口及生产生活的区域纳入了保护区范围。为了探索和完善保护区的管理模式，必要对保护区内及周边社区进行科学调查，我们以区内及周边居民为主要调查对象，展开对社区的社会经济状况、社区产业结构以及居民对保护区认知情况、保护区社区发展中存在的问题等的调查，并对所得资料进行统计、分析、归纳、总结，希望调查分析结果能为普安保护区及治理区重新规划化与管理模式选择及其与社区关系的良性发展提供依据和指导。

二、调查地点及时间

本次调查范围为普安县的龙吟镇、兴中镇，调查时间是2018年4～5月，本次保护区社区经济调查是从1997年普安县保护区及治理区建立以来的又一次保护区大型社区调查活动，已时隔二十一年之久。

三、调查方法及内容

实地调研过程中采用常规的问卷法、观察法、访谈法和二手资料收集等方法收集基础资料，更重要的是还采用PRA(Participatory Rural Appraisal)调查方法。PRA是指参与性农村调查与评估，它是以农户或村庄为中心，参与性农村调查与评估以研究区自然资源、社经条件、卫生教育、生态环境等为调查对象，通过广泛的社会参与，从整体、全面、宏观、科学的角度出发与区域生态环境发展相结合，评价该地社会、经济发展的合理性，制订其发展计划，以达到可持续发展的目的，是一个可促使当地人民不断加强对自身和社区、以及环境条件的理解，与发展工作者共同参与、提高和分析他们生活状况并一同制订计划的步骤和方法，这是个不断发展的方法体系。通过采用参与性农村评估（PRA）收集信息的方法，可了解当地群众在活动过程中参与的真实性，以及对待调查结果的相应态度。该调查方式也可用来确定分析、计划和随后引发的活动。

本次调查以实地调查和搜集现有资料为主进行，到当地村委会收集相关资料，走访林区群众，了解掌握有关数据。调查主要内容包括人口、民族、文化习俗、耕地面积、种植结构、交通、通信、房屋、牲畜、经济收入、能源结构、存在的困难和问题等方面。

四、调查结果

（一）普安县保护区及治理区人口数量及组成

本次调查范围为普安县的龙吟镇、兴中镇，属村组为龙吟镇的高阳村、石古村、吟路村、硝洞村、文笔村、北盘江村、吟塘村。

据各乡镇提供的最新资料统计，2016年，全保护区涉及共有人口10401户、51149人，其中男性26058人，女性25091人。在其保护区内居住着汉、苗、布依、彝等民族，汉族33172人，少数民族人口占总人口数的35.15%，其中黎族2534人、彝族1223人、布依族4604人、苗族4918人，其他少数民族有4698人，包括白族、回族、藏族、傣族等。汉族为该地的主要民族，占总人口的64.85%，其中少数民族以布依族和苗族为主。保护区户均4.9人，绝大多数是农业人口，男女比例为1.04:1。

受当地经济发展条件、地形、交通、贫困等因素影响和限制，初中以下文化水平的人群较多，文盲人群主要分布在45岁以上的年龄段。现大多数年轻人已外出打工或者做生意，家中只留下老人带着小孩种土地（见表7-1）。

表7-1　保护区内人口及组成统计表

村名称		人口及组成				民族成分						外出打工人数
		户数	人数	男	女	汉族	黎族	彝族	布依族	苗族	其他	
龙吟镇	高阳村	591	2876	1504	1372							
	石古村	462	2147	1136	1011							
	吟路村	521	2576	1326	1250							
	硝洞村	556	3057	1604	1453							
	文笔村	502	2565	1307	1258							
	北盘江村	638	3414	1751	1663							
	吟塘村	722	3700	1988	1712							
兴中镇	红沿村	229	1081	632	449							

（二）拟规划保护区的社会经济状况

1．基础设施建设情况

（1）道路与交通。保护区距县城路程长短不一，过去有古道过境，解放后有公路过境。如今，保护区内群众努力争取通过财政“一事一议”项目，保护区基本上的组都已经通路，绝大多数为4.5m宽水泥路，与以前相比，出行极为方便，大部分村民还是买起了自家的交通工具，有摩托车、农用三轮车或拖拉机等。但只有少部分村组水泥路硬化到家门口，村组道路有待进一步完善，路面质量有待进一步提高，社区较为封闭，难以与外界形成发展上的互动。截至目前为止保护区的村镇道路都已经硬化，并且硬化路面已安装路灯，基本已经实现村村通。

（2）教育卫生条件。保护区境内有教学点17所，小学实现了义务教育，但村小学师资力量还是相对不足，师资也以民办教师为主，教育设施有待完善。村里的医疗条件很有限，仅能治疗一些简单的小病。现有村级卫生室21个，全村已实行了农村新型合作医疗保险，多数村民参加了新农保，生活有了最低保障。但村组卫生室环境差，条件简陋。

（3）通信与网络。各村民组都建有地面卫星接收站或有闭路电视线，电视已经普及到各家各户，群众能够通过电视传播了解各地新闻及世界大事。保护区基本上实现了网络全覆盖。几乎在各处手机使用信号好，电视机使用画面清晰。到今天，已经发展到全民使用手机，通话联络很是方便。在电脑方面，一些群众家中接通了网线，少数则采用无线路由器解决上网问题，信息不畅问题得到了根本性的解决。但通信设施和网络有待进一步完善，宽带网仅辐射到小部分行政村。

（4）水利水电。全保护区村民组基本实施人畜安全饮水工程。但个别村民组还在自己的寨子里修建有水井，有自己的取水点，饮水设施严重不足，污水处理率低，无集中处理设施，对环境有一定污染。有些组从水沟河取水，大部分村寨都接通了安全饮用的自来水，但是饮用水管理条件较落后，有待加强和完善人畜饮水工程的建设与管理。保护区通电已经实现了全部覆盖。风力发电机亦较多，输变线路在大山中穿越，正成为一道观光的景致。

（5）住房与生活。保护区内村民居房条件还好，交通便利的村民组基本以砖瓦房为主，有少部分部分还住起了有楼层的平房，而交通不便的，分布山中的村民组还是住木制房屋。农民自家用起了脱粒机、电磁炉、电饭锅等，农具还是以传统为主，几乎没有用机械耕种。能源结构呈多元化，部分家庭使用了沼气池，农忙季，绝大部分农民以用电能为主，但冬季，大部分社区群

表7-2　保护区社区基础设施统计表

保护区	村组名	学校分布及数量	道路及其状况		电力及通信线路	饮水设施分布、状况数量	卫生室及数量
			路况	道路规格			
普安保护区及治理区	高阳村	1	已通路、水泥硬化	长1.2km、宽3.5m	均通	零星分布、7个	1
	石古村		已通路、水泥硬化	长0.7km、宽3.5m	均通	零星分布、9个	1
	吟路村	2	已通路、水泥硬化	长0.7km、宽3.5m	均通	零星分布、8个	2
	硝洞村	定点分布，完小1所	已通路、水泥硬化	长0.8km、宽3.5m	均通	零星分布、18个	定点分布、1个
	文笔村	0	已通路、水泥硬化	长2.5km、宽4m	均通	零星分布、12个	0
	北盘江村	0	已通路、水泥硬化	长1.1km、宽3.5m	均通	零星分布、10个	1
	吟塘村	1	已通路、水泥硬化	长1.1km、宽3.5m	均通	零星分布、8个	1
	红寨村	0	已通路、水泥硬化	长1.8km、宽3.5m	均通	零星分布、12个	1
	大小寨村	1	已通路、未硬化		均通	零星分布、15个	0

众生活能源仍以煤炭、薪柴等低效燃料为主，薪柴主要种类为栎类等阔叶树种，室内外环境污染相当严重，能源利用效率低。相关详情见表7-2。

从调查结果及总结现有资料发现，因村民居住地结构较为复杂，不可预见因素多，基础设施建设的投入大，概算投资难以满足项目建设的实际需要，存在不同程度的资金缺口。区内村组基础设施除电力，其余的存在配套不完善和不能满足社区发展需求等问题，尤其是交通设施、排水设施和环保设施较落后。在固定资产方面，农民个体户已取代集体，成为固定资产投资的主体。固定资产虽然增长较快，但是层次低，功能差。社区几乎以生活性固定资产为主，而生产性固定资产几乎没有，住房成为生活性固定资产增长的主要方面。

2．土地

保护区国土面积5615hm^2，其中耕地面积1040.7hm^2，弃耕面积589.9hm^2，可耕地面积占国土面积的18.81%，天然林2450.2hm^2，人工林381hm^2，宜林荒山资源448.9hm^2，其他面积704.3hm^2。从统计结果来看，保护区内存在土地资源浪费严重，耕地季节性撂荒严重，耕地资源隐性流失，土地经营规模效益不能发挥，农业生产效益不高，土地利用结构、布局不合理，土地流转不畅等问题。

表7-3 规划保护区土地情况统计

镇名称	国土面积（hm^2）	宜林荒山（hm^2）	耕地面积（hm^2）			弃耕土地面积（hm^2）	天然林面积（hm^2）	人工林面积（hm^2）	其他面积（hm^2）
			小计	田	土				
白沙乡	705	42.5	125.4	52.3	73.1	66.7	342.6	31.3	44.2
青山镇	587	26.7	94.1	31.8	62.3	47.6	221.9	22.3	175.3
吟龙镇	1547	92.6	305.8	153.5	222.3	124.9	676.5	102.4	244.8
兴中镇	876	69.8	148.8	78.2	40.6	79.2	354.4	63.7	150.1
高棉乡	843	100.9	133.4	91.2	42.2	111.6	326.8	48.3	122
楼下镇	422	38.9	127.5	79.3	48.2	93.5	302.9	54.3	84.9
新店镇	636	77.5	105.7	67.4	48.3	75.4	225.1	58.7	93.6

3．社区产业结构情况

农业为主产业。保护区基本上是高寒山区，农业人口占90%以上，以第一产业为主，第二产业零星分布有几家，目前还没有开发成型的第三产业，见表7-4。保护区内种植业是主业。粮食作物主要有玉米、小麦、高粱、土豆和荞子等。豆类作物以黄豆、金豆、棒豆为主，佐料类农作物有大蒜、火葱、生姜、花椒、辣椒等。瓜类作物有南瓜、生瓜、洋瓜等。经济作物以烤烟、花生和油菜为主，另外，有经果林种植。保护区的植树造林，主要在各组的荒山坡上。近年来，国家实行退耕还林政策，所有25°的坡地均退为种树种草。

保护区特产，主要有以下方面：

一是玉米。玉米生长期长，含糖丰富，口感好，抗饿时间长，让人力量大，常受外界称赞。

表7-4 规划保护区社区产业结构及与保护区相关产业统计

保护区名	村组名	第一产业	第二产业	第三产业开发潜力	与保护区相关的产业
普安自然保护区	石古村	玉米、小麦、烤烟	无	0	砂石场12个、免烧砖厂8个、风力发电厂3个、混泥土搅拌站6个、汽车检测及修理厂9个、正在建全省第二大石油液化汽站储备库（库藏1500立方）
	吟路村	玉米、小麦	无	0	
	吟塘村	玉米、小麦	无	0	
	硝洞村	玉米、小麦	无	0	
	新　寨	玉米、小麦	砂石场	0	
	高阳村	玉米、小麦	无	0	

二是洋芋。保护区内土质特别适于洋芋生长，所种洋芋产量高，含淀粉丰富，口感好，方圆十里八乡，只要提到洋芋，人们自然就会想到保护区内成片的洋芋地，有的人甚至非普安出产的洋芋不买。

三是生漆。自古有名，漆树生长于本地，通过漆工用刀割开树皮，取其漆液装于桶，经加工后用于漆棺材及其他家具，经久耐磨，不易退色。

此外，在保护区还有境内土特产品主要有茶叶、薄壳核桃、麻糖、牛干巴等本地特产。

养殖业在整个保护区已经成为辅业，正在向成为农民主要经济收入来源的支撑产业发展。近年来，在政府已经政策的支持下，保护区村民积极发展，在经济建设上开辟出了新的道路。保护区内有较多种植、养殖、生产、加工、包装及销售为一体的大型的新型公司，公司种植、养殖示范基地只是起到示范的作用，主要是带动老百姓种植、养殖，公司负责收购加工，公司以市场价收购。公司包装多元化，主要包装本公司生产加工的产品、包装普安土特产，包装有特色的产品，销往全国各地。种植、养殖只为了起到带动的作用。同时公司培养种植技师，养殖技师为合作的多家老百姓服务。带动老百姓创业，让老百姓赚到自己想赚的钱，起到公司带动农户的目的，达到公司真正帮助农户赚到钱的效果。养殖生猪是为了给本公司提供生产材料，本公司加工猪干巴肉，猪干巴肉可以跟月饼厂家合作，用于生产火腿月饼。

保护区的传统手工业，能够为外界认可有影响的不多。民间匠人在各地却不同程度地存在。如会做木工的，在其他地区已经少见，但是在保护区内却随处可见。主要做的工具有柜子、箱子、桶、犁、耙、床、棺材等，手艺高一点的，可以建造房屋；做石工的，在水沟河、南山头、新寨等地都有，主要是錾石磨、砌石墙、錾碓窝、做石凳等；做篾活的，也分布于各地，主要是利用竹子打背箩、簸箕等。妇女同志，多数会做针线活，在麻叶成熟的时候，要割麻做线，麻线是粗线，主要用于做鞋；细线主要用来做鞋垫，手艺高的，可以在上面绣花绣字。

保护区属山区，生产生活主要以农业为主，工业欠发达。公社时期，经办过榨油房、赶面房之类，还开办过煤厂。1949年前，有过茶叶加工，菜油榨油加工，土漆加工，桐油加工。1949年后，炼过钢铁。其后办有杜鹃煤矿，因受关停并转政策和业主经济实力影响，目前停采。开办过磷肥厂，先前是生产，后来是原料供应。

近年来，保护区的工业发展较快，出现了砂石场、建筑材料混凝土搅拌站、石油液化汽站、免烧砖厂、修理厂等新型的工业，在保护区内也新建了新型的风力发电机厂，见表7-5。

表7-5　拟规划保护区矿产资源统计表

矿物名称	主要分布地
煤	高阳村、文笔村
铁	分布较为广泛
铜	楼下镇
磁铁	青山镇、新店乡
莹石	龙吟镇、雪浦乡、兴中镇
金矿	龙吟镇、高棉乡、兴中镇等
白泥	零散分布

4．社区家庭经济收益状况

保护区内在住村民家庭经济来源主要有农业和外出务工两方面，外出打工人数占整个保护区总人数的31.91%。

在保护区内主要从事的农业为传统的种植业，包括种植玉米、小麦、油菜等，个别组经济作物有烤烟、花生及油菜等。养殖业以猪、牛、羊、禽为主，基本以家庭为单位自产自销，没有发展成熟的特色养殖业。居民大部分在当地拥有一套及以上房产，已经有部分农民进城发展。近年来，为带动人民群众脱贫致富，普安县政府高度重视社区的发展，为带动当地经济收益增长，积极争取多项产业帮扶资金，特别是养殖业更为突出，在保护区内养殖户随处可见，养殖产业的发展，带动贫困户及群众致富。其中，长毛兔养殖合作社发展长毛兔养殖户28户，带到群众就业52人。另外，还有一些公司和农户共同合作的一些新型公司种植、养殖、生产、加工、包装及销售为一体的大型的新型公司，公司种植、养殖示范基地只是起到示范的作用，主要是带动老百姓种植、养殖，公司负责收购加工，公司以市场价收购。另外，在保护区内还有较多的茶叶基地，生产的茶叶远销各地。

在调查的村寨中，90%以上的年轻人都已经外出务工，主要往浙江、上海、广东、县城务工等地。因为没有专门的技能，主要从事的都是建筑行业的泥水工等苦力活，或生产技能要求不高的手工加工业，有部分初中以上毕业生能在工厂工作，工资待遇能达到当地工作人员的平均工资水平。

（三）社区对保护区重规划与发展的意愿

通过一段时间的直接或间接的调查与了解，保护区社区的发展意愿涉及基础设施建设、种植业和养殖业、其他就业、扶持、其他等五大类。选择意愿较高的4项分别是种植业、养殖业、修路和技术扶持。种植业中，割玉米和小麦、油菜和烤烟是目前社区经济发展的主体，但未来发展上，更多村民希望多元化发展，期望可选择林下种植附加产业、经营经果林、菌类等，养鸡、蜂、鸭、牛、羊、猪、鱼等，期望规模化、科学化，相应出现了一系列的技术培训需求。

总体而言，无论是政府还是居民对保护区的重新规划都采取支持的态度，并且大都村民愿意为维护自身权益而主动参与到保护与发展的协调管理中来，期待本地得到国家与政府的重视，希望保护区的重新规划与保护能带动社区经济的快速发展。就乡政府而言，对保护区的建设更关注于其对当地经济建设的促进作用而非自然保护事业。居民调查显示，从保护区建立意愿来看，区内大多数居民对保护区的建立和自然保护工作持积极态度，不过这样的态度来源于对国家投入增加和带来巨大商机的憧憬。

（四）保护区社区发展中存在的主要问题

1. 社区基础设施落后

生产用水、住房、交通等基础设施仍然相当落后。一是生产用水。全村中仅生活用水基本上能满足需求，农业生产用水相当紧张，农地灌溉设施缺乏。二是人居环境条件差。整个保护区涉及的贫困户人达到2013户，高达20.24%，农田被建筑物占用情况严重，规划欠缺，畜住处缺乏科学布局，人畜粪便臭气四处扩散，卫生条件差，居住环境不容乐观。三是农业生产基础设施落后。因地理条件极大地限制，全村山地多，平地少，无法实施机械操作，土地耕耘，主要依靠牛马，犁地翻田，相对平缓处用牛马，特别陡的地方，只能靠人用锄头开挖。四是公路虽然硬化，但保养欠缺，人数较为分散的地方公路普及较少，村民出行极大地不便。五是社区农民耕作还是用很传统的方式，人工劳作使用锄头、犁头和耙等传统工具。

虽然，近几年当地政府花了不少资金用于社区农村基础设施建设，但国家投资毕竟有限，农村的基础设施总体上还很差，目前，还有部分村民小组的道路、交通设施等还未得到改善。可耕土地面积不足，抗旱能力比较差，缺粮问题比较突出。保护区山多田少，水源差抗御自然灾害的能力脆弱，因此土地产出底，难以养育一方百姓。本地的农业生产完全还依赖于自然条件，抗御干旱、洪涝等各种自然灾害的能力比较脆弱，这些问题都严重制约着该地农村产业的发展。

2. 村落社区劳动力文化水平低，思想落后

近几年，社区村民外出流动人口不断增加，具有初、高中文化和有一技之长的农村青壮年劳动力大量外出务工，造成农村留守人口年龄结构畸形，留守在家的绝大多数是45岁及以上的中老年人、妇女及儿童，这些人文化素质低，思想观念落后，小农经济意识浓，科学文化知识欠缺，接受科技能力不强，劳动技能低下，对村宣传发展的相关政策解释不够，导致部分群众对扶贫理解不透彻。

贫困人口科技文化素质低，自我发展能力不强。贫困人口接受新科技、新思想的能力差，思维方式、生产方式和生活方式十分落后，发展创业、锐意进取的能力相当弱。扶贫难扶志。大部分群众还存在着严重的“等、靠、要”思想，缺乏自力更生、艰苦创业、勇于致富的劲头。近年来，由于国家投入民政的资金加大，导致平庸懒惰的人群有很大依赖思想，形成得过且过饿了就找政府伸手要的坏毛病。

这些直接影响社区发展和农业科技的推广应用。

3．村民生产技术落后，产业结构单一

保护区内部分农民处于“无组织”状态，缺乏专业的农业经营组织和农业服务组织。再加上文化素质低、山区地理位置偏僻、科技投入少等诸多因素，导致社区缺乏科技信息，农业科技的推广应用率不高，还有部分农民至今没有掌握已经推广多年的常规农业生产技术。落后的农业生产方式和技术，造成农业生产效率低下，抗风险能力弱，农业规模化、集约化程度不高，规模效益低，农民增收渠道和手段太少，缺乏长效机制，应对市场能力偏弱，市场体系建设不健全。

耕地多为旱地，地块小，不平，多为缓坡，极少有大面积的土地。保护区主要以种植玉米、马铃薯、豆类，小麦等农作物，经济作物除烤烟外就仅有核桃、板栗等，且规模较小，不能形成特色产业和拳头产品，另外，在保护区内樱桃品质较好，产量较好，但由于交通以及气候的影响很难保存 。小部分农户养猪、鸡、养牛、羊等，但形成不了规模。种养科技含量低，产出效益低。

4．社区农民耕地与水资源缺乏

保护区社区内经济收入以现有的农业生产和外出务工创汇为主，基本能维持一个相对稳定的社区生活环境。土地是农村社区赖以生存的主要生产资料。据统计，保护区内人均拥有耕地面积仅0.57亩。由于受自然条件的极大影响，粮食单位产量较低，且极不稳定，村民没有固定的粮食收入，是导致社区贫穷和严重依赖森林资源的根本原因之一。耕地资源缺乏的根本原因是恶劣的自然条件所引起的，大多表现为山区坡度大，土层瘠薄，到少雨季节，还容易发生干旱。另外，加之全省退耕还林工程的实施，社区农民可耕地面积大大减少。

由于耕地资源和水资源的缺乏，社区生存问题较为突出。全村粮食收入达不到自给自足的目的，保护区几乎大部分不能种植水稻，意味着主食大米只能从外地市场购买。

5．灌溉设施极大地制约社区农业发展

水利灌溉设施是保证农业生产稳产高产的重要保障设施之一。由于受自然条件的限制，社区没有种田，只有种旱地。保护区内农地大多依山而种，平均约90%的农地缺水。单纯依靠降雨灌溉，一旦久晴不雨，农业生产就要受到严重影响，抵御自然灾害的能力极差，农业生产得不到保证。保护区内的社区几乎没有水利灌溉设施，长期持续天晴少雨时期，农地的灌溉得不到保障，常年种植的农作物得不到及时灌溉，致使粮食生产收入极不稳定，从而达不到旱涝保收的目的，社区农业生产抵御自然灾害的能力严重削弱，极大地影响社区生产和生活，制约了社区在农业生产方面的发展。

导致灌溉设施薄弱的原因主要有两个方面：一是保护区内本来缺乏沟谷河流，地表水难汇聚，地下水难开发，水利设施建设难度极大、引水极困难，修建水渠必须经过大量的岩石区，增加了工程实施难度和资金的投入。二是当地政府财力有限、水利设施建设投入少。

6．社区薪柴能源利用不合理

据实地调查与总结现有基础资料，保护区的能源结构主要是薪柴、煤炭、电力、太阳能、风能及沼气等。煤炭主要用于冬季取暖；电力主要用于照明和做饭；沼气主要用于做饭。全村全年均有采集薪柴现象，全部采集于保护区经营的国有林内杜鹃及栎类等阔叶树种。薪柴主要用途是做饭、煮熟牲畜食和取暖；特别在冬季，保护区大部分村民都上山砍伐薪柴能源来供生活需求，这大量的薪柴采集将对保护区的森林资源造成不小破坏。

四、社区发展对策与建议

（一）社区基础设施建设需规模化与现代化

俗话说："要想富，先修路"。坚持以水、电、路等基础设施为重点，政府及相关单位应全面加强实施社区内各个村民组互通组路修筑与硬化工程，在光照较好的村落安装太阳能电灯、风力较好的地方组装风力发电机等。并结合当地传统建筑风格，进行新农村现代化建设，改善村容村貌。

应社区发展和居民生活需求，可在适合的地方修建活动广场，附加建设活动场所相应设施，作为一个少数民族地区，有利于发展保护区俗民间文化的发展，有利于开展村集体活动，召开群众大会，商议村集体大事件，开展农民运动会，丰富周边群众娱乐文化生活。另外，结合保护区气候和荒山优势，利用风力发电场以及自然景观等得天独厚的优势，可建观景台、农家小吃点等休闲娱乐场所，带动周围群众就业，带动保护区发展和集体经济增长，带领全保护区人民脱贫致富。加强实施农村危房改造工程，全面确保村民住房安全等问题。

发展社区替代能源，继续推广使用沼气、太阳能及电磁炉等新型能源，减少对薪柴的依赖，促进生物多样性保护。

灌溉问题事关农业生产大计，根据社区特点，建议从以下两个方面加以解决：一是增加投入，水利建设是社区的一项基础设施建设，没有当地财政的扶持是难以实现的，因此，财政投入是基础，是解决问题的根本措施。二是因地制宜、因陋就简，减少费用支出:社区可充分利用竹子、木枧等材料引水灌溉，达到节约成本的目的。

在环保方面，应在社区定点安置垃圾箱和配备垃圾清运车，定期清运垃圾。实施清洁村庄行动，整脏治乱，打造美丽乡村，推进农村垃圾、污水、农药等污染物合理处理，改善社区居民的生活与生产条件，形成卫生、整洁、优美、宜居的村容村貌，让家园更美。

（二）加大调整产业结构力度，提高规模化经营水平

一是充分利用当地自然地理与气候优势，大力规模化发展以粮食作物玉米、小麦和经济作物烤烟、油菜、花生等耐旱植物为主的种植业。鼓励和支持村民发展经果林业及林下养殖业，增加社区集体经济收入。二是带动社区村民发展耐寒耐旱性瓜豆类及作料类农副业种植，发展成规模化和市场化，以增加社区经济附加收入。三是积极和当地政府加强协调联系，成立专业化合作组织，吸引外出打工人回村发展事业，支持信贷部门向信誉良好的种植户发放小额信贷，推动当地产业的发展。在发展第一产业为主的前提下，大力发展第二、第三产业。鼓励群众参与农家乐等旅游服务，增加二三产业附加值。

加大农业产业结构调整力度，减缓对耕地资源的依赖程度；调整农业产业结构要充分认识到社区"山多地少"的特点，有针对性地发展特色农业。第一，发展种养殖业，社区地理环境特殊、资源丰富，除了天然阔叶林外，还有大面积的荒草坡，可以大力发展养殖业。利用社区的气候条件可大力推广耐寒耐旱性名贵中药材生产项目。第二，进行林副产品深加工，社区林副产品种类较多。充分利用社区资源，选择适合的林产品深加工项目，提高林副产品附加值。如在全村

范围内规模化养殖生猪。以农业合作社和规模户相结合的形式，发展生猪养殖项目，促进地方经济发展，带动人民共同致富，帮助部分贫困农户脱贫致富。养殖生猪是为了提供生产材料，为加工猪干巴肉，猪干巴肉可以跟月饼厂家合作，用于生产火腿月饼。可在现有生产的基础上，进行（半）成品加工，销售利润将会大幅度提高。

（三）加大农村基础教育力度，加强村民技能培训

基础教育关系到社区发展的未来，是影响社区发展的根本问题，解决这一问题可采取以下措施：一是改善办学条件，稳定教师队伍；社区教育基础设施条件不容乐观，必须加大教育基础设施建设投入，逐步改善办学条件，才能稳定教师队伍。二是引进师资，增加教育经费；引进师资力量，留住教师必须创造较好的教学和生活环境，社区可在当地政府的帮助和支持下，建立教育基金，鼓励优秀教师留守山区教学，逐步建立起一套完善的社区教育激励机制。

保护区社区农、林、牧业要向结构合理化、产业效率化方向发展离不开科学技术，因此必须帮助青年劳动力掌握更多的文化知识。要对村民进行农业、林业、畜牧业技术服务指导，组织科技人员送科技下乡，为其提供科技培训、咨询，解决生产中出现的实际问题，及时为村民更新信息资源，为农村培养懂科学的新型农民。同时，针对当前打工热持续高涨的情况，组织开展务工技能培训，如进行电工、财务知识等培训，帮助其提高生存能力和个人素质。

加大农业生产技能培训，努力提高单位面积产量；保护区社区农业生产单位面积产量低除了自然条件制约外，另外一个重要原因是生产技能缺乏、生产方式传统落后。建议社区采取创办农民夜校等方式，聘请农业、林业、畜牧业等方面的专家传授有关知识、技能，提高社区劳动生产技能。变粗放经营为集约经营，增加农业生产效益。

加大相关科学技能培训力度。以养殖业为例，以长毛兔养殖基地为依托，有计划、有针对性的开展现代农业培训，培育一批具有带动作用的新型职业农民，不断夯实基层农技推广体系，发展特色效高农业，并将保护区村的产业长期做起来，共商贫困户发展产业，对入驻地方的公司采取村名参与制，在学到相关技术的同时争取脱贫。力争达到帮扶一户，成功一户，带动一片，致富一方的目的。

（四）开发保护区生态旅游资源，带动社区经济发展

生态旅游是保护区资源合理利用的最佳方式之一。重规划保护区内自然风光优美，有修建于乾隆年间的大寺庙，位于吟龙镇文笔村大洼田组，还有位于河田组的四背凹寺庙，其寺庙所在之处存在多处灵秀、奇美的山峰和古墓、古遗迹及等，具有丰富的潜在的生态旅游资源，生态旅游发展潜力巨大。保护区景点较多，另外，在保护区内也增修了较多的庙宇，依次有城隍庙、土地庙、财神庙、寿福寺等。

大力发展山地旅游。依托风力发电场、寺庙、以及保护区独特的自然景观等优势，所以政府应加大其宣传力度，利用其保护区的山地旅游优势，吸引外资。以休闲度假、原生态游、探险游、科教游、乡村体验游、民族风情游等为特色，开发有地方特殊的旅游观光点，利用好山地旅游的良好氛围开发好地方旅游。解决贫困人口就业问题，带动地方经济增长改善贫困户生活水平。在开发与开展生态旅游的同时，必须保证生态系统不受破坏，要巧妙设计旅游产品，保证当

地群众是最大的利益获得者，让群众充分参与到生态旅游服务的各个环节，让当地人有自豪感和责任感。如鼓励和支持村民开展农家乐，为游客提供食宿、娱乐、体验农事和简朴农家生活、品尝新鲜瓜果蔬菜等服务，展示保护区人与自然互惠互利、和谐共处的自然生态和极富特色的乡土文化，促进农村的生态效益转化为经济效益，使村民体会到生态效益与经济效益的联系，从而增强其对生态建设和生态保护的自觉性和积极性。

第三节 保护区旅游资源

一、生态旅游基本概念

生态旅游(Ecotourism)的概念最早是由世界自然保护联盟特别顾问赫克特谢贝洛斯·拉斯喀瑞于1983年提出。1995年中国生态旅游研讨会将“生态旅游”定义为：是在生态学的观点、理论指导下，享受、认识、保护自然和文化遗产，带有生态科教和科普色彩的一种专项旅游活动。生态旅游作为区别于普通旅游的一种注重保护资源环境的可持续发展模式，其特点是，更加注重提升生态环境的质量，维持旅游活动与生态保护的和谐与平衡，重视保护生态系统中各个环境要素的原生性、多样性、健康性与脆弱性（王建军等，2006）。生态旅游的3个内涵：保护生态环境；尊重当地文化并使得当地居民可受益；令游客身心愉悦且接受教育(Honey, 2006)。

生态旅游资源是伴随生态旅游出现的衍生概念，是指在保护资源的前提下，为旅游业所利用，以其生态美吸引游客来资源所在地进行生态旅游活动且能够产生可持续旅游综合效益的客体（杨桂华等，2001）。生态旅游资源是生态旅游活动的载体，是可作为旅游开发的环境或景观，具有供生态旅游者审美、感知、享受、体验的功能和价值（王建军等，2006）。

自然保护区发展生态旅游需要具备两个条件：一是拥有巨大的客源市场，且随着人们生态意识的觉醒，对生态旅游的需求将不断增长；二是拥有丰富的生态旅游资源。

二、自然地理气候概况

普安县保护区属亚热带季风湿润气候，其特点是四季分明，雨热同季，春秋温和，冬无严寒，夏无酷暑。多年平均气温13.7℃，1月平均气温4.6℃，极端最低气温－6.9℃（1977年2月9日）；7月平均气温20.7℃，极端最高气温35.1℃（1994年5月1日）。最低月均气温－2.2℃（2008年2月），最高月均气温26.8℃（2011年8月）。平均气温年较差16.1℃，最大日较差23.3℃（2006年3月17日）。生长期年平均280天，无霜期年平均290天，最长达348天，最短为234天。年平均日照时数1528.3h，年总辐射103.25kcal/cm^2。0℃以上持续期298天（一般为3月1日～12月1日）。年平均降水量1395.3mm，年平均降雨日数为227天，最多达271天（1984年）。极端年最大雨量1841.3mm（1983年），极端年最少雨量668.3mm（2011年）。降雨集中在每年6～8月，6月最多。

普安县地处珠江上游，地势起伏，地形破碎，立体气候明显，适宜多种植物生长，森林覆盖率27.3%，是珠江防护林的重要生态建设区域。本县植被类型复杂多样，呈垂直带发育。主要植被带有高山灌丛草甸带；落叶阔叶与常绿阔叶混交林带和针叶常绿、阔叶落叶混交林带。海拔1800m以上主要为高山灌丛草甸带，偶见一些落叶乔木呈矮曲林景观；海拔1800～2000m主要为落叶阔叶与常绿阔叶混交林带；海拔1800m以下主要为针叶常绿、阔叶落叶混交林带。

三、生态旅游资源概况

合理的分类是科学评价的前提。由于各专家及学者对生态旅游资源的概念认识不同，分类依据也有别，其分类系统也多种多样。但它与传统旅游资源分类系统有区别，这已达成共识。本文试图综合不同学者对资源分类看法中的优点，按《森林旅游学》（第二版）（吴章文等，2017）分类标准，根据自然保护区的性质和特点，将本次调查统计的拟重新规划的十里杜鹃保护区已知的旅游资源概括为两大系统（自然生态旅游资源系统和人文生态旅游资源系统），涉及五大资源类型，即地质景观、水文景观、生物景观、天象气候景观、人文景观。

总体来看，拟规划保护区潜在的旅游资源种类不是特别丰富。目前，初步调查统计的旅游资源都处于自然散落、被忽视、无人管理，或已被人为严重破坏的状态，其中部分还是具有开发价值和发展潜力，只有有效整合开发才有市场竞争力，才能发出耀眼光彩来引起人们的关注和供给生态旅游者审美、感知、享受、体验的功能和价值。

四、旅游资源类型及分布特征

（一）自然资源

据本次初步调查及基础资料统计，普安县保护区以及治理区拟重规划社区有自然景观4个类型，具有很好的保护价值，详见表7-6。

表7-6 普安县保护区自然资源分布与现状评价表

资源类型	景物名称	地点	景物主要因子描述	威胁因子分析	现状评价	开发利用条件
地貌景观	莲花山	莲花组	春花红艳、夏季凉爽、金秋果香、冰凝雪景，山顶雄视群峰与村寨，领略“山登绝顶我为峰”的雄心壮志	雷劈、强风、暴雨等自然灾害，人为活动	系喀斯特地区特有景观，景观独特	岩石景观独特，植被茂密，四季景观突出，具有开发利用的基础条件。修登山步道，设拍摄景观台
	老鹰岩	吟路村郭家坝组	生于山顶，相传为鹰石化所致，惟妙惟肖，形象奇特	狂风、暴雨等的侵蚀，以及植被被破坏影响其协调性	形似老鹰，但受风雨侵蚀，性状有一定的变化，但惟妙惟肖。极具观赏价值	具有远观的基本条件，但得有周边环境的印衬。上山观景，还需修步道。具有一定景观开发价值
	马掉洞	吟路村	一串相互连通的天然洞，深浅各异，洞口犹如钻井	泥土的淤积以及人为的破坏	洞底两侧有钟乳石，姿态各异，大小不一，如披鱼鳞银光闪闪	洞口是一个较好的景观平台，洞中有人为活动遗迹，在此处发展探险旅游，具有开发价值

（续表）

资源类型	景物名称	地点	景物主要因子描述	威胁因子分析	现状评价	开发利用条件
地貌景观	响铃石	吟路村布路	青黑色，形如一个不规则的双顶灵芝菌。一顶半扇形状，宽平而扁长，伸向山坡	风雨侵蚀	人为干扰较少。形态较为优美	石头生动形象，具有观赏价值
	情侣石	水井头	两座岩石形如人像，栩栩如生，另有历史与神话故事点		“男丈夫”身高约3m，与“石妻子”相对而立	喀斯特地区独特的自然景观，具有观赏与文化价值，交通条件良好，具备开发价值
	天马山	蜡烛山至三道箐之间	远观山形，似一匹马，马腰有地，马背长有植被	山下有建筑垃圾填埋场污染	砾岩构成，岩石裸露面大，形似一匹马，现植被破坏	具有一定的开发价值
	高枧洞	高枧组	洞深约1000多m。分成几段		各段里形态各异的石中乳悬挂在洞顶，让你目不暇接。到洞里走一遭，你就会理解大自然的鬼斧神工有多精妙	具有旅游开发价值，可以修建一定的索道
	其它岩石景观	保护区内零散分布	石牛角、龙潭梁子、天下大鳄、狮子开口、母猪晒乳、孤掌难鸣、天降大龟、石蛙跃鸣		自然景观缺少当地人的发现，不能引起人们关注	具有一定的开发价值
水文景观	田坝河	蜡烛山	其颈口处，过去曾有村民建水轮泵房，听流水声，赏流水景观	人为破坏	多股水流汇于此，现在人为破坏严重和管理不善，几乎断流	可重新挖掘水源，实施引水工程，加强管护，为社区解决解决水源难题提供一条途径
	者恩河	路村罗家屋基组	从山林沟壑中涌出泉水，下至成溪，汇集成河	人为干扰、破坏	河水清澈见底，常年不易干涸，水中野生鱼儿游翔浅底，野鸭嬉戏	加强水源管理，上游源头，修建堤坝，蓄水灌溉田园，可开发水流瀑布及水轮风车观赏点

（续表）

资源类型	景物名称	地点	景物主要因子描述	威胁因子分析	现状评价	开发利用条件
水文景观	乌都河	吟路村	水流湍急，源于盘县辖区田边寨一深邃溶洞里迸喷而出，水流汹涌，飞泻而下，形成一道洞内瀑布，水花溅于洞前桥上，传说这水上游是窝沿河流落入岩洞后从此冒出来	人为破坏	因管理不善，容易出现干涸状况	河床两岸，风景优美，古老榕树盘根岸边巨石，多年来被河水冲刷过的巨大岩石，光滑突兀，奇形怪状
气候气象景观	日出与云海	莲花组（莲花山顶）	观日出，赏云海	人为活动	植被遭到滥伐较为严重	修登山步道或索道、设拍摄观景台
	山花与冰雪景	莲花组（横冲梁子）	同时赏山顶冰花雪景与山下春花烂漫之景，雄视群峰，感受四周群山翠绿，唯我独冰清玉白的美景	人为活动	山高、谷深，山上与山下 温差大。现植被遭到滥伐较为严重	加强生境保护，修登山步道或索道、设拍摄观景台
生物景观	十里杜鹃花	水沟河背后的大山到莲花横冲梁子一带	树木丛生，环境优美。春季山花烂漫	人为砍伐严重，生境破坏	植被遭到滥伐较为严重，生境遭到严重破坏，杜鹃树已大量减少	重新规划保护区，严格执法，带动社区居民参与保护。可开发风景旅游与科研宣教活动
	大叶茶（古树）	莲花大寨中	是植物生长历史的见证，具有观赏价值	人为砍伐严重，生境破坏	现在几乎难得找到古树	重新规划保护区，严格执法，带动社区居民参与保护
	山茶花	莲花大寨中	春季时，是山中一片绿色中的亮点	人为砍伐严重，生境破坏	现在几乎难得遇到，已经被大面积的砍伐	重新规划保护区，严格执法，带动社区居民参与保护
	野杨梅	莲花大寨中	秋季野生杨梅成熟	人为砍伐严重，生境破坏	野生杨梅树现已少见	重新规划保护区，严格执法，带动社区居民参与保护
	老虎地	水沟河	相传曾经有老虎出没	人为活动	当地人们野生动物保护意识弱，生境破坏严重	几乎没开发价值

（二）人文资源

本次初步调查保护区重新规划保护区境内及周边主要人文资源有以下一些地点，总体保护地较多，具有保护价值的如表格所示，详见表7-7。

表7-7　普安县保护区人文资源分布与现状评价

资源类型	景物名称	地点	景物主要因子描述	威胁因子分析	现状评价	开发利用条件
文化遗址	铜鼓山	青山镇营盘村陈家龙滩	是一个铸造铜器（以兵器为主）的手工作坊遗址，其北半区主要是铸造铜器的作坊区，南半区主要是生活区。遗址时代为战国～西汉时期		它是贵州境内经过正式发掘的唯一一处战国秦汉时期青铜冶铸遗址，具有重大的学术科研和保护价值	具有重大的学术科研和保护价值
	妃子坟	水沟河组	皇帝选妃进宫路上病故，埋葬于此地，石碑上雕刻的古文字、飞禽走兽，楹联多条	狂风暴雨等自然侵蚀，人为活动	墓碑高2余米。传说这段历史与明永乐皇帝流落此地有关	需修复与加强保护，有一定的文物历史价值，交通条件较好
	清水墙	水沟河组	墙没有使用任何灰浆粘贴，历经上百年风雨，依然完好无损，修建年代不详，建筑规模约300m^2。外墙有解放以来各个历史时期的石灰迹标语	传统的祠堂文化淡漠、宗族意识淡薄	长度10余米，宽度5余米，目前保存还算完整	作仿古修复，有一定的文物价值，交通条件较好
	山王庙	村干坪、莲花山、水沟河	海水坛、塑像、庙宇		修建时间不明，因无人管护，年久失修，只剩残迹	可仿古修复，开发人文价值
	献礼桥	水沟河			建于1964年，因河水断流，无人管理，桥功能尚失	作仿古修复，有一定的历史价值和观赏价值
民间艺术	唱山歌、唱古书、唱莲花落，跳“忠”字舞，猜谜语，说小品，演相声	各村组	常见唱古书有《梁山伯与祝英台》《包青天》《二十四孝》，露天电影	人类思想变化，物质经济取代精神追求	后继无人。现在的年轻人人没人会唱，仅有极少数老年人会唱古书。露天电影已消失	可作节庆、劳累解乏及生活乐趣等旅游文化品牌打造，发展其特色，吸引游客与学者

（续表）

资源类型	景物名称	地点	景物主要因子描述	威胁因子分析	现状评价	开发利用条件
体育文化	篮球赛事	各个村寨	村与村之间组织篮球赛等，	已经普遍存在重物质经济追求，轻体育文化的思想	社区年轻人已外出，村中缺乏阳光朝气，人们对体育文化早已淡忘	可完备体育设施建设，开发多样化的健身旅游活动，打造旅游特色
民风民俗	七人、八谷、九果、十茶风俗（七人：初七是人生，这天记得好的人家不干活；八谷：初八是谷子生，这天不煮生米；九果：初九是果子生，这天不乱砍幼小果木树；十茶：初十是茶生，这天不到茶园里讨茶。），彝族的三月节， 农历十月初一牛王节。另外还有采花风情、喇叭苗服饰，彝族的海马舞、苗族芦笙棒舞、横山歌圩等					
地方特产	猪干巴、腊肉、香肠、血豆腐、玉米、红薯、长毛兔、土鸡、野杨梅，茶叶、薄壳核桃、麻糖、牛干巴、龙溪石砚等					需进一步精细化的加工、包装，打造本地品牌

（三）旅游资源分布特征及评价

1．分布零散，缺乏整体震撼力

以前规划的保护区涉及的社区国土面积较大，且较为分散，不够集中，真正具有很好开发价值的的旅游资源主要分布在吟龙镇，兴中镇，棉花乡白沙乡，例如吟龙镇“神秘的青龙”钟灵毓秀的文笔峰，“靓丽的一线天”等都是较美的景观，这些景观山高、谷深，喀斯特地形地貌与气候资源是当地充分发挥优势，并加以利用和进一步开发的特色，其余的自然旅游资源与人文旅游资源均处于零零散散分布、特色不突出、遭到不同程度破坏的状态，没有集中连片，或缺乏感官震撼力、感知深入性和内涵代表性。例如有特色的岩石峰林，包括长虹卧波的甲子桥，黄果林的天然奇石、惟妙惟肖的马脑岩、神话中的星星洞、狮子开口、母猪晒乳、双马齐行、、天降大龟景点小二不显眼，分布零散，还有许多景观点处交通条件很不便，要开发为具有区域性、非凡性和吸引性的旅游景观，难度系数大。

2．总量丰富单量小

无论是自然景观还是人文景观保护区内涉及的景物，在总量上还算丰富，但是规模都比较小，没有较大的影响力，知名度较低，虽然总体量较多，但是分散之后就没有形成规模不能形成较大的影响，都属于小巧玲珑型，未得到规模的开发，没有知晓度和品牌打造力，均不具备独立成为旅游目的地开发旅游产品的自然条件。

3．总体破坏严重，已残存无几

普安县保护区至1998年经普安县人民政府批准建立以来，以治理和保护为主要目标。然而，这么多年来，由于景点以及一些特殊的植被没有专门人员管理，导致植被破坏较为严重，很多山头已经被砍得所剩无几，甚至在保护区内的很多地方被火烧过，山上一片死寂，照这样下去，保护区内生物多样性会急剧的下降，而今，保护区的生境及动植物资源已经受到不同程度的破坏。现在，甚至许多物种资源已经难以找到。另外，社区的人文资源，如保护区的寺庙，一些文物古迹、甚至是民间的，如民间的传说、唱及舞蹈文化艺术等，现已残存无几，或年久失修，或仅剩残墙断壁，或已经失传。

保护区涉及的社区还算是具有良好的自然环境，同时，又特别具有生态敏感的特征。生态敏感性是指生态环境容易由一种状态演变成另一种状态，演变后又缺乏恢复到初始状态的能力。保护区这种生态敏感性源于山地生态系统脆弱的客观因素和改革开放后，社区居民长期以来为过分追求当地经济发展和现代物质生活而造成人为对自然破坏严重的主观因素。正是由于山地生态系统的敏感性特征，使其在资源开发过程中将产生很多环境问题（周劲松，1997）。

近些年保护区内旅游业的发展，也带来了一定的影响，特别是旅游资源开发模式的不当，导致了一些生态环境问题。这些问题包括旅游资源开发破坏了部分植被，其中包括珍稀的福建柏－罗汉松群落；野生动物生存环境受干扰，数量明显减少；局部地区存在旅游设施密集，影响自然景观美学价值的现象；污染物任意排放，生态环境遭受一定污染。从区域分布上，这些生态环境问题主要集中在开发较早的圣堂山旅游区。但保护区山高坡陡，雨量大，容易发生滑坡、坍塌等地质灾害，森林植被一旦遭到破坏，则很难恢复。2008年春受到雨雪冰冻灾害，保护区近2/3的林木受损，有的折枝，有的断梢，还有的主干折断。森林郁闭度由灾前的0.8～0.9，下降到0.5～0.6，森林的蓄水保土、吸尘制氧等功能下降，甚至造成了部分野生动物死亡。经此破坏，林相完全恢复至少需要30年。

五、资源保护与开发利用条件分析

（一）资源利用条件分析

1．地质地貌

普安县境地层出露显示多样，结构复杂，古生代、中生代、新生代的地层均有分布，其中以三叠系分布最广，二叠系次之，其余的泥盆系、石灰系、侏罗系、第四系均为零星分布。出露最老地层属泥盆系罐子窑组，最新属第四系全新统。境内岩溶地貌发育，出露地层主要岩类为炭酸盐岩、砂页岩、玄武岩，以炭酸盐岩分布最广，约占总面积的57.6%，砂页岩37.1%，玄武岩29.3%。由此发育的土壤，土层薄、有机质少、生物种类不多，生态环境脆弱，水土流失严重，容易造成石漠化。

普安县地处云贵高原向黔中过渡的梯级状斜坡地带，县境呈不同规则南北向长条地带，县境呈不同规则南北向长条形。地势特点是中部较高，四面较低，乌蒙山脉横穿中部将全县分为南北两部分：南部地势由东北向西南倾斜，北部地势由西南向东北倾斜。主要山脉有：中部呈西南向东北走向的乌蒙山，南部呈西南向东北走向的卡子坡山，北部呈西南向东北走向的普纳山。这些山脉走向都顺应新老地质构造走向的分布，构成普安地貌骨架。境内最高峰长冲梁子位于中部莲花山附近，海拔2084.6m，最低点石古河谷位于北部，海拔633m。

2．土壤条件

普安县境土壤类型多样，形成因素主要是母质、地形生物气候等自然及人文活动影响。共有山地灌丛草甸土、山地黄棕壤、黄壤、石灰土、紫色土、潮土、沼泽土、红壤和水稻土9个土类，27个亚类，72个土属，150个土种。其中，山地灌丛草甸土占土地总面积的0.09%，该类土土层浅薄，矿物质风化度较弱，表层黑色，富弹性，分布在海拔2000m以上的山顶或山脊平缓部；山地黄棕壤占土地总面积的16.3%，分布在海拔1700～2000m，其类的耕作土为灰色土亚类；黄壤是境内主要的土壤类型，占土地总面积的40%，广泛分布在海拔1900m以下地带；石灰土主要分布于石灰岩集中出露区域的缓坡、洼地和石旮旯地段，占土地总面积17.25%；紫色土占土地总面积的3.2%；潮土占土地总面积的0.08%，呈带状分布在河流沿岸，多为高产稻田土壤；灌淤土占土地总面积0.07%；红壤占土地总面积的1.08%；水稻土是县境内耕作土壤的主要类型，占土地总面积的5.56%。

3．水文条件

普安县境内河道属南盘江、北盘江两大流域。其中南盘江流域面积692.2km^2，占48.8%；北盘江流域面积732.8km^2，占51.2%。主要河道有四级河乌都河、马别河、新寨河、石古河4条，总长199.6km。河流总长度374.3km，河网密度26.19km/km^2，径流总量10.03亿m^3，年排涝量13.44亿m^3，年最大排涝量19.8亿m^3。境内最大的河流为乌都河，从西至东流经境内三板桥镇、窝沿乡、罐子窑镇、龙吟镇，长41.8km，流域面积732.8km^2，年均流量28m^3/s，主要支流有上寨湾河、大桥河、鱼洞河。

（二）旅游资源环境保护原则和目标

1．旅游资源环境保护原则

（1）依法保护的原则。

严格执行《中华人民共和国环境保护法》《中华人民共和国森林法》《中华人民共和国土地管理法》等有关法律及地方政府的有关法规、条例等，运用法律手段进行有效保护。

（2）可持续发展的原则。

指导旅游资源、植被水体和其他生态环境的保护培育，实现旅游开发建设与生态环境的协调发展。加强旅游景区的生态保护工程建设，实行容量（游人）总量控制，做到在保护中开发，以开发促保护，促进经济、社会、环境效益的统一，把污染防治和生态环境保护纳入属地国民经济和社会发展计划当中去。走可持续发展之路。

实现了旅游区和当地社区的共赢，旅游业的可持续才能真正成为可能。通过各种渠道使当地居民参与到旅游业及相关产业中，一方面，可以有效避免他们对资源的耗竭性利用；另一方面，一旦当地居民切实从旅游业中受益，他们还会自发地保护旅游资源。在政府的科学引导下，使当地居民参与到交通运输业、旅游产品的加工及销售业、旅游景区的环境维护和管理中，是保护区旅游区当地社区参与到旅游业中的可行途径。

（3）基础设施建设服从于生态环境保护的原则。

景区内一切动植物资源、自然景观、历史人文、地质景观和地形地貌等都属保护对象。生态环境保护规划与基础设施规划应当相互协调，但在两者冲突时，基础设施规划必须服从于生态环境保护规划。

（4）自然资源环境保护目标。

总体上旅游景区的森林植被应得到全面、完整的保护，裸露荒山和道路两侧立即绿化，采取措施使局部水土流失现象得到根本控制，村寨环境得到整治，保持水体清澈，无漂浮垃圾，生态环境质量步入良性循环。具体要求是空气质量达到GB 3095－1996《环境空气质量标准》中的一级标准；水环境质量按GB 3838－2002《地表水环境质量标准》中的I类水质控制。污水排放相应达到GB 8978－1996《污水综合排放标准》一级标准，污水处理率100%。

3．人文资源保护目标

通过发展民族文化旅游，规划保护好一批具有民族特色的民族村寨，如八字寨等彝族、黎族稍微集中的地区，保护和努力修复一批古建筑、古桥、古庙、古墓等文化遗址，使保护区内黎族、彝族等民族村寨和历史遗址等人文景观得到完整的保护，各民族传统文化和民族传统工艺得到传承和发扬。

参考文献

[1] 刘芳芳, 于洪贤. 七星河湿地自然保护区旅游资源评价[J]. 黑龙江农业科学, 2008, (01):63-66.
[2] 张博雅. 自然保护区生态旅游资源分类与评价[D]. 北京林业大学, 2016.
[3] 周劲松. 山地生态系统的脆弱性与荒漠化[J]. 自然资源学报, 1997, 19(1):10-16
[4] 金波, 王如渊, 蔡运龙. 生态旅游概念的发展及其在中国的应用[J]. 生态学杂志, 2001.20(3).
[5] 张成基. 浅议自然保护区旅游资源开发[J]. 林业调查规划, 2004, (01):38-39.
[6] 耿鹏旭, 生态旅游与自然保护区建设[J]. 地域研究与开发, 2001.9.
[7] 李丽娟. 鄱阳湖自然保护区旅游资源评价及开发建议[J]. 西北林学院学报, 2013, 28(06):225-229+236.
[8] CEBALLOS LASCURAIN H. The future of Ecotourism[J]. Mexico Jour-nal,1987(1):13-14.
[9]黎国强, 覃琨, 张君侠. 大瑶山自然保护区旅游资源综合开发研究[J]. 山东林业科技, 2011, 41(02):113-117.
[10]王灵艳. 保护区与社区协调发展措施研究——以甘肃安南坝野骆驼国家级自然保护区为例[J]. 乡村科技, 2017, (20):84-85. [2017-09-30]. DOI:10.19345/j.cnki.1674-7909.2017.20.040.
[11] 张晓彤. 论我国自然保护区社区共管的法律规制[D]. 吉林大学, 2016.
[12] 姚正明, 余登利, 冉景丞. 贵州茂兰国家级自然保护区生态旅游与社区经济发展探析[J]. 安徽农业科学, 2011, 39(25):15532-15534 .[2017-09-30].DOI:10.13989/j.cnki.0517-6611.2011.25.101.
[13] 蔡昌棠. 自然保护区建设与社区发展关系研究[D]. 福建农林大学, 2008.
[14] 王忠诚. 八大公山自然保护区周边社区经济发展探讨[J]. 邵阳学院学报, 2005, (04):56-58.
[15] 李柏春, 白志强, 张建奇, 孙小霞. 祁连山自然保护区与社区经济发展对策探讨[J]. 甘肃林业科

技, 2003, (03):33-35.
[16]乔斌, 何彤慧, 苏芝屯. 自然保护区社区共管模式的四个维度研究[J]. 环境科学与管理, 2017, 42(08):168-171.
[17] 孙润, 王双玲, 吴林巧, 等. 保护区与社区如何协调发展：以广西十万大山国家级自然保护区为例[J]. 生物多样性, 2017, 25(04):437-448.
[18] 龙吟镇文笔村志.
[19] 龙吟镇高阳村志.
[20] 龙吟镇硝洞村修志.
[21] 龙吟镇吟塘村志.
[22] 吟龙镇吟路村志.
[23] 吟龙镇石龙村志.

第四节　威胁因素

建立自然保护区是实现生物多样性保护最直接、最有效的措施，同时也是保护自然生态系统、寻找人与自然和谐共处经验的重要途径。贵州普安龙吟阔叶林州级自然保护区处于贵州省西南部的乌蒙山区，珠江上游生态敏感区，是生物多样性保护的重要节点。保护区近年来通过天然林保护、退耕还林、石漠化综合治理、野生动植物保护等工作，使生态系统得以逐步修复，生物多样性得以保存，加强自然保护区的建设，对珠江的生态安全具有重要意义。但目前贵州普安龙吟阔叶林州级自然保护区面临的诸多威胁与限制因素，在一定程度上制约着生物多样性保护的效果发挥和自然保护区管理工作的有效开展。

一、调查范围及指标

调查范围包括贵州普安龙吟阔叶林州级自然保护区内生境退化、外来物种入侵、生态旅游活动、资源利用状况等。

调查指标主要包括基础设施建设（公路铁路水利等）、村镇建设、环境污染、土壤沙化、盐碱化；外来入侵物种的种类组成、传入途径、种群数量、危害程度；旅游规模、开展方式、旅游影响；土地开垦、木材采伐、过度放牧、采集、乱捕滥猎等。

二、调查方法

保护区受威胁因素专项调查采用实地调查、访问调查和资料收集相结合的方法。

三、威胁因素

保护区威胁因素主要包括两大类：自然因素和人为因素。内部因素主要是保护区自身所具备的水文地质环境基础（立地条件）、生态系统健康状况及其稳定性以及抵抗外来干扰的能力、保护区生物物种的生存与适应能力、自然灾害威胁、外来物种入侵等。外部因素很多，主要是人类活动带来的生境丧失与破碎化程度、资源过度利用、环境污染等，其中，人类活动是最根本的因素。当然，还有一种威胁也与保护区的生物多样性保护关系密切，就是文化多样性因素。文化多样性的变迁与环境和社会变革都是紧密相关的，关联度的高低是可持续发展的关键。

（一）自然威胁因素

1．保护区生物多样性立地条件

贵州普安龙吟阔叶林州级自然保护区主要出露的地层，岩性多为碳酸盐岩。区内喀斯地貌充分发育，峰丛洼地、峰丛漏斗地貌特征明显，地形复杂，地表水稀缺，最高海拔2048.6m，最低海拔633m，水热条件较好，具有良好的水文地质条件。但是，由于喀斯特地貌的发育，环境具有临时性干旱频繁、高异质性、严酷性、脆弱性等特点，立地条件复杂多变。其中，保护区内喀斯特环境高度异质性的特点，构成了多种多样的小生境，为生物物种提供了更多的生态位，为物种多样性和丰富性创造了条件。但喀斯特环境本身存在的成土缓慢、漏水漏肥现象，构成了区内高度严酷性、高度脆弱性的生境，保水蓄土能力弱，则不利于一些植物的生长。每个物种拥有的生态空间狭窄，对环境的依赖性强，一旦受破坏，极难恢复，又为保护区大多数生物物种生存提出了挑战。

2．保护区生态系统稳定性基础差

贵州普安龙吟阔叶林州级自然保护区地带性植被为亚热常绿阔叶林，但由于喀斯特地貌发育，以及人类长期干扰，现存植被多为次生性常绿落叶阔叶混交林和灌木灌丛林。虽然保护区内国家重点保护物种不多，但有些稀有的兰科植物仍有分布，这些珍稀濒危物种的生存与繁衍，需要相对稳定的生态系统保障。但多数地段处于植被恢复的早期阶段，群落结构相对单一，稳定性较差，抗干扰能力较弱。由于长期的人类活动干扰，已经没有稳定性的顶极群落，保护区生境破碎化和生态系统退化带来的生态系统稳定性较差，是保护区生物多样性保护存在的重大威胁。

贵州普安龙吟阔叶林州级自然保护区植被及其丰富的物种多样性是长期适应当地自然环境的结果。但不同的物种生态位宽度不同，适应环境的能力有差异。一些珍稀濒危物种仅限在狭小的范围内分布，其适应范围小，生态位较窄。

3．自然灾害

贵州普安龙吟阔叶林州级自然保护区很多地区坡陡谷深，有时会有山体滑坡和泥石流现象发生，造成沟谷植物以及鱼类、两栖爬行类物种受到较大威胁。此外，受全球气候变化的影响，以及区域植被破坏带来的小气候影响，该区域气候格局发生变化，有明显的季节性降雨，以夏季多雨、冬季干旱为特征，也对自然保护区部分濒危物种的生长繁衍带来较大的影响。

（二）人为活动威胁

1．对资源直接利用的威胁

贵州普安龙吟阔叶林州级自然保护区内的自然村落较多，这些村民居住区及耕地、生活物资等，在很大程度上依赖于保护区自然资源。保护区居民收入不均衡，尤其是偏僻林区的居民普遍贫困。保护区居民尤其核心区群众长期生活在山区，过着简单的直接利用资源和物种的靠

山吃山方式，造成过度开垦、过度砍伐和采挖、过度捕猎等，例如采挖兰花、杜鹃花、罗汉松(*Podocarpus macrophyllus*)、金弹子(*Diospyros cathayensis*)等野生植物，捕兽、网鸟等被看作平常生产活动。这种过分依赖和对野生资源的过分索取是一种重要威胁。

2．基础设施建设

贵州普安龙吟阔叶林州级自然保护区涉及当地经济社会发展的水库、公路等必需的基础设施也尚不健全。这些基础设施建设对保护区珍稀濒危物种直接构成威胁。作为南方集体林区的自然保护区，生态系统与社区交织在一起，目前的基础设施不能满足自然保护区管理和社区发展的需求，还有大量基础设施需要建设或完善，在建设中对砂石的需求可能会形成一些采石场，导致植被破坏。应尽量减少因建设对植被的破坏，降低影响范围，最低限度减少保护区基础设施建设对重要生态系统和珍稀濒危野生动植物生存繁衍的影响。

3．环境污染

在保护区的边缘有一个大型的垃圾填埋场，但保护区内的村寨主要集中在试验区和缓冲区，这些村寨没有垃圾处理设施，生活产生的一些不易分解的塑料袋、包装袋、尿不湿、卫生巾等，随意丢弃在村寨周边，分解产生的毒素会影响植物生长，还会造成野生动物误食而导致死亡。村寨的生活污水直排，易造成溪沟、河流污染。保护区内因农业生产而大量使用的农药和化肥，对河水造成一定程度的污染，对野生动物特别是鸟类和两栖爬行类也有影响，还会导致土壤板结。保护区内及外围区没有污染严重的工厂，仅村民生活取火排放的废气影响不大，不会对珍稀濒危物种的生长繁衍带来大的威胁。

4．森林火灾

保护区有村民32382人，人口密度较大，区内居民要进行农耕生产，烧秸杆，清明节、春节拜坟等活动，加上有时部分外来游客在保护区开展户外运动，抽烟、烧烤等对保护区森林火灾是一个大的隐患。而普安县气候条件特殊，往往冬末春初连续干旱，草本枯萎，这个季节又是春节、清明节拜坟、春耕生产的高峰阶段，极易发生森林火灾。虽普安县委县政府加强了森林防火力度，在一些极易发生火灾的地方开展防火工作，加之政府的宣传力度加大，致使现在火灾发生率明显减少。但这种火险威胁并未消除，随着保护区旅游资源的宣传与品牌提升，到保护区户外运动的情况还会增加，这种潜在威胁将会长期存在。

5．外来入侵物种的影响

每个保护区都面临外来物种的入侵，这些外来物种往往是人们在无意之间引入。保护区内普遍存在外来入侵物种紫茎泽兰(*Eupatorium adenophora*)，几乎占据了各个生态空间。现在，一些村寨水体中发现的凤眼莲(*Eichhornia crassipes*)就是因为美观被人为带入；在北盘江村、龙吟村等村镇水沟边发现有空心莲子草(*Alternanthera philoxeroides*)。保护区试验区和缓冲区的部分荒地分布有少量的苏门白酒草(*Conyza sumatrensis*)、一年蓬(*Erigeron annuus*)、土荆芥(*Chenopodium ambrosioides*）等外来物种。有人在房屋边上种植马缨丹(*Lantana camara*)等作为观赏花卉，尚未扩散和造成环境影响。在保护区核心区还没有发现外来物种入侵现象。

6．旅游活动的影响

贵州普安龙吟阔叶林州级自然保护区虽然交通不便利，但很多地段自然景观优美，且植被保存较好，目前已经在多处有开发旅游的愿望和趋势，一些农家饭庄已经在招揽客人，主要以县城居民娱乐休闲的形式存在，有逐步扩大的趋势。在北盘江村、五个坡、龙吟村等地有少量外来徒步旅行者。游客火源管理、生活拉圾管理等在一定程度上会增加保护区管理难度。必须科学规划，合理引导，减少对保护区重要生态系统和珍稀濒危野生动植物的生存繁衍的影响。同时，通过适当发展旅游产业，增加当地村民收入，减少对保护区自然资源的过度依赖，有利于保护区的保护管理。

7．产业发展的影响

近年来，普安县正在大力发展，在很多地方都在开采煤矿，且大部分煤矿也投入使用当中，在开采过程中，产生的废气、废渣、废水等对当地环境产生了较大的影响。在保护区内农民主要种植的经济作物是烤烟，但由于山高路远，许多分散的微小的烘烤房还是以木材作为燃料烘烤，消耗了大量林木资源，应引导群众集中烘烤，以煤或电代替木材。茶叶生产也是林地的一大威胁，一些草地、灌木林地被平整种茶，使原有的物种消失，应该控制。

8．狩猎和采集活动的影响

保护区内的狩猎和采集活动是受严格控制或禁止的，目的是保护所有物种在自然保护区内得以自由生存。实际上，自然保护区建立只是自然保护的一种暂时措施和承载体，是实验如何实现人与自然和谐共生的实验场地。保护区内狩猎现象的存在，不仅是为了直接获取经济利益，也有娱乐和传统习惯的成分，应认真分析狩猎活动的原因，有的放矢地寻找应对方法。成立保护区后必须停止以经济收益为目的的狩猎活动。但也要客观的看待狩猎问题，狩猎活动会对一些动物造成毁灭性影响。

9．非法收集木质和非木质林产品

保护区内的森林资源较丰富，而当地村民经常进入山林，区采集一些菌类、菇类、有观赏价值的植物等。虽然只有少部分村民存在这些行为，带来的威胁和破坏虽是有限的，但是，长期下去，就会产生“三人成虎”效应，就会给保护区带来毁灭性破坏。

（三）文化多样性的威胁

文化多样性的保护也是建立自然保护区的目的之一。文化多样性与环境和生物多样性关系密切，目前保护区内大部分村寨的年轻人都外出打工，吸收了大量的外部文化观念，对家乡的认同感和自豪感严重降低，对自然的神秘性和敬畏心也严重削弱。受经济利益的驱使，做出许多对自然不利的事，也是自然保护区管理的严重威胁。保护区必须加大力度宣传和引导，以生态旅游、文化旅游为载体，让当地群众更多地认识到本土资源和文化的价值，体会到存在感和优秀感，更好地传承优秀的传统文化，传播人与自然和谐的理念，才能使保护区长治久安。

四、保护管理建议

喀斯特环境和生物多样性的保护是一个复杂的系统工程，由于喀斯特的异质性和环境关联性，许多人作过相关的分析和讨论，探索性地开展了一些尝试，但归根结底是要解决人的问题，而不是自然生态系统内部本身存在的问题，保护区可持续发展的关键是保护管理。

（一）建立专门管理机构，加强机构能力建设

生物多样性保护与保护区高效管理，一直是国家和地方相关部门关注的重要问题。而保护管理的关键和核心是管理队伍和人才队伍的建设，最重要的是要有一些熟悉自然保护区业务的专业人员尽职的工作。保护区系统目前最主要的问题是从主管政府部门得到的资金不足，地方政府又不能提供补助，因而无法吸引高素质的员工。这种现象在国内外都很普遍，在一定程度上限制了保护区事业的发展。贵州贵州普安龙吟阔叶林州级自然保护区近年来都是普安县林业局管理，目前还缺乏专门的管理机构，更缺乏涉及自然保护区的专业管理人才。因此，建立专门的保护区管理机构，提供良好的保护管理平台，吸引懂专业、负责任的员工投入保护区事业，是当前贵州普安龙吟阔叶林州级自然保护区保护管理急需解决的首要任务。

（二）合理规划，重点管理

保护区的规划和管理是自然保护区建设中的两个最重要内容，其中对保护区管理有效性进行评估是保护区建设的一项重要内容和前提。自然保护区强调“特定自然区域”和“人为保护”。其中，“人为保护”是指政府、团体或个人采取措施，保护“特定自然区域”，使其避免或减少人类活动的破坏和影响。贵州普安龙吟阔叶林州级自然保护区由于地形地貌、森林植被、珍稀濒危物种分布的分散性以及人口密度的特殊性，从既要有利于生态系统与珍稀濒危野生动植物的保护角度，又要考虑当地人口用地矛盾角度，保护区的合理规划和重点管理是关键。因此，为了便于管理，建议按多核的原则划分为多个核心区和缓冲区，然后尽可能通过试验区的方式把各个核心区、缓冲区连接起来。特别对一些重要物种如黑叶猴、猕猴等动物的活动区，实行重点巡护管理。

（三）加强自然保护区保护管理宣传，提高当地村民的保护意识

由于信息相对闭塞，加上宣传力度不够，贵州普安龙吟阔叶林州级自然保护区的当地村民基本上不知道保护区是什么？为什么要建立自然保护区，建了保护区有什么用？贵州普安龙吟阔叶林州级自然保护区的主要保护对象和目标是什么？功能分区（核心区、缓冲区和试验区）是什么意思？建了之后如何管理？对当地村民的生活会带来什么影响？好的一面在哪里？不利的一面在哪里？等等，这些问题知之甚少。此外，保护区分布有多种国家重点保护植物和重点保护动物。还有多种的列入CITES附录Ⅰ、Ⅱ的动物和植物。但保护区村民对这些也不了解，也不认识这些物种，或者只知道当地土名，与国家公布的正式名称对不上号，不知道哪些属于重点保护的种类，往往有误挖植物、误伐树木、误捕杀动物的现象。加强自然保护区保护管理宣传，尤其珍稀濒危野生动植物物种的保护宣传十分重要。应以乡土教材、公民生态道德读本、生态地标等形式对当地的物种及背景故事进行挖掘整理和宣传，增强当地人的自豪感。此外，还应加强保护区森林防火宣传、法律法规宣传，让人们知法、懂法，从而守法。

（四）发展生态产业，让保护区惠益于民，让老百姓自觉参与保护

贵州普安龙吟阔叶林州级自然保护区村民普遍贫困，经济来源有限。当地部分村民长期靠山吃山、靠水吃水，不让老百姓进山和下河是很难的，重要的是设法增加这些村民的就业渠道，提高经济收入，降低这些村民对保护区林区的过分依赖。保护区很多地段自然风光很美，也有很多特色的资源和初具规模的产业。如果能够依托保护区这些优良的自然资源，在有效保护的前提下，通过合理规划，选择合适的地点，发展生态旅游业、种植业、养殖业等，为生态产品提供生态认证，提高经济价值。让保护区村民从保护管理带来的生态效益、社会效益和经济效益中获得更多的实惠，让保护区建立不但没有降低当地人民的生活水平，还有利于当地人民生活水平提高，那么，贵州普安龙吟阔叶林州级自然保护区的下一步保护管理就不再是难事。

（五）重视科学研究，提高保育水平

贵州普安龙吟阔叶林州级自然保护区森林生态系统退化现象比较突出，普遍存在次生性的常绿落叶阔叶混交林、灌木灌丛林。如何通过人工促进修复或恢复加快保护区植被的正向演替，向顶极群落发展，需要找出植被退化的原因以及植被恢复的驱动机制和演替的基本规律。如何有效对这些珍稀濒危物种加以科学保护，使其正常生长繁衍，也需要定期、不定期的调查、监测、评价和预警，并采取有效的保育措施加以保护拯救。因此，保护区建立后，加强科学研究、提高保育水平也是重要工作。

参考文献

[1] 冉景丞, 陈会明, 陈正仁等.茂兰自然保护区内狩猎现状与野生动物保护[J]. 生物多样性.2001.9(4): 482-486

[2] 冉景丞. 贵州喀斯特生态环境与可持续发展探讨[J]. 林业资源管理. 2002.(6):43-47.

[3] 冉景丞. 亚热带喀斯特森林环境生态特征及保护利用探讨——以茂兰喀斯特林区为例[J]. 西南师范大学学报（理工类）. 2001.26（专辑）：71-79.

[4] 冉景丞. 社区参与在自然保护区管理中的作用——以茂兰国家级保护区为例[J]. 贵州师范大学学报（教育科学版）. 2008.(3):85-87.

[5] 韩念勇. 中国自然保护区可持续管理政策研究[J]. 自然资源学报, 2000, 15(3): 201-207.

[6] Adrian P. Economic values of protected areas: Guidelines for Protected Area Managers[M]. Best Practice Protected Area Guidelines Series No. 2. IUCN-The World Conservation Union, 1998.

[7] 李俊清, 李景文. 保护生物学[M]. 北京：中国林业出版社, 2006.

[8] 薛建辉. 保护生物学[M]. 北京：中国农业出版社, 2006.

蒙文萍　周　毅　冉景丞　方中艳

第八章　保护区规划

第一节　保护区性质与类型

一、保护区性质

普安县贵州普安龙吟阔叶林州级自然保护区是以保护全国重要生态功能区中的西南喀斯特土壤保持重要区的亚热带常绿阔叶林、常绿落叶阔叶混交林和暖温性灌丛生态系统以及鹅掌楸、猕猴等珍稀濒危野生动植物资源为主体职责，集自然保护、科学研究、科普宣传、教学实习、生态旅游于一体的多功能的公益性自然保护区。

二、保护区类型

根据中华人民共和国国家标准《自然保护区类型与级别划分原则》(GB/T 14529－93)，结合普安县贵州普安龙吟阔叶林州级自然保护区的性质、保护对象及特点，普安县贵州普安龙吟阔叶林州级自然保护区类型属于森林生态系统类型自然保护区。

三、保护区规模

普安县贵州普安龙吟阔叶林州级自然保护区总面积5630.7hm^2，根据《自然保护区工程项目建设标准（修订版）》(2013)第十一条，拟建保护区规模属于小型自然保护区。

四、主要保护对象

（一）森林生态系统

普安县贵州普安龙吟阔叶林州级自然保护区保存着森林植被退化但具有很好恢复基础的地带性亚热带常绿阔叶混交林、喀斯特非地带性常绿落叶阔叶混交林和暖温性灌丛，这些林分在生态系统结构、生物区系组成、群落组成与数量特征、空间结构、群落动态、与环境的相互关系，以及在物质循环、能量流动等生态服务功能方面仍具原始性的基础，是重点保护对象。

（二）珍稀濒危与重点保护野生动植物资源

普安县贵州普安龙吟阔叶林州级自然保护区分布有国家Ⅰ级保护兽类1种：黑叶猴(*Presbytis francoisi*)；国家Ⅱ级保护兽类3种：猕猴(*Macaca mulatta*)、小灵猫(*Viverricula indica*)、豹猫(*Prionailurus ngalensis*)；有国家Ⅱ级保护植物2种，为鹅掌楸(*Liriodendron chinense*)和金荞麦(*Fagopyrum dibotrys*)，濒危野生动植物种国际贸易公约(CITES)附录Ⅱ收录兰科植物4属4种，为钩距虾脊兰(*Calanthe graciliflora*)、金兰(*Cephalanthera falcate*)、齿爪叠鞘兰(*Chamaegastrodia poilanei*)、短距舌喙兰(*Hemipilia limprichtii*)。这些动植物具有重要的科研和保护价值，是重点保

护对象，见表8-1。

表8-1 贵州普安龙吟阔叶林州级自然保护区珍稀濒危植物种类统计

种名	科名	习性	保护级别
鹅掌楸 *Liriodendron chinense*	木兰科 Magnoliaceae	落叶乔木	II
香果树 *Emmenopterys henryi*	茜草科 Rubiaceae	落叶乔木	II
金荞麦 *Fagopyrum dibotrys*	蓼科 Polygonaceae	多年生草本	II
穗花杉 *Amentotaxus argotaenia*	红豆杉科 Taxaceae	常绿小乔木	省级
檫木 *Sassafras tzumu*	樟科 Lauraceae	落叶乔木	省级
刺楸 *Kalopanax septemlobus*	五加科 Araliaceae	落叶乔木	省级
清香木 *Pistacia weinmannifolia*	漆树科 Anacardiaceae	常绿小乔木	省级
钩距虾脊兰 *Calanthe graciliflora*	兰科 Orchidaceae	地生草本	CITES
金兰 *Cephalanthera falcata*	兰科 Orchidaceae	地生草本	CITES
齿爪叠鞘兰 *Chamaegastrodia poilanei*	兰科 Orchidaceae	腐生草本	CITES
短距舌喙兰 *Hemipilia limprichtii*	兰科 Orchidaceae	地生草本	CITES

第二节　依据与原则

一、规划依据

（一）国际公约

（1）《生物多样性公约》（1992年）；

（2）濒危野生动植物种国际贸易公约(CITES)附录Ⅰ、Ⅱ（1975年）。

（二）相关法律

（1）《中华人民共和国森林法》（1998年4月修订）；

（2）《中华人民共和国野生动物保护法》（2016年7月修订）；

（3）《中华人民共和国环境保护法》（2015年1月）；

（4）《中华人民共和国土地管理法》（2004年8月）；

（5）《中华人民共和国水法》（2002年10月）；

（6）《中华人民共和国水土保持法》（2010年10月）。

（三）相关法规

（1）《中华人民共和国自然保护区条例》（2017年10月）；

（2）《中华人民共和国野生植物保护条例》（1997年1月）；

（3）《中华人民共和国陆生野生动物保护实施条例》（2016年2月）；

（4）《中华人民共和国森林法实施条例》（2016年2月）；

（5）《中华人民共和国土地管理法实施条例》（1998年1月）；

（6）《贵州省森林防火条例》（2009年1月）；

（7）《地质灾害防治条例》（2004年3月）；

（8）《贵州省森林条例》（2015年7月）；

（9）《贵州省土地管理条例》（2015年7月）；

（10）《贵州省水土保持条例》（2012年11月）；

（11）《贵州省林地管理条例》（2003年9月）；

（12）《贵州省湿地保护条例》（2015年11月）；

（13）《基本农田保护条例》（1998年12月）。

（四）部门规章、规定

（1）《森林和野生动物类型自然保护区管理办法》（1985年）；

（2）《自然保护区土地管理办法》（1995年）；

（3）《中国国家重点保护野生动物名录》（1989年）；

（4）《国家重点保护野生植物名录（第一批）》（1999年）。

（五）相关计划、规划

（1）《中国 21 世纪议程》（1994年）；

（2）《中国生物多样性保护战略与行动计划》（2011～2030年）；

（3）《中国 21 世纪议程林业行动计划》（1995年）；

（4）《全国野生动植物保护及自然保护区建设工程总体规划》（2001年）；

（5）《全国林业自然保护区发展规划》（2006年）；

（6）《全国生态保护与建设规划（2013～2020年）》；

（7）《西部大开发“十三五”规划》（2016年）；

（8）《十三五生态纲要》；

（9）《全国主体功能区规划》；

（10）《全国土地利用总体规划（2006～2020）》。

（六）地方相关办法、规划

（1）《贵州省陆生野生动物保护办法》（2008年8月）；

（2）《贵州省实施〈森林和野生动物类型自然保护区管理办法〉细则》（2015年）；

（3）《贵州省自然保护区发展规划》（2016～2026年）；

（4）《贵州省野生动植物及其栖息地保护管理和发展规划》（2000年）；

（5）《贵州省生态功能区划》（2005年5月）；

（6）《贵州省生物多样性保护规划》；

（7）《贵州省扶贫生态移民工程规划（2012～2020年）》；

（8）《贵州省生态扶贫实施方案（2017～2020年）》；

（9）《贵州省土地利用总体规划（2006～2020)》。

（七）技术标准及规范

（1）《自然保护区类型与级别划分原则》（GB/T 14529-1993）；

（2）《自然保护区总体规划技术规程》（GB/T 20399-2006）；

（3）《自然保护区生态旅游规划技术规程》（GB/T 20416-2006）；

（4）《自然保护区功能区划技术规程》（LY/T 1764-2008）；

（5）《自然保护区工程设计规范》（LY/T 5126-2004）；

（6）《自然保护区土地覆被类型划分》（LY/T 1725-2008）；

（7）《自然保护区工程项目建设标准（修订版）》（2013）；

（8）《自然保护区管护基础设施建设技术规程》（HJ/T129-2003）；

（9）《贵州省省级自然保护区评审标准（试行）》。

（八）相关文件

（1）国务院办公厅《关于进一步加强自然保护区管理工作的通知》（国办发〔1998〕111 号）；

（2）国家林业局计资司《关于规范国家级自然保护区总体规划和建设程序有关问题的通知》（林计财字〔2000〕64号）；

（3）《国家林业局关于编制国家级自然保护区总体规划有关问题的意见》（林护发〔2010〕172号）；

（4）《国务院办公厅关于做好自然保护区管理有关工作的通知》（国办发〔2010〕63号）；

（5）国家环保部《关于发布〈中国生物多样性保护优先区域范围〉的公告》（公告2015年 第94号）；

（6）《国务院关于印发“十三五”生态环境保护规划的通知》（国发〔2016〕65号）；

（7）《国家林业局办公室关于进一步加强林业自然保护区监督管理工作的通知》（办护字〔2017〕64号）；

（8）《中共中央国务院关于加强耕地保护和改进占补平衡的意见》（中发〔2018〕4号）。

（九）其他依据

（1）《黔西南州国民经济和社会发展第十三个五年规划纲要》；

（2）《普安县国民经济和社会发展第十三个五年规划纲要》；

（3）《普安县自然保护区科学考察报告集》；

（4）《普安县县林地保护利用规划（2010～2020年）》及2016年林地年度变更调查成果资料；

（5）《普安县土地利用总体规划》（2006～2020年）调整方案；

（6）《普安县旅游发展规划》；

（7）《普安县城市总体规划》；

（8）《普安县扶贫生态移民工程“十三五”规划》。

二、规划原则

（一）保护优先，协调发展

本规划综合考虑了自然生态系统、珍稀野生动物物种的栖息地范围、珍稀野生动植物物种的重要区域，把保护放在第一位，保护区内的一切活动必须服从于最大限度保护所在区域自然生态系统的完整性、安全性。

（二）多规合一，统筹规划

本规划将国民经济和社会发展规划、城乡规划、土地利用规划、生态环境保护规划等多个规划融合到一个区域上，从而避免现有各类规划自成体系、内容冲突、缺乏衔接等问题

（三）科学规划，注重实效

本规划在对周边地区的资源进行全面调查分析的基础上，尊重自然规律，借鉴国内外先进的理论、方法和实践经验，利用RS、GIS辅助分析技术科学确定保护区的范围和核心资源，根据保护区的功能和资源特点合理分区。同时在规划中要坚持因地制宜，在对建设现状和利用效率认真调查分析的基础上，充分利用已有的交通、旅游服务、管理等基础设施，避免重复建设，尊重保护区内各社区居民的民族文化传统。本规划客观分析现状和保护措施的有效性，确保资源保护行为有效，资源利用方式可行。

（四）公众参与，共建共管

本规划在编制过程中，规划组邀请相关利益群体参与到规划过程中，妥善处理好自然生态系统、野生动植物栖息地、野生动植物保护管理与适度利用、当地社区发展的关系，形成政府主导，林业部门主抓主管，社会多方力量参与保护的良好格局，并充分尊重他们的权益、意见和建议，体现了普遍的规划编制参与性原则。

（五）科学超前，可操可管

规划注重创新，具有前瞻性。在规划过程中，项目的设定立足于当地实际，在严格保护的基础上，在实验区适度开展生态旅游活动，提高保护区的自养能力，促进周边社区的经济发展，减少社区发展与保护区管理之间的矛盾，实现保护区可持续发展，从而确保建设项目具有可操作性，各项措施能得到各利益相关者的支持。

第三节　保护区范围

普安县贵州普安龙吟阔叶林州级自然保护区位于贵州省普安县北部，保护区全境处于土壤保持功能区的黔桂喀斯特土壤保持功能区，属于全国63个全国重要生态功能区中的西南喀斯特土壤保持重要区，是国家生态建设的重点区域，生态区位独特性明显。总面积约5630.7hm^2，坐标为东经104°57′35″～105°7′52″、北纬26°1′22″～26°10′4″，保护区位于普安县的龙吟镇。

保护区四至界线见表8-2：

①保护区东界自县道793与县界的交界处起，沿县界（亦是山脊线）经老何家时沿林缘至县界，经木龙岩、一把伞、飞鹅山至张家寨附近。

②南界自张家寨起沿林缘和至花岩的通组公路经穿洞头，沿山谷至通组公路，沿通组公路至春岩山脚至县道793，沿林缘经马脚岩、乐园、购寨、石龙田、杨柳凹、者恩、梅子山至坝子田；

③西界自坝子田起经罗家坪、祭山坳、刺花属至麻竹山，沿县界顺着林缘至滥泥箐，沿林缘经大田、坪子头、阴坉岩、向阳、红星、对门坡、兴田、红旗、光明至桥边；

④北界自桥边起，经红岩冲、新民沿县界至江岔口、沿石古河往上游经大桥、必马箐、泥堆、麻水井、吴家凹、远甲岭、云盘、石古、上寨、新寨、场底下、岩底下、水坝山、罗壮屋脊、于家小田、齐田、黄寨、猫脚坪，沿县道至县界处。

表8-2　贵州普安县贵州普安龙吟阔叶林州级自然保护区四至范围主要控制的坐标

控制点编号	经度（E）	纬度（N）
1	105°06′18.78″	26°06′49.94″
2	105°06′13.26″	26°07′33.88″
3	105°06′24.37″	26°07′54.61″
4	105°06′30.88″	26°08′27.55″
5	105°06′38.66″	26°08′35.31″
6	105°06′44.08″	26°08′54.56″
7	105°07′58.55″	26°09′11.72″
8	105°07′24.40″	26°09′20.10″
9	105°06′27.33″	26°08′59.48″
10	105°06′18.21″	26°09′11.28″
11	105°05′43.06″	26°08′39.36″
12	105°05′27.00″	26°08′05.94″
13	105°05′43.96″	26°07′57.36″
14	105°05′55.49″	26°08′10.00″
15	105°05′47.74″	26°07′32.50″
16	105°05′34.58″	26°07′46.38″
17	105°05′19.74″	26°07′33.90″
18	105°04′59.42″	26°06′56.45″
19	105°05′10.83″	26°06′48.67″
20	105°04′54.44″	26°06′43.98″

（续表）

控制点编号	经度（E）	纬度（N）
21	105°04′54.44″	26°06′26.75″
22	105°04′45.12″	26°06′13.08″
23	105°04′23.87″	26°06′04.43″
24	105°04′03.17″	26°05′40.56″
25	105°03′27.65″	26°05′27.26″
26	105°03′06.70″	26°05′20.64″
27	105°03′05.41″	26°04′49.33″
28	105°02′47.70″	26°05′12.82″
29	105°02′31.17″	26°04′53.82″
30	105°02′01.21″	26°04′48.05″
31	105°02′22.31″	26°04′39.14″
32	105°01′51.80″	26°03′56.95″
33	105°01′35.26″	26°03′59.49″
34	105°01′23.59″	26°03′25.08″
35	105°01′25.71″	26°04′07.29″
36	105°01′37.64″	26°04′16.63″
37	105°02′01.55″	26°05′05.28″
38	105°02′45.39″	26°05′39.05″
39	105°03′35.48″	26°05′49.69″
40	105°03′00.41″	26°05′55.62″
41	105°03′23.72″	26°06′24.41″
42	105°04′07.97″	26°06′23.87″
43	105°05′10.21″	26°08′02.29″
44	105°04′47.04″	26°08′25.38″
45	105°05′07.93″	26°08′19.96″
46	105°05′37.79″	26°09′13.16″
47	105°05′25.83″	26°09′13.00″
48	105°05′40.08″	26°09′17.73″
49	105°06′24.78″	26°09′44.26″
50	105°06′39.35″	26°09′59.25″

（续表）

控制点编号	经度（E）	纬度（N）
51	105°06′02.45″	26°10′04.12″
52	105°05′07.80″	26°09′42.83″
53	105°04′46.76″	26°09′28.49″
54	105°04′38.34″	26°09′16.70″
55	105°03′55.18″	26°09′18.52″
56	105°03′38.41″	26°09′33.75″
57	105°02′51.10″	26°09′07.43″
58	105°02′33.52″	26°09′11.51″
59	105°02′19.59″	26°08′40.93″
60	105°02′07.63″	26°08′22.65″
61	105°02′04.95″	26°08′02.06″
62	105°01′30.39″	26°07′51.11″
63	105°01′32.22″	26°08′00.41″
64	105°01′18.35″	26°07′54.80″
65	105°01′06.65″	26°07′32.92″
66	105°00′12.69″	26°06′58.60″
67	105°00′09.50″	26°06′46.20″
68	105°00′30.82″	26°06′30.47″
69	105°01′09.10″	26°06′48.87″
70	105°01′24.07″	26°07′04.31″
71	105°01′49.37″	26°07′46.76″
72	105°02′10.96″	26°07′48.52″
73	105°02′27.19″	26°08′23.33″
74	105°02′54.98″	26°08′39.80″
75	105°03′38.98″	26°08′54.62″
76	105°03′21.51″	26°09′04.70″
77	105°04′04.90″	26°09′05.46″
78	105°04′06.61″	26°08′54.22″
79	105°04′36.06″	26°09′00.33″
80	105°04′42.96″	26°09′08.56″

（续表）

控制点编号	经度（E）	纬度（N）
81	105°04′46.41″	26°09′01.38″
82	105°04′39.15″	26°08′34.90″
83	105°04′30.84″	26°08′45.84″
84	105°04′25.19″	26°08′37.27″
85	105°04′09.80″	26°08′02.37″
86	105°04′09.28″	26°07′30.57″
87	105°03′51.85″	26°07′24.65″
88	105°03′33.36″	26°06′45.89″
89	105°02′36.73″	26°06′25.03″
90	105°02′02.04″	26°05′55.10″
91	105°01′48.80″	26°06′03.50″
92	105°00′45.18″	26°05′37.84″
93	104°59′30.69″	26°04′56.05″
94	104°59′26.46″	26°04′14.71″
95	104°58′39.91″	26°04′03.63″
96	104°58′14.65″	26°02′50.70″
97	104°57′41.58″	26°01′23.65″
98	104°58′17.14″	26°01′22.22″
99	104°58′30.87″	26°02′55.84″
100	104°58′41.74″	26°02′44.53″
101	104°59′38.48″	26°04′02.10″
102	105°00′04.10″	26°04′35.68″
103	105°00′06.29″	26°04′25.16″
104	105°00′22.39″	26°04′31.92″
105	105°00′29.68″	26°05′02.91″
106	105°00′46.95″	26°05′03.71″
107	105°01′56.49″	26°05′40.15″
108	105°01′43.41″	26°05′37.85″
109	105°01′39.38″	26°05′12.05″
110	105°01′17.64″	26°04′42.39″

（续表）

控制点编号	经度（E）	纬度（N）
111	105°00′48.62″	26°04′16.70″
112	105°01′03.25″	26°04′03.96″
113	105°00′53.38″	26°03′22.55″
114	105°01′03.06″	26°03′33.75″
115	105°01′03.25″	26°03′10.71″
116	105°01′37.56″	26°03′07.52″
117	105°02′04.92″	26°03′43.35″
118	105°02′16.22″	26°03′34.88″
119	105°03′07.07″	26°04′07.79″
120	105°03′46.73″	26°04′31.85″
121	105°05′49.42″	26°05′42.88″

第四节　功能区划

一、功能区划的原则

（一）科学合理的原则

遵循普安县自然保护区生物多样性的自然演化规律，维护自然保护区生态系统结构的完整性、有效性，考虑自然保护区森林生态系统的结构功能特征、生态系统脆弱的现状，考虑主要水源涵养林的林分特征，考虑主要保护对象空间分布状况，按保护区生态服务功能进行科学划分，使其发挥应有的功能和作用。

（二）保护优先的原则

功能区划分力求规整性与连续性，优先满足严格保护自然保护区典型的自然景观、生态系统、珍稀濒危特有物种等保护对象的要求，以保护自然环境和自然资源为基础，充分发挥自然保护区的多功能效益，实现自然生态系统的良性循环。

（三）可持续发展的原则

适度开放的自然保护区才能增强自身的发展，才能推动保护事业的大力发展，缓解社区经济发展和保护区建设的矛盾冲突。功能区划既要突出保护对象和保护管理目的，重点考虑保护对象生存繁衍的需要，防止可能存在的对保护区的干扰，又要考虑周边社区及自然保护区自身发展需要，有利于保护区开展资源合理利用和生态旅游，有利于区域经济和社区发展。

（四）可操作性的原则

综合权衡保护区与周边社区的利益，由地方政府、林业主管部门和当地社区等相关部门参与，考虑规划区内的土地权属及村庄、道路的现实情况，完成功能区划。各功能区的区划应有利于有效管理和控制不利因素，实现保护区多功效的发挥。

二、功能区

根据上述区划原则和方法，将保护区按照功能差异区划为核心区、缓冲区和实验区3个功能区。

普安县贵州普安龙吟阔叶林州级自然保护区规划总面积5630.7hm^2。其中：核心区面积2382.4hm^2、占保护区总面积的42.3%，缓冲区面积568.8hm^2、占保护区总面积的10.1%，实验区面积2679.5hm^2、占保护区总面积的47.6%。功能区划时，核心区、缓冲区、实验区的四至界线尽可能考虑以便于保护且自然地理标志线为依据，例如山脊、山谷、河流、悬崖、植被边界线等，或以县界、乡镇界、村界为边界，对无上述明显标志线的，则以保护区边界线条顺直为准，并对各个主要控制点明确坐标。具体区划如下：

（一）核心区

核心区面积2382.4hm^2、占保护区总面积的42.3%，分为东、西两个片区。根据保护区重点保护对象的分布情况和保护区内的自然村寨分布状况，东片区保猕猴等珍稀濒危物种种群及原生地、栖息地、繁殖地区，西片区主要保护黑叶猴、鹅掌楸、金荞麦、钩距虾脊兰、金兰、齿爪叠鞘兰、短距舌喙兰等珍稀濒危动植物种群及原生地、栖息地和繁殖地区。为守好发展和生态两条底线，更好协调当地经济社会与保护区建设，规划分布在核心区范围内的现有省道和县道两侧10米范围，以及乡道、通村通组公路两侧5m范围内划入实验区进行管理，在功能分区图中不再进行标示，范围如下：

表8-3　贵州普安县贵州普安龙吟阔叶林州级自然保护区核心区控制点位置列表

控制点编号	经度（E）	纬度（N）
1	105°07′15.49″	26°09′16.68″
2	105°06′21.86″	26°08′55.06″
3	105°06′19.95″	26°08′31.49″
4	105°06′02.39″	26°08′14.45″
5	105°06′09.10″	26°08′02.41″
6	105°05′52.71″	26°07′35.70″
7	105°05′39.83″	26°06′47.77″
8	105°05′35.63″	26°06′12.96″
9	105°05′46.18″	26°06′00.15″

（续表）

控制点编号	经度（E）	纬度（N）
10	105°05′32.87″	26°06′09.42″
11	105°05′07.02″	26°06′00.08″
12	105°04′45.57″	26°05′41.26″
13	105°05′10.00″	26°05′29.83″
14	105°04′41.34″	26°05′39.59″
15	105°04′30.88″	26°05′21.07″
16	105°04′11.54″	26°05′20.29″
17	105°03′56.22″	26°05′11.32″
18	105°03′21.38″	26°04′47.22″
19	105°02′52.67″	26°04′41.96″
20	105°02′25.29″	26°04′09.36″
21	105°01′31.17″	26°04′46.96″
22	105°02′43.85″	26°05′40.75″
23	105°03′29.60″	26°05′50.38″
24	105°02′57.88″	26°05′55.37″
25	105°03′15.22″	26°05′59.94″
26	105°03′20.31″	26°06′25.12″
27	105°04′08.31″	26°06′30.10″
28	105°04′23.31″	26°07′04.44″
29	105°05′02.93″	26°07′56.74″
30	105°04′40.95″	26°08′22.91″
31	105°04′50.20″	26°08′29.73″
32	105°05′11.46″	26°08′29.27″
33	105°05′35.00″	26°09′13.32″
34	105°05′23.24″	26°09′09.96″
35	105°06′22.40″	26°09′46.74″
36	105°05′58.10″	26°09′56.04″
37	105°05′26.91″	26°09′42.55″
38	105°05′09.72″	26°09′34.95″
39	105°05′00.37″	26°09′20.37″

（续表）

控制点编号	经度（E）	纬度（N）
40	105°04′49.42″	26°09′24.73″
41	105°04′46.88″	26°09′25.45″
42	105°04′37.05″	26°09′18.50″
43	105°03′50.88″	26°09′17.26″
44	105°03′39.93″	26°09′28.66″
45	105°04′13.24″	26°09′21.16″
46	105°03′21.49″	26°09′17.56″
47	105°02′44.53″	26°09′03.14″
48	105°02′40.25″	26°09′09.29″
49	105°02′11.27″	26°08′36.40″
50	105°02′23.11″	26°08′22.50″
51	105°02′50.35″	26°08′55.87″
52	105°03′22.62″	26°09′07.21″
53	105°03′41.36″	26°09′02.15″
54	105°04′06.00″	26°09′10.86″
55	105°04′09.59″	26°08′55.54″
56	105°04′44.80″	26°09′10.47″
57	105°04′45.38″	26°09′10.09″
58	105°04′48.36″	26°08′52.22″
59	105°04′42.76″	26°08′30.89″
60	105°04′12.93″	26°07′48.56″
61	105°04′13.06″	26°07′24.04″
62	105°03′54.75″	26°07′20.67″
63	105°03′24.57″	26°06′35.38″
64	105°02′01.63″	26°05′53.61″
65	105°02′00.93″	26°05′53.82″
66	105°01′49.97″	26°06′02.16″
67	105°01′43.13″	26°05′49.96″
68	105°01′07.92″	26°05′36.95″
69	105°00′43.24″	26°05′35.44″

（续表）

控制点编号	经度（E）	纬度（N）
70	105°00′10.28″	26°05′15.58″
71	105°00′46.37″	26°05′05.50″
72	105°01′12.98″	26°05′15.19″
73	105°01′44.32″	26°05′39.26″
74	105°01′58.12″	26°05′40.97″
75	105°01′54.91″	26°05′22.46″
76	105°01′23.69″	26°04′55.01″

（二）缓冲区

缓冲区面积568.8hm^2、占保护区总面积的10.1%。缓冲区是核心区向外过渡区域，用以隔离核心区，减少核心区的外部干扰或影响。在保护区核心区外围根据自然地势，扩展一定范围形成环形缓冲带，根据区划。缓冲区以自然界线为主，以植被分布界线为辅，缓冲区位于核心区外围，缓冲区以保护和恢复植被为主，可以适当开展非破坏性的科学研究，教学实习及标本采集，不允许从事采矿、森林采伐等其他生产经营性活动。为守好发展和生态两条底线，更好协调当地经济社会与保护区建设，规划分布在核心区范围内的现有省道和县道两侧10m范围，以及乡道、通村通组公路两侧5m范围内划入实验区进行管理。

（三）实验区

实验区面积2679.5hm^2、占保护区总面积的47.6%。为探索普安县贵州普安龙吟阔叶林州级自然保护区可持续发展的有效途径，在保护区的南部划实验区。实验区的主要任务是积极恢复和扩大森林植被，使整个森林生态系统逐渐恢复并发展；在自然环境与自然资源有效保护的前提下，对自然资源进行适度合理利用，合理开展科研、生产、教学、生态旅游等活动，探索保护区可持续发展的途径，提高保护区科研及自养能力。

第五节　规划期限及目标

一、规划期限

总体规划规划期为8年，即2018～2025年。其中：

近期：2018～2020；

中远期：2021～2025。

二、规划目标

（一）总目标

保护管理好普安县贵州普安龙吟阔叶林州级自然保护区中亚热带地带性和非地带性森林生态系统，保持现有原生性较好的植被，促进次生林正向演替，充分发挥森林生态系统涵养水源和保持水土的作用，保护生物多样性，有效地保护鹅掌楸、黑叶猴和猕猴等珍稀濒危物种种群及自然生境，充分发挥自然保护区森林生态系统的生态功能，为区域经济持续健康发展，人民生产生活环境稳定，社会各项事业全面进步提供生态支持和保障。过规划建设，将贵州普安县自然保护区建设成为集保护、科研、教育、生态旅游、社区发展等多功能于一体的保护地，认真贯彻国家有关自然保护区建设的法律、法规和方针政策，组织和开展自然保护、科学研究、科普教育、生态旅游、和发展利用项目等活动，正确处理保护与发展、眼前与长远、局部与整体的利益关系，尤其是要妥善处理与当地经济建设和居民生产、生活的社区关系，运用科学的方法、技术和手段，对区内各种自然资源和自然环境进行有效的管理，保护生物多样性和生态系统平衡，为子孙后代的幸福生存留下宝贵而丰富的自然资源，为当地社会经济的繁荣提供良好的生态环境。

（二）近期目标（2018～2020年）

（1）完成保护区的规划，明确界线，制订具体的规划管理实施细则，搞好社区共建。

（2）完成管理所、管护站的新建工程，形成机构完善、布局合理的管理体系；强化保护措施，建立健全巡护路线、防火路、瞭望塔。护林防火专业队伍、完善相应的设施与设备，建成完整的防护体系。

（3）加大科研、检测力度，建立野生动、植物种群及其生境动态监测、动物救护中心，完善各项保护、科研的基础设施、设备，积极开展各项基础性的科研工作。

（三）中远期目标（2021～2025年）

（1）完成自然保护区“一区一法”的立法工作，为自然保护区域范围内的行政执法提供法律依据和法律保障。

（2）进一步完善保护区基础设施建设科技支撑体系，完善信息管理系统和检测系统；成立社区共管机构，搞好社区建设和生产经营增加群众收入，改善社区居民生活，繁荣社区经济，增强全民参与意识，共同保护好自然资源与自然环境。

（3）发展生态旅游，开辟生态旅游区，理清各主体之间的利益关系，有效协调各主体之间的冲突；建立资源补偿机制；明晰责任实施经营权与管理权分离的制度；在共同参与的开发模式下实现旅游开发的资源保护和区域经济法发展的双重利益。

（4）把本自然保护区建设成为自然生态系统完整，各种保护动植物尤其是濒危动植物生存良好且种群有所增加，社区经济可持续发展，生态旅游兴旺，各项工作如保护、科教综合利用等成绩卓著且形成一套完整的科学体系。

第六节　总体布局

一、保护区域

保护区域包括核心区和缓冲区，是常绿阔叶林、混交林和暖温性灌丛森林生态系统的重要分布地段，也是野生珍稀濒危物种种群的主要繁殖和栖息地，重点保护植物鹅掌楸和动物猕猴等种群及其自然生境。保护区域的核心区严禁任何人为活动，实行绝对保护；除进行适当的定位监测与科考外，不允许安排其它任何建设项目和生产经营活动；如因科普教育和科学研究等特殊情况必须进入该区域的，须经上级主管部门和保护区管理局等有关单位批准后，可入内从事科学研究工作。保护区域的缓冲区部分，只允许安排科学研究、实验观察、监测项目和必要的野外巡护与保护设施，不允许安排森林采伐、采矿、风电场等生产经营活动。本保护区属于新建森林生态系统类型自然保护区，根据区划，目前保护区核心区尚有部分村落及常住人口，应结合易地搬迁及生态移民等逐步将核心区的住户移出核心区和缓冲区。

二、利用区域

利用区域指实验区域或区外部分，在不影响保护区主要保护对象和区内生物多样性的前提下，可进行一定程度的开发利用，适度集中建设和安排生物保护、生态恢复、科学研究、教学实习、参观考察、生态旅游、社区发展项目，以及必要的办公、生产生活等基础设施和道路、通讯、给排水、供电等配套工程，以不破坏自然生态环境为前提，以持续、合理、适度利用自然资源为手段，以加强自身发展为目的，惠益于当地社区和林区居民。以利用促保护，守好发展和保护两条底线，积极探索普安县贵州普安龙吟阔叶林州级自然保护区可持续发展的有效途径，形成既有效地保护了生物多样性及生态环境，又促进了当地经济发展的长效机制，促进保护区决战脱贫攻坚，决胜全面小康。